普通高等教育"十二五"规划教材
普通高等学校数学教学丛书

高 等 数 学

（上册）

张志海　冀铁果　李召群　主　编
梁景翠　杨　珠　刘立民　张　鸿　副主编

科 学 出 版 社

北 京

内 容 简 介

本教材分上、下两册. 上册内容包括函数与极限、导数与微分、微分中值定理与导数的应用、空间解析几何、多元函数微分法及其应用. 下册内容包括不定积分、定积分、定积分的应用、重积分、曲线积分与曲面积分、无穷级数、微分方程初步. 书中每节都配有习题,每章配有总习题和历年考研题. 本教材配套的辅助教材有《高等数学典型问题与应用案例剖析(上、下册)》.

本教材是作者多年教学经验的总结,可作为非数学专业学生高等数学的教材,也可作为相关人员的参考书.

图书在版编目(CIP)数据

高等数学. 上册/张志海,冀铁果,李召群主编. —北京: 科学出版社, 2015.8

(普通高等教育"十二五"规划教材·普通高等学校数学教学丛书)
ISBN 978-7-03-044828-6

Ⅰ. ①高⋯ Ⅱ. ①张⋯ ②冀⋯ ③李⋯ Ⅲ. ①高等数学—高等学校—教材 Ⅳ. ①O13

中国版本图书馆 CIP 数据核字 (2015) 第 124440 号

责任编辑: 王胡权/责任校对: 彭 涛
责任印制: 徐晓晨/封面设计: 迷底书装

科 学 出 版 社 出版
北京东黄城根北街 16 号
邮政编码: 100717
http://www.sciencep.com

北京虎彩文化传播有限公司 印刷
科学出版社发行 各地新华书店经销
*
2015 年 8 月第 一 版 开本: 720 × 1000 1/16
2019 年 10 月第六次印刷 印张: 21
字数: 423 000
定价: 36.00 元
(如有印装质量问题, 我社负责调换)

前　　言

随着我国高等教育的发展, 高等院校本科的招生量逐年扩大, 接受高等教育的人数越来越多. 高等数学作为高校理工科学生的一门重要基础课, 也作为硕士研究生入学考试的一门重要课程, 越来越受到学生的重视. 如何在大学期间学好高等数学, 为后续课程, 尤其是专业课程的学习奠定好的基础, 并在较好的数学素质下, 利用数学思维的方式、方法解决相关问题, 是大学生最为关心的问题之一. 而这一切都要求大学生了解高等数学的主要内容, 掌握运用数学分析问题、解决问题的方法, 分清主次, 力求在内容的深度和知识的广度上达到一定的程度.

然而, 在当前高等教育已基本实现由 "精英教育" 向 "大众化教育" 转变的今天, 大学的办学理念及在此指导下对教师教学、学生学习的要求都发生了变化, 由此引发大学的教学方式、方法和教材等诸方面的改革.

本教材按照新形势下大学教育的教学改革和教材改革精神, 根据现行的《高等工科院校数学课程教学基本要求》, 集教师多年教学和考研辅导班积累的经验、资料编写而成. 编写过程中力求做到:

(1) 基本概念引出实例化. 即通过具体的几何、物理等实际问题的解决, 分析解决过程中研究对象、使用的方法所呈现出的共性, 进而总结、抽象、概括和归纳出所要给出的定义.

(2) 定理导出几何化. 即通过几何观察, 引导学生去发现一般性质中所具有的特殊性态, 根据一般性质所满足的共有条件, 去找特殊性态所具有的结论, 并从中了解条件满足下, 有此结论的证明思路和方法.

(3) 练习题选择层次化. 即本着由易到难、由简到繁、由直接到综合灵活的原则将练习题划分成每节的基本练习、每章的总习题和每章的历年考研真题汇编.

(4) 实际问题求解模型化. 在保证基本教学任务完成前提下, 各章选择部分实际问题, 由问题提出到建立描述该问题的数学模型, 直至完成模型求解的全过程案例供教师在习题课教学中有针对性地讲解.

同时, 为方便后续课程的教学和高等数学模块化教学改革工作的开展, 在符合学生认知习惯, 并总结模块化教学经验的前提下, 也对整个高等数学的教学内容在体系上进行调整, 以期达到知识点间更好的衔接, 学生更易接受. 为便于教学, 本教材精选例题与习题, 难易程度、文字描述力求清晰流畅、深入浅出、通俗易懂.

本教材是在河北工程大学理学院和教务处以及许多数学同仁的关心支持下编写的. 具体分工如下: 第一章由梁景翠、张鸿编写; 第二章、第六章、第七章、第八章由范杰、刘晓辉、刘立民编写; 第三章由李召群、杨珠编写; 第四章、第十一章由冀铁果、刘晓辉、杨珠编写; 第五章、第十章由张志海、张鸿、刘晓辉编写; 第九章由贾瑞娟、张鸿编写; 第十二章由袁洪芬、杨珠编写.

　　梁景翠、刘晓辉两位老师完成整个几何图形的描绘, 最后由张志海老师统一进行修改定稿. 在编写老师多次交替审阅、反复修改的基础上, 刘国华、王小胜、高志强、庞彦军等老师审阅了原稿, 并提出许多修改意见, 在此一并表示衷心的谢意.

　　限于水平, 加之时间仓促, 疏漏与不足之处在所难免, 恳请大家批评指正!

编　者

2015 年 3 月于邯郸

目　　录

预 备 知 识

一、集合

1. 集合概念

集合是数学中的一个基本概念, 先通过例子来说明这个概念. 例如, 一个书柜中的书构成一个集合, 一间教室里的学生构成一个集合, 全体实数构成一个集合等. 一般地, 所谓集合 (简称集) 是指具有某种特定性质的事物的总体, 组成这个集合的事物称为该集合的元素 (简称元).

通常用大写拉丁字母 $A, B, C, \cdots$ 表示集合, 用小写拉丁字母 $a, b, c, \cdots$ 表示集合的元素. 如果 a 是集合 A 的元素, 就说 a 属于 A, 记为 $a \in A$; 如果 a 不是集合 A 的元素, 就说 a 不属于 A, 记为 $a \notin A$ 或 $a \overline{\in} A$. 一个集合, 若它只有有限个元素, 则称为有限集; 不是有限集的集合称为无限集.

表示集合的方法通常有以下两种: 一种是列举法, 就是把集合的全体元素一一列举出来表示, 如由元素 $a_1, a_2, \cdots, a_n$ 组成的集合 A, 可表示成

$$A = \{a_1, a_2, \cdots, a_n\};$$

另一种是描述法, 若集合 M 是由具有某种性质 P 的元素 x 的全体所组成的, 就可表示成

$$M = \{x | x 具有性质 P\}.$$

例如, 集合 B 是方程 $x^2 - 1 = 0$ 的解集, 就可表示成

$$B = \{x | x^2 - 1 = 0\}.$$

对于数集, 有时在表示数集的字母右上角标上 $*$ 来表示该数集内排除 0 的集, 标上 $+$ 来表示该数集内排除 0 与负数的集.

习惯上, 全体非负整数即自然数的集合记为 $\mathbf{N}$, 即

$$\mathbf{N} = \{0, 1, 2, \cdots, n, \cdots\};$$

全体正整数的集合为

$$\mathbf{N}^+ = \{1, 2, 3, \cdots, n, \cdots\};$$

全体整数的集合记为 $\mathbf{Z}$, 即

$$\mathbf{Z} = \{\cdots, -n, \cdots, -3, -2, -1, 0, 1, 2, \cdots, n, \cdots\};$$

全体有理数的集合记为$\mathbf{Q}$, 即

$$\mathbf{Q} = \left\{ \frac{p}{q} \middle| p \in \mathbf{Z}, q \in \mathbf{N}^+ \text{且} p \text{与} q \text{互质} \right\}.$$

全体实数的集合记为 $\mathbf{R}$, $\mathbf{R}^*$ 为排除 0 的实数集, $\mathbf{R}^+$ 为全体正实数的集.

设 A, B 是两个集合, 如果集合 A 的元素都是集合 B 的元素, 则称 A 是 B 的子集, 记为 $A \subset B$(读作 A 包含于 B) 或 $B \supset A$ (读作 B 包含 A).

如果集合 A 与集合 B 互为子集, 即 $A \subset B$, 且 $B \subset A$, 则称集合 A 与集合 B 相等, 记为 $A = B$. 例如, 设

$$A = \{1, 2\}, \quad B = \{x | x^2 - 3x + 2 = 0\},$$

则 $A = B$.

若 $A \subset B$, 且 $A \neq B$, 则称 A 是 B 的真子集, 记为 $A \subsetneqq B$. 例如, $\mathbf{N} \subsetneqq \mathbf{Z} \subsetneqq \mathbf{Q} \subsetneqq \mathbf{R}$.

不含任何元素的集合称为空集. 例如,

$$\{x \,|\, x \in R, x^2 + 1 = 0\}$$

是空集, 因为适合条件 $x^2 + 1 = 0$ 的实数是不存在的. 空集记为 $\varnothing$, 且规定空集 $\varnothing$ 是任何集合的子集, 即 $\varnothing \subset A$.

2. 集合的运算

集合的基本运算有以下三种: 并、交、差.

设 A, B 是两个集合, 由所有属于 A 或者 B 的元素组成的集合, 称为 A 与 B 的并集 (简称并), 记为 $A \cup B$, 即

$$A \cup B = \{x | x \in A, \text{或} x \in B\};$$

由所有既属于 A 又属于 B 的元素组成的集合, 称为 A 与 B 的交集 (简称交), 记为 $A \cap B$, 即

$$A \cap B = \{x | x \in A, \text{且} x \in B\};$$

由所有属于 A 而不属于 B 的元素组成的集合, 称为 A 与 B 的差集 (简称差), 记为 $A \backslash B$, 即

$$A \backslash B = \{x | x \in A, \text{且} x \notin B\}.$$

有时研究某个问题限定在一个大的集合 I 中进行, 所研究的其他集合 A 都是 I 的子集. 此时, 称集合 I 为全集或基本集, 称 $I \backslash A$ 为 A 的余集或补集, 记为 A^C. 例如, 在实数集 $\mathbf{R}$ 中, 集合 $A = \{x | 0 < x \leqslant 1\}$ 的余集就是

$$A^C = \{x | x \leqslant 0 \text{或} x > 1\}.$$

集合的并、交、余运算满足下列法则.

设 A, B, C 为任意三个集合, 则有下列法则成立.

(1) 交换律: $A \cup B = B \cup A, A \cap B = B \cap A$;

(2) 结合律: $(A \cup B) \cup C = A \cup (B \cup C)$;

$$(A \cap B) \cap C = A \cap (B \cap C);$$

(3) 分配律: $(A \cup B) \cap C = (A \cap C) \cup (B \cap C)$,

$$(A \cap B) \cup C = (A \cup C) \cap (B \cup C);$$

(4) 对偶律: $(A \cup B)^C = A^C \cap B^C$,

$$(A \cap B)^C = A^C \cup B^C.$$

以上这些法则都可根据集合相等的定义验证. 现就对偶律的第一个等式: "两个集合的并集的余集等于它们的余集的交集" 证明如下, 因为

$$x \in (A \cup B)^C \Rightarrow x \notin A \cup B \Rightarrow x \notin A \text{且} x \notin B \Rightarrow x \in A^C \text{且} x \in B^C \Rightarrow x \in A^C \cap B^C,$$

所以 $(A \cup B)^C \subset A^C \cap B^C$.

反之, 因为

$$x \in A^C \cap B^C \Rightarrow x \in A^C \text{且} x \in B^C \Rightarrow x \notin A \text{且} x \notin B \Rightarrow x \notin A \cup B \Rightarrow x \in (A \cup B)^C,$$

所以 $A^C \cap B^C \subset (A \cup B)^C$, 于是 $(A \cup B)^C = A^C \cap B^C$.

注 以上证明中, 符号 "$\Rightarrow$" 表示 "推出" (或 "蕴涵"). 如果在证明的第一段中, 将符号 "$\Rightarrow$" 改用符号 "$\Leftrightarrow$" (表示等价), 则证明的第二段可省略.

在两个集合之间还可以定义直积或笛卡儿 (Descartes) 乘积. 设 A, B 是任意两个集合, 在集合 A 中任意取一个元素 x, 在集合 B 中任意取一个元素 y, 组成一个有序对 (x, y), 把这样的有序对作为新的元素, 它们全体组成的集合称为集合 A 与集合 B 的直积, 记为 $A \times B$, 即

$$A \times B = \{(x, y) | x \in A, y \in B\}.$$

例如, $\mathbf{R} \times \mathbf{R} = \{(x, y) | x \in \mathbf{R}, y \in \mathbf{R}\}$, 即为 xOy 面上全体点的集合, $\mathbf{R} \times \mathbf{R}$ 常记为 $\mathbf{R}^2$.

二、映射

1. 映射概念

定义 1 设 X, Y 是两个非空集合, 若存在一个对应规则 f, 使得对 X 中每个元素 x, 按法则 f, 在 Y 中有唯一确定的元素 y 与之对应, 则称 f 为从 X 到 Y 的映射, 记为

$$f : X \to Y,$$

其中 y 称为元素 x(在映射 f 下) 的像, 并记为 $f(x)$, 即

$$y = f(x),$$

而元素 x 称为元素 y(在映射 f 下) 的一个原像; 集合 X 称为映射 f 的定义域, 记为 D_f, 即 $D_f = X$; X 中的所有元素的像所组成的集合称为映射 f 的值域, 记为 R_f 或 $f(X)$, 即

$$R_f = f(X) = \{ f(x) \mid x \in X \}.$$

从上述映射的定义中, 需要注意的是:

(1) 构成一个映射必须具备以下三个要素: 集合 X, 即定义域 $D_f = X$; 集合 Y, 即值域的范围: $R_f \subset Y$; 对应法则 f, 使对每个 $x \in X$, 有唯一确定的 $y = f(x)$ 与之对应.

(2) 对每个 $x \in X$, 元素 x 的像 y 是唯一的; 而对每个 $y \in R_f$, 元素 y 的原像不一定是唯一的; 映射 f 的值域 R_f 是 Y 的一个子集, 即 $R_f \subset Y$, 不一定 $R_f = Y$.

例 1 设 $f : \mathbf{R} \to \mathbf{R}$, 对每个 $x \in \mathbf{R}$, $f(x) = x^2$. 显然, f 是一个映射, f 的定义域 $D_f = \mathbf{R}$, 值域 $R_f = \{y | y \geqslant 0\}$, 它是 $\mathbf{R}$ 的一个真子集. 对于 R_f 中的元素 y, 除 $y = 0$ 外, 它的原像不是唯一的, 如 $y = 4$ 的原像就有 $x = 2$ 和 $x = -2$ 两个.

例 2 设 $X = \{(x, y) | x^2 + y^2 = 1\}, Y = \{(x, 0) | |x| \leqslant 1\}$, $f : X \to Y$, 对每个 $(x, y) \in X$, 有唯一确定的 $(x, 0) \in Y$ 与之对应. 显然 f 是一个映射, f 的定义域 $D_f = X$, 值域 $R_f = Y$. 在几何上, 这个映射表示将平面上的一个圆心在原点的单位圆周上的点投影到 x 轴的区间 $[-1, 1]$ 上.

例 3 设 $f : \left[-\dfrac{\pi}{2}, \dfrac{\pi}{2}\right] \to [-1, 1]$, 对每个 $x \in \left[-\dfrac{\pi}{2}, \dfrac{\pi}{2}\right]$, $f(x) = \sin x$. 这 f 是一个映射, 其定义域 $D_f = \left[-\dfrac{\pi}{2}, \dfrac{\pi}{2}\right]$, 值域 $R_f = [-1, 1]$.

设 f 是从集合 X 到集合 Y 的映射, 若 $R_f = Y$, 即 Y 中的任一元素 y 都是 X 中某元素的像, 则称 f 为 X 到 Y 上的映射或满射; 若对 X 中任意两个不同的元素 $x_1 \neq x_2$, 它们的像 $f(x_1) \neq f(x_2)$, 则称 f 为 X 到 Y 上的单射; 若映射 f 既是单射, 又是满射, 则称 f 为一一映射 (或双射).

上面例 1 中的映射, 既非单射, 又非满射; 例 2 中的映射不是单射, 是满射; 例 3 中的映射, 既是单射, 又是满射, 因此是一一映射.

映射又称为算子. 根据集合 X, Y 的不同情形, 在不同的数学分支中, 映射又有不同的惯用名称. 例如, 从非空集 X 到数集 Y 的映射又称为 X 上的泛函, 从非空集 X 到它自身的映射又称为 X 上的变换, 从实数集 (或其子集)X 到实数集 Y 的映射通常称为定义在 X 上的函数.

2. 逆映射与复合映射

设 f 是 X 到 Y 上的单射, 则由定义, 对每个 $y \in R_f$, 有唯一的 $x \in X$, 适合 $f(x) = y$. 于是, 我们可定义一个从 R_f 到 X 的新映射 g, 即

$$g : R_f \to X.$$

对每个 $y \in R_f$, 规定 $g(y) = x$, 其中 x 满足 $f(x) = y$, 这个映射 g 称为 f 的逆映射, 记为 f^{-1}, 其定义域 $D_{f^{-1}} = R_f$, 值域 $R_{f^{-1}} = X$.

按上述规定, 只有单射才存在逆映射. 所以, 在例 1~ 例 3 中, 只有例 3 中的映射 f 才存在逆映射 f^{-1}, 这个 f^{-1} 就是反正弦三角函数的主值

$$f^{-1}(x) = \arcsin x, \quad x \in [-1, 1],$$

其定义域 $D_{f^{-1}} = [-1, 1]$, 值域 $R_{f^{-1}} = \left[-\dfrac{\pi}{2}, \dfrac{\pi}{2} \right]$.

设有两个映射

$$g : X \to Y_1, \quad f : Y_2 \to Z,$$

其中 $Y_1 \subset Y_2$, 则由映射 g 和 f 可以定出一个从 X 到 Z 的对应法则, 它将每个 $x \in X$ 映成 $f[g(x)] \in Z$. 显然, 这个对应法则确定了一个从 X 到 Z 的映射, 这个映射称为由 g 和 f 构成的复合映射, 记为 $f \circ g$, 即

$$f \circ g : X \to Z,$$

$$(f \circ g)(x) = f[g(x)], \quad x \in X.$$

由复合映射的定义可知, 映射 g 和 f 构成复合映射的条件如下: g 的值域 R_g 必须包含在 f 的定义域内, 即 $R_g \subset D_f$. 否则, 不能构成复合映射. 由此可以知道, 映射 g 和 f 的复合映射是有顺序的, $f \circ g$ 有意义并不表示 $g \circ f$ 也有意义. 即使 $f \circ g$ 与 $g \circ f$ 都有意义, 复合映射 $f \circ g$ 与 $g \circ f$ 也未必相同.

例 4 设有映射 $g : \mathbf{R} \to [-1, 1]$, 对每个 $x \in \mathbf{R}, g(x) = \sin x$, 映射 $f : [-1, 1] \to [0, 1]$, 对每个 $u \in [-1, 1], f(u) = \sqrt{1 - u^2}$, 则映射 g 和 f 构成的复合映射 $f \circ g : \mathbf{R} \to [0, 1]$, 对每个 $x \in \mathbf{R}$, 有

$$(f \circ g)(x) = f[g(x)] = f(\sin x) = \sqrt{1 - \sin^2 x} = |\cos x|.$$

三、区间和邻域

区间是用得较多的一类集合. 设 a 和 b 都是实数, 且 $a < b$. 数集

$$\{x | a < x < b\}$$

称为开区间, 记为 (a, b), 即

$$(a, b) = \{x | a < x < b\}.$$

a 和 b 称为开区间 (a, b) 的端点, 这里 $a \notin (a, b), b \notin (a, b)$. 数集

$$\{x | a \leqslant x \leqslant b\}$$

称为闭区间, 记为 $[a, b]$, 即

$$[a, b] = \{x | a \leqslant x \leqslant b\}.$$

a 和 b 也称为闭区间 $[a, b]$ 的端点, 这里 $a \in [a, b], b \in [a, b]$.

类似地可说明:

$$[a, b) = \{x | a \leqslant x < b\},$$

$$(a, b] = \{x | a < x \leqslant b\}.$$

$[a, b)$ 和 $(a, b]$ 都称为半开半闭区间.

以上这些区间都称为有限区间. 数 $b - a$ 称为这些区间的长度. 从数轴上看, 这些有限区间是长度为有限的线段. 闭区间 $[a, b]$ 与开区间 (a, b) 在数轴上表示出来, 分别如图 0-1(a) 与 (b) 所示. 此外还有所谓无限区间. 引进记号 $+\infty$ (读作正无穷大) 及 $-\infty$ (读作负无穷大), 则可类似地表示无限区间, 如

$$[a, +\infty) = \{x | x \geqslant a\},$$

$$(-\infty, b) = \{x | x < b\}.$$

这两个无限区间在数轴上如图 0-1(c), (d) 所示.

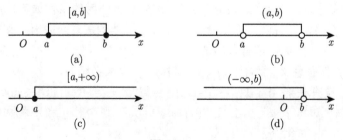

图 0-1

全体实数的集合 $\mathbf{R}$ 也可记为 $(-\infty, +\infty)$, 它也是无限区间.

以后在不需要辨明所讨论区间是否包含端点, 以及是有限区间还是无限区间的场合, 我们就简单地称它为 "区间", 且常用 I 表示.

邻域也是一个经常用到的概念. 以点 a 为中心的任何开区间称为点 a 的邻域, 记为 $U(a)$.

设 δ 是任一正数, 则开区间 $(a-\delta, a+\delta)$ 就是点 a 的一个邻域, 这个邻域称为点 a 的 δ 邻域, 记为 $U(a,\delta)$, 即

$$U(a,\delta) = \{x \mid a - \delta < x < a + \delta\}.$$

点 a 称为这邻域的中心, δ 称为这邻域的半径 (图 0-2).

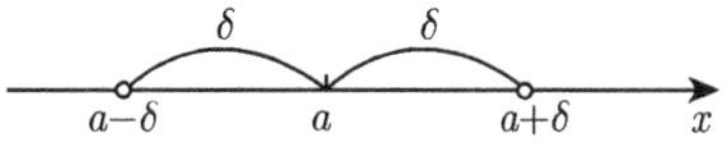

由于 $a - \delta < x < a + \delta$ 相当于 $|x - a| < \delta$, 所以

图 0-2

$$U(a,\delta) = \{x \mid |x - a| < \delta\}.$$

因为 $|x - a|$ 表示点 x 与点 a 间的距离, 所以 $U(a,\delta)$ 表示与点 a 的距离小于 δ 的一切点 x 的全体.

有时用到的邻域需要把邻域中心去掉. 点 a 的 δ 邻域去掉中心 a 后, 称为点 a 的去心 δ 邻域, 记为 $\overset{\circ}{U}(a,\delta)$, 即

$$\overset{\circ}{U}(a,\delta) = \{x \mid 0 < |x - a| < \delta\},$$

这里 $0 < |x - a|$ 就表示 $x \neq a$.

为了方便, 有时把开区间 $(a-\delta, a)$ 称为 a 的左 δ 邻域, 把区间 $(a, a+\delta)$ 称为 a 的右 δ 邻域.

两个闭区间的直积表示 xOy 平面上的矩形区域. 例如,

$$[a,b] \times [c,d] = \{(x,y) \mid x \in [a,b], y \in [c,d]\},$$

即为平面上的一个矩形区域, 这个区域在 x 轴与 y 轴上的投影分别为闭区间 $[a,b]$ 和闭区间 $[c,d]$.

第一章　函数与极限

高等数学是一门以函数作为主要研究对象、以极限方法为基本研究方法的学科. 极限理论几乎贯穿了高等数学的整个内容, 因此, 我们首先介绍函数和极限的概念、性质、运算法则, 以及函数的一个重要性质 —— 连续性.

第一节　函　数

在现实世界中, 一切事物都在一定的空间按一定的规律运动. 17 世纪初, 数学首先从对运动 (如天文、航海问题等) 的研究中, 根据变量间的相互联系及所遵循的规律, 引出了描述这种联系和规律的函数概念, 在那以后的 200 多年里这个概念几乎在所有的科学研究工作中占据了中心位置.

本节将介绍函数的概念、函数的特性与函数关系的建立.

一、函数概念

定义 1　设数集 $D \subset \mathbf{R}$, 则称映射 $f : D \to \mathbf{R}$ 为定义在 D 上的函数, 通常简记为

$$y = f(x), \quad x \in D,$$

其中 x 称为自变量, y 称为因变量, D 称为定义域, 记为 D_f, 即 $D_f = D$.

函数定义中, 对每个 $x \in D$, 按对应法则 f, 总有唯一确定的值 y 与之对应, 这个值称为函数 f 在 x 处的函数值, 记为 $f(x)$, 即 $y = f(x)$. 因变量 y 与自变量 x 之间的这种依赖关系, 通常称为函数关系. 函数值 $f(x)$ 的全体所构成的集合称为函数 f 的值域, 记为 R_f 或 $f(D)$, 即

$$R_f = f(D) = \{y | y = f(x), x \in D\}.$$

需要指出, 按照上述定义, 记号 f 和 $f(x)$ 的含义是有区别的: 前者表示自变量 x 和因变量 y 之间的对应法则, 而后者表示与自变量 x 对应的函数值. 但为了叙述方便, 习惯上常用记号 "$f(x), x \in D$" 或 "$y = f(x), x \in D$" 来表示定义在 D 上的函数, 这时应理解为由它所确定的函数 f.

表示函数的记号是可以任意选取的, 除了常用的 f 外, 还可以用其他的英文字母或希腊字母, 如 "g""F""φ" 等. 相应地, 函数可记为 $y = g(x), y = F(x), y = \varphi(x)$

等. 有时还直接用因变量的记号来表示函数, 即把函数记为 $y = y(x)$. 但在同一个问题中, 讨论到几个不同的函数时, 为了表示区别需用不同的记号来表示它们.

函数是从实数集到实数集的映射, 其值域总在 **R** 内, 因此构成函数的要素是定义域 D_f 及对应法则 f. 如果两个函数的定义域相同, 对应法则也相同, 那么这两个函数是相同的, 否则就是不同的.

函数的定义域通常按以下两种情形来确定: 一种是对有实际背景的函数, 根据实际背景中变量的实际意义确定. 例如, 在自由落体运动中, 设物体下落的时间为 t, 下落的距离为 s, 开始下落的时刻 $t = 0$, 落地的时刻 $t = T$, 则 s 与 t 之间的函数关系是

$$s = \frac{1}{2}gt^2, \quad t \in [0, T].$$

这个函数的定义域就是区间 $[0, T]$; 另一种是对抽象地用算式表达的函数, 通常约定这种函数的定义域是使得算式有意义的一切实数组成的集合, 这种定义域称为函数的自然定义域. 在这种约定之下, 一般用算式表达的函数可用 "$y = f(x)$" 表达, 而不必再写出 D_f. 例如, 函数 $y = \sqrt{1 - x^2}$ 的定义域是闭区间 $[-1, 1]$, 函数 $y = \dfrac{1}{\sqrt{1 - x^2}}$ 的定义域是开区间 $(-1, 1)$.

在函数的定义中, 对每个 $x \in D$, 对应的函数值 y 总是唯一的. 如果给定一个对应法则, 按这个法则, 对每个 $x \in D$, 总有确定的 y 值与之对应, 但这个 y 不总是唯一的, 那么对于这样的对应法则并不符合函数的定义, 习惯上我们称这种法则确定了一个多值函数. 例如, 设变量 x 和 y 之间的对应法则由方程 $x^2 + y^2 = r^2$ 给出. 显然, 对每个 $x \in [-r, r]$, 由方程 $x^2 + y^2 = r^2$ 可确定出对应的 y 值, 当 $x = r$ 或 $-r$ 时, 对应 $y = 0$ 一个值; 当取 $(-r, r)$ 内任一个值时, 对应的 y 有两个值. 所以这方程确定了一个多值函数. 对于多值函数, 如果附加一些条件, 使得在附加条件之下, 按对应法则, 对每个 $x \in D$, 总有唯一确定的实数值 y 与之对应, 那么这就确定了一个函数. 我们称这样得到的函数为多值函数的单值分支. 例如, 在由方程 $x^2 + y^2 = r^2$ 给出的对应法则中, 附加 "$y \geqslant 0$" 的条件, 即以 "$x^2 + y^2 = r^2$ 且 $y \geqslant 0$" 作为对应法则, 就可得到一个单值分支 $y = y_1(x) = \sqrt{r^2 - x^2}$; 附加 "$y \leqslant 0$" 的条件, 即以 "$x^2 + y^2 = r^2$ 且 $y \leqslant 0$" 作为对应法则, 就可得到另一个单值分支 $y = y_2(x) = -\sqrt{r^2 - x^2}$.

表示函数的主要方法有三种: 表格法、图形法、解析法 (公式法), 这在中学里大家已经熟悉. 其中, 用图形表示函数是基于函数图形的概念, 即坐标平面上的点集

$$\{P(x, y) | y = f(x), x \in D\}$$

称为函数 $y = f(x), x \in D$ 的图形 (图 1-1). 图中的 R_f 表示函数 $y = f(x)$ 的值域.

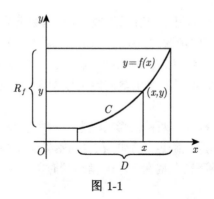

图 1-1

下面举几个函数的例子.

例 1   函数

$$y = 2$$

的定义域 $D = (-\infty, +\infty)$, 值域 $W = \{2\}$, 它的图形是一条平行于 x 轴的直线, 如图 1-2 所示.

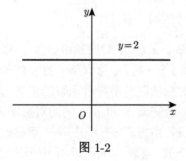

图 1-2

例 2   函数

$$y = |x| = \begin{cases} x, & x \geqslant 0, \\ -x, & x < 0 \end{cases}$$

的定义域 $D = (-\infty, +\infty)$, 值域 $R_f = [0, +\infty)$, 它的图形如图 1-3 所示. 这函数称为绝对值函数.

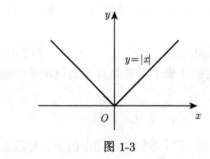

图 1-3

例 3 函数

$$y = \operatorname{sgn} x = \begin{cases} 1, & x > 0, \\ 0, & x = 0, \\ -1, & x < 0 \end{cases}$$

称为符号函数, 它的定义域 $D = (-\infty, +\infty)$, 值域 $R_f = \{-1, 0, 1\}$, 它的图形如图 1-4 所示. 对于任意实数 x, 下列关系成立:

$$x = \operatorname{sgn} x \cdot |x|.$$

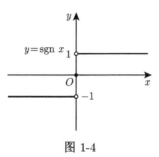

图 1-4

例 4 设 x 为任一实数. 不超过 x 的最大整数称为 x 的整数部分, 记为 $[x]$. 例如, $\left[\dfrac{5}{7}\right] = 0, [\sqrt{2}] = 1, [\pi] = 3, [-1] = -1, [-3.5] = -4$. 把 x 看成变量, 则函数

$$y = [x]$$

的定义域 $D = (-\infty, +\infty)$, 值域 $R_f = \mathbf{Z}$. 它的图形如图 1-5 所示, 这图形称为阶梯曲线. 在 x 为整数值处, 图形发生跳跃, 跃度为 1. 这函数称为取整函数.

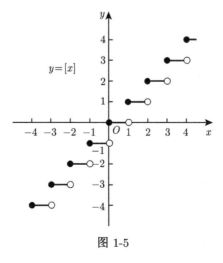

图 1-5

在例 2 和例 3 中看到, 有时一个函数要用几个式子表示. 这种在自变量的不同变化范围中, 对应法则用不同式子来表示的函数, 通常称为分段函数.

例 5　函数

$$y = f(x) = \begin{cases} 2\sqrt{x}, & 0 \leqslant x \leqslant 1, \\ 1+x, & x > 1 \end{cases}$$

是一个分段函数. 它的定义域 $D = [0, +\infty)$. 当 $x \in [0, 1]$ 时, 对应的函数值 $f(x) = 2\sqrt{x}$; 当 $x \in (1, +\infty)$ 时, 对应的函数值 $f(x) = 1+x$. 例如, $\frac{1}{2} \in [0, 1]$, 所以 $f\left(\frac{1}{2}\right) = 2\sqrt{\frac{1}{2}} = \sqrt{2}$; $1 \in [0, 1]$, 所以 $f(1) = 2\sqrt{1} = 2$; $3 \in (1, +\infty)$, 所以 $f(3) = 1+3 = 4$. 这函数的图形如图 1-6 所示.

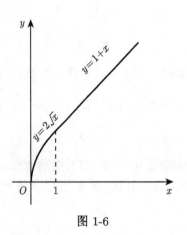

图 1-6

用几个式子表示一个 (不是几个) 函数, 不仅与函数定义并无矛盾, 而且有现实意义. 在自然科学和工程技术中, 经常会遇到分段函数的情形. 例如, 在等温过程中, 气体压强 p 与体积 V 的函数关系, 当 V 不太小时服从玻意耳 (Boyle) 定律; 当 V 相当小时, 函数关系就要用范德瓦耳斯 (van der Waals) 方程来表示, 即

$$p = \begin{cases} \dfrac{k}{V}, & V \geqslant V_0, \\ \dfrac{\gamma}{V-\beta} - \dfrac{\alpha}{V^2}, & \beta < V < V_0, \end{cases}$$

其中 k, α, β, γ 都是常量.

二、函数的几种特性

1. 函数的有界性

设函数 $f(x)$ 的定义域为 D, 数集 $X \subset D$. 如果存在数 K_1, 使得

$$f(x) \leqslant K_1$$

对任一 $x \in X$ 都成立, 则称函数 $f(x)$ 在 X 上有上界, 而 K_1 称为函数 $f(x)$ 在 X 上的一个上界. 如果存在数 K_2, 使得

$$f(x) \geqslant K_2$$

对任一 $x \in X$ 都成立, 则称函数 $f(x)$ 在 X 上有下界, 而 K_2 称为函数 $f(x)$ 在 X 上的一个下界. 如果存在正数 M, 使得

$$|f(x)| \leqslant M$$

对任一 $x \in X$ 都成立, 则称函数 $f(x)$ 在 X 上有界. 如果这样的 M 不存在, 就称函数 $f(x)$ 在 X 上无界; 这就是说, 如果对任何正数 M, 总存在 $x_1 \in X$, 使 $|f(x_1)| > M$, 那么函数 $f(x)$ 在 X 上无界.

例如, 就函数 $f(x) = \sin x$ 在 $(-\infty, +\infty)$ 内来说, 数 1 是它的一个上界, 数 -1 是它的一个下界 (当然, 大于 1 的任何数也是它的上界, 小于 -1 的任何数也是它的下界). 又

$$|\sin x| \leqslant 1$$

对任一实数 x 都成立, 故函数 $f(x) = \sin x$ 在 $(-\infty, +\infty)$ 内是有界的. 这里 $M = 1$ (当然也可取大于 1 的任何数作为 M 而使 $|f(x)| \leqslant M$ 对任一实数 x 都成立).

又如函数 $f(x) = \dfrac{1}{x}$ 在开区间 $(0, 1)$ 内没有上界, 但有下界. 例如, 1 就是它的一个下界. 函数 $f(x) = \dfrac{1}{x}$ 在开区间 $(0, 1)$ 内是无界的, 因为不存在这样的正数 M, 使 $\left| \dfrac{1}{x} \right| \leqslant M$ 对于 $(0, 1)$ 内的一切 x 都成立 (x 接近于 0 时, 不存在确定的正数 K_1, 使 $\dfrac{1}{x} \leqslant K_1$ 成立). 但是 $f(x) = \dfrac{1}{x}$ 在区间 $(1, 2)$ 内是有界的, 如可取 $M = 1$ 而使 $\left| \dfrac{1}{x} \right| \leqslant 1$ 对于一切 $x \in (1, 2)$ 都成立.

容易证明, 函数 $f(x)$ 在 X 上有界的充分必要条件是它在 X 上既有上界又有下界.

2. 函数的单调性

设函数 $f(x)$ 的定义域为 D, 区间 $I \subset D$. 如果对于区间 I 上任意两点 x_1 及 x_2, 当 $x_1 < x_2$ 时, 恒有

$$f(x_1) < f(x_2),$$

则称函数 $f(x)$ 在区间 I 上是单调增加的 (图 1-7); 如果对于区间 I 上任意两点 x_1 及 x_2, 当 $x_1 < x_2$ 时, 恒有

$$f(x_1) > f(x_2),$$

则称函数 $f(x)$ 在区间 I 上是单调减少的 (图 1-8). 单调增加和单调减少的函数统称为单调函数.

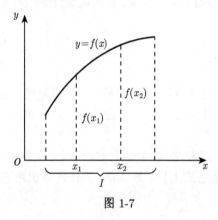

图 1-7

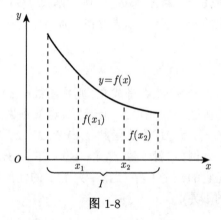

图 1-8

例如, 函数 $f(x) = x^2$ 在区间 $[0, +\infty)$ 上是单调增加的, 在区间 $(-\infty, 0]$ 上是单调减少的; 在区间 $(-\infty, +\infty)$ 内函数 $f(x) = x^2$ 不是单调的 (图 1-9).

又如, 函数 $f(x) = x^3$ 在区间 $(-\infty, +\infty)$ 内是单调增加的 (图 1-10).

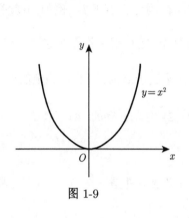

图 1-9

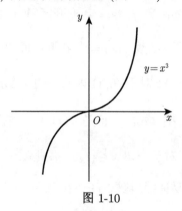

图 1-10

3. 函数的奇偶性

设函数 $f(x)$ 的定义域 D 关于原点对称. 如果对于任一 $x \in D$,

$$f(-x) = f(x)$$

恒成立, 则称 $f(x)$ 为偶函数. 如果对于任一 $x \in D$,

$$f(-x) = -f(x)$$

恒成立, 则称 $f(x)$ 为奇函数.

例如, $f(x) = x^2$ 是偶函数, 因为 $f(-x) = (-x)^2 = x^2 = f(x)$. 又例如, $f(x) = x^3$ 是奇函数, 因为 $f(-x) = (-x)^3 = -x^3 = -f(x)$.

偶函数的图形关于 y 轴是对称的. 因为若 $f(x)$ 是偶函数, 则 $f(-x) = f(x)$, 所以如果 $A(x, f(x))$ 是图形上的点, 则与它关于 y 轴对称的点 $A'(-x, f(x))$ 也在图形上 (图 1-11).

奇函数的图形关于原点是对称的. 因为若 $f(x)$ 是奇函数, 则 $f(-x) = -f(x)$, 所以如果 $A(x, f(x))$ 是图形上的点, 则与它关于原点对称的点 $A'(-x, -f(x))$ 也在图形上 (图 1-12).

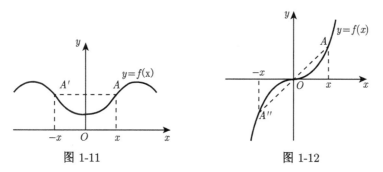

图 1-11　　　　　　　　　　　　图 1-12

函数 $y = \sin x$ 是奇函数. 函数 $y = \cos x$ 是偶函数. 函数 $y = \sin x + \cos x$ 既非奇函数, 也非偶函数.

4. 函数的周期性

设函数 $f(x)$ 的定义域为 D. 如果存在一个正数 l, 使得对于任一 $x \in D$ 有 $(x \pm l) \in D$, 且

$$f(x + l) = f(x),$$

恒成立, 则称 $f(x)$ 为周期函数, l 称为 $f(x)$ 的周期, 通常我们说周期函数的周期是指最小正周期.

例如, 函数 $\sin x$, $\cos x$ 都是以 2π 为周期的周期函数; 函数 $\tan x$ 是以 π 为周期的周期函数.

图 1-13 表示周期为 l 的一个周期函数. 在每个长度为 l 的区间上, 函数图形有相同的形状.

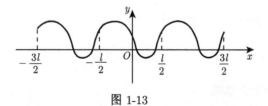

图 1-13

并非每个周期函数都有最小正周期. 下面的函数就属于这种情形.

例 6   狄利克雷 (Dirichlet) 函数

$$D(x) = \begin{cases} 1, & x \in \mathbf{Q}, \\ 0, & x \in \mathbf{Q}^C, \end{cases}$$

容易验证这是一个周期函数, 任何正有理数 r 都是它的周期. 因为不存在最小的正有理数, 所以它没有最小正周期.

三、反函数与复合函数

作为逆映射的特例, 我们有以下的反函数的概念.

设函数 $f: D \to f(D)$ 是单射, 则它存在逆映射 $f^{-1}: f(D) \to D$, 称此映射 f^{-1} 为函数 f 的反函数.

按此定义, 对每个 $y \in f(D)$, 有唯一的 $x \in D$, 使得 $f(x) = y$, 于是有

$$f^{-1}(y) = x.$$

这就是说, 反函数 f^{-1} 的对应法则是完全由函数 f 的对应法则所确定的.

例如, 函数 $f(x) = x^3, x \in \mathbf{R}$ 是单射, 所以它的反函数存在, 其反函数为 $x = y^{\frac{1}{3}}, y \in \mathbf{R}$.

由于习惯上自变量用 x 表示, 因变量用 y 表示, 于是 $f(x) = x^3, x \in \mathbf{R}$ 的反函数通常写为 $y = x^{\frac{1}{3}}, x \in \mathbf{R}$.

一般地, $y = f(x), x \in D$ 的反函数记为 $y = f^{-1}(x), x \in f(D)$.

若 f 是定义在 D 上的单调函数, 则 $f: D \to f(D)$ 是单射, 于是 f 的反函数 f^{-1} 必定存在, 而且容易证明 f^{-1} 也是 $f(D)$ 上的单调函数. 事实上, 不妨设 f 在 D 上是单调增加的, 现在来证明 f^{-1} 在 $f(D)$ 上也是单调增加的.

任取 $y_1, y_2 \in f(D)$, 且 $y_1 < y_2$. 按函数 f 的定义, 对 y_1, 在 D 内存在唯一的原像 x_1, 使得 $f(x_1) = y_1$, 于是 $f^{-1}(y_1) = x_1$; 对 y_2, 在 D 内存在唯一的原像 x_2, 使得 $f(x_2) = y_2$, 于是 $f^{-1}(y_2) = x_2$.

如果 $x_1 > x_2$, 则由 $f(x)$ 单调增加, 必有 $y_1 > y_2$; 如果 $x_1 = x_2$, 则显然有 $y_1 = y_2$. 这两种情形都与假设 $y_1 < y_2$ 不符, 故必有 $x_1 < x_2$, 即 $f^{-1}(y_1) < f^{-1}(y_2)$. 这就证明了 f^{-1} 在 $f(D)$ 上是单调增加的.

相对反函数 $y = f^{-1}(x)$ 来说, 原来的函数 $y = f(x)$ 称为直接函数. 把直接函数 $y = f(x)$ 和它的反函数 $y = f^{-1}(x)$ 的图形画在同一坐标平面上, 这两个图形关于直线 $y = x$ 是对称的 (图 1-14). 这是因为如果 $P(a, b)$ 是 $y = f(x)$ 图形上的点, 则有 $b = f(a)$. 按反函数的定义, 有 $a = f^{-1}(b)$, 故 $Q(b, a)$ 是 $y = f^{-1}(x)$ 图形上的点; 反之, 若 $Q(b, a)$ 是 $y = f^{-1}(x)$ 图形上的点, 则 $P(a, b)$ 是 $y = f(x)$ 图形上的点. 而 $P(a, b)$ 与 $Q(b, a)$ 是关于直线 $y = x$ 对称的.

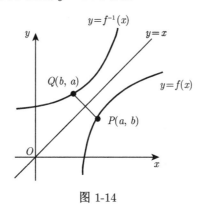

图 1-14

复合函数是复合映射的一种特例, 按照通常函数的记号, 复合函数的概念可如下表述.

设函数 $y = f(u)$ 的定义域为 D_f, 函数 $u = g(x)$ 的定义域为 D_g, 且其值域 $R_g \subset D_f$, 则由下式确定的函数

$$y = f[g(x)], \quad x \in D_g$$

称为由函数 $u = g(x)$ 与函数 $y = f(u)$ 构成的复合函数, 它的定义域为 D_g, 变量 u 称为中间变量.

函数 g 与函数 f 构成的复合函数, 即按 "先 g 后 f" 的次序复合的函数, 通常记为 $f \circ g$, 即

$$(f \circ g)(x) = f[g(x)].$$

与复合映射一样, g 与 f 能构成复合函数 $f \circ g$ 的条件如下: 函数 g 的值域

R_g 必须包含在函数 f 的定义域内 D_f, 即 $R_g \subset D_f$. 否则, 不能构成复合函数. 例如, $y = f(u) = \arcsin u$ 的定义域为 $[-1, 1]$, $u = g(x) = \sin x$ 的定义域为 $\mathbf{R}$, 且 $g(\mathbf{R}) \subset [-1, 1]$, 故 g 与 f 可构成复合函数.

$$y = \arcsin \sin x, \quad x \in \mathbf{R};$$

又如, $y = f(u) = \sqrt{u}$ 的定义域为 $D_f = [0, +\infty)$, $u = g(x) = \tan x$ 的值域为 $R_g = (-\infty, +\infty)$, 显然 $R_g \not\subset D_f$, 故 g 与 f 不能构成复合函数. 但是, 如果将函数 g 限制在它的定义域的一个子集 $D = \left\{ x \middle| k\pi \leqslant x < \left(k + \frac{1}{2}\right)\pi, k \in \mathbf{Z} \right\}$ 上, 令 $g^*(x) = \tan x$, $x \in D$, 那么 $R_{g^*} = g^*(D) \subset D_f$, g^* 与 f 就可以构成复合函数

$$(f \circ g^*)(x) = \sqrt{\tan x}, \quad x \in D.$$

习惯上为了简便起见, 仍称函数 $\sqrt{\tan x}$ 是由函数 $u = \tan x$ 与函数 $y = \sqrt{u}$ 构成的复合函数. 这里函数 $u = \tan x$ 应理解成: $u = \tan x$, $x \in D$. 以后, 我们采取这种习惯说法. 例如, 我们称函数 $u = x + 1$ 与函数 $y = \ln u$ 构成复合函数 $\ln(x+1)$, 它的定义域不是 $u = x + 1$ 的自然定义域 $\mathbf{R}$, 而是 $\mathbf{R}$ 的一个子集 $D = (-1, +\infty)$.

有时, 也会遇到两个以上函数所构成的复合函数, 只要它们顺次满足构成复合函数的条件. 例如, 函数 $y = \sqrt{u}, u = \cot v, v = \frac{x}{2}$ 可构成复合函数 $y = \sqrt{\cot \frac{x}{2}}$, 这里 u 及 v 都是中间变量, 复合函数的定义域是 $D = \{x | 2k\pi < x \leqslant (2k+1)\pi, k \in \mathbf{Z}\}$, 而不是 $v = \frac{x}{2}$ 的自然定义域 $\mathbf{R}$, D 是 $\mathbf{R}$ 的一个非空子集.

四、函数的运算

设函数 $f(x), g(x)$ 的定义域依次为 $D_1, D_2, D = D_1 \cap D_2 \neq \varnothing$, 则我们可以定义这两个函数的下列运算.

和 (差)$f \pm g$: $(f \pm g)(x) = f(x) \pm g(x)$, $x \in D$;

积 $f \cdot g$: $(f \cdot g)(x) = f(x) \cdot g(x)$, $x \in D$;

商 $\dfrac{f}{g}$: $\left(\dfrac{f}{g}\right)(x) = \dfrac{f(x)}{g(x)}$, $x \in D \backslash \{x | g(x) = 0, x \in D\}$.

例 7　设函数 $f(x)$ 的定义域为 $(-l, l)$, 证明必存在 $(-l, l)$ 上的偶函数 $g(x)$ 及奇函数 $h(x)$, 使得

$$f(x) = g(x) + h(x).$$

证　先分析如下: 假设这样的 $g(x), h(x)$ 存在, 使得

$$f(x) = g(x) + h(x), \tag{1}$$

且

$$g(-x) = g(x), \quad h(-x) = -h(x).$$

于是有

$$f(-x) = g(-x) + h(-x) = g(x) - h(x). \tag{2}$$

利用式 (1)、式 (2), 就可做出 $g(x), h(x)$. 这就启发我们作如下证明:

设

$$g(x) = \frac{1}{2}[f(x) + f(-x)].$$

$$h(x) = \frac{1}{2}[f(x) - f(-x)].$$

则

$$g(x) + h(x) = f(x).$$

$$g(-x) = \frac{1}{2}[f(-x) + f(x)] = g(x),$$

$$h(-x) = \frac{1}{2}[f(-x) - f(x)] = -h(x).$$

证毕.

五、初等函数

在初等数学中已经讲过下面五类函数.

幂函数: $y = x^\mu$ ($\mu \in \mathbf{R}$ 是常数);

指数函数: $y = a^x$ ($a > 0$, 且 $a \neq 1$);

对数函数: $y = \log_a x$ ($a > 0$, 且 $a \neq 1$, 特别地, 当 $a = \mathrm{e}$ 时, 记为 $y = \ln x$);

三角函数: 如 $y = \sin x$, $y = \cos x$, $y = \tan x$ 等;

反三角函数: 如 $y = \arcsin x$, $y = \arccos x$, $y = \arctan x$ 等.

以上这五类函数称为基本初等函数.

由常数和基本初等函数经过有限次四则运算和有限次的函数复合步骤所构成并可用一个式子表示的函数, 称为初等函数. 例如,

$$y = \sqrt{1 - x^2}, \quad y = \sin^2 x, \quad y = \sqrt{\cot \frac{x}{2}}$$

等都是初等函数. 在本课程中所讨论的函数绝大多数都是初等函数.

1. 指数函数、双曲函数以及反双曲函数

应用上常遇到以 e 为底的指数函数 $y = \mathrm{e}^x$ 和 $y = \mathrm{e}^{-x}$ 所产生的双曲函数以及它们的反函数 —— 反双曲函数. 它们的定义如下.

双曲正弦: $\mathrm{sh}\, x = \dfrac{\mathrm{e}^x - \mathrm{e}^{-x}}{2}$;

双曲余弦: $\mathrm{ch}\, x = \dfrac{\mathrm{e}^x + \mathrm{e}^{-x}}{2}$;

双曲正切: $\mathrm{th}\, x = \dfrac{\mathrm{sh}\, x}{\mathrm{ch}\, x} = \dfrac{\mathrm{e}^x - \mathrm{e}^{-x}}{\mathrm{e}^x + \mathrm{e}^{-x}}$.

这三个双曲函数的简单性态如下: 双曲正弦的定义域为 $(-\infty, +\infty)$; 它是奇函数, 它的图形通过原点且关于原点对称. 在区间 $(-\infty, +\infty)$ 内它是单调增加的. 当 x 的绝对值很大时, 它的图形在第一象限内接近曲线 $y = \dfrac{1}{2}\mathrm{e}^x$; 在第三象限内接近于曲线 $y = -\dfrac{1}{2}\mathrm{e}^{-x}$ (图 1-15).

双曲余弦的定义域为 $(-\infty, +\infty)$; 它是偶函数, 它的图形通过点 $(0,1)$ 且关于 y 轴对称. 在区间 $(-\infty, 0)$ 内它是单调减少的; 在区间 $(0, +\infty)$ 内它是单调增加的. $\mathrm{ch}\, 0 = 1$ 是这函数的最小值. 当 x 的绝对值很大时, 它的图形在第一象限内接近曲线 $y = \dfrac{1}{2}\mathrm{e}^x$; 在第二象限内接近于曲线 $y = \dfrac{1}{2}\mathrm{e}^{-x}$ (图 1-15).

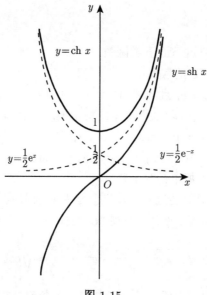

图 1-15

双曲正切的定义域为 $(-\infty, +\infty)$; 它是奇函数, 它的图形通过原点且关于原点对称. 在区间 $(-\infty, +\infty)$ 内它是单调增加的. 它的图形夹在水平直线 $y = 1$ 及 $y = -1$ 之间, 且当 x 的绝对值很大时, 它的图形在第一象限内接近直线 $y = 1$; 而在第三象限内接近于直线 $y = -1$ (图 1-16).

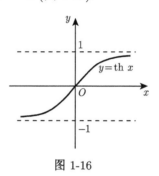

图 1-16

根据双曲函数的定义, 可证下列四个公式:

$$\operatorname{sh}(x + y) = \operatorname{sh} x \operatorname{ch} y + \operatorname{ch} x \operatorname{sh} y; \tag{1}$$

$$\operatorname{sh}(x - y) = \operatorname{sh} x \operatorname{ch} y - \operatorname{ch} x \operatorname{sh} y; \tag{2}$$

$$\operatorname{ch}(x + y) = \operatorname{ch} x \operatorname{ch} y + \operatorname{sh} x \operatorname{sh} y; \tag{3}$$

$$\operatorname{ch}(x - y) = \operatorname{ch} x \operatorname{ch} y - \operatorname{sh} x \operatorname{sh} y. \tag{4}$$

我们来证明公式 (1), 其他三个公式读者可自行证明. 由定义, 得

$$
\begin{aligned}
\operatorname{sh} x \operatorname{ch} y + \operatorname{ch} x \operatorname{sh} y &= \frac{e^x - e^{-x}}{2} \cdot \frac{e^y + e^{-y}}{2} + \frac{e^x + e^{-x}}{2} \cdot \frac{e^y - e^{-y}}{2} \\
&= \frac{e^{x+y} - e^{y-x} + e^{x-y} - e^{-(x+y)}}{4} \\
&\quad + \frac{e^{x+y} + e^{y-x} - e^{x-y} - e^{-(x+y)}}{4} \\
&= \frac{e^{x+y} - e^{-(x+y)}}{2} = \operatorname{sh}(x + y).
\end{aligned}
$$

由以上四个公式可以导出其他的一些公式, 如下所示.

在公式 (4) 中令 $x = y$, 并注意到 $\operatorname{ch} 0 = 1$, 得

$$\operatorname{ch}^2 x - \operatorname{sh}^2 x = 1. \tag{5}$$

在公式 (1) 中令 $x = y$, 得

$$\operatorname{sh} 2x = 2 \operatorname{sh} x \operatorname{ch} x. \tag{6}$$

在公式 (3) 中令 $x = y$, 得

$$\text{ch } 2x = \text{ch}^2 x + \text{sh}^2 x. \tag{7}$$

以上关于双曲函数的公式 (1) 至公式 (7) 与三角函数的有关公式相类似, 把它们对比一下可帮助记忆.

双曲函数 $y = \text{sh } x, y = \text{ch } x (x \geqslant 0), y = \text{th } x$ 的反三角函数依次记为

反双曲正弦: $y = \text{arsh } x$;

反双曲余弦: $y = \text{arch } x$;

反双曲正切: $y = \text{arth } x$.

这些反双曲函数都可以通过自然对数来表示, 分别讨论如下.

先讨论双曲正弦 $y = \text{sh } x$ 的反函数. 由 $x = \text{sh } y$, 有

$$x = \frac{\text{e}^y - \text{e}^{-y}}{2}.$$

令 $u = \text{e}^y$, 则由上式有

$$u^2 - 2xu - 1 = 0.$$

这是关于 u 的一个二次方程, 它的根为

$$u = x \pm \sqrt{x^2 + 1}.$$

因 $u = \text{e}^y > 0$, 故上式根号前应取正号, 于是

$$u = x + \sqrt{x^2 + 1}.$$

由于 $y = \ln u$, 故得反双曲正弦

$$y = \text{arsh } x = \ln\left(x + \sqrt{x^2 + 1}\right).$$

函数 $y = \text{arsh } x$ 的定义域为 $(-\infty, +\infty)$; 它是奇函数, 在区间 $(-\infty, +\infty)$ 内单调增加. 由 $y = \text{sh } x$ 的图形, 根据反函数的作图法, 可得 $y = \text{arsh } x$ 的图形, 如图 1-17 所示.

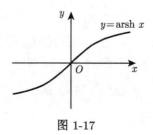

图 1-17

下面讨论双曲余弦 $y = \operatorname{ch} x \, (x \geqslant 0)$ 的反函数. 由 $x = \operatorname{ch} y \, (y \geqslant 0)$, 有

$$x = \frac{\mathrm{e}^y + \mathrm{e}^{-y}}{2}, \quad y \geqslant 0,$$

由此得 $\mathrm{e}^y = x \pm \sqrt{x^2 - 1}$, 故

$$y = \ln\left(x \pm \sqrt{x^2 - 1}\right).$$

式中 x 的值必须满足条件 $x \geqslant 1$, 而其中平方根前的符号由于 $y \geqslant 0$ 应取正. 故

$$y = \ln\left(x + \sqrt{x^2 - 1}\right).$$

上述双曲余弦 $y = \operatorname{ch} x \, (x \geqslant 0)$ 的反函数称为反双曲余弦的主值, 记为 $y = \operatorname{arch} x$, 即

$$y = \operatorname{arch} x = \ln\left(x + \sqrt{x^2 - 1}\right).$$

这样规定的函数 $y = \operatorname{arch} x$ 的定义域为 $[1, +\infty)$, 在区间 $[1, +\infty)$ 上是单调增加的 (图 1-18).

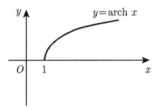

图 1-18

类似地可得反双曲正切

$$y = \operatorname{arth} x = \frac{1}{2} \ln \frac{1 + x}{1 - x}.$$

这函数的定义域为开区间 $(-1, 1)$, 它在开区间 $(-1, 1)$ 内是单调增加的奇函数. 它的图形关于原点对称 (图 1-19).

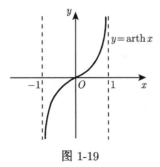

图 1-19

2. 一些常用的三角恒等式

$$\sin^2 x + \cos^2 x = 1, \quad 1 + \tan^2 x = \sec^2 x, \quad 1 + \cot^2 x = \csc^2 x,$$

$$\sin(x \pm y) = \sin x \cos y \pm \cos x \sin y,$$

$$\cos(x \pm y) = \cos x \cos y \mp \sin x \sin y,$$

$$\tan(x \pm y) = \frac{\tan x \pm \tan y}{1 \mp \tan x \tan y},$$

$$\sin x + \sin y = 2 \sin \frac{x+y}{2} \cos \frac{x-y}{2},$$

$$\sin x - \sin y = 2 \cos \frac{x+y}{2} \sin \frac{x-y}{2},$$

$$\cos x + \cos y = 2 \cos \frac{x+y}{2} \cos \frac{x-y}{2},$$

$$\cos x - \cos y = -2 \sin \frac{x+y}{2} \sin \frac{x-y}{2},$$

$$\sin x \cos y = \frac{1}{2}[\sin(x+y) + \sin(x-y)],$$

$$\cos x \sin y = \frac{1}{2}[\sin(x+y) - \sin(x-y)],$$

$$\cos x \cos y = \frac{1}{2}[\cos(x+y) + \cos(x-y)],$$

$$\sin x \sin y = \frac{1}{2}[\cos(x-y) - \cos(x+y)].$$

六、函数关系的建立

下面通过几个具体例子, 说明如何建立简单的函数关系.

例 8　一打工者, 每天上午到培训中心 A 学习, 下午到公司 B 上班. 晚饭后再到酒店 C 服务, 早、晚饭在宿舍吃, 中午带饭在学习或工作的地方吃. A, B, C 位于同一条街的一侧, 且酒店在培训中心与公司之间, 中心与酒店相距 3km, 酒店与公司相距 4km, 问该打工者在这条街道的 A, B 之间何处找一宿舍 (假设随处可找到), 才可使每天往返的路程最少.

解　假设街道是平直的 (图 1-20), 并设所找宿舍 D 距中心 A 为 x km, 首先建立每天往返的路程函数 $f(x)$.

当 D 位于 A 与 C 之间时,

$$f(x) = x + 7 + (7 - x) + 2(3 - x) = 20 - 2x (0 \leqslant x \leqslant 3);$$

当 D 位于 C 与 B 之间时,

$$f(x) = x + 7 + (7 - x) + 2(x - 3) = 8 + 2x(3 < x \leqslant 7).$$

于是

$$f(x) = \begin{cases} 20 - 2x, & 0 \leqslant x \leqslant 3, \\ 8 + 2x, & 3 < x \leqslant 7. \end{cases}$$

$f(x)$ 为一分段函数 (图 1-21). 显然函数在区间 $[0, 3]$ 上单调减少, $[3, 7]$ 上单调增加, 在 $x = 3$ 处取得最小值. 这说明打工者应在酒店 C 处找宿舍, 每天走的路程最少.

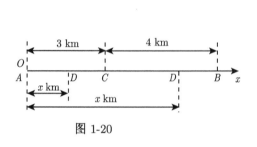

图 1-20

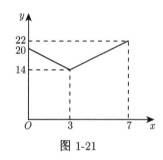

图 1-21

例 9 有一半径为 a 的半球形碗, 在碗内放入一根质量均匀、长度为 $l(2a < l < 4a)$ 的细杆. 试建立细杆的中心所在位置的函数.

解 设细杆位于碗的对称面内, 那么可将问题简化在平面坐标系中, 如图 1-22 所示, $G(x, y)$ 为细杆的中心. 由于细杆在不同位置时, 它与 y 轴的夹角不同, 以此角作为自变量较为方便, 故设细杆与 y 轴的夹角为 θ, 易知

$$x = |CG| = |GB| \sin\theta,$$

$$y = a - |CB| = a - |GB| \cos\theta,$$

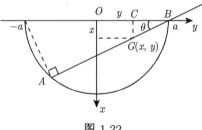

图 1-22

而

$$|GB| = |AB| - |AG| = 2a\cos\theta - \frac{l}{2},$$

代入上式便得细杆中心的位置函数为

$$
\begin{cases}
x = \left(2a\cos\theta - \dfrac{l}{2}\right)\sin\theta, \\[3mm]
y = a - \left(2a\cos\theta - \dfrac{l}{2}\right)\cos\theta,
\end{cases}
\quad 0 < \theta < \frac{\pi}{2}.
$$

习　题　1-1

1. 设 $A = (-\infty, -3) \cup (7, +\infty)$, $B = (-8, 2]$, 写出 $A \cup B$, $A \cap B$, $A \backslash B$ 及 $A \backslash (A \backslash B)$ 的表达式.

2. 设映射 $f : X \to Y$, $A \subset X$, $B \subset X$. 证明:

(1) $f(A \cup B) = f(A) \cup f(B)$; 　　　(2) $f(A \cap B) \subset f(A) \cap f(B)$.

3. 设映射 $f : X \to Y$, $A \subset X$. 证明:

(1) $f^{-1}(f(A)) \supset A$; 　　　(2) 当 f 是单射时, 有 $f^{-1}(f(A)) = A$.

4. 求下列函数的自然定义域.

(1) $y = \dfrac{1}{\sqrt{x^2 - 2}}$; 　　　(2) $y = \ln(3x + 4)$;

(3) $y = \arcsin\sqrt{2x - 1}$; 　　　(4) $y = \arctan\dfrac{1}{x} - \sqrt{1 - x^2}$;

(5) $y = \tan(2x - 1)$; 　　　(6) $y = \mathrm{e}^{\frac{1}{x}}$.

5. 下列各题中, 函数 $f(x)$ 和 $g(x)$ 是否相同? 为什么?

(1) $f(x) = \ln x^2, g(x) = 2\ln x$;

(2) $f(x) = x, g(x) = \arcsin\sin x$;

(3) $f(x) = \sqrt{x^3 - x^2}, g(x) = x\sqrt{x - 1}$;

(4) $f(x) = 1, g(x) = \sin^2 x + \cos^2 x$;

(5) $f(x) = 1, g(x) = \sec^2 x - \tan^2 x$;

(6) $f(x) = 1 - \cos^2 x, g(x) = 2\sin x$.

6. 设 $\phi(x) = \begin{cases} -\sin x, & |x| < \dfrac{\pi}{3}, \\[2mm] \cos x, & |x| \geqslant \dfrac{\pi}{3}, \end{cases}$ 求 $\phi\left(\dfrac{\pi}{6}\right), \phi\left(\dfrac{\pi}{4}\right), \phi\left(-\dfrac{\pi}{4}\right), \phi\left(-\dfrac{\pi}{2}\right)$.

7. 试确定下列函数的单调区间.

(1) $y = \dfrac{3}{x} + \ln(-x)$; 　　(2) $y = \dfrac{x}{1 - x}$; 　　(3) $y = 1 - \tan x$.

8. 下列函数中哪些是偶函数, 哪些是奇函数, 哪些既非奇函数又非偶函数?

(1) $y = x\sqrt{1 - x^2}$; 　　　(2) $y = \sin^2 x - 3\cos^3 x$;

(3) $y = \ln\left(\sqrt{1 + x^2} - x\right)$; 　　　(4) $y = x(x + 1)$;

(5) $y = \dfrac{e^x + e^{-x}}{2}$; (6) $y = \tan \dfrac{1}{x}$.

9. 设下面所考虑的函数都是定义在对称区间 $(-l,\ l)$ 上的, 证明:

(1) 两个偶函数的和是偶函数, 两个奇函数的和是奇函数;

(2) 两个偶函数的乘积是偶函数, 两个奇函数的乘积是偶函数, 偶函数与奇函数的乘积是奇函数.

10. 下列各函数中哪些是周期函数? 对于周期函数, 指出其周期.

(1) $y = |\sin x|$; (2) $y = \cos 4x$;

(3) $y = \tan(\pi x + 3)$; (4) $y = x \cot x$.

11. 求下列函数的反函数.

(1) $y = x^3 - 1$; (2) $y = \dfrac{1-x}{1+x}$; (3) $y = \dfrac{3^x}{3^x + 1}$.

12. $f(x) = \dfrac{ax+b}{cx+d}(ad - bc \neq 0)$; $a,\ b,\ c,\ d$ 满足什么条件时, $f(x)$ 的反函数仍是其本身?

13. 在下列各题中, 求由所给函数复合而成的函数.

(1) $y = \sin u, u = x^2$; (2) $y = \sqrt{u}, u = e^x$;

(3) $y = \ln u, u = 1 + x^2$; (4) $y = e^u, u = x^3$.

14. 试判断下列函数由哪些基本初等函数复合而成.

(1) $y = e^{\sin 4x}$; (2) $y = \sqrt[3]{\arctan x^2}$; (3) $y = 2^{\cos^2 x}$.

15. 已知函数 $f(x)$ 定义域为 $[0,1]$, 求 $f(\sqrt[3]{x}), f(\cos x), f(x+c) + f(x-c)(c > 0)$ 的定义域.

16. 设 $f(x) = \begin{cases} 1, & |x| < 1, \\ 0, & |x| = 1, \\ -1, & |x| > 1, \end{cases}$ $g(x) = 2^x$, 求 $f(g(x))$ 与 N, 并作出函数图形.

17. 设 $f(x) = \begin{cases} x+1, & x < 0, \\ x^2 + 2, & 0 \leqslant x < 2, \\ \ln x, & x \geqslant 2. \end{cases}$ $g(x) = \begin{cases} \sin x, & x < 1, \\ e^x, & x \geqslant 1. \end{cases}$ 求 $f(x) + g(x)$.

第二节 数列的极限

一、数列极限的定义

自然界中, 许多变量在不同地变动时有逐渐稳定下来的趋势, 它无限的接近于某个定值. 例如, 阻尼振荡的振幅无限接近于零, 但在理论上振荡是永远也不会终止的. 又如将一个温度较高的物体, 浸入温度较低的液体里, 在假设所盛液体容器是绝热的条件下, 物体的温度与液体的温度的差别越来越小, 无限地接近于一个平均温度, 但在理论上两者的温度永远也不会相等. 自然界里存在着众多类似这种趋于一个定值的不停变化着的量. 为了认识这种现象就有必要研究变量的极限.

极限概念的产生更为重要的原因是实际问题中, 计算某些复杂量的准确结果已不能在初等数学范围内用有限步骤来得到, 只能无限次地使用原来的初等方法才可达到目的. 例如, 我国古代数学家刘徽 (公元 3 世纪) 利用圆内接正多边形来推算圆面积的方法 —— 割圆术, 就是极限思想在几何学上的应用.

设有一圆, 首先作内接正六边形, 把它的面积记为 A_1; 再作内接正十二边形, 其面积记为 A_2; 再作内接正二十四边形, 其面积记为 A_3; 循环下去, 每次边数加倍, 一般地把内接正 $6 \times 2^{n-1}$ 边形的面积记为 A_n ($n \in \mathbf{N}^+$), 这样, 就得到一系列内接正多边形的面积:

$$A_1, \ A_2, \ A_3, \ \cdots, \ A_n, \ \cdots,$$

它们构成一列有次序的数. 当 n 越大, 内接正多边形与圆的差别就越小, 从而以 A_n 作为圆面积的近似值也就越精确. 但是无论 n 取如何大, 只要 n 取定了, A_n 终究只是多边形的面积, 而还不是圆的面积. 而 "边数无限多" 的内接正多边形实际上又难以作出. 因此, 人们自然想到: 替代作 "边数无限多" 的内接正多边形, 转为设想让 n 无限增大 (记为 $n \to \infty$, 读作 n 趋于无穷大), 即内接正多边形的边数无限增加, 在内接正多边形无限接近于圆时, 去观察 A_n 取值的变化趋势, 当 A_n 无限趋近于某一个数值时, 这个确定的数值就应为圆的准确面积了. 用这种方法, 人们不仅可以建立半径为 R 的圆其准确面积的计算公式, 而且对单位圆还能逐步获得 π 更好的近似结果.

解决实际问题中逐步形成的这种方法, 已成为高等数学中的一种基本方法, 因此有必要作进一步的阐明.

先说明数列的概念. 如果按照某一法则, 对每个 $n \in \mathbf{N}^+$, 对应着一个确定的实数 x_n, 这些实数 x_n 按照下标 n 从小到大排列得到的一个有次序的排列

$$x_1, \ x_2, \ x_3, \ \cdots, \ x_n, \ \cdots$$

就称为数列, 简记为数列 $\{x_n\}$.

在几何上, 数列 $\{x_n\}$ 可看成数轴上的一个动点, 它依次取数轴上的点 x_1, x_2, x_3, $\cdots$, x_n, $\cdots$ (图 1-23).

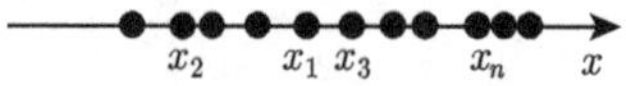

图 1-23

函数意义下, 数列 $\{x_n\}$ 可看成自变量为正整数 n 的函数:

$$x_n = f(n), \quad n \in \mathbf{N}^+.$$

当自变量 n 依次取 1, 2, 3, $\cdots$ 一切正整数时, 对应的函数值就排成数列 $\{x_n\}$.

数列中的每一个数称为数列的项, 第 n 项 x_n 称为数列的一般项. 例如,

$$\frac{1}{2}, \frac{2}{3}, \frac{3}{4}, \cdots, \frac{n}{n+1}, \cdots;$$

$$2, 4, 8, \cdots, 2^n, \cdots;$$

$$\frac{1}{2}, \frac{1}{4}, \frac{1}{8}, \cdots, \frac{1}{2^n}, \cdots;$$

$$1, -1, 1, \cdots, (-1)^{n+1}, \cdots;$$

$$2, \frac{1}{2}, \frac{4}{3}, \cdots, \frac{n+(-1)^{n-1}}{n}, \cdots$$

都是数列的例子, 它们的一般项依次为

$$\frac{n}{n+1}, 2^n, \frac{1}{2^n}, (-1)^{n+1}, \frac{n+(-1)^{n-1}}{n}.$$

观察上面的数列, 不难发现, 数列 $\left\{\dfrac{n}{n+1}\right\}$, $\left\{\dfrac{1}{2^n}\right\}$, $\left\{\dfrac{n+(-1)^{n-1}}{n}\right\}$ 当 n 无限 增大时 (即 $n \to \infty$ 时), 分别无限接近于常数 $1, 0, 1$, 而数列 $\{2^n\}$, $\{(-1)^{n+1}\}$ 则不 能无限接近于某一常数.

这样, 我们便可给出数列极限的一种定性化描述.

定义 1　设 $\{x_n\}$ 为一数列, 如果当 n 无限增大时, x_n 无限接近于某个确定的 常数 a, 则称常数 a 为数列 $\{x_n\}$ 的极限, 记为

$$\lim_{n\to\infty} x_n = a, \quad \text{或} \quad x_n \to a(n \to \infty).$$

虽然定性化描述使我们对数列极限有了一定的了解和认识, 但要想把握数列极 限的实质, 并对极限作深一步的探讨, 从中获得确定极限的方法, 则需要给出数列 极限的数量刻画描述.

对我们要讨论的问题来说, 重要的是如何通过量的形式来体现 n 取值无限增 大, 相应数列的取值可无限接近一常数? 需解决的是数与数间的接近如何度量? 接 近程度如何把握? n 取值无限增大如何体现? 为此, 我们以数列

$$x_n = \left\{ \frac{1}{3} \left(1 - \frac{1}{n}\right) \left(1 - \frac{1}{2n}\right) \right\} \tag{1}$$

为例进行分析. 在这数列中,

$$x_n = \frac{1}{3}\left(1 - \frac{1}{n}\right)\left(1 - \frac{1}{2n}\right) = \frac{1}{3} - \left(\frac{1}{2n} - \frac{1}{6n^2}\right).$$

我们知道, 数与数轴上的点是一一对应的, 而点与点的接近可通过距离来度量, 由此, 两个数 a 与 b 之间的接近可以用这两个数之差的绝对值 $|b-a|$ 来度量 (在数轴上 $|b-a|$ 表示点 a 与点 b 之间的距离), 而接近程度可由 $|b-a| < \varepsilon$ ($\varepsilon > 0$ 为一正实数) 来把握, 即 a 与 b 接近达到不超过 $\varepsilon > 0$ 的程度, ε 越小, a 与 b 接近程度就越好.

就数列 (1) 来说, 因为

$$\left| x_n - \frac{1}{2} \right| = \left| \frac{1}{6} + \frac{1}{2n} \left(1 - \frac{1}{3n} \right) \right| = \frac{1}{6} + \frac{1}{2n} \left(1 - \frac{1}{3n} \right),$$

由此可见, 当 n 越来越大时, $\frac{1}{n}$ 越来越小, 从而 x_n 就越来越接近于 $\frac{1}{2}$. 当然 n 越来越大时, 虽然 x_n 越来越接近于 $\frac{1}{2}$, 但明显的一个事实是: 当 n 取值无限增大时, x_n 并不能无限接近 $\frac{1}{2}$. 然而, 对

$$\left| x_n - \frac{1}{3} \right| = \frac{1}{2n} - \frac{1}{6n^2} < \frac{1}{n}$$

而言, 作为衡量 x_n 与 $\frac{1}{3}$ 具体接近的数值 $\frac{1}{n}$ 明显具有的一个特征是: 无论预先要求 x_n 与 $\frac{1}{3}$ 接近不超过一个什么程度 ε, 只要 n 取值足够大, 即从某一正整数 N 以后 ($n > N$), 就能保证一切 x_n 与 $\frac{1}{3}$ 接近到所要求的程度, 即随着 n 取值逐渐增大, 乃至无限增大, x_n 的取值逐渐接近于 $\frac{1}{3}$, 乃至无限接近于 $\frac{1}{3}$. 由此可给出数列极限的数量刻画描述性定义.

定义 2   设 $\{x_n\}$ 为一数列, 如果存在常数 a, 对于任意给定的正数 ε (不论它多么小), 总存在正整数 N, 使得当 $n > N$ 时, 不等式

$$|x_n - a| < \varepsilon$$

都成立, 那么就称常数 a 是数列 $\{x_n\}$ 的极限, 或者称数列 $\{x_n\}$ 收敛于 a, 记为

$$\lim_{n \to \infty} x_n = a,$$

或

$$x_n \to a (n \to \infty).$$

如果不存在这样的常数 a, 就说数列 $\{x_n\}$ 没有极限, 或者说数列 $\{x_n\}$ 是发散的, 习惯上也说 $\lim\limits_{n \to \infty} x_n$ 不存在.

上面定义中正数 ε 可以任意给定是很重要的, 因为只有这样, 不等式 $|x_n - a| <$
ε 才能表达出 x_n 与 a 无限接近的意思. 此外还应注意到: 定义中的正整数 N 是与
任意给定的正数 ε 有关的, 它随着 ε 的给定而选定.

我们给 "数列 $\{x_n\}$ 的极限为 a" 一个几何解释.

将常数 a 及数列 $x_1, x_2, x_3, \cdots, x_n, \cdots$ 在数轴上用它们的对应点表示出来,
再在数轴上作 a 点的 ε 邻域即开区间 $(a - \varepsilon, a + \varepsilon)$ (图 1-24).

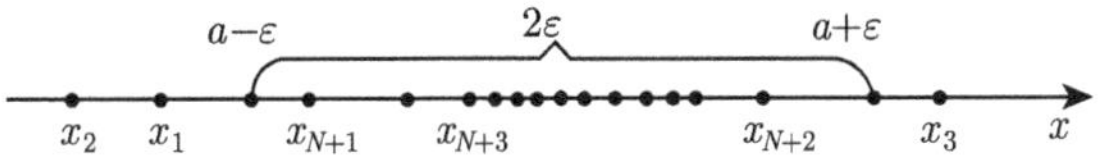

图 1-24

因不等式

$$|x_n - a| < \varepsilon$$

与不等式

$$a - \varepsilon < x_n < a + \varepsilon$$

等价, 所以当 $n > N$ 时, 所有的点 x_n 都落在开区间 $(a - \varepsilon, a + \varepsilon)$ 内, 而只有有限
个 (至多只有 N 个) 在这开区间以外.

为了方便表达, 引入记号 "$\forall$" 表示 "对于任意给定的" 或 "对于每一个", 记号
"$\exists$" 表示 "存在". 于是, "对于任意给定的 $\varepsilon > 0$" 写为 "$\forall \varepsilon > 0$" 及 "存在正整数
N" 写成 "$\exists$ 正整数 N", 数列极限 $\lim\limits_{n\to\infty} x_n = a$ 的定义可表达为

$$\lim_{n\to\infty} x_n = a \Leftrightarrow \forall \varepsilon > 0, \exists 正整数 N, 当 n > N 时, 有 |x_n - a| < \varepsilon.$$

数列极限的定义并未直接提供如何去求数列的极限, 以后要讲极限的求法, 而
现在只先举几个说明极限概念的例子.

例 1 证明数列

$$2, \frac{1}{2}, \frac{4}{3}, \frac{3}{4}, \cdots, \frac{n + (-1)^{n-1}}{n}, \cdots$$

的极限是 1.

证
$$|x_n - a| = \left| \frac{n + (-1)^{n-1}}{n} - 1 \right| = \frac{1}{n},$$

为了使 $|x_n - a|$ 小于任意给定的正数 ε(设 $\varepsilon < 1$), 只要

$$\frac{1}{n} < \varepsilon, \quad 或 n > \frac{1}{\varepsilon},$$

所以, $\forall \varepsilon > 0$, 取 $N = \left[\dfrac{1}{\varepsilon}\right]$, 则当 $n > N$ 时, 就有

$$\left|\frac{n + (-1)^{n-1}}{n} - 1\right| < \varepsilon.$$

即

$$\lim_{n \to \infty} \frac{n + (-1)^{n-1}}{n} = 1.$$

例 2   已知 $x_n = \dfrac{(-1)^n}{(n+1)^2}$, 证明数列 $\{x_n\}$ 的极限是 0.

证 $|x_n - a| = \left|\dfrac{(-1)^n}{(n+1)^2} - 0\right| = \dfrac{1}{(n+1)^2} < \dfrac{1}{n+1}$.

$\forall \varepsilon > 0$ (设 $\varepsilon < 1$), 只要

$$\frac{1}{n+1} < \varepsilon, \quad \text{或 } n > \frac{1}{\varepsilon} - 1,$$

不等式 $|x_n - a| < \varepsilon$ 必定成立. 所以, 取 $N = \left[\dfrac{1}{\varepsilon} - 1\right]$, 则当 $n > N$ 时, 就有

$$\left|\frac{(-1)^n}{(n+1)^2} - 0\right| < \varepsilon,$$

即

$$\lim_{n \to \infty} \frac{(-1)^n}{(n+1)^2} = 0.$$

注   在利用数列极限的定义来论证某个数 a 是数列 $\{x_n\}$ 的极限时, 重要的是对于给定的正数 ε, 要能够指出定义中所说的这种正整数 N 确实存在, 虽然 N 取值的大小一定程度上体现出数列的取值 x_n 无限接近极限值 a 的快慢, 但仅就验证 a 是否为数列的极限而言, 没有必要去求最小的 N. 如果知道 $|x_n - a|$ 小于某个量 (这个量是 n 的一个函数), 那么当这个量小于 ε 时, $|x_n - a| < \varepsilon$ 当然也成立. 若令这个量小于 ε 来定出 N 比较方便, 就可采用如例 2 的做法确定出 N.

例 3   设 $|q| < 1$, 证明等比数列

$$1, \ q, \ q^2, \ \cdots, \ q^{n-1}, \ \cdots$$

的极限是 0.

证 $\forall \varepsilon > 0$ (设 $\varepsilon < 1$),

因为

$$|x_n - 0| = |q^{n-1} - 0| = |q|^{n-1},$$

要使 $|x_n - 0| < \varepsilon$, 只要

$$|q|^{n-1} < \varepsilon.$$

取自然对数, 得 $(n-1)\ln|q| < \ln\varepsilon$. 因 $|q| < 1, \ln|q| < 0$, 故

$$n > 1 + \frac{\ln\varepsilon}{\ln|q|}.$$

取 $N = \left[1 + \dfrac{\ln\varepsilon}{\ln|q|}\right]$, 则当 $n > N$ 时, 就有

$$\left|q^{n-1} - 0\right| < \varepsilon,$$

即 $\lim\limits_{n\to\infty} q^{n-1} = 0$.

二、收敛数列的性质

下面四个定理都是有关收敛数列的性质.

定理 1 (极限的唯一性) 如果数列 $\{x_n\}$ 收敛, 那么它的极限唯一.

证 用反证法. 假设同时有 $x_n \to a$ 及 $x_n \to b$, 且 $a < b$. 取 $\varepsilon = \dfrac{b-a}{2}$. 因 $\lim\limits_{n\to\infty} x_n = a$, 故 $\exists$ 正整数 N_1, 当 $n > N_1$ 时, 不等式

$$|x_n - a| < \frac{b-a}{2} \tag{2}$$

成立. 同理, 因为 $\lim\limits_{n\to\infty} x_n = b$, 故 $\exists$ 正整数 N_2, 当 $n > N_2$ 时, 不等式

$$|x_n - b| < \frac{b-a}{2} \tag{3}$$

成立. 取 $N = \max\{N_1, N_2\}$ (这式子表示 N 是 N_1 和 N_2 中较大的那个数), 则当 $n > N$ 时, 式 (2) 及式 (3) 会同时成立. 但由式 (2) 有 $x_n < \dfrac{a+b}{2}$, 由式 (3) 有 $x_n > \dfrac{a+b}{2}$, 这是不可能的. 这矛盾证明了本定理的断言.

例 4 证明数列 $x_n = (-1)^{n+1} (n = 1, 2, \cdots)$ 是发散的.

证 如果这数列收敛, 根据定理 1 它有唯一的极限, 设极限为 a, 即 $\lim\limits_{n\to\infty} x_n = a$. 按数列极限的定义, 对于 $\varepsilon = \dfrac{1}{2}$, $\exists$ 正整数 N, 当 $n > N$ 时, $|x_n - a| < \dfrac{1}{2}$ 成立; 即当 $n > N$ 时, x_n 都落在开区间 $\left(a - \dfrac{1}{2}, a + \dfrac{1}{2}\right)$ 内. 但这是不可能的, 因为 $n \to \infty$ 时, x_n 无休止地一再重复取得 1 和 -1 这两个数, 而这两个数不可能同时落在长度为 1 的开区间 $\left(a - \dfrac{1}{2}, a + \dfrac{1}{2}\right)$ 内. 因此这数列发散.

下面介绍数列的有界性概念.

对于数列 $\{x_n\}$, 如果存在着正数 M, 使得对于一切 x_n 都满足不等式

$$|x_n| \leqslant M,$$

则称数列 $\{x_n\}$ 是有界的; 如果这样的正数 M 不存在, 就说数列 $\{x_n\}$ 是无界的.

例如, 数列 $x_n = \dfrac{n}{n+1}(n = 1, 2, \cdots)$ 是有界的, 因为可取 $M = 1$, 而使

$$\left|\frac{n}{n+1}\right| \leqslant 1$$

对于一切正整数 n 都成立.

数列 $x_n = 2^n(n = 1, 2, \cdots)$ 是无界的, 因为当 n 无限增加时, 2^n 可超过任何正数.

数轴上对应于有界数列的点 x_n 都落在闭区间 $[-M, M]$ 上.

定理 2 (收敛数列的有界性)　如果数列 $\{x_n\}$ 收敛, 那么数列 $\{x_n\}$ 一定有界.

证　因为数列 $\{x_n\}$ 收敛, 设 $\lim\limits_{n\to\infty} x_n = a$. 根据数列极限的定义, 对于 $\varepsilon = 1$, $\exists$ 正整数 N, 当 $n > N$ 时, 不等式

$$|x_n - a| < 1$$

成立. 于是, 当 $n > N$ 时,

$$|x_n| = |(x_n - a) + a| \leqslant |x_n - a| + |a| < 1 + |a|.$$

取 $M = \max\{|x_1|, |x_2|, \cdots, |x_N|, 1 + |a|\}$, 那么数列 $\{x_n\}$ 中的一切 x_n 都满足不等式

$$|x_n| \leqslant M.$$

这就证明了数列 $\{x_n\}$ 是有界的.

根据定理 2, 如果数列 $\{x_n\}$ 无界, 那么数列 $\{x_n\}$ 一定发散, 但是如果数列 $\{x_n\}$ 有界, 却不能断定数列 $\{x_n\}$ 一定收敛, 如数列

$$1, -1, 1, \cdots, (-1)^{n+1}, \cdots$$

有界, 但例 4 证明了这数列是发散的. 所以数列有界是数列收敛的必要条件, 但不是充分条件.

定理 3 (收敛数列的保号性)　如果 $\lim\limits_{n\to\infty} x_n = a$ 且 $a > 0$ (或 $a < 0$), 那么存在正整数 $N > 0$, 当 $n > N$ 时, 都有 $x_n > 0$ (或 $x_n < 0$).

证　就 $a > 0$ 的情形证明. 由数列极限的定义, 对 $\varepsilon = \dfrac{a}{2} > 0$, 存在正整数 $N > 0$, 当 $n > N$ 时, 有

$$|x_n - a| < \frac{a}{2},$$

从而

$$x_n > a - \frac{a}{2} = \frac{a}{2} > 0.$$

推论　如果数列 $\{x_n\}$ 从某项起有 $x_n \geqslant 0$ (或 $x_n \leqslant 0$), 且 $\lim\limits_{n \to \infty} x_n = a$, 那么 $a \geqslant 0$ (或 $a \leqslant 0$).

证　设数列 $\{x_n\}$ 从第 N_1 项起, 即当 $n > N_1$ 时有 $x_n \geqslant 0$. 现在用反证法证明. 若 $\lim\limits_{n \to \infty} x_n = a < 0$, 则由定理 3 知, $\exists$ 正整数 N_2, 当 $n > N_2$ 时, 有 $x_n < 0$. 取 $N = \max\{N_1, N_2\}$, 则当 $n > N$ 时, 按假定有 $x_n \geqslant 0$, 按定理 3 有 $x_n < 0$, 这引起矛盾. 所以必有 $a \geqslant 0$.

数列 $\{x_n\}$ 从某项起有 $x_n \leqslant 0$ 的情形, 可以类似地证明.

由数列极限的保号性及所得推论提示我们: 利用数列的极限值去了解数列取值规律和性质时, 所得规律和性质只能保证自某一项 N 以后, 才能成立; 而研究数列极限存在时, 也无需观察和研究数列的所有各项, 只需从数列的某一项以后开展观察和研究就可以了.

例 5　已知 $\lim\limits_{n \to \infty} v_n = 0$, $\lim\limits_{n \to \infty} \dfrac{v_n}{u_n} = a > 0$, 证明 $\lim\limits_{n \to \infty} u_n = 0$.

证　因 $\lim\limits_{n \to \infty} v_n = 0$, $\lim\limits_{n \to \infty} \dfrac{v_n}{u_n} = a > 0$, 所以, 对任给的 ε, 存在正整数 N, 当 $n > N$ 时, 有 $\dfrac{v_n}{u_n} \neq 0$, 且

$$\frac{v_n}{u_n} > \frac{a}{2}, \quad |v_n| < \varepsilon$$

成立, 而

$$u_n = \frac{1}{\dfrac{v_n}{u_n}} v_n \, (n > N),$$

故对上述 ε, 当 $n > N$ 时, 有

$$|u_n| = \left| \frac{1}{\dfrac{v_n}{u_n}} v_n \right| < \frac{2}{a} |v_n| < \frac{2\varepsilon}{a},$$

即

$$\lim_{n \to \infty} u_n = 0.$$

最后, 介绍子数列的概念以及关于收敛的数列与其子数列间关系的一个定理.

　　在数列 $\{x_n\}$ 中任意抽取无限多项并保持这些项在原数列 $\{x_n\}$ 中的先后顺序, 这样得到的数列称为原数列 $\{x_n\}$ 的子数列 (或子列).

　　设在数列 $\{x_n\}$ 中, 第一次抽取 x_{n_1}, 第二次在 x_{n_1} 后抽取 x_{n_2}, 第三次在 x_{n_2} 后抽取 $x_{n_3}, \cdots$, 这样无休止地抽取下去, 得到一个数列

$$x_{n_1}, x_{n_2}, \cdots, x_{n_k}, \cdots,$$

这个数列 $\{x_{n_k}\}$ 就是数列 $\{x_n\}$ 的一个子数列.

　　注　在数列 $\{x_{n_k}\}$ 中, 一般项 x_{n_k} 是第 k 项, 而 x_{n_k} 在原数列中却是第 n_k 项. 显然 $n_k \geqslant k$.

　　*定理 4 (收敛数列与其子数列间的关系)　　如果数列 $\{x_n\}$ 收敛于 a, 那么它的任一子列也收敛, 且极限是 a.

　　证　设数列 $\{x_{n_k}\}$ 是数列 $\{x_n\}$ 的任一子数列.

　　由于 $\lim\limits_{n\to\infty} x_n = a$, 故 $\forall \varepsilon > 0, \exists$ 正整数 N, 当 $n > N$ 时, $|x_n - a| < \varepsilon$ 成立.

　　取 $K = N$, 则当 $k > K$ 时, $n_k > n_K = n_N \geqslant N$. 于是 $|x_{n_k} - a| < \varepsilon$. 这就证明了 $\lim\limits_{n\to\infty} x_{n_k} = a$. 证毕.

　　由定理 4 可知, 如果数列有两个子数列收敛于不同的极限, 那么数列是发散的. 例如, 例 4 中的数列

$$1, -1, 1, \cdots, (-1)^{n+1}, \cdots$$

的子数列 $\{x_{2k-1}\}$ 收敛于 1, 而子数列 $\{x_{2k}\}$ 收敛于 -1, 因此数列 $x_n = (-1)^{n+1}(n = 1, 2, \cdots)$ 是发散的. 同时这个例子也说明, 一个发散的数列也可能有收敛的子数列.

习　题　1-2

1. 观察一般项 x_n 如下的数列 $\{x_n\}$ 的变化趋势, 写出它们的极限.

(1) $x_n = \dfrac{1 + (-1)^n}{2^n}$;　　　　　　(2) $x_n = (-1)^n \dfrac{1}{n}$;

(3) $x_n = n\sin\dfrac{nx}{2}$;　　　　　　　(4) $x_n = \dfrac{2n-1}{4n+1}$;

(5) $x_n = \begin{cases} 1, & n\text{为偶数}, \\ \dfrac{1}{n}, & n\text{为奇数}. \end{cases}$

2. 设 $x_n = \dfrac{3n-1}{2n+2}(n = 1, 2, 3, \cdots)$.

(1) 求 $\left|x_1 - \dfrac{3}{2}\right|, \left|x_{100} - \dfrac{3}{2}\right|, \left|x_{1000} - \dfrac{3}{2}\right|$ 的值;

(2) 求 N, 使当 $n > N$ 时, 不等式 $\left|x_n - \dfrac{3}{2}\right| < 10^{-8}$ 成立;

(3) 对实数 $\varepsilon > 0$, 求 N, 使当 $n > N$ 时, 不等式 $\left| x_n - \dfrac{2}{3} \right| < \varepsilon$ 成立.

3. 设数列 $\{x_n\}$ 的一般项 $x_n = \dfrac{(-1)^n \sin \frac{n\pi}{2}}{n}$. 问 $\lim\limits_{n \to \infty} x_n = ?$ 求出 N, 使当 $n > N$ 时, x_n 与其极限之差的绝对值小于正数 ε, 当 $\varepsilon = 0.001$ 时, 求出数 N.

4. 判断下列说法的对错.

(1) 如果在 n 无限增大过程中, 数列 a_n 的各项越来越接近常数 A, 则 a_n 一定收敛于 A;

(2) 设在常数 A 的任一邻域内都有数列 a_n 的无穷多个点, 则 a_n 一定收敛于 A;

(3) 有界数列一定收敛;

(4) 无界数列一定发散;

(5) 单调数列一定收敛;

(6) 摆动数列一定发散.

5. 根据数列极限的定义证明.

(1) $\lim\limits_{n \to \infty} \dfrac{(-1)^n}{n^2} = 0$; (2) $\lim\limits_{n \to \infty} \dfrac{2n+1}{3n+2} = \dfrac{2}{3}$;

(3) $\lim\limits_{n \to \infty} \dfrac{\sqrt{n^2+3}}{n} = 1$; (4) $\lim\limits_{n \to \infty} \underbrace{1.000 \cdots 1}_{n\text{个}} = 1$.

6. 若 $\lim\limits_{n \to \infty} x_n = a$, 证明 $\lim\limits_{n \to \infty} |x_n| = |a|$, 并举例说明反之不然.

7. 用定义证明: $\lim\limits_{n \to \infty} \sqrt[n]{a} = 1 (a > 0)$.

*8. 设数列 $\{x_n\}$ 有界, 又 $\lim\limits_{n \to \infty} y_n = 0$, 证明: $\lim\limits_{n \to \infty} x_n y_n = 0$.

第三节 函数的极限

一、函数极限的概念

因为数列 $\{x_n\}$ 可看成自变量为 n 的函数: $x_n = f(n)$, $n \in \mathbf{N}^+$, 所以, 数列 $\{x_n\}$ 的极限为 a, 就是当自变量 n 取正整数而无限增大 (即 $n \to \infty$) 时, 对应的函数值 $f(n)$ 无限接近于确定的数 a. 究其实质是以自变量的取值无限变化过程, 去认识和把握因变量取值的无限变化过程及其变化规律. 把数列极限概念中的函数为 $f(n)$ 而自变量的变化过程为 $n \to \infty$ 等特殊性撇开, 这样可以将数列极限的思想、概念推广至一般函数上, 进而建立起函数极限的一般概念: 在自变量的某个无限变化过程中, 如果对应的函数值能无限接近于某个确定的常数, 那么这个确定的常数就称为函数在自变量这一变化过程中的极限. 这个极限是与自变量的变化过程密切相关的, 由于自变量的变化过程不同, 函数的极限就表现为不同的形式. 数列极限看成函数 $f(n)$ 当 $n \to \infty$ 时的极限, 这里自变量的变化过程是 $n \to \infty$. 下面首先考虑自变量 x 在一定范围内连续取值且绝对值 $|x|$ 无限变大 (记为 $x \to \infty$) 时的情形.

1. 自变量趋于无穷大时函数的极限

仿照定义数列极限的方法, 不难给出 $x \to \infty$ 时函数极限的定性和定量刻画.

定义 1　　如果在 $x \to \infty$ 的过程中, 对应的函数值 $f(x)$ 无限接近于确定的数值 A, 那么 A 称为函数 $f(x)$ 当 $x \to \infty$ 时的极限. 记为

$$\lim_{x \to \infty} f(x) = A, \quad 或 f(x) \to A\,(当\,x \to \infty).$$

定义 2　　设函数 $f(x)$ 当 $|x|$ 大于某一正数时有定义. 如果存在常数 A, 对于任意给定的正数 ε (不论它多么小), 总存在着正数 X, 使得当 x 满足不等式 $|x| > X$ 时, 对应的函数值 $f(x)$ 都满足不等式

$$|f(x) - A| < \varepsilon,$$

那么常数 A 就称为函数 $f(x)$ 当 $x \to \infty$ 时的极限, 记为

$$\lim_{x \to \infty} f(x) = A, \quad 或 f(x) \to A\,(当\,x \to \infty).$$

定义 2 可简单地表达为

$$\lim_{x \to \infty} f(x) = A \Leftrightarrow \forall \varepsilon > 0, \exists X > 0, 当 |x| > X 时, 有 |f(x) - A| < \varepsilon.$$

从几何上来说, $\lim\limits_{x \to \infty} f(x) = A$ 的意义是作直线 $y = A + \varepsilon$ 和 $y = A - \varepsilon$, 则总有一个正数 X 存在, 使得当 $x < -X$ 或 $x > X$ 时, 函数 $y = f(x)$ 的图形位于这两条直线之间 (图 1-25). 这时, 直线 $y = A$ 是函数 $y = f(x)$ 的图形的水平渐近线.

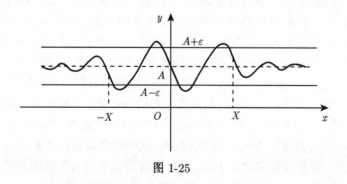

图 1-25

例 1　　证明

$$\lim_{x \to \infty} \frac{1}{x} = 0.$$

证　$\forall \varepsilon > 0$, 要证 $\exists X > 0$, 当 $|x| > X$ 时, 不等式

$$\left| \frac{1}{x} - 0 \right| < \varepsilon$$

成立. 因这个不等式相当于

$$\frac{1}{|x|} < \varepsilon$$

或

$$|x| > \frac{1}{\varepsilon}.$$

由此可知, 如果取 $X = \dfrac{1}{\varepsilon}$, 那么当 $|x| > X = \dfrac{1}{\varepsilon}$ 时, 不等式 $\left| \dfrac{1}{x} - 0 \right| < \varepsilon$ 成立, 这就证明了

$$\lim_{x \to \infty} \frac{1}{x} = 0.$$

直线 $y = 0$ 是函数 $y = \dfrac{1}{x}$ 的图形的水平渐近线.

如果 $x > 0$ 且无限增大 (记为 $x \to +\infty$), 那么只要把上面定义中的 $|x| > X$ 改为 $x > X$, 就得到 $\lim\limits_{x \to +\infty} f(x) = A$ 的定义. 同样, 如果 $x < 0$ 且 $|x|$ 无限增大 (记为 $x \to -\infty$), 那么只要把上面定义中的 $|x| > X$ 改为 $x < -X$, 就得到 $\lim\limits_{x \to -\infty} f(x) = A$ 的定义.

显然, 极限 $\lim\limits_{x \to \infty} f(x) = A$ 存在的充分必要条件是极限 $\lim\limits_{x \to -\infty} f(x) = A$ 和极限 $\lim\limits_{x \to +\infty} f(x) = A$ 同时存在且相等.

注　该充分必要条件在处理函数结构中含有指数函数、反正切函数和绝对值问题中是常用的结论. 例如,

极限 $\lim\limits_{x \to -\infty} e^x = 0$, 而极限 $\lim\limits_{x \to +\infty} e^x$ 不存在, 所以极限 $\lim\limits_{x \to \infty} e^x$ 不存在.

极限 $\lim\limits_{x \to -\infty} \arctan x = -\dfrac{\pi}{2}$, 而极限 $\lim\limits_{x \to +\infty} \arctan x = \dfrac{\pi}{2}$, 所以极限 $\lim\limits_{x \to \infty} \arctan x$ 不存在.

极限 $\lim\limits_{x \to -\infty} \dfrac{\sqrt{x^2}}{x} = -1$, 而 $\lim\limits_{x \to +\infty} \dfrac{\sqrt{x^2}}{x} = 1$, 所以极限 $\lim\limits_{x \to \infty} \dfrac{\sqrt{x^2}}{x}$ 不存在.

2. 自变量趋于有限值时函数的极限

现在考虑自变量 x 的变化过程为 $x \to x_0$ ($|x - x_0|$ 可以任意小, 但不考虑 $x = x_0$ 的情况). 如果在 $x \to x_0$ 的过程中, 对应的函数值 $f(x)$ 无限接近于确定的数值 A, 那么就说 A 是函数 $f(x)$ 当 $x \to x_0$ 时的极限. 当然, 这里我们首先假定函数 $f(x)$ 在点 x_0 的某个去心邻域内是有定义的.

在 $x \to x_0$ 的过程中, 对应的函数值 $f(x)$ 无限接近于 A, 就是 $|f(x) - A|$ 能任意小. 如数列极限概念所述, $|f(x) - A|$ 能任意小这件事可以用 $|f(x) - A| < \varepsilon$ 来表达, 其中 ε 是任意给定的正数. 因为函数值 $f(x)$ 无限接近于 A 是在 $x \to x_0$ 的过程中实现的, 所以对于任意给定的正数 ε, 只要求充分接近于 x_0 的 x 所对应的函数值 $f(x)$ 满足不等式 $|f(x) - A| < \varepsilon$; 而充分接近于 x_0 的 x 可表达为 $0 < |x - x_0| < \delta$, 其中 δ 是某个正数. 从几何上看, 适合不等式 $0 < |x - x_0| < \delta$ 的 x 的全体, 就是点 x_0 的去心 δ 邻域, 而邻域的半径 δ 则体现了 x 接近于 x_0 的程度.

通过以上分析, 我们给出 $x \to x_0$ 时函数的极限的定义.

定义 3   设函数 $f(x)$ 在点 x_0 的某一去心邻域内有定义. 如果存在常数 A, 对于任意给定的正数 ε (不论它多么小), 总存在正数 δ, 使得当 x 满足不等式 $0 < |x - x_0| < \delta$ 时, 对应的函数值 $f(x)$ 都满足不等式

$$|f(x) - A| < \varepsilon,$$

那么常数 A 就称为函数 $f(x)$ 当 $x \to x_0$ 时的极限, 记为

$$\lim_{x \to x_0} f(x) = A, \quad 或 \quad f(x) \to A (当 x \to x_0).$$

我们指出, 定义中 $0 < |x - x_0|$ 表示 $x \neq x_0$, 所以 $x \to x_0$ 时, $f(x)$ 有没有极限与 $f(x)$ 在点 x_0 是否有定义并无关系.

定义 3 可以简单地表述为

$$\lim_{x \to x_0} f(x) = A \Leftrightarrow \forall \varepsilon > 0, \exists \delta > 0, 当 0 < |x - x_0| < \delta 时, 有 |f(x) - A| < \varepsilon.$$

函数 $f(x)$ 当 $x \to x_0$ 时的极限为 A 的几何解释如下: 任意给定一正数 ε, 作平行于 x 轴的两条直线 $y = A + \varepsilon$ 和 $y = A - \varepsilon$, 介于这两条直线之间是一横条区域. 根据定义, 对于任意给定的 ε, 存在着点 x_0 的一个 δ 邻域 $(x_0 - \delta, x_0 + \delta)$, 当 $y = f(x)$ 的图形上的点的横坐标 x 在邻域 $(x_0 - \delta, x_0 + \delta)$ 内, 但 $x \neq x_0$ 时, 这些点的纵坐标 $f(x)$ 满足不等式

$$|f(x) - A| < \varepsilon$$

或

$$A - \varepsilon < f(x) < A + \varepsilon.$$

亦即这些点落在上面所说的横条区域内 (图 1-26).

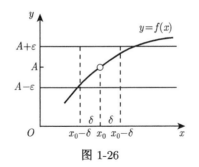

图 1-26

例 2　证明 $\lim\limits_{x \to x_0} c = c$, 此处 c 为一常数.

证　这里 $|f(x) - A| = |c - c| = 0$, 因此 $\forall \varepsilon > 0$, 可任取 $\delta > 0$, 当 $0 < |x - x_0| < \delta$ 时, 能使不等式

$$|f(x) - A| = |c - c| = 0 < \varepsilon$$

成立. 所以 $\lim\limits_{x \to x_0} c = c$.

例 3　证明 $\lim\limits_{x \to x_0} x = x_0$.

证　这里 $|f(x) - A| = |x - x_0|$, 因此 $\forall \varepsilon > 0$, 总可取 $\delta = \varepsilon$, 当 $0 < |x - x_0| < \delta$ 时, 能使不等式 $|f(x) - A| = |x - x_0| < \varepsilon$. 所以 $\lim\limits_{x \to x_0} x = x_0$.

例 4　证明

$$\lim_{x \to 1}(2x - 1) = 1.$$

证　由于

$$|f(x) - A| = |(2x - 1) - 1| = 2|x - 1|,$$

为了使 $|f(x) - A| < \varepsilon$, 只要

$$|x - 1| < \frac{\varepsilon}{2}.$$

所以, $\forall \varepsilon > 0$, 可取 $\delta = \frac{\varepsilon}{2}$, 则当 x 适合不等式

$$0 < |x - 1| < \delta = \frac{\varepsilon}{2}$$

时, 对应的函数值 $f(x)$ 就满足不等式

$$|f(x) - 1| = |(2x - 1) - 1| < \varepsilon.$$

从而

$$\lim_{x \to 1}(2x - 1) = 1.$$

例 5　证明

$$\lim_{x \to 1} \frac{x^2 - 1}{x - 1} = 2.$$

证　这里, 函数在点 $x = 1$ 是没有定义的, 但是函数当 $x \to 1$ 时的极限存在或不存在与它并无关系. 事实上, $\forall \varepsilon > 0$, 将不等式

$$\left| \frac{x^2 - 1}{x - 1} - 2 \right| < \varepsilon$$

约去非零因子 $x - 1$ 后, 就化为

$$|x + 1 - 2| = |x - 1| < \varepsilon,$$

因此, 只要取 $\delta = \varepsilon$, 那么当 $0 < |x - x_0| < \delta$ 时, 就有

$$\left| \frac{x^2 - 1}{x - 1} - 2 \right| < \varepsilon.$$

所以

$$\lim_{x \to 1} \frac{x^2 - 1}{x - 1} = 2.$$

例 6　证明: 当 $x_0 > 0$ 时, $\lim\limits_{x \to x_0} \sqrt{x} = \sqrt{x_0}$.

证　$\forall \varepsilon > 0$, 因为

$$|f(x) - A| = \left| \sqrt{x} - \sqrt{x_0} \right| = \left| \frac{x - x_0}{\sqrt{x} + \sqrt{x_0}} \right| \leqslant \frac{|x - x_0|}{\sqrt{x_0}},$$

要使 $|f(x) - A| < \varepsilon$, 只要 $|x - x_0| < \sqrt{x_0}\varepsilon$ 且 $x \geqslant 0$, 而 $x \geqslant 0$ 可用 $|x - x_0| \leqslant x_0$ 保证, 因此取 $\delta = \min\{x_0, \sqrt{x_0}\varepsilon\}$ (这个式子表示, δ 是 x_0 和 $\sqrt{x_0}\varepsilon$ 两个数中较小的那个数), 则当 x 适合不等式 $0 < |x - x_0| < \delta$ 时, 对应的函数值就满足不等式

$$\left| \sqrt{x} - \sqrt{x_0} \right| < \varepsilon.$$

所以

$$\lim_{x \to x_0} \sqrt{x} = \sqrt{x_0}.$$

此例说明, 处理函数问题时, 必须注意函数的定义域, 否则直接取 $\delta = \sqrt{x_0}\varepsilon$, 则当 $\varepsilon > \sqrt{x_0}$ 时, $(-\delta, \delta)$ 中含有负值, 在负值处函数无意义, 当然不等式也就不能成立了.

上述 $x \to x_0$ 时函数 $f(x)$ 的极限概念中, x 是既从 x_0 的左侧也从 x_0 的右侧趋于 x_0 的. 但有时只能或只需考虑 x 仅从 x_0 的左侧趋于 x_0 (记为 $x \to x_0^-$) 的情形,

或 x 仅从 x_0 的右侧趋于 x_0 (记为 $x \to x_0^+$) 的情形. 在 $x \to x_0^-$ 的情形, x 在 x_0 的左侧, $x < x_0$. 在 $\lim\limits_{x \to x_0} f(x) = A$ 的定义中, 把 $0 < |x - x_0| < \delta$ 改为 $x_0 - \delta < x < x_0$, 那么 A 就称为函数 $f(x)$ 当 $x \to x_0$ 时的左极限, 记为

$$\lim_{x \to x_0^-} f(x) = A, \quad 或 f(x_0^-) = A.$$

类似地, 在 $\lim\limits_{x \to x_0} f(x) = A$ 的定义中, 把 $0 < |x - x_0| < \delta$ 改为 $x_0 < x < x_0 + \delta$, 那么 A 就称为函数 $f(x)$ 当 $x \to x_0$ 时的右极限, 记为

$$\lim_{x \to x_0^+} f(x) = A, \quad 或 f(x_0^+) = A.$$

左极限与右极限统称为单侧极限.

根据 $x \to x_0$ 时函数 $f(x)$ 的极限的定义以及左极限和右极限的定义, 容易证明: 函数 $f(x)$ 当 $x \to x_0$ 时的极限存在的充分必要条件是左极限和右极限各自存在并且相等, 即

$$f(x_0^-) = f(x_0^+).$$

因此, 即使 $f(x_0^-)$ 和 $f(x_0^+)$ 都存在, 但若不相等, 则 $\lim\limits_{x \to x_0} f(x)$ 也不存在.

例 7　证明函数

$$f(x) = \begin{cases} x - 1, & x < 0, \\ 0, & x = 0, \\ x + 1, & x > 0. \end{cases}$$

当 $x \to 0$ 时函数 $f(x)$ 的极限不存在.

证　仿例 4 可证当 $x \to 0$ 时 $f(x)$ 的左极限

$$\lim_{x \to 0^-} f(x) = \lim_{x \to 0^-} (x - 1) = -1,$$

而右极限

$$\lim_{x \to 0^+} f(x) = \lim_{x \to 0^+} (x + 1) = 1,$$

因为左极限和右极限存在但不相等, 所以 $\lim\limits_{x \to 0} f(x)$ 不存在 (图 1-27).

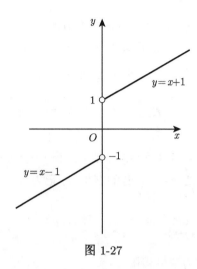

图 1-27

二、函数极限的性质

函数极限的定义按自变量的变化过程不同虽有各种形式, 但与数列极限比较并无实质性的差别. 采用与数列极限性质的证明类似的方法, 可得函数极限的一些相应的性质. 下面仅以 " $\lim\limits_{x \to x_0} f(x)$ " 这种形式为代表给出关于函数极限性质的一些定理, 并就其中的几个给出证明. 至于其他形式的极限的性质及其证明, 只要相应地做一些修改即可得出.

定理 1 (函数极限的唯一性)　如果 $\lim\limits_{x \to x_0} f(x)$ 存在, 那么这极限唯一.

定理 2 (函数极限的局部有界性)　如果 $\lim\limits_{x \to x_0} f(x) = A$, 那么存在常数 $M > 0$ 和 $\delta > 0$, 使得当 $0 < |x - x_0| < \delta$ 时, 有 $|f(x)| \leqslant M$.

证　因为 $\lim\limits_{x \to x_0} f(x) = A$, 所以取 $\varepsilon = 1$, 则 $\exists \delta > 0$, 当 $0 < |x - x_0| < \delta$ 时, 有

$$|f(x) - A| < 1 \Rightarrow |f(x)| \leqslant |f(x) - A| + |A| < |A| + 1,$$

记 $M = |A| + 1$, 则定理 2 就获得证明.

定理 3 (函数极限的局部保号性)　如果 $\lim\limits_{x \to x_0} f(x) = A$, 且 $A > 0$ (或 $A < 0$), 那么存在常数 $\delta > 0$, 使得当 $0 < |x - x_0| < \delta$ 时, 有 $f(x) > 0$ (或 $f(x) < 0$).

证　就 $A > 0$ 的情形证明.

因为 $\lim\limits_{x \to x_0} f(x) = A > 0$, 所以取 $\varepsilon = \dfrac{A}{2} > 0$, 则 $\exists \delta > 0$, 当 $0 < |x - x_0| < \delta$ 时, 有

$$|f(x) - A| < \frac{A}{2} \Rightarrow f(x) > A - \frac{A}{2} = \frac{A}{2} > 0.$$

类似地可以证明 $A < 0$ 的情形.

从定理 3 的证明中可知, 在定理 3 的条件下, 可得下面更强的结论.

定理 3′ 如果 $\lim\limits_{x \to x_0} f(x) = A (A \neq 0)$，那么就存在着 x_0 的某一去心邻域 $\overset{\circ}{U}(x_0)$，当 $x \in \overset{\circ}{U}(x_0)$ 时，就有 $|f(x)| > \dfrac{|A|}{2}$.

由定理 3，易得以下推论.

推论 如果在 x_0 的某去心邻域内 $f(x) \geqslant 0$（或 $f(x) \leqslant 0$），而且 $\lim\limits_{x \to x_0} f(x) = A$，那么 $A \geqslant 0$（或 $A \leqslant 0$）.

由给出的函数极限定义和函数极限性质获知，函数极限反映的是函数在相应点邻近的取值变化规律，因此研究函数的极限，对自变量 x 的取值范围无须考虑过大，而由函数的极限值也只能获得函数在该点附近的取值规律和性态.

例 8 证明 $\lim\limits_{x \to 2} x^2 = 4$.

证 $|x^2 - 4| = |x + 2||x - 2|$，不妨设 $|x - 2| < 1$，即 $1 < x < 3$，此时

$$|x^2 - 4| = |x + 2||x - 2| < 5|x - 2|.$$

任给 $\varepsilon > 0$，欲使

$$|x^2 - 4| = |x + 2||x - 2| < \varepsilon,$$

只需

$$5|x - 2| < \varepsilon.$$

取 $\delta = \min\left\{\dfrac{\varepsilon}{5}, 1\right\}$，则当 $0 < |x - 2| < \delta$ 时，便有

$$|x^2 - 4| < \varepsilon$$

成立，故 $\lim\limits_{x \to 2} x^2 = 4$.

例 9 若 $f(0) = 0$，$\lim\limits_{x \to 0} \dfrac{f(x)}{x^2} = 1$，证明必存在点 $x_0 = 0$ 的一个邻域，使得 $f(0) = 0$ 为函数在此邻域中的最小值.

证 因为 $\lim\limits_{x \to 0} \dfrac{f(x)}{x^2} = 1 > 0$，所以存在点 $x_0 = 0$ 的一个去心邻域 $\overset{\circ}{U}(x_0)$，使得

$$\frac{f(x)}{x^2} > 0, \quad x \in \overset{\circ}{U}(x_0)$$

成立. 故对 $\overset{\circ}{U}(x_0)$ 中的一切 x，恒有 $f(x) > f(0) = 0$，即 $f(0) = 0$ 为函数在邻域 $U(x_0)$ 中的最小值.

*定理 4（函数极限与数列极限的关系） 如果极限 $\lim\limits_{x \to x_0} f(x)$ 存在，$\{x_n\}$ 为对应函数 $f(x)$ 的定义域内任一收敛于 x_0 的数列，且满足：$x_n \neq x_0 (n \in \mathbf{N}^+)$，那么相应的函数值数列 $\{f(x_n)\}$ 必收敛，且 $\lim\limits_{n \to \infty} f(x_n) = \lim\limits_{x \to x_0} f(x)$.

证　设 $\lim\limits_{x \to x_0} f(x) = A$, 则 $\forall \varepsilon > 0, \exists \delta > 0$, 当 $0 < |x - x_0| < \delta$ 时, 有 $|f(x) - A| < \varepsilon$.

又因 $\lim\limits_{n \to \infty} x_n = x_0$, 故对 $\delta > 0, \exists N$, 当 $n > N$ 时, 有 $|x_n - x_0| < \delta$.

由假设, $x_n \neq x_0 (n \in \mathbf{N}^+)$. 故当 $n > N$ 时, $0 < |x_n - x_0| < \delta$, 从而 $|f(x_n) - A| < \varepsilon$, 即 $\lim\limits_{n \to \infty} f(x_n) = A$.

此定理即可作为验证函数极限不存在的一种方法, 也可作为利用函数极限确定数列极限的一种方法.

例 10　证明 $\lim\limits_{x \to 0^+} \dfrac{\sin \dfrac{1}{x}}{x}$ 不存在.

证　设 $f(x) = \dfrac{\sin \dfrac{1}{x}}{x}$, 若取 $x_n = \dfrac{1}{2n\pi}$, 则 $\lim\limits_{n \to \infty} x_n = 0, f(x_n) = 2n\pi \sin 2n\pi = 0$, 因此 $\lim\limits_{n \to \infty} f(x_n) = 0$. 再取 $y_n = \dfrac{1}{2n\pi + \dfrac{\pi}{2}}$, 则 $\lim\limits_{n \to \infty} y_n = 0, f(y_n) = \left(2n\pi + \dfrac{\pi}{2}\right)$

$\sin\left(2n\pi + \dfrac{\pi}{2}\right) = 2n\pi + \dfrac{\pi}{2}$. 因此 $\lim\limits_{n \to \infty} f(y_n) = \infty$. 由此可知 $\lim\limits_{x \to 0^+} \dfrac{\sin \dfrac{1}{x}}{x}$ 不存在.

例 11　求 $\lim\limits_{n \to \infty} \sqrt{\dfrac{n+1}{n}}$.

解　因 $\lim\limits_{n \to \infty} \dfrac{n+1}{n} = 1$, 且 $\lim\limits_{x \to 1} \sqrt{x} = \sqrt{1} = 1$, 所以 $\lim\limits_{n \to \infty} \sqrt{\dfrac{n+1}{n}} = 1$.

习　题　1-3

1. 根据函数极限的定义证明.

(1) $\lim\limits_{x \to 2} (3x - 2) = 4$;   (2) $\lim\limits_{x \to 4} \dfrac{2x^2 - 6x - 8}{x - 4} = 10$;

(3) $\lim\limits_{x \to 3} \dfrac{x^2 - 9}{x - 3} = 6$.

2. 根据函数极限的定义证明.

(1) $\lim\limits_{x \to \infty} \dfrac{x^2 - 1}{x^2 + 1} = 1$;   (2) $\lim\limits_{x \to +\infty} \dfrac{\cos x}{\sqrt{x}} = 0$.

3. 当 $x \to 1$ 时, $y = x^2 + 1 \to 2$. 问 δ 等于多少, 使当 $|x - 1| < \delta$ 时, $|y - 2| < 0.01$?

4. 当 $x \to \infty$ 时, $y = \dfrac{3x^2 - 1}{x^2 + 2} \to 3$. 问 X 等于多少, 使当 $|x| > X$ 时, $|y - 2| < 0.001$?

5. 证明函数 $f(x) = |x|$ 当 $x \to 0$ 时极限为零.

6. 求 $f(x) = \dfrac{x}{x}, \varphi(x) = \dfrac{|x|}{x}$ 当 $x \to 0$ 时的左、右极限, 并说明它们在 $x \to 0$ 时的极限是否存在.

7. $f(x) = \begin{cases} 2x+1, & x < 0, \\ 3x, & 0 \leqslant x < 1, \\ -x+4, & 1 \leqslant x < +\infty, \end{cases}$ 　分别讨论 $f(x)$ 在 $x \to 0$, $x \to 1$ 时的极限.

*8. 证明: 若 $x \to +\infty$ 及 $x \to -\infty$ 时, 函数 $f(x)$ 的极限都存在且都等于 A, 则 $\lim\limits_{x \to \infty} f(x) = A$.

*9. 根据极限的定义证明: 函数 $f(x)$ 当 $x \to x_0$ 时极限存在的充分必要条件是左极限、右极限各自存在并且相等.

*10. 试给出 $x \to \infty$ 时函数极限的局部有界性的定理, 并加以证明.

第四节　无穷小与无穷大

一、无穷小

对无穷小的认识问题, 可以远溯到古希腊, 那时, 阿基米德就曾用无限小量方法得到许多重要的数学结果, 但他认为无限小量方法存在着不合理的地方. 直到 1821 年, 柯西在他的《分析教程》中才对无限小量这一概念给出了明确的回答. 而有关无限小量的理论就是在柯西的理论基础上发展起来的.

定义 1　如果函数 $f(x)$ 当 $x \to x_0$ (或 $x \to \infty$) 时的极限为零, 那么称函数 $f(x)$ 为当 $x \to x_0$ (或 $x \to \infty$) 时的无穷小量.

特别地, 以零为极限的数列 $\{x_n\}$ 称为 $n \to \infty$ 时的无穷小量.

例 1　因为 $\lim\limits_{x \to 1}(x-1) = 0$, 所以函数 $x-1$ 为当 $x \to 1$ 时的无穷小.

因为 $\lim\limits_{x \to \infty} \dfrac{1}{x} = 0$, 所以函数 $\dfrac{1}{x}$ 为当 $x \to \infty$ 时的无穷小.

注意　无穷小量表示的是一个变化过程, 不要把它与很小的数 (如百万分之一) 混为一谈. 因为无穷小量首先与自变量的变化过程有关, 它是这样的一个函数, 即在 $x \to x_0$ (或 $x \to \infty$) 的变化过程下, 这函数的绝对值能无限变小. 而很小的非零数如百万分之一, 显然不满足此要求, 甚至数 0 若脱离开自变量的变化过程说它是无穷小量也是无意义的. 但数 0 是唯一的一个一旦将其置于某一自变量的变化过程即可将其视为该变化过程下的无穷小量的常数.

下面的定理说明无穷小与函数极限的关系.

定理 1　在自变量的同一变化过程 $x \to x_0$ (或 $x \to \infty$) 中, 函数 $f(x)$ 具有极限 A 的充分必要条件是 $f(x) = A + \alpha$, 其中 α 是无穷小.

证　先证必要性. 设 $\lim\limits_{x \to x_0} f(x) = A$, 则 $\forall \varepsilon > 0$, $\exists \delta > 0$, 使当 $0 < |x - x_0| < \delta$ 时, 有

$$|f(x) - A| < \varepsilon.$$

令 $\alpha = f(x) - A$, 则 α 是 $x \to x_0$ 时的无穷小, 且

$$f(x) = A + \alpha.$$

这就证明了 $f(x)$ 等于它的极限 A 与一个无穷小 α 之和.

再证充分性. 设 $f(x) = A + \alpha$, 其中 A 是常数, α 是 $x \to x_0$ 时的无穷小, 于是

$$|f(x) - A| = |\alpha|.$$

因为 α 是 $x \to x_0$ 时的无穷小, 所以 $\forall \varepsilon > 0, \exists \delta > 0$, 使当 $0 < |x - x_0| < \delta$ 时, 有

$$|\alpha| < \varepsilon,$$

即

$$|f(x) - A| < \varepsilon.$$

这就证明了 A 是 $f(x)$ 当 $x \to x_0$ 时的极限.

$x \to \infty$ 等其他情形留给读者自证.

上述定理的重要性在于它将函数的极限运算问题转化为常数与无穷小量的代数运算问题. 这一点不仅凸显出无穷小量的重要意义, 奠定了研究极限运算方法的基础, 而且在理论推导或证明中的作用尤其突出.

二、无穷大

如果函数当 $x \to x_0$(或 $x \to \infty$) 时, 对应的函数值的绝对值 $|f(x)|$ 无限增大, 就称函数 $f(x)$ 为当 $x \to x_0$(或 $x \to \infty$) 时的无穷大. 精确地说, 如定义 2 所示.

定义 2 设函数 $f(x)$ 在点 x_0 的某一去心邻域内有定义 (或 $|x|$ 大于某一正数时有定义). 如果对应任意给定的正数 M (不论它多么大), 总存在正数 δ (或正数 X), 只要 x 适合不等式 $0 < |x - x_0| < \delta$ (或 $|x| > X$), 对应的函数值 $f(x)$ 总满足不等式

$$|f(x)| > M,$$

则称函数 $f(x)$ 为当 $x \to x_0$ (或 $x \to \infty$) 时的无穷大.

当 $x \to x_0$ (或 $x \to \infty$) 时的无穷大的函数 $f(x)$, 按函数极限的定义来说, 极限是不存在的. 但为了便于叙述函数这一性态, 我们也说 "函数的极限是无穷大", 并记为

$$\lim_{x \to x_0} f(x) = \infty (或 \lim_{x \to \infty} f(x) = \infty).$$

如果在无穷大的定义中, 把 $|f(x)| > M$ 换成 $f(x) > M$ (或 $f(x) < -M$), 就记为

$$\lim_{\substack{x \to x_0 \\ (x \to \infty)}} f(x) = +\infty (或 \lim_{\substack{x \to x_0 \\ (x \to \infty)}} f(x) = -\infty).$$

注　(1) 无穷大 (∞) 首先是函数在自变量无限变化时极限不存在的一种特殊形式, 表示的是一个变化过程, 在此意义上, 无论多大的数都不是无穷大.

(2) 无穷大与无界也有本质区别. 谈无穷大必须与自变量的变化过程联系起来, 谈无界必须与函数的自变量取值范围相联系. 当函数 $f(x)$ 是 $x \to x_0$ (或 $x \to \infty$) 时的无穷大量的时候, 显然, 函数 $f(x)$ 在任何形如 $0 < |x - x_0| < \delta$ (或 $|x| > X$) 的范围内无界, 反之则不一定成立.

例如, $f(x) = \dfrac{1}{x} \sin \dfrac{1}{x}$ 在 $x = 0$ 的任何一个空心邻域内, 对任意的 $M > 0$ 都能至少找到一点 $x = \dfrac{1}{2n\pi + \dfrac{\pi}{2}}$ (n 充分大), 使得 $f(x) = 2n\pi + \dfrac{\pi}{2} > M$, 但同时也能找到点 $x = \dfrac{1}{2n\pi}$ (n 充分大), 使得 $f(x) = 0$, 由此决定了函数 $f(x) = \dfrac{1}{x} \sin \dfrac{1}{x}$ 在 $x = 0$ 的任何一个空心邻域内无界, 但不是 $x \to 0$ 时的无穷大量.

例 2　证明 $\lim\limits_{x \to 1} \dfrac{1}{x - 1} = \infty$ (图 1-28).

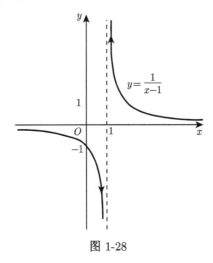

图 1-28

证　设 $\forall M > 0$, 要使
$$\left| \frac{1}{x - 1} \right| > M,$$
只要 $|x - 1| < \dfrac{1}{M}$. 所以, 取 $\delta = \dfrac{1}{M}$, 则只要 x 适合不等式 $0 < |x - 1| < \delta = \dfrac{1}{M}$, 就有
$$\left| \frac{1}{x - 1} \right| > M.$$

这就证明了 $\lim\limits_{x \to 1} \dfrac{1}{x - 1} = \infty$.

直线 $x = 1$ 是函数 $y = \dfrac{1}{x-1}$ 的图形的铅直渐近线.

一般地, 如果 $\lim\limits_{x \to x_0} f(x) = \infty$, 则直线 $x = x_0$ 是函数 $y = f(x)$ 的图形的铅直渐近线.

无穷大与无穷小之间有一种简单的关系, 如下所示.

定理 2 在自变量的同一变化过程中, 如果 $f(x)$ 为无穷大, 则 $\dfrac{1}{f(x)}$ 为无穷小; 反之, 如果 $f(x)$ 为无穷小, 且 $f(x) \neq 0$, 则 $\dfrac{1}{f(x)}$ 为无穷大.

证 设 $\lim\limits_{x \to x_0} f(x) = \infty$.

$\forall \varepsilon > 0$. 根据无穷大的定义, 对于 $M = \dfrac{1}{\varepsilon}, \exists \delta > 0$, 当 $0 < |x - x_0| < \delta$ 时, 有

$$|f(x)| > M = \frac{1}{\varepsilon}.$$

即 $\left| \dfrac{1}{f(x)} \right| < \varepsilon$. 所以 $\dfrac{1}{f(x)}$ 为 $x \to x_0$ 时的无穷小.

反之, 设 $\lim\limits_{x \to x_0} f(x) = 0$, 且 $f(x) \neq 0$.

$\forall M > 0$. 根据无穷小的定义, 对于 $\varepsilon = \dfrac{1}{M}, \exists \delta > 0$, 当 $0 < |x - x_0| < \delta$ 时, 有

$$|f(x)| < \varepsilon = \frac{1}{M},$$

由于当 $0 < |x - x_0| < \delta$ 时 $f(x) \neq 0$, 从而

$$\left| \frac{1}{f(x)} \right| > M,$$

所以 $\dfrac{1}{f(x)}$ 为 $x \to x_0$ 时的无穷大.

类似地可证当 $x \to \infty$ 时的情形.

习　题　1-4

1. 设当 $x \to x_0$ 时, $\alpha(x), \beta(x)$ 均是无穷小量, 下列变量中, 当 $x \to x_0$ 时, 可能不是无穷小量的是 ( ).

(A) $\alpha(x) + \beta(x)$;   (B) $\alpha(x) - \beta(x)$;   (C) $\alpha(x) \cdot \beta(x)$;   (D) $\dfrac{\alpha(x)}{\beta(x)} (\beta(x) \neq 0)$.

2. 根据定义证明.

(1) $y = \dfrac{x^2 - 1}{x - 1}$ 当 $x \to -1$ 时为无穷小;

(2) $y = x \arcsin \dfrac{1}{x}$ 当 $x \to 0$ 时为无穷小.

3. 证明.

(1) $y = \dfrac{2 + 5x}{x}$ 为当 $x \to 0$ 时的无穷大;

(2) $y = \dfrac{x^2 - 1}{x - 1}$ 为当 $x \to +\infty$ 时的无穷大.

4. 证明: $y = \mathrm{e}^{\frac{1}{x}}$ 当 $x \to 0^-$ 时为无穷小, 当 $x \to 0^+$ 时为无穷大.

5. 根据函数极限或无穷大的定义, 填写下表.

	$f(x) \to A$	$f(x) \to \infty$	$f(x) \to +\infty$	$f(x) \to -\infty$
$x \to x_0$	$\forall \varepsilon > 0, \exists \delta > 0$, 使当 $0 < \|x - x_0\| < \delta$ 时, 有恒 $\|f(x) - A\| < \varepsilon$.			
$x \to x_0^+$				
$x \to x_0^-$				
$x \to \infty$				
$x \to +\infty$				
$x \to -\infty$				

6. 证明: 函数 $y = x \sin x$ 在 $(-\infty, +\infty)$ 内无界, 但这函数不是当 $x \to +\infty$ 时的无穷大?

7. 证明: 函数 $y = \dfrac{1}{x} \cos \dfrac{1}{x}$ 在区间 $(0, 1]$ 无界, 但这函数不是当 $x \to 0^+$ 时的无穷大.

第五节　极限运算法则

本节主要是建立求函数极限的四则运算法则和复合函数的极限运算法则, 利用这些法则, 可以求某些函数的极限, 以后我们还将介绍求极限的其他方法.

在下面的讨论中, 记号 "lim" 下面没有标明自变量的变化过程, 实际上, 下面的定理对自变量在各种变化过程下都是成立的. 在论证时, 我们只证明了 $x \to x_0$ 的情形. 只要把 δ 改成 X, 把 $0 < |x - x_0| < \delta$ 改成 $|x| > X$, 就可得 $x \to \infty$ 情形的证明.

定理 1　有限个无穷小量的代数和也是无穷小.

证　考虑两个无穷小量的和.

设 α 及 β 是当 $x \to x_0$ 时的两个无穷小, 而

$$\gamma = \alpha + \beta.$$

$\forall \varepsilon > 0$. 因为 α 是当 $x \to x_0$ 时的无穷小, 对于 $\dfrac{\varepsilon}{2} > 0$, $\exists \delta_1 > 0$, 当 $0 < |x - x_0| < \delta_1$ 时, 不等式

$$|\alpha| < \frac{\varepsilon}{2}$$

成立. 又因 β 是当 $x \to x_0$ 时的无穷小, 对于 $\frac{\varepsilon}{2} > 0$, $\exists \delta_2 > 0$, 当 $0 < |x - x_0| < \delta_2$ 时, 不等式

$$|\beta| < \frac{\varepsilon}{2}$$

成立. 取 $\delta = \min\{\delta_1, \delta_2\}$, 则当 $0 < |x - x_0| < \delta$ 时,

$$|\alpha| < \frac{\varepsilon}{2} \text{及} |\beta| < \frac{\varepsilon}{2}$$

同时成立, 从而 $|\gamma| = |\alpha + \beta| \leqslant |\alpha| + |\beta| < \frac{\varepsilon}{2} + \frac{\varepsilon}{2} = \varepsilon$. 这就证明了 γ 也是当 $x \to x_0$ 时的无穷小.

有限个无穷小之和的情形可以同样证明.

定理 2　有界函数与无穷小的乘积是无穷小.

证　设函数 u 在 x_0 的某一去心邻域 $\overset{\circ}{U}(x_0, \delta_1)$ 内是有界的, 即 $\exists M > 0$ 使 $|u| \leqslant M$ 对一切 $x \in \overset{\circ}{U}(x_0, \delta_1)$ 成立. 又设 α 是当 $x \to x_0$ 时的无穷小, 即 $\forall \varepsilon > 0$, $\exists \delta_2 > 0$, 当 $x \in \overset{\circ}{U}(x_0, \delta_1)$ 时, 有

$$|\alpha| < \frac{\varepsilon}{M}.$$

取 $\delta = \min\{\delta_1, \delta_2\}$, 则当 $x \in \overset{\circ}{U}(x_0, \delta)$ 时,

$$|u| \leqslant M \text{及} |\alpha| < \frac{\varepsilon}{M}$$

同时成立. 从而

$$|u\alpha| = |u| \cdot |\alpha| < M \cdot \frac{\varepsilon}{M} = \varepsilon,$$

这就证明了 $u\alpha$ 是当 $x \to x_0$ 时的无穷小.

推论 1　常数与无穷小的乘积是无穷小.

推论 2　有限个无穷小的乘积也是无穷小.

定理 3　如果 $\lim f(x) = A$, $\lim g(x) = B$, 那么

(1) $\lim[f(x) \pm g(x)] = \lim f(x) \pm \lim g(x) = A \pm B$;

(2) $\lim[f(x) \cdot g(x)] = \lim f(x) \cdot \lim g(x) = A \cdot B$;

(3) 若又有 $B \neq 0$, 则

$$\lim \frac{f(x)}{g(x)} = \frac{\lim f(x)}{\lim g(x)} = \frac{A}{B}.$$

证　先证 (1).

因 $\lim f(x) = A$, $\lim g(x) = B$, 由第四节定理 1 有

$$f(x) = A + \alpha, \quad g(x) = A + \beta,$$

其中 α 及 β 为无穷小. 于是

$$f(x) \pm g(x) = (A + \alpha) \pm (B + \beta) = (A + B) \pm (\alpha + \beta).$$

由定理 1, $\alpha + \beta$ 是无穷小 ($\alpha - \beta$ 可看成 $\alpha + (-1)\beta$, 由定理 2 的推论 1, $(-1)\beta$ 是无穷小, 因此 $\alpha - \beta$ 也可看成两个无穷小的和). 再由第四节定理 1 得

$$\lim[f(x) \pm g(x)] = A \pm B = \lim f(x) \pm \lim g(x).$$

关于 (2) 的证明, 建议读者作为练习.

再证 (3).

由 $\lim f(x) = A$, $\lim g(x) = B$, 有

$$f(x) = A + \alpha, \quad g(x) = B + \beta,$$

其中 α 及 β 为无穷小. 设

$$\gamma = \frac{f(x)}{g(x)} - \frac{A}{B},$$

则

$$\gamma = \frac{A + \alpha}{B + \beta} - \frac{A}{B} = \frac{1}{B(B + \beta)}(B\alpha - A\beta).$$

式中表示, γ 可看成两个函数的乘积, 其中函数 $B\alpha - A\beta$ 是无穷小. 下面证明另一个函数 $\dfrac{1}{B(B + \beta)}$ 在点 x_0 的某一邻域内有界.

根据第三节定理 $3'$, 由于 $\lim g(x) = B \neq 0$, 存在点 x_0 的某一去心邻域 $\overset{\circ}{U}(x_0)$, 当 $x \in \overset{\circ}{U}(x_0)$ 时, $|g(x)| > \dfrac{|B|}{2}$, 从而 $\left|\dfrac{1}{g(x)}\right| < \dfrac{2}{|B|}$. 于是

$$\left|\frac{1}{B(B + \beta)}\right| = \frac{1}{|B|} \cdot \left|\frac{1}{g(x)}\right| < \frac{1}{|B|} \cdot \frac{2}{|B|} = \frac{1}{|B|^2}.$$

这就证明了 $\dfrac{1}{B(B + \beta)}$ 在点 x_0 的去心邻域 $\overset{\circ}{U}(x_0)$ 内有界.

因此, 根据定理 2, γ 是无穷小. 而

$$\frac{f(x)}{g(x)} = \frac{A}{B} + \gamma,$$

所以由第四节定理 1, 得

$$\lim \frac{f(x)}{g(x)} = \frac{A}{B} = \frac{\lim f(x)}{\lim g(x)}.$$

定理 3 中的 (1), (2) 可推广到有限个函数的情形. 例如, 如果 $\lim f(x)$, $\lim g(x)$, $\lim h(x)$ 都存在, 则有

$$\lim[f(x) + g(x) - h(x)] = \lim f(x) + \lim g(x) - \lim h(x),$$

$$\lim[f(x) \cdot g(x) \cdot h(x)] = \lim f(x) \cdot \lim g(x) \cdot \lim h(x).$$

关于定理 3 中的 (2), 有如下推论.

推论 1　　如果 $\lim f(x)$ 存在, 而 c 为常数, 则

$$\lim[cf(x)] = c \lim f(x).$$

就是说, 求极限时, 常数因子可以提到极限记号外面. 这是因为 $\lim c = c$.

推论 2　　如果 $\lim f(x)$ 存在, 而 n 是正整数, 则

$$\lim[f(x)]^n = [\lim f(x)]^n.$$

这是因为

$$\lim[f(x)]^n = \lim[f(x) \cdot f(x) \cdots f(x)]$$

$$= \lim f(x) \cdot \lim f(x) \cdots \lim f(x) = [\lim f(x)]^n.$$

关于数列, 也有类似的极限四则运算法则, 这就是下面的定理.

定理 4　　设有数列 $\{x_n\}$ 和 $\{y_n\}$, 如果

$$\lim_{n \to \infty} x_n = A, \quad \lim_{n \to \infty} y_n = B,$$

那么

(1) $\lim\limits_{n \to \infty} (x_n \pm y_n) = A \pm B$;

(2) $\lim\limits_{n \to \infty} x_n \cdot y_n = A \cdot B$;

(3) 当 $y_n \neq 0 \, (n = 1, \, 2, \, \cdots)$ 且 $B \neq 0$ 时 $\lim\limits_{n \to \infty} \dfrac{x_n}{y_n} = \dfrac{A}{B}$.

证明从略.

定理 5　　如果 $\varphi(x) \geqslant \psi(x)$, 而 $\lim \varphi(x) = a$, $\lim \psi(x) = b$, 那么 $a \geqslant b$.

证　　令 $f(x) = \varphi(x) - \psi(x)$, 则 $f(x) \geqslant 0$. 由定理 3 有

$$\lim f(x) = \lim[\varphi(x) - \psi(x)]$$

$$= \lim \varphi(x) - \lim \psi(x) = a - b.$$

由第三节定理 3 推论, 有 $\lim f(x) \geqslant 0$, 即 $a - b \geqslant 0$, 故 $a \geqslant b$.

例 1　求 $\lim\limits_{x \to 1}(2x - 1)$.

解　$\lim\limits_{x \to 1}(2x - 1) = \lim\limits_{x \to 1} 2x - \lim\limits_{x \to 1} 1 = 2 \lim\limits_{x \to 1} x - 1 = 2 \cdot 1 - 1 = 1$.

例 2　求 $\lim\limits_{x \to 2} \dfrac{x^3 - 1}{x^2 - 5x + 3}$.

解　这里分母的极限不为零, 故

$$\lim_{x \to 2} \frac{x^3 - 1}{x^2 - 5x + 3} = \frac{\lim\limits_{x \to 2}(x^3 - 1)}{\lim\limits_{x \to 2}(x^2 - 5x + 3)}$$

$$= \frac{\lim\limits_{x \to 2} x^3 - \lim\limits_{x \to 2} 1}{\lim\limits_{x \to 2} x^2 - 5\lim\limits_{x \to 2} x + \lim\limits_{x \to 2} 3} = \frac{(\lim\limits_{x \to 2} x)^3 - 1}{(\lim\limits_{x \to 2} x)^2 - 5 \cdot 2 + 3}$$

$$= \frac{2^3 - 1}{2^2 - 10 + 3} = \frac{7}{-3} = -\frac{7}{3}.$$

由上面两个例子, 结合求极限的法则不难得知: 对多项式

$$f(x) = a_0 x^n + a_1 x^{n-1} + \cdots + a_n,$$

有

$$\lim_{x \to x_0} f(x) = \lim_{x \to x_0} (a_0 x^n + a_1 x^{n-1} + \cdots + a_n)$$

$$= a_0 (\lim_{x \to x_0} x)^n + a_1 (\lim_{x \to x_0} x)^{n-1} + \cdots + \lim_{x \to x_0} a_n$$

$$= a_0 x_0^n + a_1 x_0^{n-1} + \cdots + a_n = f(x_0).$$

对有理分式函数

$$F(x) = \frac{P(x)}{Q(x)},$$

其中 $P(x)$, $Q(x)$ 都是多项式, 有

$$\lim_{x \to x_0} F(x) = \lim_{x \to x_0} \frac{P(x)}{Q(x)} = \frac{\lim\limits_{x \to x_0} P(x)}{\lim\limits_{x \to x_0} Q(x)} = \frac{P(x_0)}{Q(x_0)} = f(x_0)(Q(x_0) \neq 0).$$

但必须注意: 若 $Q(x_0) = 0$, 则关于商的极限运算法则不能应用, 那就需要特别考虑. 下面我们举两个属于这种情形的例题.

例 3　求 $\lim\limits_{x \to 3} \dfrac{x - 3}{x^2 - 9}$.

解 当 $x \to 3$ 时, 分子及分母的极限都是零, 于是分子、分母不能分别取极限. 因分子及分母有公因子 $x - 3$, 而 $x \to 3$ 时, $x \neq 3$, $x - 3 \neq 0$, 可约去这个不为零的公因子. 所以

$$\lim_{x \to 3} \frac{x - 3}{x^2 - 9} = \lim_{x \to 3} \frac{1}{x + 3} = \frac{\lim\limits_{x \to 3} 1}{\lim\limits_{x \to 3} (x + 3)} = \frac{1}{6}.$$

例 4 求 $\lim\limits_{x \to 1} \dfrac{2x - 3}{x^2 - 5x + 4}$.

解 因为分母的极限 $\lim\limits_{x \to 1} (x^2 - 5x + 4) = 1^2 - 5 \cdot 1 + 4 = 0$, 不能应用商的极限运算法则. 但因

$$\lim_{x \to 1} \frac{x^2 - 5x + 4}{2x - 3} = \frac{1^2 - 5 \cdot 1 + 4}{2 \cdot 1 - 3} = 0,$$

故由第四节定理 2 得

$$\lim_{x \to 1} \frac{2x - 3}{x^2 - 5x + 4} = \infty.$$

例 5 $\lim\limits_{x \to \infty} \dfrac{3x^3 + 4x^2 + 2}{7x^3 + 5x^2 - 3}$.

解 先用 x^3 去除分母及分子, 然后取极限:

$$\lim_{x \to \infty} \frac{3x^3 + 4x^2 + 2}{7x^3 + 5x^2 - 3} = \lim_{x \to \infty} \frac{3 + \dfrac{4}{x} + \dfrac{2}{x^3}}{7 + \dfrac{5}{x} - \dfrac{3}{x^3}} = \frac{3}{7},$$

这是因为 $\lim\limits_{x \to \infty} \dfrac{a}{x^n} = a \lim\limits_{x \to \infty} \dfrac{1}{x^n} = a \left(\lim\limits_{x \to \infty} \dfrac{1}{x} \right)^n = 0$. 其中, a 为常数, n 为正整数, $\lim\limits_{x \to \infty} \dfrac{1}{x} = 0$(见第三节例 7).

例 6 求 $\lim\limits_{x \to \infty} \dfrac{3x^2 - 2x - 1}{2x^3 - x^2 + 5}$.

解 先用 x^3 去除分母及分子, 然后求极限, 得

$$\lim_{x \to \infty} \frac{3x^2 - 2x - 1}{2x^3 - x^2 + 5} = \lim_{x \to \infty} \frac{\dfrac{3}{x} - \dfrac{2}{x^2} - \dfrac{1}{x^3}}{2 - \dfrac{1}{x} + \dfrac{5}{x^3}} = \frac{0}{2} = 0.$$

例 7 求 $\lim\limits_{x \to \infty} \dfrac{2x^3 - x^2 + 5}{3x^2 - 2x - 1}$.

解 应用例 6 的结果并根据第四节定理 2, 即得

$$\lim_{x \to \infty} \frac{2x^3 - x^2 + 5}{3x^2 - 2x - 1} = \infty.$$

观察例 5 ∼ 例 7 可总结出下面的结论:

$$\lim_{x\to\infty}\frac{a_0x^m+a_1x^{m-1}+\cdots+a_m}{b_0x^n+b_1x^{n-1}+\cdots+b_n}=\begin{cases}\dfrac{a_0}{b_0}, & n=m,\\[2mm] 0, & n>m,\\[2mm] \infty, & n<m,\end{cases}$$

其中, $a_0\neq 0, b_0\neq 0, m$ 和 n 为非负整数.

例 8　求 $\lim\limits_{x\to\infty}\dfrac{\sin x}{x}$.

解　当 $x\to\infty$ 时, 分子及分母的极限都不存在, 故关于商的极限的运算法则不能应用. 如果把 $\dfrac{\sin x}{x}$ 看成 $\sin x$ 与 $\dfrac{1}{x}$ 的乘积, 由于 $\dfrac{1}{x}$ 当 $x\to\infty$ 时为无穷小, 而 $\sin x$ 是有界函数, 则根据本节定理 2, 有

$$\lim_{x\to\infty}\frac{\sin x}{x}=0.$$

定理 6(复合函数的极限运算法则)　设函数 $y=f[g(x)]$ 是由函数 $u=g(x)$ 与函数 $y=f(u)$ 复合而成, $f[g(x)]$ 在点 x_0 的某去心邻域内有定义, 若 $\lim\limits_{x\to x_0}g(x)=u_0$, $\lim\limits_{u\to u_0}f(u)=A$, 且存在 $\delta_0>0$, 当 $x\in\overset{\circ}{U}(x_0,\delta_0)$ 时, 有 $g(x)\neq u_0$, 则

$$\lim_{x\to x_0}f[g(x)]=\lim_{u\to u_0}f(u)=A.$$

证　按函数极限的定义, 要证: $\forall\varepsilon>0, \exists\delta>0$, 使当 $0<|x-x_0|<\delta$ 时,

$$|f[g(x)]-A|<\varepsilon$$

成立.

由于 $\lim\limits_{u\to u_0}f(u)=A, \forall\varepsilon>0, \exists\eta>0$, 使当 $0<|u-u_0|<\eta$ 时, $|f(u)-A|<\varepsilon$ 成立.

又由于 $\lim\limits_{x\to x_0}g(x)=u_0$, 对于上面得到的 $\eta>0, \exists\delta_1>0$, 使当 $0<|x-x_0|<\delta_1$ 时, $|g(x)-u_0|<\eta$ 成立.

由假设, 当 $x\in\overset{\circ}{U}(x_0,\delta_0)$ 时, $g(x)\neq u_0$. 取 $\delta=\min\{\delta_0,\delta_1\}$, 则当 $0<|x-x_0|<\delta$ 时, $|g(x)-u_0|<\eta$ 及 $|g(x)-u_0|\neq 0$ 同时成立, 即 $0<|g(x)-u_0|<\eta$ 成立, 从而

$$|f[g(x)]-A|=|f(u)-A|<\varepsilon$$

成立.

在定理 6 中, 把 $\lim\limits_{x\to x_0}g(x)=u_0$ 换成 $\lim\limits_{x\to x_0}g(x)=\infty$ 或 $\lim\limits_{x\to\infty}g(x)=\infty$, 而把 $\lim\limits_{u\to u_0}f(u)=A$ 换成 $\lim\limits_{u\to\infty}f(u)=A$, 可得类似的定理.

定理 6 表示, 如果函数 $g(x)$ 和 $f(u)$ 满足该定理的条件, 那么做代换 $u = g(x)$ 可把求 $\lim\limits_{x \to x_0} f[g(x)]$ 化为求 $\lim\limits_{u \to u_0} f(u)$, 这里 $u_0 = \lim\limits_{x \to x_0} g(x)$.

例 9   求 $\lim\limits_{x \to 0} \dfrac{\sqrt{x+1}-1}{x}$.

解   当 $x \to 0$ 时, 分子与分母同时趋于 0, 商的求极限法则不能直接使用, 可先做代数恒等变形消去分母中的零因子, 再利用商的极限法则和定理 6.

$$\lim_{x \to 0} \frac{\sqrt{x+1}-1}{x} = \lim_{x \to 0} \frac{\left(\sqrt{x+1}+1\right)\left(\sqrt{x+1}-1\right)}{x\left(\sqrt{x+1}+1\right)}$$

$$= \lim_{x \to 0} \frac{1}{\left(\sqrt{x+1}+1\right)}$$

$$= \frac{1}{\lim\limits_{x \to 0}\left(\sqrt{x+1}+1\right)},$$

而

$$\lim_{x \to 0} \sqrt{x+1} \xlongequal{1+x=u} \lim_{u \to 1} \sqrt{u} = 1,$$

$$\lim_{x \to 0} \left(\sqrt{x+1}+1\right) = 2.$$

所以

$$\lim_{x \to 0} \frac{\sqrt{x+1}-1}{x} = \frac{1}{2}.$$

习 题   1-5

1. 计算下列极限.

(1) $\lim\limits_{x \to 2}(x^3 - 3x + 5)$;

(2) $\lim\limits_{x \to 2} \dfrac{x^3+1}{x^3 - 2x^2 + x - 1}$;

(3) $\lim\limits_{x \to 2} \dfrac{x^2 - 3x + 2}{(x-2)}$;

(4) $\lim\limits_{x \to 1} \dfrac{x^2 - 1}{x^2 - 4x - 5}$;

(5) $\lim\limits_{h \to 0} \dfrac{(x+h)^2 - x^2}{h}$;

(6) $\lim\limits_{x \to -3} \dfrac{x^3 - x^2 - 9x + 9}{x^3 + 27}$;

(7) $\lim\limits_{x \to \infty} \left(5 - \dfrac{2}{x^2} + \dfrac{3}{x^3}\right)$;

(8) $\lim\limits_{x \to \infty} \dfrac{x^2 - x - 1}{3x^5 - 5x^2 + 2x - 1}$;

(9) $\lim\limits_{x \to \infty} \dfrac{x^2 - x - 1}{3x^2 - 5x + 2}$;

(10) $\lim\limits_{x \to \infty} \left(5 + \dfrac{1}{x}\right)\left(2 - \dfrac{1}{x^3}\right)$;

(11) $\lim\limits_{x \to 2} \left(\dfrac{12}{8 - x^3} - \dfrac{1}{2 - x}\right)$;

(12) $\lim\limits_{x \to +\infty} \left(\sqrt{x^4 + 2x^2} - \sqrt{x^4 + 1}\right)$;

(13) $\lim\limits_{x \to 1} \left(\dfrac{1}{1 - x} - \dfrac{3}{1 - x^3}\right)$;

(14) $\lim\limits_{x \to 1} \dfrac{\sqrt{1+x} - \sqrt{1-x}}{\sqrt[3]{1+x} - \sqrt[3]{1-x}}$;

(15) $\lim\limits_{n\to\infty}\left(1+\dfrac{1}{3}+\dfrac{1}{9}+\cdots+\dfrac{1}{3^{n-1}}\right)$;　　(16) $\lim\limits_{n\to\infty}\dfrac{(n+1)(n+2)(n+3)(n+4)}{3n^4}$.

2. 计算下列极限.

(1) $\lim\limits_{x\to 3}\dfrac{x^3+3x^2-x}{x^2-5x+6}$;　　　　　　(2) $\lim\limits_{x\to\infty}\dfrac{4x^2-x+5}{x+2}$;

(3) $\lim\limits_{x\to 0}(4x^3-2x^2+x+3)$.

3. 已知 $\lim\limits_{x\to+\infty}\left(5x-\sqrt{ax^2-bx+c}\right)=1$, 其中 a,b,c 为常数, 求 a 和 b 的值.

4. 计算下列极限.

(1) $\lim\limits_{x\to\infty}\dfrac{\sin x^2}{x}$;　　　　　　　(2) $\lim\limits_{x\to 0}x\arctan\dfrac{1}{x}$.

5. 函数 $f(x)=\begin{cases} 4-2x^2\sin\dfrac{1}{x}, & x>0,\\[2mm] 1, & x=0,\\[2mm] x^2+2x+4, & x<0, \end{cases}$ 在 $x=0$ 处的左、右极限是否存在? 当 $x\to 0$

时, $f(x)$ 的极限是否存在?

第六节　极限存在准则　两个重要极限

下面讲判定极限存在的两个准则以及作为应用准则的例子, 讨论两个重要极限: $\lim\limits_{x\to 0}\dfrac{\sin x}{x}=1$ 及 $\lim\limits_{x\to\infty}\left(1+\dfrac{1}{x}\right)^x=\mathrm{e}$.

准则 I (夹逼准则)　　如果数列 $\{x_n\}$, $\{y_n\}$ 及 $\{z_n\}$ 满足下列条件:

(1) 从某项起, 即 $\exists n_0\in\mathbf{N}$, 当 $n>n_0$ 时, 有

$$y_n\leqslant x_n\leqslant z_n;$$

(2) $\lim\limits_{n\to\infty}y_n=a$, $\lim\limits_{n\to\infty}z_n=a$;

那么数列 $\{x_n\}$ 的极限存在, 且 $\lim\limits_{n\to\infty}x_n=a$.

证　因为 $y_n\to a$, $z_n\to a$, 所以根据数列极限的定义, $\forall\varepsilon>0$, $\exists$ 正整数 N_1, 当 $n>N_1$ 时, 有 $|y_n-a|<\varepsilon$; 又 $\exists$ 正整数 N_2, 当 $n>N_2$ 时, 有 $|z_n-a|<\varepsilon$. 现在取 $N=\max\{n_0,N_1,N_2\}$, 则当 $n>N$ 时, 有

$$|y_n-a|<\varepsilon,\quad |z_n-a|<\varepsilon$$

同时成立, 即

$$a-\varepsilon<y_n<a+\varepsilon,\quad a-\varepsilon<z_n<a+\varepsilon$$

同时成立. 又因当 $n > N$ 时, x_n 介于 y_n 和 z_n 之间, 从而有

$$a - \varepsilon < y_n \leqslant x_n \leqslant z_n < a + \varepsilon,$$

即 $|x_n - a| < \varepsilon$ 成立. 这就说明了 $\lim\limits_{n \to \infty} x_n = a$.

例 1　证明 $\lim\limits_{n \to \infty} \dfrac{a^n}{n!} = 0$ (a 为一固定的常数).

证　对固定的常数 a, 可找到正整数 N, 当 $n > N$ 时, 有 $\left|\dfrac{a}{n}\right| < 1$, 故

$$0 < \left|\frac{a^n}{n!}\right| < \left|\frac{a^N}{N!}\right| \frac{a}{n} \, (n > N).$$

而

$$\lim_{n \to \infty} \frac{a}{n} = 0,$$

所以有

$$\lim_{n \to \infty} \frac{a^n}{n!} = 0.$$

上述数列极限存在的准则可以推广到函数极限的情形

准则 I ′　如果

(1) 当 $x \in \mathring{U}(x_0, r)$ (或 $|x| > M$) 时,

$$g(x) \leqslant f(x) \leqslant h(x);$$

(2) $\lim\limits_{\substack{x \to x_0 \\ (x \to \infty)}} g(x) = A$, $\lim\limits_{\substack{x \to x_0 \\ (x \to \infty)}} h(x) = A$;

那么 $\lim\limits_{\substack{x \to x_0 \\ (x \to \infty)}} f(x)$ 存在, 且等于 A.

例 2　证明 $\lim\limits_{x \to 0} \cos x = 1$.

证　事实上, 当 $0 < |x| < \dfrac{\pi}{2}$ 时,

$$0 < |\cos x - 1| = 1 - \cos x = 2\sin^2 \frac{x}{2} < 2\left(\frac{x}{2}\right)^2 = \frac{x^2}{2},$$

即 $0 < 1 - \cos x < \dfrac{x^2}{2}$.

当 $x \to 0$ 时, $\dfrac{x^2}{2} \to 0$, 由准则 I ′ 有 $\lim\limits_{x \to 0}(1 - \cos x) = 0$, 所以

$$\lim_{x \to 0} \cos x = 1.$$

作为准则 I′ 的应用, 下面证明一个重要的极限

$$\lim_{x \to 0} \frac{\sin x}{x} = 1.$$

首先注意到, 函数 $\dfrac{\sin x}{x}$ 对于一切 $x \neq 0$ 都有定义.

在图 1-29 所示的四分之一单位圆中, 设圆心角 $\angle AOB = x \left(0 < x < \dfrac{\pi}{2}\right)$, 点 A 处的切线与 OB 的延长线相交于 D, 又 $BC \perp OA$, 则

$$\sin x = CB, \quad x = AB, \quad \tan x = AD.$$

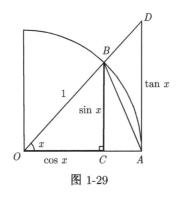

图 1-29

因为 $\triangle AOB$ 的面积 $<$ 扇形 AOB 的面积 $< \triangle AOD$ 的面积, 所以

$$\frac{1}{2} \sin x < \frac{1}{2} x < \frac{1}{2} \tan x,$$

即 $\sin x < x < \tan x$. 不等号各边都除以 $\sin x$, 就有

$$1 < \frac{x}{\sin x} < \frac{1}{\cos x}$$

或

$$\cos x < \frac{\sin x}{x} < 1. \tag{1}$$

因为当 x 用 $-x$ 代替时, $\cos x$ 与 $\dfrac{\sin x}{x}$ 都不变, 所以上面的不等式对于开区间 $\left(-\dfrac{\pi}{2}, 0\right)$ 内的一切 x 也是成立的.

由于 $\lim\limits_{x \to 0} \cos x = 1$, $\lim\limits_{x \to 0} 1 = 1$, 由不等式 (1) 及准则 I′, 即得

$$\lim_{x \to 0} \frac{\sin x}{x} = 1.$$

从图 1-30 中, 也可看出这个重要极限.

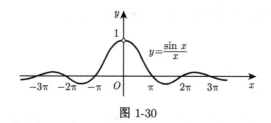

图 1-30

例 3　求 $\lim\limits_{x\to 0}\dfrac{\tan x}{x}$.

解　$\lim\limits_{x\to 0}\dfrac{\tan x}{x}=\lim\limits_{x\to 0}\left(\dfrac{\sin x}{x}\cdot\dfrac{1}{\cos x}\right)$

$\qquad\qquad\quad=\lim\limits_{x\to 0}\dfrac{\sin x}{x}\cdot\lim\limits_{x\to 0}\dfrac{1}{\cos x}=1.$

例 4　求 $\lim\limits_{x\to 0}\dfrac{1-\cos x}{x^2}$.

解　$\lim\limits_{x\to 0}\dfrac{1-\cos x}{x^2}=\lim\limits_{x\to 0}\dfrac{2\sin^2\dfrac{x}{2}}{x^2}=\dfrac{1}{2}\lim\limits_{x\to 0}\dfrac{\sin^2\dfrac{x}{2}}{\left(\dfrac{x}{2}\right)^2}$

$$=\dfrac{1}{2}\lim\limits_{x\to 0}\left(\dfrac{\sin\dfrac{x}{2}}{\dfrac{x}{2}}\right)^2=\dfrac{1}{2}\cdot 1^2=\dfrac{1}{2}.$$

这里倒数第二个等号用到了复合函数的极限运算法则. 实际上, $\dfrac{\sin\dfrac{x}{2}}{\dfrac{x}{2}}$ 可看成

由 $\dfrac{\sin u}{u}$ 及 $u=\dfrac{x}{2}$ 复合而成. 因 $\lim\limits_{x\to 0}\dfrac{x}{2}=0$, 而 $\lim\limits_{u\to 0}\dfrac{\sin u}{u}=1$, 故

$$\lim\limits_{x\to 0}\dfrac{\sin\dfrac{x}{2}}{\dfrac{x}{2}}=\lim\limits_{u\to 0}\dfrac{\sin u}{u}=1.$$

例 5　求 $\lim\limits_{x\to 0}\dfrac{\arcsin x}{x}$.

解　令 $t=\arcsin x$, 则 $x=\sin t$, 当 $x\to 0$ 时, 有 $t\to 0$. 于是由复合函数的极限运算法则得

$$\lim\limits_{x\to 0}\dfrac{\arcsin x}{x}=\lim\limits_{t\to 0}\dfrac{t}{\sin t}=1.$$

准则 II　单调有界数列必有极限.

如果数列 $\{x_n\}$ 满足条件

$$x_1\leqslant x_2\leqslant x_3\leqslant\cdots\leqslant x_n\leqslant x_{n+1}\leqslant\cdots,$$

就称数列 $\{x_n\}$ 是单调增加的; 如果数列 $\{x_n\}$ 满足条件

$$x_1 \geqslant x_2 \geqslant x_3 \geqslant \cdots \geqslant x_n \geqslant x_{n+1} \geqslant \cdots,$$

就称数列 $\{x_n\}$ 是单调减少的. 单调增加和单调减少的数列统称为单调数列.

在第二节中曾证明: 收敛的数列一定有界. 但那时也曾指出: 有界的数列不一定收敛. 现在准则 II 表明: 如果数列不仅有界, 而且是单调的, 那么这数列的极限必定存在, 也就是这数列一定收敛.

对准则 II 我们不作证明, 而给出如下的几何解释.

从数轴上看, 对应于单调数列的点 x_n 只可能向一个方向移动, 所以只有两种可能情形: 或者点 x_n 沿数轴移向无穷远 ($x_n \to +\infty$ 或 $x_n \to -\infty$); 或者点 x_n 无限趋近于某一个定点 A (图 1-31), 也就是数列 $\{x_n\}$ 趋于一个极限. 但现在假定数列是有界的, 而有界数列的点 x_n 都落在数轴上某一个区间 $[-M, M]$ 内, 那么上述第一种情形就不可能发生了. 这就表示这个数列趋于一个极限, 并且这个极限的绝对值不超过 M.

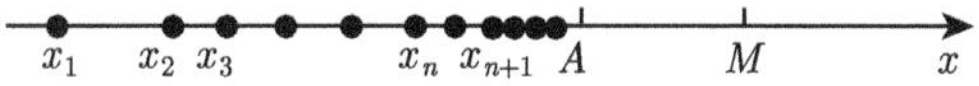

图 1-31

作为准则 II 的应用, 我们讨论另一个重要极限

$$\lim_{x \to \infty} \left(1 + \frac{1}{x}\right)^x = e.$$

下面考虑 x 取正整数 n 而趋于 $+\infty$ 的情形.

设 $x_n = \left(1 + \frac{1}{n}\right)^n$, 我们来证数列 $\{x_n\}$ 单调增加并且有界. 按牛顿二项公式, 有

$$x_n = \left(1 + \frac{1}{n}\right)^n$$

$$= 1 + \frac{n}{1!} \cdot \frac{1}{n} + \frac{n(n-1)}{2!} \cdot \frac{1}{n^2} + \cdots + \frac{n(n-1)\cdots(n-n+1)}{n!} \cdot \frac{1}{n^n}$$

$$= 1 + 1 + \frac{1}{2!}\left(1 - \frac{1}{n}\right) + \cdots + \frac{1}{n!}\left(1 - \frac{1}{n}\right)\left(1 - \frac{2}{n}\right)\cdots\left(1 - \frac{n-1}{n}\right).$$

类似地,

$$x_{n+1} = 1 + 1 + \frac{1}{2!}\left(1 - \frac{1}{n+1}\right) + \cdots$$

$$+ \frac{1}{n!}\left(1 - \frac{1}{n+1}\right)\left(1 - \frac{2}{n+2}\right)\cdots\left(1 - \frac{n-1}{n+1}\right)$$

$$+ \frac{1}{(n+1)!}\left(1 - \frac{1}{n+1}\right)\left(1 - \frac{2}{n+2}\right)\cdots\left(1 - \frac{n}{n+1}\right).$$

比较 x_n, x_{n+1} 的展开式, 可以看出除前两项外, x_n 的每一项都小于 x_{n+1} 的对应项, 并且 x_{n+1} 还多了最后一项, 其值大于零, 因此

$$x_n < x_{n+1},$$

这就说明数列 $\{x_n\}$ 是单调增加的, 这个数列同时还是有界的. 因为如果 x_n 的展开式中各项括号内的数用较大的数 1 代替, 得

$$x_n < 1 + 1 + \frac{1}{2!} + \cdots + \frac{1}{n!} < 1 + 1 + \frac{1}{2} + \cdots + \frac{1}{2^{n-1}}$$

$$= 1 + \frac{1 - \dfrac{1}{2^n}}{1 - \dfrac{1}{2}} = 3 - \frac{1}{2^{n-1}} < 3.$$

这就说明数列 $\{x_n\}$ 是有界的. 根据极限存在准则 II, 这个数列 $\{x_n\}$ 的极限存在, 通常用字母 e 来表示它, 即

$$\lim_{n\to\infty}\left(1 + \frac{1}{n}\right)^n = \mathrm{e}.$$

可以证明, 当 x 取实数而趋于 $+\infty$ 或 $-\infty$ 时, 函数 $\left(1 + \dfrac{1}{x}\right)^x$ 的极限都存在且都等于 e. 因此,

$$\lim_{x\to\infty}\left(1 + \frac{1}{x}\right)^x = \mathrm{e}.$$

这个数 e 是无理数, 它的值是

$$\mathrm{e} = 2.718\,281\,828\,459\,045\cdots.$$

在第一节中提到的指数函数 $y = \mathrm{e}^x$ 以及自然对数 $y = \ln x$ 中的底 e 就是这个常数.

利用复合函数的极限运算法则, 可把式 (2) 写成另一种形式. 在 $(1+z)^{\frac{1}{z}}$ 中作代换 $x = \dfrac{1}{z}$, 得 $\left(1 + \dfrac{1}{x}\right)^x$. 又当 $z \to 0$ 时 $x \to \infty$. 因此由复合函数的极限运算法则得

$$\lim_{z\to 0}(1 + z)^{\frac{1}{z}} = \lim_{x\to\infty}\left(1 + \frac{1}{x}\right)^x = \mathrm{e}.$$

下面的例 6 也是用代换方法来做的, 实质上还是用到了复合函数的极限运算法则.

例 6　求 $\lim\limits_{x\to\infty}\left(1-\dfrac{1}{x}\right)^{x}$.

解　令 $t=-x$, 则当 $x\to\infty$ 时, $t\to\infty$. 于是

$$\lim_{x\to\infty}\left(1-\frac{1}{x}\right)^{x}=\lim_{t\to\infty}\left(1+\frac{1}{t}\right)^{-t}=\lim_{t\to\infty}\frac{1}{\left(1+\dfrac{1}{t}\right)^{t}}=\frac{1}{e}.$$

相应于单调有界数列必有极限的准则 II, 函数极限也有类似的准则. 对于自变量的不同变化过程 $(x\to x_0^-, x\to x_0^+, x\to-\infty, x\to+\infty)$, 准则有不同的形式. 现以 x_0^- 为例, 将相应的准则叙述如下.

准则 II′　设函数 $f(x)$ 在点 x_0 的某个左邻域内单调有界, 则 $f(x)$ 在 x_0 的左极限 $f(x_0^-)$ 必定存在.

*柯西 (Cauchy) 极限存在准则

在第二节例 1 及例 2 中, 我们看到收敛数列不一定是单调的. 因此, 准则 II 所给出的单调有界这条件, 是数列收敛的充分条件, 而不是必要的. 当然, 其中有界这一条件对数列的收敛性来说是必要的. 下面叙述的柯西极限存在准则, 它给出了数列收敛的充分必要条件.

柯西极限存在准则　数列 $\{x_n\}$ 收敛的充分必要条件: 对于任意给定的正数 ε, 存在着这样的正整数 N, 使得当 $m>N$, $n>N$ 时, 就有

$$|x_n-x_m|<\varepsilon.$$

证　先证必要性　设 $\lim\limits_{n\to\infty}x_n=a$. $\forall\varepsilon>0$, 由数列极限的定义, ∃ 正整数, 当 $n>N$ 时, 有

$$|x_n-a|<\frac{\varepsilon}{2};$$

同样, 当 $m>N$ 时, 也有

$$|x_m-a|<\frac{\varepsilon}{2}.$$

因此, 当 $m>N$, $n>N$ 时, 有

$$|x_n-x_m|=|(x_n-a)-(x_m-a)|$$

$$\leqslant|x_n-a|+|x_m-a|<\frac{\varepsilon}{2}+\frac{\varepsilon}{2}=\varepsilon,$$

所以条件是必要的.

充分性这里不予证明.

　　这准则的几何意义表示, 数列 $\{x_n\}$ 收敛的充分必要条件: 对于任意给定的正数 ε, 在数轴上一切具有足够大下角的项 x_n 中, 任意两点间的距离小于 ε.

　　柯西极限存在准则有时也称为柯西审敛原理.

习　题　1-6

1. 计算下列极限.

(1) $\lim\limits_{x \to 0} x \cot 2x$;

(2) $\lim\limits_{x \to 0} \dfrac{\sin ax}{bx}$ $(a \neq 0, b \neq 0)$;

(3) $\lim\limits_{x \to 0} \dfrac{\tan x - \sin x}{x^3}$;

(4) $\lim\limits_{x \to 0^+} \dfrac{\cos x - 1}{x}$;

(5) $\lim\limits_{x \to \infty} x \cdot \sin \dfrac{1}{x}$;

(6) $\lim\limits_{n \to \infty} 3^n \sin \dfrac{x}{3^n}$ (x 为不等于零的常数);

(7) $\lim\limits_{x \to \pi} \dfrac{\sin x}{x - \pi}$;

(8) $\lim\limits_{x \to 0} \dfrac{\arctan x}{x}$.

2. 计算下列极限.

(1) $\lim\limits_{x \to 0} \left(1 - \dfrac{x}{2}\right)^{\frac{1}{x}}$;

(2) $\lim\limits_{x \to \infty} \left(1 - \dfrac{1}{x}\right)^{kx}$;

(3) $\lim\limits_{x \to 2} \left(\dfrac{x}{2}\right)^{\frac{1}{x-2}}$;

(4) $\lim\limits_{x \to \infty} \left(\dfrac{x+5}{x-5}\right)^x$.

3. 利用极限存在准则证明.

(1) 数列 $\sqrt{3}, \sqrt{3 + \sqrt{3}}, \sqrt{3 + \sqrt{3 + \sqrt{3}}}, \cdots$ 的极限存在;

(2) $\lim\limits_{n \to \infty} \sqrt{1 + \dfrac{a}{n}} = 1 \, (a > 0)$;

(3) $\lim\limits_{n \to \infty} \left(\dfrac{1}{\sqrt{n^2 + a}} + \dfrac{1}{\sqrt{n^2 + 2a}} + \cdots + \dfrac{1}{\sqrt{n^2 + na}}\right) = 1 \, (a > 0)$;

(4) $\lim\limits_{x \to 0^+} x \left[\dfrac{1}{x}\right] = 1$;

(5) $\lim\limits_{x \to +\infty} (1 + 2^x + 3^x)^{\frac{1}{x}} = 3$.

第七节　无穷小的比较

　　无穷小量的共性是在自变量的变化过程下, 函数的极限为零. 具体的极限处理时, 我们发现, 同样是无穷小量, 它们在趋于零的过程中表现又不尽相同, 区分并实现对它们的比较在理论、计算和实际中都有意义. 问题是对无穷小量进行比较, 需解决比较的基础、比较什么和怎么比较. 为此, 先分析一个具体的实例.

　　一块正方形金属薄片受温度变化的影响, 其边长由 x_0 变到 $x_0 + \Delta x$ (图 1-32), 问此薄片的面积改变了多少?

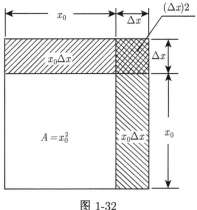

图 1-32

设此薄片的边长为 x，面积为 A，则 A 与 x 存在函数关系：$A = x^2$. 当边长由 x_0 变到 $x_0 + \Delta x$ 时，薄片面积的改变量为

$$\Delta A = (x_0 + \Delta x)^2 - x_0^2 = 2x_0 \Delta x + (\Delta x)^2.$$

若求薄片面积的改变量满足一定误差要求的近似值，则需本着保大舍小、保简舍繁的原则建立获得近似值的简便算法. 观察上式，可以发现

(1) $2x_0 \Delta x, (\Delta x)^2$ 同为 $\Delta x \to 0$ 时的无穷小量，$2x_0 \Delta x$ 是 Δx 的线性部分，简单易计算；

(2) 当 Δx 取值较小时，$(\Delta x)^2$ 比 $2x_0 \Delta x$ 小得多，即当 $\Delta x \to 0$ 时，$(\Delta x)^2$ 比 $2x_0 \Delta x$ 趋于零要快得多.

基于上述理由，我们自然选择算法 $\Delta A \approx 2x_0 \Delta x$.

由此实际问题的处理过程可知：比较的基础是同一个自变量变化过程下的无穷小量；比较的是无穷小量趋于零的快慢.

下面，我们利用无穷小之比的极限存在或为无穷大，来建立两个无穷小之间进行比较的方法.

定义 1　设 α 及 β 都是同一个自变量变化过程下的无穷小量，且 $\alpha \neq 0$，则

如果 $\lim \dfrac{\beta}{\alpha} = 0$，就说 β 是比 α 高阶的无穷小，记为 $\beta = o(\alpha)$；

如果 $\lim \dfrac{\beta}{\alpha} = \infty$，就说 β 是比 α 低阶的无穷小；

如果 $\lim \dfrac{\beta}{\alpha} = c \neq 0$，就说 β 与 α 是同阶无穷小；

如果 $\lim \dfrac{\beta}{\alpha^k} = c \neq 0, k > 0$，就说 β 是关于 α 的 k 阶无穷小；

如果 $\lim \dfrac{\beta}{\alpha} = 1$，就说 β 与 α 是等价无穷小，记为 $\alpha \sim \beta$.

显然, 等价无穷小是同阶无穷小的特殊情形, 即 $c = 1$ 的情形.

下面举一些例子.

因为 $\lim\limits_{x \to 0} \dfrac{3x^2}{x} = 0$, 所以当 $x \to 0$ 时, $3x^2$ 是比 x 高阶的无穷小, 即 $3x^2 = o(x)(x \to 0)$.

因为 $\lim\limits_{n \to \infty} \dfrac{\frac{1}{n}}{\frac{1}{n^2}} = \infty$, 所以当 $n \to \infty$ 时, $\dfrac{1}{n}$ 是比 $\dfrac{1}{n^2}$ 低阶的无穷小.

因为 $\lim\limits_{x \to 3} \dfrac{x^2 - 9}{x - 3} = 6$, 所以当 $x \to 3$ 时, $x^2 - 9$ 与 $x - 3$ 是同阶无穷小.

因为 $\lim\limits_{x \to 0} \dfrac{1 - \cos x}{x^2} = \dfrac{1}{2}$, 所以当 $x \to 0$ 时, $1 - \cos x$ 是关于 x 的二阶无穷小.

因为 $\lim\limits_{x \to 0} \dfrac{\sin x}{x} = 1$, 所以当 $x \to 0$ 时, $\sin x$ 与 x 是等价无穷小, 即 $\sin x \sim x(x \to 0)$.

下面再举一个常用的等价无穷小的例子.

例 1　证明: 当 $x \to 0$ 时, $\sqrt[n]{1 + x} - 1 \sim \dfrac{x}{n}$.

证　因为

$$\lim_{x \to 0} \frac{\sqrt[n]{1 + x} - 1}{\frac{1}{n}x} = \lim_{x \to 0} \frac{\left(\sqrt[n]{1 + x}\right)^n - 1}{\frac{1}{n}x \left[\sqrt[n]{(1+x)^{n-1}} + \sqrt[n]{(1+x)^{n-2}} + \cdots + 1\right]}$$

$$= \lim_{x \to 0} \frac{n}{\sqrt[n]{(1+x)^{n-1}} + \sqrt[n]{(1+x)^{n-2}} + \cdots + 1} = 1.$$

所以 $\sqrt[n]{1 + x} - 1 \sim \dfrac{x}{n}(x \to 0)$.

关于等价无穷小, 有下面两个定理.

定理 1　β 与 α 是等价无穷小的充分必要条件为

$$\beta = \alpha + o(\alpha).$$

证　必要性　设 $\alpha \sim \beta$, 则

$$\lim \frac{\beta - \alpha}{\alpha} = \lim \left(\frac{\beta}{\alpha} - 1\right) = \lim \frac{\beta}{\alpha} - 1 = 0,$$

因此 $\beta - \alpha = o(\alpha)$, 即 $\beta = \alpha + o(\alpha)$.

充分性　设 $\beta = \alpha + o(\alpha)$, 则

$$\lim \frac{\beta}{\alpha} = \lim \frac{\alpha + o(\alpha)}{\alpha} = \lim \left(1 + \frac{o(\alpha)}{\alpha}\right) = 1,$$

因此 $\alpha \sim \beta$.

例 2　因为当 $x \to 0$ 时, $\sin x \sim x$, $\tan x \sim x$, $\arcsin x \sim x$, $\arctan x \sim x$, $1 - \cos x \sim \frac{1}{2}x^2$, 所以当 $x \to 0$ 时有

$$\sin x = x + o(x), \quad \tan x = x + o(x), \quad \arcsin x = x + o(x),$$

$$\arctan x = x + o(x), \quad \cos x = 1 - \frac{1}{2}x^2 + o(x^2).$$

定理 2　设 $\alpha \sim \alpha'$, $\beta \sim \beta'$, 且 $\lim \dfrac{\beta'}{\alpha'}$ 存在, 则

$$\lim \frac{\beta}{\alpha} = \lim \frac{\beta'}{\alpha'}.$$

证　$\lim \dfrac{\beta}{\alpha} = \lim \left(\dfrac{\beta}{\beta'} \cdot \dfrac{\beta'}{\alpha'} \cdot \dfrac{\alpha'}{\alpha}\right)$

$$= \lim \frac{\beta}{\beta'} \cdot \lim \frac{\beta'}{\alpha'} \cdot \lim \frac{\alpha'}{\alpha} = \lim \frac{\beta'}{\alpha'}.$$

定理 2 表明, 求两个无穷小之比的极限时, 分子及分母都可用等价无穷小来代替. 因此, 如果用来代替的无穷小选得适当的话, 可以使计算简化.

例 3　求 $\lim\limits_{x \to 0} \dfrac{\tan 2x}{\sin 5x}$.

解　当 $x \to 0$ 时, $\tan 2x \sim 2x$, $\sin 5x \sim 5x$, 所以

$$\lim_{x \to 0} \frac{\tan 2x}{\sin 5x} = \lim_{x \to 0} \frac{2x}{5x} = \frac{2}{5}.$$

例 4　求 $\lim\limits_{x \to 0} \dfrac{\sin x}{x^3 + 3x}$.

解　当 $x \to 0$ 时, $\sin x \sim x$, 无穷小 $x^3 + 3x$ 与它本身显然是等价的, 所以

$$\lim_{x \to 0} \frac{\sin x}{x^3 + 3x} = \lim_{x \to 0} \frac{x}{x^3 + 3x} = \lim_{x \to 0} \frac{1}{x^2 + 3} = \frac{1}{3}.$$

例 5　求 $\lim\limits_{x \to 0} \dfrac{(1 + x^2)^{\frac{1}{3}} - 1}{\cos x - 1}$.

解　当 $x \to 0$ 时, $(1 + x^2)^{\frac{1}{3}} - 1 \sim \frac{1}{3}x^2$, $\cos x - 1 \sim -\frac{1}{2}x^2$, 所以

$$\lim_{x \to 0} \frac{(1 + x^2)^{\frac{1}{3}} - 1}{\cos x - 1} = \lim_{x \to 0} \frac{\frac{1}{3}x^2}{-\frac{1}{2}x^2} = -\frac{2}{3}.$$

习　题　1-7

1. 当 $x \to 0$ 时, 下列函数哪一个是其他三个的高阶无穷小 (　　).

(A) $x^3 + x^2$;　　　(B) $(1 - \cos x)^2$;　　　(C) $\sin x^2$;　　　(D) $\ln(1 + x^2)$.

2. 证明: 当 $x \to 0$ 时, $\sec x - 1 \sim \dfrac{x^2}{2}$.

3. 利用等价无穷小的性质, 求下列极限.

(1) $\lim\limits_{x \to 0} \dfrac{\arctan nx}{\arcsin mx}$ (n, m 为正整数);　　　(2) $\lim\limits_{x \to 0} \dfrac{(\sin x)^n}{\sin(x^m)}$ (n, m 为正整数);

(3) $\lim\limits_{x \to 0} \dfrac{\mathrm{e}^{\frac{\sin^2 x}{3}} - 1}{(\tan x)^3}$;　　　(4) $\lim\limits_{x \to 0^+} \dfrac{1 - \sqrt{\cos x}}{x\left(1 - \cos\sqrt{x}\right)}$;

(5) $\lim\limits_{x \to 0} \dfrac{\tan x - \sin x}{\ln\left(1 + x^2\right)\left(\sqrt[3]{1 + x} - 1\right)}$;　　　(6) $\lim\limits_{x \to 0} \dfrac{x + \mathrm{e}^x + \tan 3x - 1}{\arctan x + 2x^2}$;

(7) $\lim\limits_{x \to 0} \left(\dfrac{a^x + b^x}{2}\right)^{\frac{3}{x}}$, 其中 $a > 0, b > 0$, 均为常数;

(8) $\lim\limits_{n \to \infty} \left(\dfrac{\sqrt{n^2 + a^2}}{n} + \dfrac{\arctan n}{n} + n \tan \dfrac{3}{n}\right)$.

4. 当 $x \to 0$ 时, 若 $\left[(1 - ax^2)^{\frac{1}{3}} - 1\right]\left(\mathrm{e}^{x^2} - 1\right)$ 与 $\ln\left(1 + x^2\right)(\arcsin x)^2$ 是等价无穷小, 试求 a.

第八节　函数的连续性与间断点

一、函数的连续性

连续变化的概念对人们来说并不陌生. 通常把不突然改变的变化称为连续变化. 这个概念反映了许多自然现象的共同特征. 例如, 河水的流动、气温的变化、植物的生长等, 都是随时间连续地变化着的. 这种现象反映到函数关系上, 就是函数的连续性. 例如, 就气温的变化来看, 当时间变动很微小时, 气温的变化也很微小, 这种特点就是所谓连续性. 本节将要引入的连续函数就是刻画变量连续变化的数学模型.

连续函数不仅是微积分学的研究对象, 而且微积分学中的许多重要概念、定理、法则等, 往往都要求函数具有连续性.

下面我们先引入增量的概念, 然后以极限为基础, 来描述函数的连续性, 进而给出函数连续性的定义.

设变量 u 从它的一个初值 u_1 变到终值 u_2, 终值与初值的差 $u_2 - u_1$ 就称为变量 u 的增量, 记为 Δu, 即

$$\Delta u = u_2 - u_1.$$

增量 Δu 可以是正的, 也可以是负的. 在 Δu 为正的情形, 变量 u 从 u_1 变到 $u_2 = u_1 + \Delta u$ 时是增大的; 当 Δu 为负时, 变量 u 是减小的.

应该注意到: 记号 Δu 并不表示某个量 Δ 与变量 u 的乘积, 而是一个整体不可分割的记号.

现在假定函数 $y = f(x)$ 在点 x_0 的某一个邻域内是有定义的. 当自变量 x 在这邻域内从 x_0 变到 $x_0 + \Delta x$ 时, 函数 y 相应地从 $f(x_0)$ 变到 $f(x_0 + \Delta x)$, 因此函数 y 的对应增量为

$$\Delta y = f(x_0 + \Delta x) - f(x_0).$$

这个关系式的几何解释如图 1-33 所示.

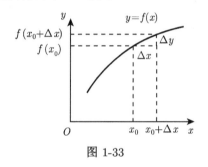

图 1-33

直观上看, 曲线在点 $(x_0, f(x_0))$ 是连续的. 动的、变化地看, 曲线在该点连续是因为曲线上的点沿曲线移动时可连续地通过该点. 反映到函数上就是假如保持 x_0 不变而让自变量的增量 Δx 变动, 一般来说, 函数 y 的增量 Δy 也要随着变动, 但当 Δx 变化很小时, 函数 y 的增量 Δy 变化也不大. 上升到极限思想上, 函数 $y = f(x)$ 在点 $x = x_0$ 处的连续性概念就可以描述为: 如果当 Δx 趋于零时, 函数 y 的对应增量 Δy 也趋于零, 即

$$\lim_{\Delta x \to 0} \Delta y = 0 \tag{1}$$

或

$$\lim_{\Delta x \to 0} [f(x_0 + \Delta x) - f(x_0)] = 0,$$

那么就称函数 $y = f(x)$ 在点 x_0 处是连续的, 具体描述如下

定义 1 设函数 $f(x)$ 在点 x_0 的某一邻域内有定义, 如果

$$\lim_{\Delta x \to 0} \Delta y = \lim_{\Delta x \to 0} [f(x_0 + \Delta x) - f(x_0)] = 0,$$

那么就称函数 $y = f(x)$ 在点 x_0 连续.

为了应用方便起见, 下面把函数 $y = f(x)$ 在点 x_0 连续的定义用不同的方式来叙述.

设 $x = x_0 + \Delta x$, 则 $\Delta x \to 0$ 就是 $x \to x_0$. 又由于

$$\Delta y = f(x_0 + \Delta x) - f(x_0) = f(x) - f(x_0),$$

即

$$f(x) = f(x_0) + \Delta y,$$

可见 $\Delta y \to 0$ 就是 $f(x) \to f(x_0)$, 因此式 (1) 与

$$\lim_{x \to x_0} f(x) = f(x_0)$$

相当. 所以, 函数 $y = f(x)$ 在点 x_0 连续的定义又可叙述如下.

定义 2 设函数 $f(x)$ 在点 x_0 的某一邻域内有定义, 如果

$$\lim_{x \to x_0} f(x) = f(x_0),$$

那么就称函数 $y = f(x)$ 在点 x_0 连续.

由函数 $f(x)$ 当 $x \to x_0$ 时极限的定义可知, 上述定义也可用 "ε-δ" 语言表达如下:

$f(x)$在点x_0连续 $\Leftrightarrow \forall \varepsilon > 0, \exists \delta > 0$, 当 $|x - x_0| < \delta$时, 有 $|f(x) - f(x_0)| < \varepsilon$.

例如, 在第五节中, 我们曾经证明: 如果 $f(x)$ 是有理整函数 (多项式), 则对于任意的实数 x_0, 都有 $\lim\limits_{x \to x_0} f(x) = f(x_0)$, 因此有理整函数在区间 $(-\infty, +\infty)$ 内每一点都是连续的. 对于有理分式函数 $F(x) = \dfrac{P(x)}{Q(x)}$, 只要 $Q(x_0) \neq 0$, 就有 $\lim\limits_{x \to x_0} F(x) = F(x_0)$, 因此有理分式函数在其定义域内的每一点都是连续的.

由第三节例 5 可知, 函数 $f(x) = \sqrt{x}$ 在 $(0, +\infty)$ 内每一点都是连续的.

例 1 证明函数 $y = \sin x$ 在区间 $(-\infty, +\infty)$ 内每一点都是连续的.

证 设 x 是区间 $(-\infty, +\infty)$ 内任意取定的一点. 当 x 有增量 Δx 时, 对应的函数的增量为

$$\Delta y = \sin(x + \Delta x) - \sin x,$$

由三角公式有

$$\sin(x + \Delta x) - \sin x = 2 \sin \frac{\Delta x}{2} \cdot \cos\left(x + \frac{\Delta x}{2}\right).$$

注意到

$$\left| \cos\left(x + \frac{\Delta x}{2}\right) \right| \leqslant 1,$$

就推得

$$|\Delta y| = |\sin(x + \Delta x) - \sin x| \leqslant 2\left|\sin\frac{\Delta x}{2}\right|.$$

因为对于任意的角度 α, 当 $\alpha \neq 0$ 时有 $|\sin\alpha| < \alpha$, 所以

$$0 \leqslant |\Delta y| = |\sin(x + \Delta x) - \sin x| < |\Delta x|.$$

因此, 当 $\Delta x \to 0$ 时, 由夹逼准则得 $|\Delta y| \to 0$, 这就证明了 $y = \sin x$ 对于任一 $x \in (-\infty, +\infty)$ 是连续的.

类似地可以证明, 函数 $y = \cos x$ 在区间 $(-\infty, +\infty)$ 内每一点都是连续的.

下面给出函数在一点的左、右连续和函数在区间上连续的概念.

(1) 如果 $\lim\limits_{x \to x_0^-} f(x) = f(x_0^-)$ 存在且等于 $f(x_0)$, 即

$$f(x_0^-) = f(x_0),$$

就说函数 $f(x)$ 在点 x_0 左连续.

(2) 如果 $\lim\limits_{x \to x_0^+} f(x) = f(x_0^+)$ 存在且等于 $f(x_0)$, 即

$$f(x_0^+) = f(x_0),$$

就说函数 $f(x)$ 在点 x_0 右连续.

(3) 如果函数 $f(x)$ 在开区间 (a, b) 内每一点都连续, 则称函数 $f(x)$ 在开区间 (a, b) 内连续.

(4) 如果函数 $f(x)$ 在开区间 (a, b) 内连续, 且函数在 $x = a$ 处右连续, 在 $x = b$ 处左连续, 则称函数 $f(x)$ 在闭区间 $[a, b]$ 上连续.

由此我们可以说: 有理整函数 (多项式)、正弦函数、余弦函数在区间 $(-\infty, +\infty)$ 内都是连续的, 函数 $f(x) = \sqrt{x}$ 在 $[0, +\infty)$ 上是连续的.

二、连续函数的运算与初等函数的连续性

1. 连续函数的和、差、积、商的连续性

由函数在某点连续的定义和极限的四则运算法则, 可立即得出下面的定理.

定理 1　设函数 $f(x)$ 和 $g(x)$ 在点 x_0 连续, 则它们的和 $(差)f \pm g$、积 $f \cdot g$ 及商 $\dfrac{f}{g}$ (当 $g(x_0) \neq 0$ 时) 都在点 x_0 连续.

例 2　因 $\tan x = \dfrac{\sin x}{\cos x}$, $\cot x = \dfrac{\cos x}{\sin x}$, 而 $\sin x, \cos x$ 在区间 $(-\infty, +\infty)$ 内连续, 故由定理 1 知 $\tan x$ 和 $\cot x$ 在它们的定义域内是连续的.

2. 反函数与复合函数的连续性

反函数和复合函数的概念已经在第一节中讲过, 这里来讨论它们的连续性.

定理 2　如果函数 $y = f(x)$ 在区间 I_x 上单调增加 (或单调减少) 且连续, 那么它的反函数 $x = f^{-1}(y)$ 也在对应的区间 $I_y = \{y | y = f(x), x \in I_x\}$ 上单调增加 (或减少) 且连续.

证明从略.

例 3　由于 $y = \sin x$ 在闭区间 $\left[-\dfrac{\pi}{2}, \dfrac{\pi}{2}\right]$ 上单调增加且连续, 所以它的反函数 $y = \arcsin x$ 在闭区间 $[-1, 1]$ 上也是单调增加且连续的.

同样, 应用定理 2 可证: $y = \arccos x$ 在闭区间 $[-1, 1]$ 上单调减少且连续; $y = \arctan x$ 在区间 $(-\infty, +\infty)$ 内是单调增加且连续的; $y = \operatorname{arccot} x$ 在区间 $(-\infty, +\infty)$ 内是单调减少且连续的.

总之, 反三角函数 $\arcsin x, \arccos x, \arctan x, \operatorname{arccot} x$ 在它们的定义域内都是连续的.

定理 3　设函数 $y = f[g(x)]$ 由函数 $u = g(x)$ 与函数 $y = f(u)$ 复合而成, $\overset{\circ}{U}(x_0) \subset D_{f \circ g}$. 若 $\lim\limits_{x \to x_0} g(x) = u_0$, 而函数 $y = f(u)$ 在 $u = u_0$ 连续, 则

$$\lim_{x \to x_0} f[g(x)] = \lim_{u \to u_0} f(u) = f(u_0). \tag{2}$$

证　在第五节定理 6 中, 令 $A = f(u_0)$(这里 $f(u)$ 在点 u_0 连续), 并取消 "存在 $\delta_0 > 0$, 当 $x \in \overset{\circ}{U}(x_0, \delta_0)$ 时, 有 $g(x) \neq u_0$" 这条件, 便得上面的定理. 这里 $g(x) \neq u_0$ 这条件取消的理由是 $\forall \varepsilon > 0$, 使 $g(x) = u_0$ 成立的那些点 x, 显然也使 $|f[g(x)] - f(u_0)| < \varepsilon$ 成立. 因此附加 $g(x) \neq u_0$ 这条件就没有必要了.

因为在定理 3 中有

$$\lim_{x \to x_0} g(x) = u_0, \quad \lim_{u \to u_0} f(u) = f(u_0),$$

故式 (1) 又可写成

$$\lim_{x \to x_0} f[g(x)] = f[\lim_{x \to x_0} g(x)]. \tag{3}$$

式 (2) 表示, 在定理 3 的条件下, 如果做代换 $u = g(x)$, 那么求 $\lim\limits_{x \to x_0} f[g(x)]$ 就化为求 $\lim\limits_{u \to u_0} f(u)$, 这里 $u_0 = \lim\limits_{x \to x_0} g(x)$.

式 (3) 表示, 在定理 3 的条件下, 求复合函数 $f[g(x)]$ 的极限时, 函数符号 f 与极限符号 $\lim\limits_{x \to x_0}$ 可以交换次序.

把定理 3 中的 $x \to x_0$ 换成 $x \to \infty$, 可得类似的定理.

例 4　$\lim\limits_{x \to 3} \sqrt{\dfrac{x - 3}{x^2 - 9}}$.

解　$y = \sqrt{\dfrac{x-3}{x^2-9}}$ 可看成由 $y = \sqrt{u}$ 与 $u = \dfrac{x-3}{x^2-9}$ 复合而成. 因为 $\lim\limits_{x\to 3}\dfrac{x-3}{x^2-9} = \dfrac{1}{6}$, 而函数 $y = \sqrt{u}$ 在点 $u = \dfrac{1}{6}$ 连续, 所以

$$\lim_{x\to 3}\sqrt{\frac{x-3}{x^2-9}} = \sqrt{\lim_{x\to 3}\frac{x-3}{x^2-9}} = \sqrt{\frac{1}{6}} = \frac{\sqrt{6}}{6}.$$

定理 4　设函数 $y = f[g(x)]$ 由函数 $u = g(x)$ 与函数 $y = f(u)$ 复合而成, $U(x_0) \subset D_{f\circ g}$. 若函数 $u = g(x)$ 在 $x = x_0$ 连续, 且 $g(x_0) = u_0$, 而函数 $y = f(u)$ 在 $u = u_0$ 连续, 则复合函数 $y = f[g(x)]$ 在 $x = x_0$ 也连续.

证　只要在定理 3 中令 $u_0 = g(x_0)$, 这就表示 $g(x)$ 在点 $x = x_0$ 连续, 于是由式 (1) 得

$$\lim_{x\to x_0} f[g(x)] = f(u_0) = f[g(x_0)],$$

这就证明了复合函数 $f[g(x)]$ 在点 x_0 连续.

例 5　讨论函数 $y = \sin\dfrac{1}{x}$ 的连续性.

解　函数 $y = \sin\dfrac{1}{x}$ 可看成是由 $u = \dfrac{1}{x}$ 及 $y = \sin u$ 复合而成的. $\dfrac{1}{x}$ 在 $-\infty < x < 0$ 及 $0 < x < +\infty$ 内是连续的, $\sin u$ 在 $-\infty < u < +\infty$ 内是连续的. 根据定理 4, 函数 $y = \sin\dfrac{1}{x}$ 在无限区间 $(-\infty, 0)$ 和 $(0, +\infty)$ 内是连续的.

3. 初等函数的连续性

前面证明了三角函数及反三角函数在它们的定义域内是连续的.

我们指出 (但不详细讨论), 指数函数 $a^x(a > 0,\, a \neq 1)$ 对于一切实数 x 都有定义, 且在区间 $(-\infty, +\infty)$ 内是单调的和连续的, 它的值域为 $(0, +\infty)$.

由指数函数的单调性和连续性, 引用定理 2 可得对数函数 $\log_a x(a > 0, a \neq 1)$ 在区间 $(0, +\infty)$ 内单调且连续.

幂函数 $y = x^\mu$ 的定义域随 μ 的值而异, 但无论 μ 为何值, 在区间 $(0, +\infty)$ 内幂函数总是有定义的. 下面我们来证明, 在 $(0, +\infty)$ 内幂函数是连续的. 事实上, 设 $x > 0$, 则

$$y = x^\mu = a^{\mu\log_a x},$$

因此, 幂函数 x^μ 可看成是由 $y = a^u, u = \mu\log_a x$ 复合而成的, 因此, 根据定理 4, 它在 $(0, +\infty)$ 内连续. 如果对于 μ 取各种不同值分别加以讨论, 可以证明 (证明从略) 幂函数在它的定义域内是连续的.

综合起来得到: 基本初等函数在它们的定义域内都是连续的.

最后, 根据第一节中关于初等函数的定义, 由基本初等函数的连续性以及本节定理 1、定理 4 可得下列重要结论: 一切初等函数在其定义区间内都是连续的. 所谓定义区间, 就是包含在定义域内的区间.

根据函数 $f(x)$ 在点 x_0 连续的定义, 如果已知 $f(x)$ 在点 x_0 连续, 那么求 $f(x)$ 当 $x \to x_0$ 时的极限, 只要求 $f(x)$ 在点 x_0 的函数值就行了. 因此, 上述关于初等函数连续性的结论提供了求极限的一个方法, 这就是如果 $f(x)$ 是初等函数, 且 x_0 是 $f(x)$ 的定义区间内的点, 则

$$\lim_{x \to x_0} f(x) = f(x_0).$$

例如, 点 $x_0 = 0$ 是初等函数 $f(x) = \sqrt{1 - x^2}$ 的定义区间 $[-1, 1]$ 内的点, 所以 $\lim\limits_{x \to 0} \sqrt{1 - x^2} = \sqrt{1} = 1$; 又如点 $x_0 = \dfrac{\pi}{2}$ 是初等函数 $f(x) = \ln \sin x$ 的一个定义区间 $(0, \pi)$ 内的点, 所以

$$\lim_{x \to \frac{\pi}{2}} \ln \sin x = \ln \sin \frac{\pi}{2} = 0.$$

例 6   求 $\lim\limits_{x \to 0} \dfrac{\sqrt{1 + x^2} - 1}{x}$.

解 $\lim\limits_{x \to 0} \dfrac{\sqrt{1 + x^2} - 1}{x} = \lim\limits_{x \to 0} \dfrac{\left(\sqrt{1 + x^2} - 1\right)\left(\sqrt{1 + x^2} + 1\right)}{x\left(\sqrt{1 + x^2} + 1\right)}$

$$= \lim_{x \to 0} \frac{x}{\sqrt{1 + x^2} + 1} = \frac{0}{2} = 0.$$

例 7   求 $\lim\limits_{x \to 0} \dfrac{\log_a(1 + x)}{x}$.

解 $\lim\limits_{x \to 0} \dfrac{\log_a(1 + x)}{x} = \lim\limits_{x \to 0} \log_a(1 + x)^{\frac{1}{x}} = \log_a \mathrm{e} = \dfrac{1}{\ln a}$.

例 8   求 $\lim\limits_{x \to 0} \dfrac{a^x - 1}{x}$.

解   令 $a^x - 1 = t$, 则 $x = \log_a(1 + t)$, 当 $x \to 0$ 时, $t \to 0$, 于是

$$\lim_{x \to 0} \frac{a^x - 1}{x} = \lim_{t \to 0} \frac{t}{\log_a(1 + t)} = \ln a.$$

例 9   求 $\lim\limits_{x \to 0} (1 + 2x)^{\frac{3}{\sin x}}$.

解   因为

$$(1 + 2x)^{\frac{3}{\sin x}} = (1 + 2x)^{\frac{1}{2x} \cdot \frac{x}{\sin x} \cdot 6} = \mathrm{e}^{6 \cdot \frac{x}{\sin x} \ln(1 + 2x)^{\frac{1}{2x}}},$$

利用定理 3 及极限的运算法则, 便得

$$\lim_{x \to 0} (1 + 2x)^{\frac{3}{\sin x}} = \mathrm{e}^{\lim\limits_{x \to 0} \left[6 \cdot \frac{x}{\sin x} \ln(1 + 2x)^{\frac{1}{2x}}\right]} = \mathrm{e}^6.$$

一般地, 形如 $u(x)^{v(x)}(u(x) > 0,\ u(x) \neq 1)$ 的函数 (通常称为幂指函数), 如果

$$\lim u(x) = a > 0, \quad \lim v(x) = b,$$

那么

$$\lim u(x)^{v(x)} = a^b.$$

注意　这里三个 $\lim$ 都表示在同一自变量变化过程中的极限.

三、函数的间断点

与函数连续相对立的问题就是函数的间断, 顾名思义, 函数在一点不连续, 则称函数在该点是间断的. 严格讲, 设函数 $f(x)$ 在点 x_0 的某一去心邻域内有定义. 在此前提下, 如果函数 $f(x)$ 有下列三种情形之一:

(1) 在 $x = x_0$ 没有定义;

(2) 虽在 $x = x_0$ 有定义, 但 $\lim\limits_{x \to x_0} f(x)$ 不存在;

(3) 虽在 $x = x_0$ 有定义, 且 $\lim\limits_{x \to x_0} f(x)$ 存在, 但 $\lim\limits_{x \to x_0} f(x) \neq f(x_0)$,

则函数 $f(x)$ 在点 x_0 不连续, 而点 x_0 称为函数 $f(x)$ 的不连续点或间断点.

下面举例来说明函数间断点的几种常见类型.

例 10　正切函数 $y = \tan x$ 在 $x = \dfrac{\pi}{2}$ 处没有定义, 所以点 $x = \dfrac{\pi}{2}$ 是函数 $\tan x$ 的间断点. 因

$$\lim_{x \to \frac{\pi}{2}} \tan x = \infty,$$

我们称 $x = \dfrac{\pi}{2}$ 为函数 $y = \tan x$ 的无穷间断点 (图 1-34).

例 11　函数 $y = \sin \dfrac{1}{x}$ 在点 $x = 0$ 没有定义; 当 $x \to 0$ 时, 函数值在 -1 与 1 之间变动无限多次 (图 1-35), 所以点 $x = 0$ 称为函数 $\sin \dfrac{1}{x}$ 的振荡间断点.

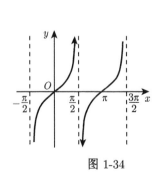

图 1-34

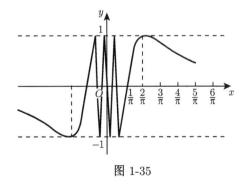

图 1-35

例 12　函数 $f(x) = \dfrac{x^2 - 1}{x - 1}$ 在点 $x = 1$ 没有定义; 所以函数在点 $x = 1$ 不连续 (图 1-36). 但这里

$$\lim_{x \to 1} \frac{x^2 - 1}{x - 1} = \lim_{x \to 1}(x + 1) = 2.$$

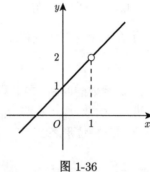

图 1-36

如果补充定义: 令 $x = 1$ 时 $y = 2$, 则所给函数在 $x = 1$ 成为连续. 所以 $x = 1$ 称为该函数的可去间断点.

例 13　函数

$$y = f(x) = \begin{cases} x, & x \neq 1, \\ \dfrac{1}{2}, & x = 1. \end{cases}$$

这里 $\lim\limits_{x \to 1} f(x) = \lim\limits_{x \to 1} x = 1$, 但 $f(1) = \dfrac{1}{2}$, 所以

$$\lim_{x \to 1} f(x) \neq 1.$$

因此, 点 $x = 1$ 是函数 $f(x)$ 的间断点 (图 1-37). 但如果改变函数 $f(x)$ 在 $x = 1$ 处的定义: 令 $f(1) = 1$, 则 $f(x)$ 在 $x = 1$ 成为连续. 所以 $x = 1$ 也称为该函数的可去间断点.

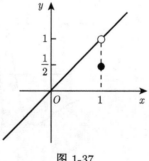

图 1-37

例 14 函数

$$f(x) = \begin{cases} x - 1, & x < 0, \\ 0, & x = 0, \\ x + 1, & x > 0, \end{cases}$$

这里, 当 $x \to 0$ 时,

$$\lim_{x \to 0^-} f(x) = \lim_{x \to 0^-} (x - 1) = -1,$$
$$\lim_{x \to 0^+} f(x) = \lim_{x \to 0^+} (x + 1) = 1.$$

左极限与右极限虽都存在, 但不相等, 故极限 $\lim_{x \to 0} f(x)$ 不存在, 所以点 $x = 0$ 是函数 $f(x)$ 的间断点 (图 1-38). 因 $y = f(x)$ 的图形在 $x = 0$ 处产生跳跃现象, 我们称 $x = 0$ 为函数 $f(x)$ 的跳跃间断点.

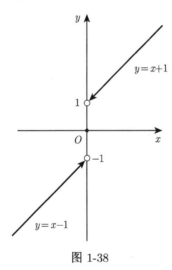

图 1-38

上面举了一些间断点的例子, 通常把间断点分成两类: 如果 x_0 是函数 $f(x)$ 的间断点, 但左极限 $f(x_0^-)$ 及右极限 $f(x_0^+)$ 都存在, 那么 x_0 称为函数 $f(x)$ 第一类间断点. 不是第一类的任何间断点, 称为第二类间断点. 在第一类间断点中, 左、右极限相等者称为可去间断点, 不相等者称为跳跃间断点. 无穷间断点和振荡间断点是第二类间断点.

习 题 1-8

1. 研究下列函数的连续性, 并画出函数的图形.

(1) $f(x) = \begin{cases} x^3, & 0 \leqslant x < 1, \\ 3 - 2x, & 1 \leqslant x \leqslant 2; \end{cases}$　(2) $f(x) = \begin{cases} \ln(-x), & x < 0, \\ \sin x, & x \geqslant 0. \end{cases}$

2. 下列函数在指出的点处间断, 说明这些间断点属于哪一类, 如果是可去间断点, 则补充或改变函数的定义使它连续.

(1) $y = \dfrac{1}{1 + e^{\frac{1}{x}}}$, $x = 0$;
(2) $y = \dfrac{x^2 - 4}{x^2 + 5x + 6}$, $x = -3$, $x = -2$;

(3) $y = \dfrac{x}{\tan x}$, $x = k\pi$, $x = k\pi + \dfrac{\pi}{2}$ $(k = 0, \pm 1, \pm 2, \cdots)$;

(4) $y = \sin^3 \dfrac{1}{x}$, $x = 0$;
(5) $y = \begin{cases} e^x - 1, & x < 0, \\ 1, & x = 0, \\ \ln(1 + x), & x > 0. \end{cases}$

3. 讨论函数 $f(x) = \lim\limits_{n \to \infty} \dfrac{1 - x^{2n}}{1 + x^{2n}} x$ 的连续性, 若有间断点, 判别其类型.

4. 讨论函数 $f(x) = \begin{cases} \dfrac{2^{\frac{1}{x}} - 1}{2^{\frac{1}{x}} + 1}, & x \neq 0, \\ 1, & x = 0 \end{cases}$ 在 $x = 0$ 处的连续性.

5. 试分别举出具有以下性质的函数 $f(x)$ 的例子.

(1) $x = 0, \pm 1, \pm 2, \pm \dfrac{1}{2}, \cdots, \pm n, \pm \dfrac{1}{n}, \cdots$ 是 $f(x)$ 的所有间断点, 且它们都是无穷间断点;

(2) $f(x)$ 在 **R** 上处处不连续, 但 $|f(x)|$ 在 **R** 上处处连续;

(3) $f(x)$ 在 **R** 上处处有定义, 但仅在一点连续.

6. 证明: 若函数 $f(x)$ 在点 x_0 连续且 $f(x_0) \neq 0$, 则存在 x_0 的某一邻域 $U(x_0)$, 当 $x \in U(x_0)$ 时, $f(x) \neq 0$.

7. 设函数 $f(x)$ 与 $g(x)$ 在点 x_0 连续, 证明函数 $\varphi(x) = \max\{f(x), g(x)\}$, $\psi(x) = \min\{f(x), g(x)\}$ 在点 x_0 也连续.

8. 求下列极限.

(1) $\lim\limits_{x \to 2} \ln (x^3 - 3x^2 + x + 5)$;
(2) $\lim\limits_{x \to \frac{\pi}{4}} (\sin 2x)^3 + \tan^2 x - \cos x$;

(3) $\lim\limits_{x \to -1} \dfrac{x^3 + x^2 - 4x - 4}{x^2 - 1}$;
(4) $\lim\limits_{x \to 2} \dfrac{\sqrt{3x - 5} - \sqrt{x - 1}}{x - 2}$;

(5) $\lim\limits_{x \to +\infty} \arctan (\sqrt{x^2 + 2x} - x)$;
(6) $\lim\limits_{x \to +\infty} (\sqrt{x^2 + x} - \sqrt{x^2 - x})$;

(7) $\lim\limits_{x \to 0} \dfrac{\sqrt{1 + \tan x} - \sqrt{1 + \sin x}}{x \sqrt{1 + \sin^2 x} - x}$.

9. 求下列极限.

(1) $\lim\limits_{x \to \infty} \cos \dfrac{1}{x}$;
(2) $\lim\limits_{x \to 0} \ln \dfrac{\tan x}{\arcsin x}$;

(3) $\lim\limits_{x \to 0} (1 - \sin x)^{\frac{1 - x}{x}}$;
(4) $\lim\limits_{x \to 0} (1 + 3 \tan^2 x)^{\frac{1}{x^2}}$;

(5) $\lim\limits_{x \to \infty} \left(\dfrac{3 + x}{1 + x} \right)^{\frac{x - 1}{3}}$;
(6) $\lim\limits_{n \to \infty} n[\ln n - \ln(n + 3)]$;

(7) $\lim\limits_{x \to 0} \left(\dfrac{1 + \tan x}{1 + \sin x} \right)^{\frac{1}{x^3}}$.

10. 设函数 $f(x) = \begin{cases} \dfrac{e^{ax} - 1}{\tan 2x}, & x > 0, \\ 1, & x = 0, \\ b - \cos 2x, & x < 0 \end{cases}$ 在点 $x = 0$ 处连续, 求 a 和 b 的值.

11. 设 $f(x)$ 在 R 上连续, 且 $f(x) \neq 0$, $\varphi(x)$ 在 **R** 上有定义, 且有间断点, 则下列陈述中哪些是对的, 哪些是错的? 如果是对的, 说明理由; 如果是错的, 请举出反例.

(1) $\varphi[f(x)]$ 必有间断点; (2) $[\varphi(x)]^2$ 必有间断点;

(3) $f[\varphi(x)]$ 未必有间断点; (4) $\dfrac{\varphi(x)}{f(x)}$ 必有间断点.

第九节 闭区间上连续函数的性质

第八节已说明函数在区间上连续的概念, 如果函数 $f(x)$ 在开区间 (a, b) 内连续, 在右端点 b 左连续, 在左端点 a 右连续, 那么函数 $f(x)$ 就是在闭区间 $[a, b]$ 上是连续的. 在闭区间上连续的函数有几个重要的性质, 今以定理的形式叙述它们.

一、有界性与最大值最小值定理

先说明最大值和最小值的概念. 对于在区间 I 上有定义的函数 $f(x)$, 如果有 $x_0 \in I$, 使得对于任一 $x \in I$ 都有

$$f(x) \leqslant f(x_0)(f(x) \geqslant f(x_0)),$$

则称 $f(x_0)$ 是函数 $f(x)$ 在区间 I 上的最大值 (最小值).

例如, 函数 $f(x) = 1 + \sin x$ 在区间 $[0, 2\pi]$ 上有最大值 2 和最小值 0. 又例如, 函数 $f(x) = \operatorname{sgn} x$ 在区间 $(-\infty, +\infty)$ 内有最大值 1 和最小值 -1. 在开区间 $(0, +\infty)$ 内, $\operatorname{sgn} x$ 的最大值和最小值都等于 1(注意: 最大值和最小值可以相等!). 但函数 $f(x) = x$ 在开区间 (a, b) 内既无最大值又无最小值. 下面的定理给出函数有界且最大值和最小值存在的充分条件.

定理 1 (有界性与最大值最小值定理) 在闭区间上连续的函数在该区间上有界且一定能取得它的最大值和最小值.

这就是说, 如果函数 $f(x)$ 在闭区间 $[a, b]$ 上连续, 那么存在常数 $M > 0$, 使得对任一 $x \in [a, b]$, 满足 $|f(x)| \leqslant M$; 且至少存在一点 ξ_1, 使 $f(\xi_1)$ 是 $f(x)$ 在 $[a, b]$ 上的最大值; 又至少有一点 ξ_2, 使 $f(\xi_2)$ 是 $f(x)$ 在 $[a, b]$ 上的最小值 (图 1-39).

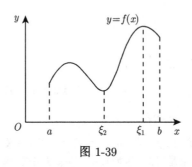

图 1-39

这里不予证明.

注　如果函数在开区间内连续, 或函数在闭区间上有间断点, 那么函数在该区间上不一定有界, 也不一定有最大值或最小值. 例如, 函数 $y = \tan x$ 在开区间 $\left(-\dfrac{\pi}{2}, \dfrac{\pi}{2}\right)$ 内是连续的, 但它在开区间 $\left(-\dfrac{\pi}{2}, \dfrac{\pi}{2}\right)$ 内是无界的, 且既无最大值又无最小值; 又如, 函数

$$y = f(x) = \begin{cases} -x + 1, & 0 \leqslant x < 1, \\ 1, & x = 1, \\ -x + 3, & 1 < x \leqslant 2 \end{cases}$$

在闭区间 $[0, 2]$ 上有间断点 $x = 1$, 这函数 $f(x)$ 在闭区间 $[0, 2]$ 上虽然有界, 但是既无最大值又无最小值 (图 1-40).

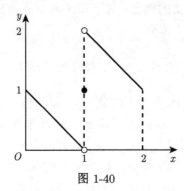

图 1-40

二、零点定理与介值定理

观察图 1-41, 三条落在区间 $[a, b]$ 上的连续曲线对应的函数分别为 $y = f(x)$, $y = g(x)$ 和 $y = h(x)$, 我们不难发现, 只有曲线 $y = f(x)$ 和 x 轴有交点, 曲线 $y = g(x)$ 和 $y = h(x)$ 与 x 轴都没有交点. 事实上, 曲线 $y = g(x)$ 全落在 x 轴上方, 即 $g(x) > 0$ $(x \in [a, b])$; 曲线 $y = h(x)$ 全落在 x 轴下方, 即 $h(x) < 0$ $(x \in [a, b])$, 而在 x 轴的上方和下方都有曲线 $y = f(x)$, 即在区间 $[a, b]$ 上既有 $f(x) > 0$ 又

有 $f(x) < 0$. 如果我们记曲线 $y = f(x)$ 和 x 轴的交点的横坐标为 ξ, 那么就有 $f(\xi) = 0$. 现在用分析的语言描述这个几何现象就是下面的零点定理, 为此, 先介绍零点的定义.

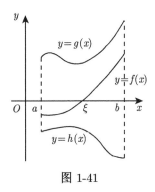

图 1-41

如果存在 x_0 使 $f(x_0) = 0$, 则 x_0 称为函数 $f(x)$ 的零点.

定理 2 (零点定理)　设函数 $f(x)$ 在闭区间 $[a, b]$ 上连续, 且 $f(a)$ 与 $f(b)$ 异号 (即 $f(a) \cdot f(b) < 0$), 那么在开区间 (a, b) 内至少存在一点 ξ, 使

$$f(\xi) = 0.$$

这里不予证明.

由定理 2 立即可推得下列较一般性的定理.

定理 3 (介值定理)　设函数 $f(x)$ 在闭区间 $[a, b]$ 上连续, 且在这区间的端点取不同的函数值

$$f(a) = A, \quad \text{及} \quad f(b) = B,$$

那么, 对于 A 与 B 之间的任意一个数 C, 在开区间 (a, b) 内至少有一点 ξ, 使得

$$f(\xi) = C(a < \xi < b).$$

证　设 $\varphi(x) = f(x) - C$, 则 $\varphi(x)$ 在闭区间 $[a, b]$ 上连续, 且 $\varphi(a) = A - C$ 与 $\varphi(b) = B - C$ 异号. 根据零点定理, 开区间 (a, b) 内至少有一点 ξ 使得

$$\varphi(\xi) = 0(a < \xi < b).$$

又 $\varphi(\xi) = f(\xi) - C$, 因此由上式即得

$$f(\xi) = C(a < \xi < b).$$

这定理的几何意义是连续曲线弧 $y = f(x)$ 与水平直线 $y = C$ 至少相交于一点 (图 1-42).

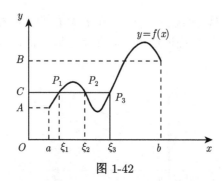

图 1-42

推论 在闭区间上连续的函数必取得介于最大值 M 与最小值 m 之间的任何值.

设 $m = f(x_1)$, $M = f(x_2)$, 而 $m \neq M$, 在闭区间 $[x_1,\, x_2]$(或 $[x_2,\, x_1]$) 上应用介值定理, 即得上述推论.

例 1 证明方程 $x^3 - 4x^2 + 1 = 0$ 在区间 $(0,\, 1)$ 内至少有一个根.

证 函数 $f(x) = x^3 - 4x^2 + 1$ 在闭区间 $[0,\, 1]$ 上连续, 又

$$f(0) = 1 > 0, \quad f(1) = -2 < 0.$$

根据零点定理, 在 $(0,\, 1)$ 内至少有一点 ξ, 使得

$$f(\xi) = 0,$$

即 $\xi^3 - 4\xi^2 + 1 = 0 \; (0 < \xi < 1)$.

这等式说明方程 $x^3 - 4x^2 + 1 = 0$ 在区间 $(0,\, 1)$ 内至少有一个根是 ξ.

*三、一致连续性

我们先介绍函数的一致连续性概念.

设函数 $f(x)$ 在区间 I 上连续, x_0 是在 I 上任意取定的一个点. 由于 $f(x)$ 在点 x_0 连续, $\forall \varepsilon > 0, \exists \delta > 0$, 使得当 $|x - x_0| < \delta$ 时, 就有 $|f(x) - f(x_0)| < \varepsilon$. 通常这个 δ 不仅与 ε 有关, 而且与所取定的 x_0 有关, 即使 ε 不变, 但选取区间 I 上的其他点作为 x_0 时, 这个 δ 就不一定适用了. 可是对于某些函数, 却有这样一种重要情形: 存在着只与 ε 有关, 而对区间 I 上任何点 x_0 都能适用的正数 δ, 即对任何 $x_0 \in I$, 只要 $|x - x_0| < \delta$ 时, 就有 $|f(x) - f(x_0)| < \varepsilon$. 如果函数 $f(x)$ 在区间 I 上能使这种情形发生, 就说函数 $f(x)$ 在区间 I 上是一致连续的.

定义 1 设函数 $f(x)$ 在区间 I 上有定义. 如果对于任意给定的正数 ε, 总存在着正数 δ, 使得对于区间 I 上的任意两点 x_1, x_2, 当 $|x_1 - x_2| < \delta$ 时, 就有

$$|f(x_1) - f(x_2)| < \varepsilon,$$

那么称函数 $f(x)$ 在区间 I 上是一致连续的.

一致连续性表示, 不论在区间 I 的任何部分, 只要自变量的两个数值接近到一定程度, 就可使对应的函数值达到所指定的接近程度.

由上述定义可知, 如果函数 $f(x)$ 在区间 I 上是一致连续的, 那么 $f(x)$ 在区间 I 上也是连续的. 但反过来不一定成立, 举例说明如下.

例 2　函数 $f(x) = \dfrac{1}{x}$ 在区间 $(0, 1]$ 上是连续的, 但不是一致连续的.

因为函数 $f(x) = \dfrac{1}{x}$ 是初等函数, 它在区间 $(0, 1]$ 上有定义, 所以在 $(0, 1]$ 上是连续的.

$\forall \varepsilon > 0(0 < \varepsilon < 1)$, 假定 $f(x) = \dfrac{1}{x}$ 在 $(0, 1]$ 上一致连续, 应该 $\exists \delta > 0$ 使得对于 $(0, 1]$ 上的任意两个值 x_1, x_2, 当 $|x_1 - x_2| < \delta$ 时, 就有 $|f(x_1) - f(x_2)| < \varepsilon$.

现在取原点附近的两点

$$x_1 = \frac{1}{n}, \quad x_2 = \frac{1}{n+1},$$

其中 n 为正整数, 这样的 x_1, x_2 显然在 $(0, 1]$ 上. 因

$$|x_1 - x_2| = \left| \frac{1}{n} - \frac{1}{n+1} \right| = \frac{1}{n(n+1)},$$

故只要 n 取得足够大, 总能使 $|x_1 - x_2| < \delta$. 但这时有

$$|f(x_1) - f(x_2)| = \left| \frac{1}{\frac{1}{n}} - \frac{1}{\frac{1}{n+1}} \right| = |n - (n+1)| = 1 > \varepsilon,$$

不符合一致连续性的定义, 所以 $f(x) = \dfrac{1}{x}$ 在 $(0, 1]$ 上不是一致连续的.

例 2 说明, 在半开区间上连续的函数不一定在该区间上一致连续. 但是, 有下面的定理成立.

定理 4 (一致连续性定理)　如果函数 $f(x)$ 在闭区间 $[a, b]$ 上连续, 那么它在该区间上一致连续.

这里不予证明.

习　题　1-9

1. 证明方程 $x \ln x = 1$ 在 $(1, e)$ 内至少有一实根.

2. 证明方程 $x^3 + x^2 = x + 3$ 在 $(1, 2)$ 有正实根.

3. 证明方程 $x = a \sin x + b$ 至少存在一个正根, 并且它的根不超过 $a + b$, 其中 $a > 0, b > 0$.

4. 若 $f(x)$ 在 $[a, b]$ 上连续, $a < x_1 < x_2 < \cdots < x_n < b$, 则在 (x_1, x_n) 内至少有一点 ξ, 使 $f(\xi) = \dfrac{f(x_1) + f(x_2) + \cdots + f(x_n)}{n}$.

5. 设函数 $f(x)$ 在 $[0, 1]$ 上连续, $f(0) = f(1)$, 求证必有 $\xi \in [0, 1]$, 使得 $f\left(\xi + \dfrac{1}{2}\right) = f(\xi)$.

6. 设 k_1, k_2 为任意的正数, $f(x)$ 在 $[a, b]$ 上连续, x_1, x_2 是 (a, b) 内任意不相同的两点, 证明至少存在一点 $\xi \in (a, b)$, 使得 $k_1 f(x_1) + k_2 f(x_2) = (k_1 + k_2) f(\xi)$.

*7. 证明: 若 $f(x)$ 在 $(-\infty, +\infty)$ 内连续, 且 $\lim\limits_{x \to \infty} f(x)$ 存在, 则 $f(x)$ 必在 $(-\infty, +\infty)$ 内有界.

总 习 题 一

1. $f(x)$ 当 $x \to x_0$ 时的右极限 $f(x_0^+)$ 及左极限 $f(x_0^-)$ 都存在且相等是 $\lim\limits_{x \to x_0} f(x)$ 存在的 (　　).

(A) 无关条件;　　(B) 充要条件;　　(C) 充分条件;　　(D) 必要条件.

2. 设 $f(x)$ 在 $\mathbf{R}$ 上连续, 且 $f(x) \neq 0$, $\varphi(x)$ 在 $\mathbf{R}$ 上有定义, 且在 $x = a$ 处间断, 则下列陈述中哪个是对的?

(A) $\varphi[f(x)]$ 在 $x = a$ 处间断;　　　　(B) $f[\varphi(x)]$ 在 $x = a$ 处间断;

(C) $[\varphi(x)]^2$ 在 $x = a$ 处间断;　　　　(D) $\dfrac{\varphi(x)}{f(x)}$ 在 $x = a$ 处间断.

3. 下列变量在给定的变化过程中为无穷小量的是 (　　).

(A) $\dfrac{|x|}{x} - 1 \,(x \to 0)$;　　　　　　　(B) $\dfrac{1}{(x-1)^3} \,(x \to 1)$;

(C) $\mathrm{e}^{\frac{1}{x}} \,(x \to 0 + 0)$;　　　　　　　(D) $\mathrm{e}^{\frac{1}{x}} \,(x \to 0 - 0)$.

4. $f(x) = 2^x + 3^x - 2$ 则当 $x \to 0$ 时有 (　　).

(A) $f(x)$ 与 x 是等价无穷小;　　(B) $f(x)$ 与 x 同阶但非等价无穷小;

(C) $f(x)$ 是比 x 高阶的无穷小;　　(D) $f(x)$ 是比 x 低阶的无穷小.

5. $f(x) = \begin{cases} x + 2, & x \leqslant 0, \\ \mathrm{e}^{-x} + 1, & 0 < x \leqslant 1, \\ x^2, & x > 1, \end{cases}$ 则 $\lim\limits_{x \to 0} f(x) = ($　　$)$.

(A) 0;　　(B) 不存在;　　(C) 2;　　(D) 1.

6. 设函数 $y = f(x)$ 的定义域是 $[0, 1]$, 则函数 $f(x + a) + f(x - a) \left(0 < a < \dfrac{1}{2}\right)$ 的定义域是_____.

7. 设 $f(x)$ 的定义域是 $[0, 1]$, $f(\cos x)$ 的定义域为_____.

8. $x = 0$ 是 $f(x) = \arctan \dfrac{1}{x}$ 的_____间断点.

9. 设 $p(x)$ 是多项式, 且 $\lim\limits_{x \to \infty} \dfrac{p(x) - x^3}{x^2} = 3$, $\lim\limits_{x \to 0} \dfrac{p(x)}{x} = 2$, 则 $p(x) =$ _____.

10. $f(x) = \begin{cases} (1+2x)^{\frac{1}{x}}, & x < 0, \\ a, & x = 0, \\ \dfrac{\ln(1+2x)}{x} + b, & x > 0 \end{cases}$ 在 $x = 0$ 连续, 则 $a = \underline{\qquad}$,

$b = \underline{\qquad}$.

11. 把半径为 R 的一圆形铁片, 自中心处剪去中心角为 α 的一扇形后围成一无底圆锥. 试将这圆锥的体积表为 α 的函数.

12. 根据函数极限的定义证明 $\lim\limits_{x \to 3} \dfrac{x^2 - 9}{x - 3} = 6$.

13. 求下列极限.

(1) $\lim\limits_{x \to +\infty} \dfrac{\sqrt{x^2 + x} - x}{x}$;

(2) $\lim\limits_{x \to 0} (\cos x)^{-\frac{1}{x^2}}$;

(3) $\lim\limits_{x \to 0^+} \dfrac{\mathrm{e}^{\frac{1}{x}} - 1}{\mathrm{e}^{\frac{1}{x}} + 1}$;

(4) $\lim\limits_{x \to 0} \dfrac{\tan x - \sin x}{\ln^3(1 + x)}$;

(5) $\lim\limits_{x \to 0} \left(\dfrac{a^x + b^x + c^x}{3} \right)^{\frac{1}{x}} \ (a > 0, b > 0, c > 0)$;

(6) $\lim\limits_{x \to \frac{\pi}{2}} (\sin x)^{\tan x}$;

(7) $\lim\limits_{x \to \infty} \left(\dfrac{x^2 + a^2}{x^2 - a^2} \right)^{x^2}$.

14. 设函数 $f(x) = (1 + |x|)^{\frac{1}{x}}$, 求极限 $\lim\limits_{x \to 0} f(x)$.

15. 设 $f(x) = \begin{cases} \mathrm{e}^{\frac{1}{x-1}}, & x > 0, \\ \ln(1+x), & -1 < x \leqslant 0, \end{cases}$ 求 $f(x)$ 的间断点, 并说明间断点所属类型.

16. 已知

$$f(x) = \begin{cases} 2 - x, & 0 \leqslant x \leqslant 1, \\ 2 + x, & x < 0. \end{cases}$$

求 $f[f(x)]$ 的连续区间.

17. 设 $f(x)$ 在 $[0, 2a]$ 上连续, $f(0) = f(2a)$, 证明: 至少有一点 $\xi \in [0, a]$, 使得 $f(\xi) = f(\xi + a)$ (其中 $a > 0$).

18. 证明方程 $x - 2\sin x = 3$ 在开区间 $(0, \pi)$ 内至少有一个根.

19. 如果存在直线 $L: y = kx + b$, 使得当 $x \to \infty$(或 $x \to +\infty$, $x \to -\infty$) 时, 曲线 $y = f(x)$ 上的动点 $M(x, y)$ 到直线 L 的距离 $d(M, L) \to 0$, 则称 L 为曲线 $y = f(x)$ 的渐近线. 当直线 L 的斜率 $k \neq 0$ 时, 称 L 为斜渐近线.

(1) 证明. 直线 $L: y = kx + b$ 为曲线 $y = f(x)$ 的渐近线的充分必要条件是

$$k = \lim\limits_{\substack{x \to \infty \\ (x \to +\infty, x \to -\infty)}} \dfrac{f(x)}{x}, \quad b = \lim\limits_{\substack{x \to \infty \\ (x \to +\infty, x \to -\infty)}} [f(x) - kx].$$

(2) 求曲线 $y = (2x - 1)\mathrm{e}^{\frac{1}{x}}$ 的斜渐近线.

历年考研题一

本章历年考研试题的类型:

(1) 极限概念与性质.

(2) 分别求左、右极限的情形.

(3) 1^∞ 型未定式.

(4) 简单的未定式极限及需要用洛必达法则或泰勒公式求解的未定式.

(5) 确定极限式中的参数.

(6) 数列的极限.

(7) 无穷小及其阶.

(8) 函数的连续性.

1. (2000, 5 分) 求 $\displaystyle\lim_{x \to 0}\left(\dfrac{2 + e^{\frac{1}{x}}}{1 + e^{\frac{4}{x}}} + \dfrac{\sin x}{|x|}\right)$.

2. (2002, 6 分) 设函数 $f(x)$ 在 $x = 0$ 某邻域内有一阶连续导数, 且 $f(0) \neq 0$, $f'(0) \neq 0$, 若 $af(h) + bf(2h) - f(0)$ 在 $h \to 0$ 时是比 h 高阶的无穷小, 试确定 a, b 的值.

3. (2003, 4 分) 设 $\{a_n\}$, $\{b_n\}$, $\{c_n\}$ 均为非负数列, 且 $\displaystyle\lim_{n \to \infty} a_n = 0$, $\displaystyle\lim_{n \to \infty} b_n = 1$, $\displaystyle\lim_{n \to \infty} c_n = \infty$, 则必有 (　　).

(A) $a_n < b_n$ 对任意 n 成立;　　　　(B) $b_n < c_n$ 对任意 n 成立;

(C) 极限 $\displaystyle\lim_{n \to \infty} a_n c_n$ 不存在;　　(D) 极限 $\displaystyle\lim_{n \to \infty} b_n c_n$ 不存在.

4. (2003, 4 分) $\displaystyle\lim_{x \to 0}(\cos x)^{\frac{1}{\ln(1 + x^2)}} = $ ＿＿＿＿＿＿.

5. (2004, 4 分) 把 $x \to 0^+$ 时的无穷小 $\alpha = \displaystyle\int_0^x \cos t^2 \mathrm{d}t$, $\beta = \displaystyle\int_0^{x^2} \tan\sqrt{t}\,\mathrm{d}t$, $\gamma = \displaystyle\int_0^{\sqrt{x}} \sin t^3 \mathrm{d}t$ 排列起来, 使排在后面的是前一个的高阶无穷小, 则正确的排列顺序是 (　　).

(A) α, β, γ;　　(B) α, γ, β;　　(C) β, α, γ;　　(D) β, γ, α.

6. (2006, 4 分) $\displaystyle\lim_{x \to 0}\dfrac{x\ln(1 + x)}{1 - \cos x} = $ ＿＿＿＿＿＿.

7. (2006, 12 分) 设数列 $\{x_n\}$ 满足 $0 < x_1 < \pi$, $x_{n+1} = \sin x_n$ $(n = 1, 2, \cdots)$.

(1) 证明 $\displaystyle\lim_{n \to \infty} x_n$ 存在, 并求该极限;　　(2) 计算 $\displaystyle\lim_{n \to \infty}\left(\dfrac{x_{n+1}}{x_n}\right)^{\frac{1}{x_n^2}}$.

8. (2007, 4 分) 当 $x \to 0^+$ 时, 与 $\sqrt{x}$ 等价的无穷小量是 (　　).

(A) $1 - e^{\sqrt{x}}$;　　(B) $\ln\dfrac{1 + x}{1 - \sqrt{x}}$;　　(C) $\sqrt{1 + \sqrt{x}} - 1$;　　(D) $1 - \cos\sqrt{x}$.

9. (2008, 4 分) 设函数 $f(x)$ 在 $(-\infty, +\infty)$ 内单调有界, $\{x_n\}$ 为数列, 下列命题正确的是 (　　).

(A) 若 $\{x_n\}$ 收敛, 则 $\{f(x_n)\}$ 收敛;　　(B) 若 $\{x_n\}$ 单调, 则 $\{f(x_n)\}$ 收敛;

(C) 若 $\{f(x_n)\}$ 收敛, 则 $\{x_n\}$ 收敛;   (D) 若 $\{f(x_n)\}$ 单调, 则 $\{x_n\}$ 收敛.

10. (2008, 9 分) 求极限 $\displaystyle\lim_{x\to 0}\frac{[\sin x - \sin(\sin x)]\sin x}{x^4}$.

11. (2009, 4 分) 当 $x \to 0$ 时, $f(x) = x - \sin ax$ 与 $g(x) = x^2\ln(1 - bx)$ 是等价无穷小, 则 (   ).

(A) $a = 1,\ b = -\dfrac{1}{6}$;   (B) $a = 1,\ b = \dfrac{1}{6}$;

(C) $a = -1,\ b = -\dfrac{1}{6}$;   (D) $a = -1,\ b = \dfrac{1}{6}$.

12. (2010, 4 分) 极限 $\displaystyle\lim_{x\to\infty}\left[\frac{x^2}{(x-a)(x+b)}\right]^x = ($).

(A) 1;   (B) e;   (C) e^{a-b};   (D) e^{b-a}.

13. (2010, 4 分) $\displaystyle\lim_{n\to\infty}\sum_{i=1}^{n}\sum_{j=1}^{n}\frac{n}{(n+i)(n^2+j^2)} = ($).

(A) $\displaystyle\int_0^1 dx\int_0^x \frac{1}{(1+x)(1+y^2)}dy$;   (B) $\displaystyle\int_0^1 dx\int_0^x \frac{1}{(1+x)(1+y)}dy$;

(C) $\displaystyle\int_0^1 dx\int_0^1 \frac{1}{(1+x)(1+y)}dy$;   (D) $\displaystyle\int_0^1 dx\int_0^1 \frac{1}{(1+x)(1+y^2)}dy$.

14. (2011, 10 分) (1) 证明: 对任意的正整数 n, 都有 $\dfrac{1}{n+1} < \ln\left(1 + \dfrac{1}{n}\right) < \dfrac{1}{n}$ 成立;

(2) 设 $a_n = 1 + \dfrac{1}{2} + \cdots + \dfrac{1}{n} - \ln n (n = 1,\ 2,\cdots)$, 证明数列 $\{a_n\}$ 收敛.

15. (2011, 10 分) 求极限 $\displaystyle\lim_{x\to 0}\left[\frac{\ln(1+x)}{x}\right]^{\frac{1}{e^x-1}}$.

16. (2013, 4 分) 已知极限 $\displaystyle\lim_{x\to 0}\frac{x - \arctan x}{x^k} = c$, 其中 $k,\ c$ 为常数, 且 $c \neq 0$, 则 (   ).

(A) $k = 2, c = -\dfrac{1}{2}$;   (B) $k = 2, c = \dfrac{1}{2}$;   (C) $k = 3, c = -\dfrac{1}{3}$;   (D) $k = 3, c = \dfrac{1}{3}$.

17. (2015, 4 分) $\displaystyle\lim_{x\to 0}\frac{\ln(\cos x)}{x^2} = $ _____.

第二章 导数与微分

微分学是微积分的重要组成部分, 与积分学相比而言, 微分学的起源则要晚得多. 17 世纪上半叶, 一系列重大科学事件使得蓬勃发展的自然科学迈入综合与突破阶段, 而这种综合与突破所面临的数学困难, 使微分学的基本问题空前地成为人们关注的焦点: 确定非匀速运动物体的速度与加速度使瞬时变化率问题的研究成为当务之急; 望远镜的光程设计需要确定透镜曲面上任一点的法线, 这又使求任意曲线的切线问题变得不可回避; 确定炮弹的最大射程及寻求行星轨道的近日点与远日点等涉及的函数极大值、极小值问题也亟待解决 ······, 正是这些微分学的基本问题, 激起了科学大师的兴趣, 促进了微分学的迅速发展.

本章主要讨论导数和微分的概念以及它们的计算方法, 而导数的应用则将在第三章中讨论.

第一节 导 数 概 念

一、引例

我们先对速度问题和切线问题进行分析, 从而引出导数的概念.

1. 速度问题

设一质点沿 x 轴运动时, 其位置 s 是时间 t 的函数 $s = f(t)$, 现在我们来求它在 t_0 时刻的瞬时速度 v.

当时间从 t_0 变化到 $t_0 + \Delta t$ 时, 该质点在 Δt 时段所经过的路程为

$$\Delta s = f(t_0 + \Delta t) - f(t_0).$$

如果质点在做匀速运动, 则它在 t_0 时刻的瞬时速度就是 Δt 时段的平均速度, 即

$$v = \overline{v} = \frac{\Delta s}{\Delta t} = \frac{f(t_0 + \Delta t) - f(t_0)}{\Delta t}.$$

如果质点在做变速运动, 我们可以从极限的角度考虑, 当 Δt 无限地接近于 0 时, 平均速度 $\overline{v}$ 会无限地接近于 t_0 时刻的瞬时速度 v, 当 $\Delta t \to 0$ 时, 若平均速度 $\overline{v}$ 的极限存在, 则此极限就是质点在 t_0 时刻的瞬时速度 v, 即

$$v = \lim_{\Delta t \to 0} \frac{\Delta s}{\Delta t} = \lim_{\Delta t \to 0} \frac{f(t_0 + \Delta t) - f(t_0)}{\Delta t}. \tag{1}$$

2. 切线问题

圆的切线可定义为 "与曲线只有一个交点的直线", 但是对于其他曲线, 用 "与曲线只有一个交点的直线" 作为切线的定义就不一定合适. 例如, 对于抛物线 $y = x^2$, 在原点 O 处两个坐标轴都符合上述定义, 但实际上只有 x 轴是该抛物线在原点 O 处的切线. 下面给出切线的定义.

设 M 是曲线 L 上的一个定点, 而 N 是动点, 如果当 N 点沿着曲线 L 趋向 M 时, 曲线的割线 MN 有极限位置 MT, 则称 MT 为曲线 L 在 M 处的切线 (图 2-1).

设曲线 L 为函数 $y - f(x)$ 的图形, 当自变量 x 在 x_0 及 $x_0 + \Delta x$ 处, 相应在曲线 L 上得到两个点 $M(x_0, y_0)$, $N(x_0 + \Delta x, y_0 + \Delta y)$, 由图 2-2 可以看出过 M, N 两点的割线的斜率为

$$\tan \varphi = \frac{\Delta y}{\Delta x} = \frac{f(x_0 + \Delta x) - f(x_0)}{\Delta x}.$$

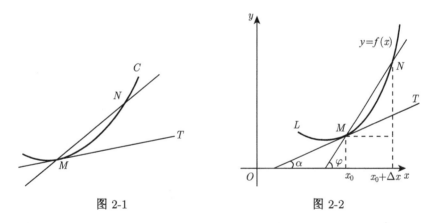

图 2-1　　　　　　　　　　　图 2-2

当 $\Delta x \to 0$ 时, N 就沿着曲线 L 趋于点 M, 如果当 $\Delta x \to 0$ 时 $\dfrac{\Delta y}{\Delta x}$ 的极限存在, 则此极限就是切线的斜率, 即

$$k = \lim_{\Delta x \to 0} \frac{\Delta y}{\Delta x} = \lim_{\Delta x \to 0} \frac{f(x_0 + \Delta x) - f(x_0)}{\Delta x}. \tag{2}$$

以上两个实例的背景虽然不同, 一个是物理问题, 一个是几何问题, 但是它们在数学结构上却有完全相同的形式, 都可以归结为计算函数的增量与自变量增量之比当自变量的增量趋于 0 时的极限. 在自然科学和工程技术领域内, 还有许多概念, 如电流强度、角速度、线密度等, 都可以归结为与此相同的数学形式. 由此, 我们撇开这些量的具体意义, 抓住它们在数量关系上的共性, 就可以抽象出导数的定义.

二、导数的定义

定义 1   设函数 $y = f(x)$ 在点 x_0 的某个邻域内有定义, 当自变量 x 在 x_0 处取得增量 Δx(点 $x_0 + \Delta x$ 依然在该邻域内) 时, 相应地函数取得增量 $\Delta y = f(x_0 + \Delta x) - f(x_0)$; 如果 Δy 与 Δx 之比当 $\Delta x \to 0$ 时的极限存在, 则称函数 $y = f(x)$ 在点 x_0 处可导, 并称这个极限为函数 $y = f(x)$ 在点 x_0 处的导数, 记为 $f'(x_0)$, 即

$$f'(x_0) = \lim_{\Delta x \to 0} \frac{\Delta y}{\Delta x} = \lim_{\Delta x \to 0} \frac{f(x_0 + \Delta x) - f(x_0)}{\Delta x}, \tag{3}$$

也可记为 $y'|_{x=x_0}, \left.\dfrac{\mathrm{d}y}{\mathrm{d}x}\right|_{x=x_0}$, 或 $\left.\dfrac{\mathrm{d}f(x)}{\mathrm{d}x}\right|_{x=x_0}$.

式 (3) 中自变量的增量 Δx 经常用 h 表示, 从而式 (3) 也经常写成

$$f'(x_0) = \lim_{h \to 0} \frac{f(x_0 + h) - f(x_0)}{h}. \tag{4}$$

在式 (3) 中, 若记 $x = x_0 + \Delta x$, 则增量 $\Delta x = x - x_0$, $\Delta y = f(x) - f(x_0)$, 当 $\Delta x \to 0$ 时, $x \to x_0$, 从而导数的定义也可写成如下形式

$$f'(x_0) = \lim_{x \to x_0} \frac{f(x) - f(x_0)}{x - x_0}. \tag{5}$$

如果极限 (3) 不存在, 就说函数 $y = f(x)$ 在点 x_0 处不可导. 如果不可导的原因是由于 $\Delta x \to 0$ 时, 比式 $\dfrac{\Delta y}{\Delta x} \to \infty$, 为了方便起见, 也往往说函数 $y = f(x)$ 在点 x_0 处的导数为无穷大.

导数就是用极限方法研究因变量的变化相对于自变量变化的快慢问题, 即变化率问题. 它撇开了自变量和因变量所代表的几何或物理等方面的特殊意义, 纯粹从数量方面来刻画变化率的本质: 因变量增量与自变量增量之比 $\dfrac{\Delta y}{\Delta x}$ 是因变量 y 在以 x_0 和 $x_0 + \Delta x$ 为端点的区间上的平均变化率, 而导数 $f'(x_0)$ 则是因变量 y 在点 x_0 处的变化率, 它反映了因变量随自变量的变化而变化的快慢程度.

因为极限存在的充分必要条件是左、右极限都存在且相等, 所以 $f(x)$ 在点 x_0 处可导的充分必要条件是左、右极限

$$\lim_{h \to 0^-} \frac{f(x_0 + h) - f(x_0)}{h}, \quad \text{及} \quad \lim_{h \to 0^+} \frac{f(x_0 + h) - f(x_0)}{h}$$

都存在且相等.

这两个极限分别称为函数 $f(x)$ 在点 x_0 处的左导数和右导数, 记为 $f'_-(x_0)$ 及 $f'_+(x_0)$, 即

$$f'_-(x_0) = \lim_{h \to 0^-} \frac{f(x_0 + h) - f(x_0)}{h},$$

$$f'_+(x_0) = \lim_{h \to 0^+} \frac{f(x_0 + h) - f(x_0)}{h}.$$

左导数和右导数统称为单侧导数.

显然, 函数 $f(x)$ 在点 x_0 处可导的充分必要条件是左导数 $f'_-(x_0)$ 和右导数 $f'_+(x_0)$ 都存在且相等.

如果函数 $y = f(x)$ 在开区间 (a, b) 内的每点处都可导, 就称函数 $f(x)$ 在开区间 (a, b) 内可导. 这时, 对于任一 $x \in (a, b)$, 都对应着 $f(x)$ 的一个确定的导数值. 这样就构成了一个新的函数, 这个函数称为原来函数 $y = f(x)$ 的导函数, 记为 y', $f'(x)$, $\dfrac{\mathrm{d}y}{\mathrm{d}x}$ 或 $\dfrac{\mathrm{d}f(x)}{\mathrm{d}x}$.

显然

$$f'(x) = \lim_{\Delta x \to 0} \frac{f(x + \Delta x) - f(x)}{\Delta x}. \tag{6}$$

虽然在式中 x 可以取区间 (a, b) 内的任何数值, 但在极限过程中, x 是常量, Δx 或 h 是变量. 导函数 $f'(x)$ 简称导数, 而函数 $f(x)$ 在点 x_0 处的导数 $f'(x_0)$ 就是导函数 $f'(x)$ 在点 $x = x_0$ 处的函数值, 即

$$f'(x_0) = f'(x)|_{x=x_0}.$$

因此, 求函数在点 x_0 处的导数值, 通常先求出导函数 $f'(x)$, 再将 $x = x_0$ 代入.

如果函数在开区间 (a, b) 内可导, 且 $f'_+(a)$ 及 $f'_-(b)$ 都存在, 就说 $f(x)$ 在闭区间 $[a, b]$ 上可导.

例 1 已知函数 $y = x^2$, 求它的导函数 y' 以及它在 $x = 1$ 处的导数 $y'|_{x=1}$.

解 $y' = \lim\limits_{\Delta x \to 0} \dfrac{f(x + \Delta x) - f(x)}{\Delta x}$

$\qquad = \lim\limits_{\Delta x \to 0} \dfrac{(x + \Delta x)^2 - x^2}{\Delta x}$

$\qquad = \lim\limits_{\Delta x \to 0} \dfrac{2x\Delta x + \Delta x^2}{\Delta x} = 2x,$

$\quad y'|_{x=1} = 2x|_{x=1} = 2.$

当然, 也可以直接通过导数定义来计算 $y'|_{x=1}$.

$$y'|_{x=1} = \lim_{\Delta x \to 0} \frac{f(x_0 + \Delta x) - f(x_0)}{\Delta x}$$

$$= \lim_{\Delta x \to 0} \frac{(1 + \Delta x)^2 - 1^2}{\Delta x} = \lim_{\Delta x \to 0} \frac{2\Delta x + \Delta x^2}{\Delta x} = 2.$$

三、导数的几何意义

由引例中的切线问题以及导数的定义可知: 函数 $y = f(x)$ 在点 x_0 处的导数 $f'(x_0)$ 在几何上表示曲线 $y = f(x)$ 在点 $M(x_0, f(x_0))$ 处的切线的斜率, 即

$$f'(x_0) = \tan \alpha,$$

其中 α 是切线的倾角 (图 2-3).

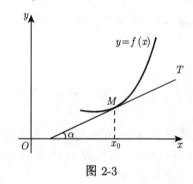

图 2-3

由此可知, 曲线 $y = f(x)$ 在点 $M(x_0, f(x_0))$ 处的切线方程为

$$y - f(x_0) = f'(x_0)(x - x_0).$$

过切点 $M(x_0, f(x_0))$ 且与切线垂直的直线称为曲线 $y = f(x)$ 在点 M 处的法线. 如果 $f'(x_0) \neq 0$, 法线的斜率为 $-\dfrac{1}{f'(x_0)}$, 从而其法线方程为

$$y - f(x_0) = -\frac{1}{f'(x_0)}(x - x_0).$$

如果 $f'(x_0) = 0$, 则曲线 $y = f(x)$ 在点 $M(x_0, f(x_0))$ 处的切线方程为 $y = f(x_0)$, 其法线方程为 $x = x_0$.

如果 $y = f(x)$ 在点 x_0 处的导数为无穷大, 则曲线 $y = f(x)$ 在点 $M(x_0, f(x_0))$ 处具有垂直于 x 轴的切线 $x = x_0$, 其法线方程为 $y = f(x_0)$.

此外, 根据导数的几何意义, 通过可导函数在某点处的导数值的正负情况可以判断函数的增减性, 这一点读者可以先行考虑, 我们将在第三章详细讨论.

例 2　求曲线 $y = x^2$ 在点 $(1,1)$ 处的切线方程和法线方程.

解　由例 1 可知 $y' = 2x$, 因此所求切线的斜率为

$$k = y'|_{x=1} = 2x|_{x=1} = 2.$$

所以 $y = x^2$ 在点 $(1,1)$ 处的切线方程为

$$y - 1 = 2(x - 1),$$

即 $2x - y - 1 = 0$.

$y = x^2$ 在点 $(1,1)$ 处的法线方程为

$$y - 1 = -\frac{1}{2}(x - 1),$$

即 $x + 2y - 3 = 0$.

例 3 求函数 $y = \sqrt[3]{x}$ 在点 $x = 0$ 处的切线方程.

解 $k = y'|_{x=0} = \lim\limits_{h \to 0} \dfrac{f(0 + h) - f(0)}{h}$

$= \lim\limits_{h \to 0} \dfrac{\sqrt[3]{h} - 0}{h} = \lim\limits_{h \to 0} \dfrac{1}{h^{\frac{2}{3}}}$

$= +\infty$, 即导数为无穷大,

因此, $y = \sqrt[3]{x}$ 在点 $x = 0$ 处的切线方程为 $x = 0$ (图 2-4).

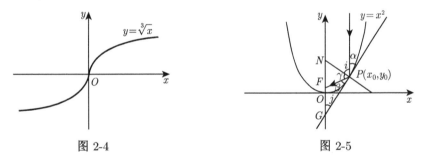

图 2-4　　　　　　　　　　图 2-5

例 4 证明平行于 y 轴的光线经抛物形镜面 $y = x^2$ 反射后, 均经过抛物线的焦点.

解 如图 2-5 所示, 设点 $P(x_0, y_0)$ 为抛物线上任意一点, 先假设 $x_0 \neq 0$, 抛物线在 P 点的切线为 PG, 其中 G 是 PG 与 y 轴的交点, 把光线经反射后与 y 轴的交点记为 F, 则只要证 F 就是抛物线的焦点.

作 $PN \perp PG$, 由光的反射定理知入射角等于反射角, 得 $\angle i = \angle \gamma$, 于是 $\angle \alpha = \angle \beta$.

又因为入射线是平行于 y 轴的, 所以 $\angle j = \angle \alpha = \angle \beta$, 因此 $FP = FG$.

抛物线在 P 点处的切线方程为 $y - f(x_0) = 2x_0(x - x_0)$, 令 $x = 0$, 则 G 点的坐标为 $(0, -x_0^2)$. 设点 F 的坐标为 $(0, y_F)$, 因为 $FP = FG$, 所以有

$$\sqrt{x_0^2 + (y_0 - y_F)^2} = y_F + x_0^2,$$

代入 $y_0 = x_0^2$, 化简上式得到

$$y_F = \frac{1}{4}.$$

因此 F 就是抛物线 $y = x^2$ 的焦点.

如果 $x_0 = 0$, 因为反射线就是 y 轴, 所以显然过焦点.

综上, 平行于 y 轴的光线经抛物形镜面 $y = x^2$ 反射后, 均经过抛物线的焦点.

因为太阳光线可以认为是平行的, 所以如果放置抛物镜面使其对称轴与光线平行, 就能聚焦, 利用这一原理可以制造太阳灶.

四、函数可导性与连续性的关系

定理 1　如果函数 $y = f(x)$ 在点 x 处可导, 则 $y = f(x)$ 在点 x 处连续.

证　由导数定义

$$f'(x) = \lim_{\Delta x \to 0} \frac{\Delta y}{\Delta x}.$$

由具有极限的函数与无穷小的关系知道,

$$\frac{\Delta y}{\Delta x} = f'(x) + \alpha,$$

其中 α 为当 $\Delta x \to 0$ 时的无穷小. 式中两边同乘以 Δx, 得

$$\Delta y = f'(x)\Delta x + \alpha \Delta x,$$

所以

$$\lim_{\Delta x \to 0} \Delta y = \lim_{\Delta x \to 0} [f'(x)\Delta x + \alpha \Delta x] = 0,$$

即 $y = f(x)$ 在点 x 处连续.

然而, 函数在一点连续仅是函数在此点可导的必要条件, 而不是充分条件, 即函数在一点连续, 并不一定在此点可导. 由例 3 我们可以容易地得出 $y = \sqrt[3]{x}$ 在点 $x = 0$ 处虽然连续但是不可导的结论, 现在再举一个例子.

例 5　讨论函数 $f(x) = |x|$ 在 $x = 0$ 处的可导性和连续性.

解　因为

$$\lim_{\Delta x \to 0} \Delta y = \lim_{\Delta x \to 0} |\Delta x| = 0,$$

所以 $f(x) = |x|$ 在 $x = 0$ 处连续.

又因为 $f'(x)|_{x=0} = \lim_{h \to 0} \frac{f(0+h) - f(0)}{h} = \lim_{h \to 0} \frac{|h| - 0}{h} = \lim_{h \to 0} \frac{|h|}{h},$

当 $h < 0$ 时, $\lim_{h \to 0^-} \frac{|h|}{h} = -1$;

当 $h > 0$ 时, $\lim_{h \to 0^+} \frac{|h|}{h} = 1$;

所以, $\lim\limits_{h \to 0} \dfrac{f(0+h)-f(0)}{h}$ 不存在, 即函数 $f(x)=|x|$ 在 $x=0$ 处不可导.

例 6　设函数

$$f(x)=\begin{cases} x^2, & x \leqslant 1, \\ ax+b, & x > 1, \end{cases}$$

为了使函数在 $x=1$ 处连续且可导, a,b 应取什么值?

解　因为 $f(x)$ 在 $x=1$ 处可导, 所以它在 $x=1$ 处连续, 因此

$$\lim_{x \to 1^+} f(x) = \lim_{x \to 1^-} f(x) = f(1),$$

即

$$\lim_{x \to 1^+} (ax+b) = \lim_{x \to 1^-} x^2 = 1.$$

于是 $a+b=1$.

由 $f(x)$ 在 $x=1$ 处可导, 可得 $f'_+(1)=f'_-(1)$. 因此

$$\lim_{x \to 1^+} \frac{f(x)-f(1)}{x-1} = \lim_{x \to 1^-} \frac{f(x)-f(1)}{x-1},$$

即

$$\lim_{x \to 1^+} \frac{ax+b-1}{x-1} = \lim_{x \to 1^+} \frac{a(x-1)+(a+b-1)}{x-1} = \lim_{x \to 1^-} \frac{x^2-1}{x-1} = 2.$$

于是 $a=2$, 所以 $a=2, b=-1$.

习　题　2-1

1. 设 $f(x)=3x^2$, 试按定义求 $f'(-1)$.

2. 证明: $(\cos x)' = -\sin x$.

3. 设 $f(x)$ 在点 x_0 可导, 求 $\lim\limits_{h \to 0} \dfrac{f(x_0+h)-f(x_0-h)}{h}$.

4. 已知 $f(x)$ 在点 x_0 可导, 且 $\lim\limits_{h \to 0} \dfrac{f(x_0-3h)-f(x_0)}{h}=5$, 求 $f'(x_0)$.

5. $f(x)=\begin{cases} 1, & x \leqslant 0, \\ 1-x^2, & 0 < x < 1, \\ x-1, & x \geqslant 1, \end{cases}$　则下面说法正确的是 (　　).

(A) $f(x)$ 在点 $x=0$ 处可导;　　(B) $f(x)$ 在点 $x=0$ 处不可导;

(C) $f(x)$ 在点 $x=1$ 处可导;　　(D) $f(x)$ 在点 $x=1$ 处不可导.

6. 函数 $f(x)$ 在点 x_0 处连续是 $f(x)$ 在点 x_0 处可导的 (　　).

(A) 充分条件;　　　　(B) 必要条件;

(C) 充分必要条件;　　(D) 既非充分也非必要条件.

7. 设函数 $f(x) = \begin{cases} \cos x, & x \leqslant 0, \\ ax + b, & x > 0 \end{cases}$ 在点 $x = 0$ 处可导, 则 (   ).

(A) $a = 1, b = 1$;   (B) $a = 1, b = 0$;

(C) $a = 0, b = 1$;   (D) $a = 0, b = 0$.

8. 求曲线 $y = \ln x$ 在 $(e, 1)$ 处的切线方程和法线方程.

9. 求下列函数的导数.

(1) $y = x^5$;   (2) $y = \dfrac{1}{x^3}$;

(3) $y = \sqrt[5]{x^3}$;   (4) $y = \dfrac{x\sqrt{x}}{\sqrt[3]{x^2}}$.

10. 函数 $f(x) = \begin{cases} x^2 + 1, & x < 1, \\ 2x, & x \geqslant 1 \end{cases}$ 在 $x = 1$ 处是否连续? 是否可导? 为什么?

11. 在曲线 $y = e^x$ 上取横坐标为 $x_1 = 0$ 及 $x_2 = 1$ 的两点, 作过这两点的割线, 问该曲线上哪一点的切线平行于这条割线?

第二节 一些基本初等函数的导数公式 导数的四则运算法则

在第一节中我们给出了导数的定义, 显而易见如果每次都通过定义来计算初等函数的导数, 难度还是相当大的. 既然初等函数是由常数和基本初等函数经过有限次的四则运算和有限次的函数复合步骤所构成的函数, 我们不妨先利用导数定义求解出基本初等函数的导数, 再解决函数的求导法则, 这样就能比较方便地求出常见的初等函数的导数了.

本节我们先求解一些基本初等函数的导数公式, 并介绍导数的四则运算法则. 第三节再研究反函数和复合函数的求导法则.

一、一些基本初等函数的导数公式

例 1   求函数 $f(x) = C$(C 为常数) 的导数.

解

$$f'(x) = \lim_{h \to 0} \frac{f(x+h) - f(x)}{h} = \lim_{h \to 0} \frac{C - C}{h} = 0,$$

即 $(C)' = 0$.

这就是说, 常数的导数等于零.

例 2   求幂函数 $f(x) = x^n$($n \in \mathbf{N}^+$) 的导数.

解 $f'(x) = \lim_{h \to 0} \dfrac{f(x+h) - f(x)}{h}$

$$= \lim_{h \to 0} \frac{(x+h)^n - x^n}{h} = \lim_{h \to 0} \frac{x^n \left[\left(1 + \dfrac{h}{x} \right)^n - 1 \right]}{h}.$$

因为当 $x \to 0$ 时，$(1+x)^n - 1 \sim nx$，且当 $h \to 0$ 时，$\dfrac{h}{x} \to 0$，所以

$$\left(1 + \frac{h}{x}\right)^n - 1 \sim n\frac{h}{x},$$

于是

$$(x^n)' = \lim_{h \to 0} \frac{x^n n \dfrac{h}{x}}{h} = nx^{n-1}.$$

更为一般地，上式不仅在指数是正整数时成立，当它是任意实数 μ 时，上式都成立，即

$$(x^\mu)' = \mu x^{\mu-1}.$$

这个结论的证明，我们将在第三节给出.

这就是幂函数的导数公式．利用这公式，可以很方便地求出幂函数的导数，例如：

当 $\mu = \dfrac{1}{2}$ 时，$y = x^{\frac{1}{2}} = \sqrt{x}\,(x > 0)$ 的导数为

$$\left(x^{\frac{1}{2}}\right)' = \frac{1}{2}x^{\frac{1}{2}-1} = \frac{1}{2}x^{-\frac{1}{2}}.$$

即 $(\sqrt{x})' = \dfrac{1}{2\sqrt{x}}$.

当 $\mu = -1$ 时，$y = x^{-1} = \dfrac{1}{x}\,(x \neq 0)$ 的导数为

$$(x^{-1})' = (-1)x^{-1-1} = -x^{-2}.$$

即 $\left(\dfrac{1}{x}\right)' = -\dfrac{1}{x^2}$.

例 3　求函数 $f(x) = \sin x$ 的导数.

解　$f'(x) = \lim\limits_{h \to 0} \dfrac{f(x+h) - f(x)}{h} = \lim\limits_{h \to 0} \dfrac{\sin(x+h) - \sin x}{h}$

$$= \lim_{h \to 0} \frac{1}{h} \cdot 2\cos\left(x + \frac{h}{2}\right)\sin\frac{h}{2}$$

$$= \lim_{h \to 0} \cos\left(x + \frac{h}{2}\right) \cdot \frac{\sin\dfrac{h}{2}}{\dfrac{h}{2}} = \cos x.$$

即 $(\sin x)' = \cos x$.

用类似的方法，可求得

$$(\cos x)' = -\sin x.$$

例 4   求函数 $f(x) = a^x \, (a > 0, a \neq 1)$ 的导数.

解 $f'(x) = \lim\limits_{h \to 0} \dfrac{f(x+h) - f(x)}{h} = \lim\limits_{h \to 0} \dfrac{a^{x+h} - a^x}{h}$

$\qquad\qquad = a^x \lim\limits_{h \to 0} \dfrac{a^h - 1}{h} = a^x \lim\limits_{h \to 0} \dfrac{e^{h \ln a} - 1}{h}$

$\qquad\qquad = a^x \lim\limits_{h \to 0} \dfrac{h \ln a}{h} (x \to 0 \text{ 时}, e^x - 1 \sim x)$

$\qquad\qquad = a^x \ln a.$

即 $(a^x)' = a^x \ln a.$

这就是指数函数的导数公式. 特殊地, 当 $a = e$ 时, 因 $\ln e = 1$, 故有

$$(e^x)' = e^x.$$

例 5   求函数 $f(x) = \log_a x (a > 0, a \neq 1)$ 的导数.

解 $f'(x) = \lim\limits_{h \to 0} \dfrac{f(x+h) - f(x)}{h} = \lim\limits_{h \to 0} \dfrac{\log_a(x+h) - \log_a x}{h}$

$\qquad\qquad = \lim\limits_{h \to 0} \dfrac{1}{h} \log_a \dfrac{x+h}{x} = \lim\limits_{h \to 0} \dfrac{1}{x} \log_a \left(1 + \dfrac{h}{x}\right)^{\frac{x}{h}}$

$\qquad\qquad = \dfrac{1}{x} \log_a e = \dfrac{1}{x \ln a}.$

即 $(\log_a x)' = \dfrac{1}{x \ln a}.$

这就是对数函数的导数公式. 特殊地, 当 $a = e$ 时, 由上式得自然对数函数的导数公式

$$(\ln x)' = \dfrac{1}{x}.$$

以上仅给出了部分基本初等函数的导数公式, 其他基本初等函数的导数公式我们将会陆续给出.

二、导数的四则运算法则

定理 1   如果函数 $u = u(x)$ 及 $v = v(x)$ 都在点 x 处具有导数, 那么它们的和、差、积、商 (除分母为零的点外) 都在点 x 处具有导数, 且

(1) $[u(x) \pm v(x)]' = u'(x) \pm v'(x)$;

(2) $[u(x)v(x)]' = u'(x)v(x) + u(x)v'(x)$;

(3) $\left[\dfrac{u(x)}{v(x)}\right]' = \dfrac{u'(x)v(x) - u(x)v'(x)}{v^2(x)} \ (v(x) \neq 0)$.

证   (1) $[u(x) \pm v(x)]'$

$$= \lim_{\Delta x \to 0} \frac{[u(x + \Delta x) \pm v(x + \Delta x)] - [u(x) \pm v(x)]}{\Delta x}$$

$$= \lim_{\Delta x \to 0} \frac{u(x + \Delta x) - u(x)}{\Delta x} \pm \lim_{\Delta x \to 0} \frac{v(x + \Delta x) - v(x)}{\Delta x}$$

$$= u'(x) \pm v'(x).$$

(2) $[u(x)v(x)]'$

$$= \lim_{\Delta x \to 0} \frac{u(x + \Delta x)v(x + \Delta x) - u(x)v(x)}{\Delta x}$$

$$= \lim_{\Delta x \to 0} \left[\frac{u(x + \Delta x) - u(x)}{\Delta x} \cdot v(x + \Delta x) + u(x) \cdot \frac{v(x + \Delta x) - v(x)}{\Delta x} \right]$$

$$= \lim_{\Delta x \to 0} \frac{u(x + \Delta x) - u(x)}{\Delta x} \cdot \lim_{\Delta x \to 0} v(x + \Delta x) + u(x) \cdot \lim_{\Delta x \to 0} \frac{v(x + \Delta x) - v(x)}{\Delta x}$$

$$= u'(x)v(x) + u(x)v'(x).$$

定理 1 中的法则 (1)、法则 (2) 可推广到任意有限个可导函数的情形. 例如, 设 $u = u(x)$, $v = v(x)$, $w = w(x)$ 均可导, 则有

$$(u + v - w)' = u' + v' - w',$$

$$(uvw)' = [(uv)w]' = (uv)'w + (uv)w' = (u'v + uv')w + uvw'.$$

即 $(uvw)' = u'vw + uv'w + uvw'.$

在法则 (2) 中, 当 $v(x) = C(C$ 为常数) 时, 有

$$(Cu)' = Cu'.$$

(3) $\left[\dfrac{u(x)}{v(x)} \right]' = \lim\limits_{\Delta x \to 0} \dfrac{\dfrac{u(x + \Delta x)}{v(x + \Delta x)} - \dfrac{u(x)}{v(x)}}{\Delta x}$

$$= \lim_{\Delta x \to 0} \frac{u(x + \Delta x)v(x) - u(x)v(x + \Delta x)}{v(x + \Delta x)v(x)\Delta x}$$

$$= \lim_{\Delta x \to 0} \frac{[u(x + \Delta x) - u(x)]v(x) - u(x)[v(x + \Delta x) - v(x)]}{v(x + \Delta x)v(x)\Delta x}$$

$$= \lim_{\Delta x \to 0} \frac{\dfrac{u(x + \Delta x) - u(x)}{\Delta x}v(x) - u(x)\dfrac{v(x + \Delta x) - v(x)}{\Delta x}}{v(x + \Delta x)v(x)}$$

$$= \frac{u'(x)v(x) - u(x)v'(x)}{v^2(x)}.$$

例 6 $f(x) = x^3 + 4\cos x - \sin \dfrac{\pi}{2}$, 求 $f'(x)$ 及 $f'\left(\dfrac{\pi}{2} \right)$.

解　$f'(x) = \left(x^3 + 4\cos x - \sin\dfrac{\pi}{2}\right)' = 3x^2 - 4\sin x.$

$$f'\left(\frac{\pi}{2}\right) = \frac{3}{4}\pi^2 - 4.$$

例 7　$y = \mathrm{e}^x(\sin x + \cos x)$, 求 y'.

解　$y' = (\mathrm{e}^x)'(\sin x + \cos x) + \mathrm{e}^x(\sin x + \cos x)'$

$$= \mathrm{e}^x(\sin x + \cos x) + \mathrm{e}^x(\cos x - \sin x)$$

$$= 2\mathrm{e}^x\cos x.$$

例 8　$y = \dfrac{\ln x}{x}$, 求 y'.

解　$y' = \dfrac{(\ln x)' x - \ln x \cdot (x)'}{x^2} = \dfrac{\dfrac{1}{x}x - \ln x}{x^2} = \dfrac{1 - \ln x}{x^2}.$

下面我们再求一些基本初等函数的导数.

例 9　$y = \tan x$, 求 y'.

解　$y' = (\tan x)' = \left(\dfrac{\sin x}{\cos x}\right)'$

$$= \frac{(\sin x)'\cos x - \sin x(\cos x)'}{\cos^2 x}$$

$$= \frac{\cos^2 x + \sin^2 x}{\cos^2 x} = \frac{1}{\cos^2 x} = \sec^2 x.$$

即 $(\tan x)' = \sec^2 x.$

用类似的方法, 可求得余切函数的导数公式:

$$(\cot x)' = -\csc^2 x.$$

例 10　$y = \sec x$, 求 y'.

解　$y' = (\sec x)' = \left(\dfrac{1}{\cos x}\right)'$

$$= \frac{(1)'\cos x - 1 \cdot (\cos x)'}{\cos^2 x}$$

$$= \frac{\sin x}{\cos^2 x} = \sec x \tan x.$$

即 $(\sec x)' = \sec x \tan x.$

这就是正割函数的导数公式.

用类似方法, 可求得余割函数的导数公式

$$(\csc x)' = -\csc x \cot x.$$

例 11　求分段函数 $f(x) = \begin{cases} \mathrm{e}^x - 1, & x < 0, \\ x, & x \geqslant 0 \end{cases}$ 的导数.

解　当 $x < 0$ 时, $f'(x) = \mathrm{e}^x$;

当 $x > 0$ 时, $f'(x) = 1$;

当 $x = 0$ 时,

$$f'_-(0) = \lim_{x \to 0^-} \frac{f(x) - f(0)}{x - 0} = \lim_{x \to 0^-} \frac{\mathrm{e}^x - 1}{x} = \lim_{x \to 0^-} \frac{x}{x} = 1,$$

$$f'_+(0) = \lim_{x \to 0^+} \frac{f(x) - f(0)}{x - 0} = \lim_{x \to 0^+} \frac{x}{x} = 1,$$

因为左、右导数存在且相等, 所以 $f'(0) = 1$.

综上, $f'(x) = \begin{cases} \mathrm{e}^x, & x < 0, \\ 1, & x \geqslant 0. \end{cases}$

习　题　2-2

1. 推导余切函数及余割函数的导数公式.

$$(\cot x)' = -\csc^2 x, \quad (\csc x)' = -\csc x \cdot \cot x.$$

2. 求下列函数的导数.

(1) $y = 3x^2 - \dfrac{1}{x^3} + 6$;

(2) $y = \dfrac{1 + x}{1 - x}$;

(3) $y = x^2 \sin x$;

(4) $y = (\sqrt{x} + 1)\left(\dfrac{1}{\sqrt{x}} - 1\right)$;

(5) $y = \dfrac{\ln x}{x^2}$;

(6) $y = \cos x + \mathrm{e}^x$;

(7) $y = \mathrm{e}^x \ln x$;

(8) $y = x \tan x + \cot x$;

(9) $y = x(x - 1)(2x + 3)$;

(10) $y = \dfrac{\sin x}{1 + \cos x}$.

第三节　反函数求导法则　复合函数求导法则

一、反函数的求导法则

定理 1　如果函数 $x = f(y)$ 在区间 I_y 内单调、可导且 $f'(y) \neq 0$, 则它的反函数 $y = f^{-1}(x)$ 在区间 $I_x = \{x | x = f(y), y \in I_y\}$ 内也可导, 且

$$[f^{-1}(x)]' = \frac{1}{f'(y)}, \quad \text{或} \quad \frac{\mathrm{d}y}{\mathrm{d}x} = \frac{1}{\dfrac{\mathrm{d}x}{\mathrm{d}y}}. \tag{1}$$

证   由于 $x = f(y)$ 在 I_y 内单调、可导 (从而连续), $x = f(y)$ 的反函数 $y = f^{-1}(x)$ 存在, 且 $f^{-1}(x)$ 在 I_x 内也单调、连续.

任取 $x \in I_x$, 给 x 以增量 $\Delta x (\Delta x \neq 0, x + \Delta x \in I_x)$, 由 $y = f^{-1}(x)$ 的单调性可知

$$\Delta y = f^{-1}(x + \Delta x) - f^{-1}(x) \neq 0,$$

于是有

$$\frac{\Delta y}{\Delta x} = \frac{1}{\dfrac{\Delta x}{\Delta y}}.$$

因 $y = f^{-1}(x)$ 连续, 故

$$\lim_{\Delta x \to 0} \Delta y = 0.$$

从而

$$[f^{-1}(x)]' = \lim_{\Delta x \to 0} \frac{\Delta y}{\Delta x} = \lim_{\Delta y \to 0} \frac{1}{\dfrac{\Delta x}{\Delta y}} = \frac{1}{f'(y)}.$$

下面我们根据定理 1 来求反三角函数的导数.

例 1   求 $y = \arcsin x$ 的导数.

解   因为 $y = \arcsin x$ 与 $x = \sin y \left(y \in \left(-\dfrac{\pi}{2}, \dfrac{\pi}{2} \right) \right)$ 互为反函数, 而函数 $x = \sin y$ 在 $\left(-\dfrac{\pi}{2}, \dfrac{\pi}{2} \right)$ 内单调、可导, 且

$$(\sin y)' = \cos y > 0,$$

由此,

$$(\arcsin x)' = \frac{1}{(\sin y)'} = \frac{1}{\cos y},$$

又因为当 $-\dfrac{\pi}{2} < y < \dfrac{\pi}{2}$ 时, $\cos y > 0$, 所以

$$(\arcsin x)' = \frac{1}{\sqrt{1 - \sin^2 y}} = \frac{1}{\sqrt{1 - x^2}}.$$

用类似的方法可得反余弦函数的导数公式

$$(\arccos x)' = -\frac{1}{\sqrt{1 - x^2}}.$$

或者, 我们也可以通过恒等式 $\arcsin x + \arccos x = \dfrac{\pi}{2}$ 来推导:

$$(\arccos x)' = \left(\frac{\pi}{2} - \arcsin x \right)' = -\frac{1}{\sqrt{1 - x^2}}.$$

例 2　求 $y = \arctan x$ 的导数.

解　因为 $y = \arctan x$ 与 $x = \tan y \left(y \in \left(-\dfrac{\pi}{2}, \dfrac{\pi}{2} \right) \right)$ 互为反函数, 而函数 $x = \tan y$ 在 $\left(-\dfrac{\pi}{2}, \dfrac{\pi}{2} \right)$ 内单调、可导, 且

$$(\tan y)' = \sec^2 y > 0,$$

由此,

$$(\arctan x)' = \frac{1}{(\tan y)'} = \frac{1}{\sec^2 y} = \frac{1}{1 + \tan^2 y} = \frac{1}{1 + x^2}.$$

用类似的方法可得反余切函数的导数公式

$$(\text{arc}\cot x)' = -\frac{1}{1 + x^2}.$$

当然, 反余切函数的导数公式也可以通过恒等式 $\arctan x + \text{arc}\cot x = \dfrac{\pi}{2}$ 来推导.

至此, 我们完成了常见的基本初等函数的导数的推导, 现将其导数公式归纳如下:

(1) $(C)' = 0,$ (2) $(x^\mu)' = \mu x^{\mu-1},$

(3) $(\sin x)' = \cos x,$ (4) $(\cos x)' = -\sin x,$

(5) $(\tan x)' = \sec^2 x,$ (6) $(\cot x)' = -\csc^2 x,$

(7) $(\sec x)' = \sec x \tan x,$ (8) $(\csc x)' = -\csc x \cot x,$

(9) $(a^x)' = a^x \ln a,$ (10) $(e^x)' = e^x,$

(11) $(\log_a x)' = \dfrac{1}{x \ln a},$ (12) $(\ln x)' = \dfrac{1}{x},$

(13) $(\arcsin x)' = \dfrac{1}{\sqrt{1 - x^2}},$ (14) $(\arccos x)' = -\dfrac{1}{\sqrt{1 - x^2}},$

(15) $(\arctan x)' = \dfrac{1}{1 + x^2},$ (16) $(\text{arccot } x)' = -\dfrac{1}{1 + x^2}.$

二、复合函数的求导法则

虽然我们已经得到了导数公式和导数的四则运算法则以及反函数求导法则, 但是还有一类初等函数的导数无法求得, 如 e^{x^3}, $\sin \dfrac{2x}{1 + x^2}$ 等, 因为这一类函数是复合函数, 无法直接运用导数公式, 因此我们还要研究复合函数的求导法则.

定理 2　如果 $u = g(x)$ 在点 x 可导, 而 $y = f(u)$ 在点 $u = g(x)$ 可导, 则复合函数 $y = f[g(x)]$ 在点 x 可导, 且其导数为

$$\frac{dy}{dx} = f'(u) \cdot g'(x), \quad \text{或} \quad \frac{dy}{dx} = \frac{dy}{du} \cdot \frac{du}{dx}. \tag{2}$$

证　由于 $y = f(u)$ 在点 u 可导,

$$\lim_{\Delta u \to 0} \frac{\Delta y}{\Delta u} = f'(u)$$

存在, 于是根据极限与无穷小的关系有

$$\frac{\Delta y}{\Delta u} = f'(u) + \alpha.$$

其中 α 是 $\Delta u \to 0$ 时的无穷小. 式中 $\Delta u \neq 0$, 用 Δu 乘式中两边, 得

$$\Delta y = f'(u)\Delta u + \alpha \cdot \Delta u.$$

但当 $\Delta u = 0$ 时, $\Delta y = f(u + \Delta u) - f(u) = 0$, 故上式还是成立的 (这时 $\alpha = 0$), 因为 $\Delta x \neq 0$, 用 Δx 除等式两边, 得

$$\frac{\Delta y}{\Delta x} = f'(u)\frac{\Delta u}{\Delta x} + \alpha \cdot \frac{\Delta u}{\Delta x},$$

于是,

$$\lim_{\Delta x \to 0} \frac{\Delta y}{\Delta x} = \lim_{\Delta x \to 0}\left[f'(u)\frac{\Delta u}{\Delta x} + \alpha \cdot \frac{\Delta u}{\Delta x}\right].$$

根据函数在某点可导必在该点连续的性质知道, 当 $\Delta x \to 0$ 时, $\Delta u \to 0$, 从而可以推知

$$\lim_{\Delta x \to 0} \alpha = \lim_{\Delta u \to 0} \alpha = 0,$$

又因 $u = g(x)$ 在点 x 处可导, 有

$$\lim_{\Delta x \to 0} \frac{\Delta u}{\Delta x} = g'(x).$$

故

$$\lim_{\Delta x \to 0} \frac{\Delta y}{\Delta x} = f'(u) \cdot \lim_{\Delta x \to 0} \frac{\Delta u}{\Delta x}.$$

即 $\dfrac{\mathrm{d}y}{\mathrm{d}x} = f'(u) \cdot g'(x).$

　　事实上, 复合函数的求导法则也可以推广到多个函数复合的情形. 例如, $y = f(u), u = g(v), v = h(x)$, 则有

$$\frac{\mathrm{d}y}{\mathrm{d}x} = \frac{\mathrm{d}y}{\mathrm{d}u} \cdot \frac{\mathrm{d}u}{\mathrm{d}v} \cdot \frac{\mathrm{d}v}{\mathrm{d}x}.$$

例 3　$y = \mathrm{e}^{x^3}$, 求 $\dfrac{\mathrm{d}y}{\mathrm{d}x}$.

解　$y = \mathrm{e}^{x^3}$ 可看成由 $y = \mathrm{e}^u, u = x^3$ 复合而成, 因此

$$\frac{\mathrm{d}y}{\mathrm{d}x} = \frac{\mathrm{d}y}{\mathrm{d}u} \cdot \frac{\mathrm{d}u}{\mathrm{d}x} = \mathrm{e}^u \cdot 3x^2 = 3x^2\mathrm{e}^{x^3}.$$

例 4　$y = \sin\dfrac{2x}{1+x^2}$, 求 $\dfrac{\mathrm{d}y}{\mathrm{d}x}$.

解　$y = \sin\dfrac{2x}{1+x^2}$ 可看成由 $y = \sin u, u = \dfrac{2x}{1+x^2}$ 复合而成, 因为

$$\frac{\mathrm{d}y}{\mathrm{d}u} = \cos u,$$

$$\frac{\mathrm{d}u}{\mathrm{d}x} = \frac{2(1+x^2) - (2x)^2}{(1+x^2)^2} = \frac{2(1-x^2)}{(1+x^2)^2},$$

所以

$$\frac{\mathrm{d}y}{\mathrm{d}x} = \cos u \cdot \frac{2(1-x^2)}{(1+x^2)^2} = \frac{2(1-x^2)}{(1+x^2)^2} \cdot \cos\frac{2x}{1+x^2}.$$

对复合函数的分解比较熟练后, 就可以不写出中间变量, 直接通过公式进行求导.

例 5　$y = \ln\sin(\mathrm{e}^x)$, 求 $\dfrac{\mathrm{d}y}{\mathrm{d}x}$.

解　$\dfrac{\mathrm{d}y}{\mathrm{d}x} = \dfrac{1}{\sin(\mathrm{e}^x)}[\sin(\mathrm{e}^x)]' = \dfrac{\cos(\mathrm{e}^x)}{\sin(\mathrm{e}^x)}(\mathrm{e}^x)' = \mathrm{e}^x\cot\mathrm{e}^x.$

例 6　设 $x > 0$, 证明幂函数的导数公式

$$(x^\mu)' = \mu x^{\mu-1}.$$

证　因为 $x^\mu = \mathrm{e}^{\mu\ln x}$, 所以

$$(x^\mu)' = (\mathrm{e}^{\mu\ln x})' = \mathrm{e}^{\mu\ln x} \cdot (\mu\ln x)'$$
$$= x^\mu \cdot \mu \cdot \frac{1}{x} = \mu x^{\mu-1}.$$

例 7　$y = \mathrm{e}^{\sin\frac{1}{x}}$, 求 y'.

解　$y' = \mathrm{e}^{\sin\frac{1}{x}}\left(\sin\dfrac{1}{x}\right)'$

$$= \mathrm{e}^{\sin\frac{1}{x}} \cdot \cos\frac{1}{x} \cdot \left(\frac{1}{x}\right)' = -\frac{1}{x^2}\mathrm{e}^{\sin\frac{1}{x}} \cdot \cos\frac{1}{x}.$$

例 8　$y = \ln|x|$, 求 y'.

解　当 $x > 0$ 时, $y' = (\ln x)' = \dfrac{1}{x}$,

当 $x < 0$ 时, $y' = [\ln(-x)]' = \dfrac{1}{-x}(-x)' = \dfrac{1}{x}.$

例 9   设 $f(x)$ 可导, 求函数 $y = f(\sin^2 x)$ 的导数.

解 $y' = f'(\sin^2 x) \cdot (\sin^2 x)' = f'(\sin^2 x) \cdot 2 \sin x \cdot (\sin x)'$

$$= 2 \sin x \cdot \cos x f'(\sin^2 x) = \sin 2x f'(\sin^2 x).$$

下面, 将函数的求导法则总结如下.

1. 函数的和、差、积、商的求导法则

设 $u = u(x), v = v(x)$ 都可导, 则

(1) $(u \pm v)' = u' \pm v'$,   (2) $(Cu)' = Cu' (C$ 是常数$)$,

(3) $(uv)' = u'v + uv'$,   (4) $\left(\dfrac{u}{v}\right)' = \dfrac{u'v - uv'}{v^2} \ (v \neq 0)$.

2. 反函数的求导法则

设 $x = f(y)$ 在区间 I_y 内单调、可导且 $f'(y) \neq 0$, 则它的反函数 $y = f^{-1}(x)$ 在 I_x 内也可导, 且

$$[f^{-1}(x)]' = \frac{1}{f'(y)}, \quad \text{或} \frac{\mathrm{d}y}{\mathrm{d}x} = \frac{1}{\dfrac{\mathrm{d}x}{\mathrm{d}y}}.$$

3. 复合函数的求导法则

设 $y = f(u)$, 而 $u = g(x)$ 且 $f(u)$ 及 $g(x)$ 都可导, 则复合函数 $y = f[g(x)]$ 的导数为

$$\frac{\mathrm{d}y}{\mathrm{d}x} = \frac{\mathrm{d}y}{\mathrm{d}u} \cdot \frac{\mathrm{d}u}{\mathrm{d}x}, \quad \text{或} \ y'(x) = f'(u) \cdot g'(x).$$

*三、双曲函数的导数

1. 双曲正弦函数 $y = \mathrm{sh}x$ 的导数

$$(\mathrm{sh}x)' = \left(\frac{\mathrm{e}^x - \mathrm{e}^{-x}}{2}\right)' = \frac{(\mathrm{e}^x)' - (\mathrm{e}^{-x})'}{2} = \frac{\mathrm{e}^x + \mathrm{e}^{-x}}{2} = \mathrm{ch}x.$$

2. 双曲余弦函数 $y = \mathrm{ch}x$ 的导数

$$(\mathrm{ch}x)' = \left(\frac{\mathrm{e}^x + \mathrm{e}^{-x}}{2}\right)' = \frac{\mathrm{e}^x - \mathrm{e}^{-x}}{2} = \mathrm{sh}x.$$

3. 双曲正切函数 $y = \mathrm{th}x$ 的导数

$$(\mathrm{th}x)' = \left(\frac{\mathrm{sh}x}{\mathrm{ch}x}\right)' = \frac{(\mathrm{sh}x)' \mathrm{ch}x - \mathrm{sh}x \, (\mathrm{ch}x)'}{\mathrm{ch}^2 x}$$

$$= \frac{\mathrm{ch}^2 x - \mathrm{sh}^2 x}{\mathrm{ch}^2 x} = \frac{1}{\mathrm{ch}^2 x}.$$

4. 反双曲正弦函数 $y = \text{arsh}x$ 的导数

$$(\text{arsh}x)' = \left[\ln\left(x + \sqrt{1+x^2}\right)\right]' = \frac{1}{x + \sqrt{1+x^2}}\left(x + \sqrt{1+x^2}\right)'$$

$$= \frac{1}{x + \sqrt{1+x^2}}\left(1 + \frac{x}{\sqrt{1+x^2}}\right) = \frac{1}{\sqrt{1+x^2}}.$$

*5. 反双曲余弦函数 $y = \text{arch}x$ 的导数

$$(\text{arch}x)' = \left[\ln\left(x + \sqrt{x^2-1}\right)\right]' = \frac{1}{x + \sqrt{x^2-1}}\left(x + \sqrt{x^2-1}\right)'$$

$$= \frac{1}{x + \sqrt{x^2-1}}\left(1 + \frac{x}{\sqrt{x^2-1}}\right) = \frac{1}{\sqrt{x^2-1}}.$$

6. 反双曲正切函数 $y = \text{arth}x$ 的导数

$$(\text{arth}x)' = \left[\frac{1}{2}\ln\frac{1+x}{1-x}\right]' = \frac{1}{2}\frac{1-x}{1+x}\left(\frac{1+x}{1-x}\right)' = \frac{1}{1-x^2}.$$

现将双曲函数及反双曲函数的导数公式总结如下:

$$(\text{sh}x)' = \text{ch}x, \quad (\text{ch}x)' = \text{sh}x, \quad (\text{th}x)' = \frac{1}{\text{ch}^2 x},$$

$$(\text{arsh}x)' = \frac{1}{\sqrt{1+x^2}}, \quad (\text{arch}x)' = \frac{1}{\sqrt{x^2-1}}, \quad (\text{arth}x)' = \frac{1}{1-x^2}.$$

习 题 2-3

1. 求下列函数在给定点处的导数.

(1) $y = x^5 + \sin x$, 求 $y'|_{x=1}$;

(2) $y = \text{e}^x + \arcsin x$, 求 $y'|_{x=0}$.

2. 求下列函数的导数.

(1) $y = (2x-1)^6$;   (2) $y = \cos^2(2x-1)$;

(3) $y = \ln(1+x^3)$;   (4) $y = \text{e}^{x^2}$;

(5) $y = \ln(\sin x)$;   (6) $y = \arctan(x^2)$;

(7) $y = \tan(1+x^2)$;   (8) $y = \sqrt{2x-x^2}$.

3. 求下列函数的导数.

(1) $y = \ln\cos(\text{e}^x)$;   (2) $y = \sin nx \cdot \sin^n x$;

(3) $y = \ln(x + \sqrt{1+x^2})$;   (4) $y = x \cdot \arctan(1+x^2)$;

(5) $y = \sin^2 x + x \cdot \ln(1+x)$;   (6) $y = \text{e}^x \cdot (x^2 + 5x + 7)$;

(7) $y = \sin \dfrac{1}{x^2}$;   (8) $y = \mathrm{e}^{\cos \frac{x}{x}}$.

4. 设 $f(x)$ 可导, 求下列函数的导数 $\dfrac{\mathrm{d}y}{\mathrm{d}x}$.

(1) $y = f(x^2)$;   (2) $y = f(\mathrm{e}^x)$;

(3) $y = f(\sin^3 x)$;   (4) $y = f(\cos^2 x) + \sin^2 f(x)$.

5. 求下列函数的导数.

(1) $y = \mathrm{ch}(\mathrm{sh}x)$;   (2) $y = \mathrm{sh}x \cdot \mathrm{e}^{\mathrm{ch}x}$.

6. 当 a 与 b 取何值时, 才能使曲线 $y = \ln \dfrac{x}{\mathrm{e}}$ 与曲线 $y = ax^2 + bx$ 在 $x = 1$ 处有公共的切线.

第四节   高 阶 导 数

我们知道, 变速直线运动的速度 $v(t)$ 是位置函数 $s(t)$ 对时间 t 的导数, 即

$$v = s' = \frac{\mathrm{d}s}{\mathrm{d}t},$$

而加速度 a 又是速度 v 对时间 t 的导数, 即

$$a = v' = (s')' = \frac{\mathrm{d}}{\mathrm{d}t}\left(\frac{\mathrm{d}s}{\mathrm{d}t}\right).$$

这种导数的导数 $(s')'$ 或 $\dfrac{\mathrm{d}}{\mathrm{d}t}\left(\dfrac{\mathrm{d}s}{\mathrm{d}t}\right)$ 称为 s 对 t 的二阶导数, 记为

$$s''(t), \quad \text{或} \quad \frac{\mathrm{d}^2 s}{\mathrm{d}t^2}.$$

所以, 直线运动的加速度就是位置函数 s 对时间 t 的二阶导数.

一般地, 函数 $y = f(x)$ 的导数 $y' = f'(x)$ 仍然是 x 的函数. 我们把 $y' = f'(x)$ 的导数称为函数 $y = f(x)$ 的二阶导数, 记为 y'' 或 $\dfrac{\mathrm{d}^2 y}{\mathrm{d}x^2}$, 即

$$y'' = (y')' = \frac{\mathrm{d}}{\mathrm{d}x}\left(\frac{\mathrm{d}y}{\mathrm{d}x}\right).$$

相应地, 把 $y = f(x)$ 的导数 $f'(x)$ 称为函数 $y = f(x)$ 的一阶导数.

类似地, 二阶导数的导数, 称为三阶导数, 三阶导数的导数, 称为四阶导数, $\cdots$, 一般地, $n - 1$ 阶导数的导数称为 n 阶导数, 分别记为

$$y''', y^{(4)}, \cdots, y^{(n)}$$

或

$$\frac{\mathrm{d}^3 y}{\mathrm{d}x^3}, \frac{\mathrm{d}^4 y}{\mathrm{d}x^4}, \cdots, \frac{\mathrm{d}^n y}{\mathrm{d}x^n}.$$

二阶及二阶以上的导数统称高阶导数. 显然, 求高阶导数不需要新的公式, 只要对导数继续求导数就可以了.

如果求函数 $y = f(x)$ 在点 x_0 处的高阶导数, 只要先求出高阶导数, 再将 $x = x_0$ 代入. 例如, $f''(x_0) = f''(x)|_{x=x_0}$.

例 1 函数 $y = x^3 + 2x$, 求 y''.

解 $y' = 3x^2 + 2, y'' = 6x$.

例 2 $s = \sin wt$, 求 s''.

解 $s' = w\cos wt, s'' = -w^2 \sin wt$.

例 3 函数 $y = \sqrt{2x - x^2}$, 求 y''.

解 $y' = \dfrac{2 - 2x}{2\sqrt{2x - x^2}} = \dfrac{1 - x}{\sqrt{2x - x^2}}$.

$$
\begin{aligned}
y'' &= \frac{-\sqrt{2x - x^2} - (1 - x)\dfrac{2 - 2x}{2\sqrt{2x - x^2}}}{2x - x^2} \\
&= \frac{-2x + x^2 - (1 - x)^2}{(2x - x^2)\sqrt{2x - x^2}} \\
&= -\frac{1}{(2x - x^2)^{\frac{3}{2}}}.
\end{aligned}
$$

例 4 设 $f''(x)$ 存在, 求函数 $y = f(x^2)$ 的二阶导数 $\dfrac{\mathrm{d}^2 y}{\mathrm{d}x^2}$.

解 $\dfrac{\mathrm{d}y}{\mathrm{d}x} = 2xf'(x^2)$.

$$
\begin{aligned}
\frac{\mathrm{d}^2 y}{\mathrm{d}x^2} &= 2f'(x^2) + 2xf''(x^2) \cdot 2x \\
&= 2f'(x^2) + 4x^2 f''(x^2).
\end{aligned}
$$

例 5 已知 $\dfrac{\mathrm{d}x}{\mathrm{d}y} = \dfrac{1}{y'}$, 证明 $\dfrac{\mathrm{d}^2 x}{\mathrm{d}y^2} = -\dfrac{y''}{(y')^3}$.

证 $\dfrac{\mathrm{d}^2 x}{\mathrm{d}y^2} = \dfrac{\mathrm{d}}{\mathrm{d}x}\left(\dfrac{1}{y'}\right) \cdot \dfrac{\mathrm{d}x}{\mathrm{d}y} = \dfrac{-y''}{(y')^2} \cdot \dfrac{1}{y'} = -\dfrac{y''}{(y')^3}$.

例 6 求幂函数 $y = x^\mu (\mu$ 是任意常数) 的 n 阶导数.

解

$$
\begin{aligned}
y' &= \mu x^{\mu - 1}, \\
y'' &= \mu(\mu - 1)x^{\mu - 2}, \\
y''' &= \mu(\mu - 1)(\mu - 2)x^{\mu - 3},
\end{aligned}
$$

依次类推, 可得

$$(x^{\mu})^{(n)} = \mu(\mu - 1)(\mu - 2) \cdots (\mu - n + 1)x^{\mu - n},$$

特别地, 当 $\mu = n$ 时,

$$(x^n)^{(n)} = n(n-1)(n-2) \cdots 3 \cdot 2 \cdot 1 = n!, \quad (x^n)^{(n+1)} = 0.$$

例 7　求指数函数 $y = \mathrm{e}^x$ 的 n 阶导数.

解　$y'' = \mathrm{e}^x, y'' = \mathrm{e}^x, y''' = \mathrm{e}^x, \cdots, (\mathrm{e}^x)^{(n)} = \mathrm{e}^x.$

例 8　求函数 $y = \ln(1 + x)$ 的 n 阶导数.

解　$y' = \dfrac{1}{1+x}, \quad y'' = -\dfrac{1}{(1+x)^2}, \quad y''' = \dfrac{1 \cdot 2}{(1+x)^3}, \quad y^{(4)} = -\dfrac{1 \cdot 2 \cdot 3}{(1+x)^4},$ 依次
类推, 可得

$$[\ln(1+x)]^{(n)} = (-1)^{n-1} \frac{(n-1)!}{(1+x)^n} (n = 1, 2, \cdots).$$

例 9　求正弦函数与余弦函数的 n 阶导数.

解　$y = \sin x,$

$$y' = \cos x = \sin\left(x + \frac{\pi}{2}\right),$$
$$y'' = \cos\left(x + \frac{\pi}{2}\right) = \sin\left(x + \frac{\pi}{2} + \frac{\pi}{2}\right) = \sin\left(x + 2 \cdot \frac{\pi}{2}\right),$$
$$y''' = \cos\left(x + 2 \cdot \frac{\pi}{2}\right) = \sin\left(x + 3 \cdot \frac{\pi}{2}\right),$$

依次类推, 可得

$$(\sin x)^{(n)} = \sin\left(x + n \cdot \frac{\pi}{2}\right) (n = 1, 2, \cdots).$$

用类似方法, 可得

$$(\cos x)^{(n)} = \cos\left(x + n \cdot \frac{\pi}{2}\right) (n = 1, 2, \cdots).$$

如果函数 $u = u(x)$ 及 $v = v(x)$ 都在点 x 处具有 n 阶导数, 那么显然 $u(x) \pm v(x)$
也在点 x 处具有 n 阶导数, 且

$$(u \pm v)^{(n)} = u^{(n)} \pm v^{(n)}.$$

但乘积 $u(x) \cdot v(x)$ 的 n 阶导数并不如此简单.

$$(uv)' = u'v + uv',$$

$$(uv)'' = u''v + 2u'v' + uv'',$$

用数学归纳法可以证明

$$
\begin{aligned}
(uv)^{(n)} =& u^{(n)}v + nu^{(n-1)}v' + \frac{n(n-1)}{2!}u^{(n-2)}v'' + \cdots \\
&+ \frac{n(n-1)\cdots(n-k+1)}{k!}u^{(n-k)}v^{(k)} + \cdots + uv^{(n)} \\
=& \sum_{k=0}^{n} \mathrm{C}_n^k u^{(n-k)}v^{(k)}.
\end{aligned}
$$

这个公式称为莱布尼茨公式.

例 10 $y = x^2\mathrm{e}^{2x}$, 求 $y^{(20)}$.

解 设 $u = \mathrm{e}^{2x}$, $v = x^2$, 则

$$
u^{(k)} = 2^k\mathrm{e}^{2x}\,(k = 1,2,\cdots,20),
$$

$$
v' = 2x, \quad v'' = 2, \quad v^{(k)} = 0\,(k = 3,4,\cdots,20),
$$

代入莱布尼茨公式得

$$
\begin{aligned}
y^{(20)} =& (x^2\mathrm{e}^{2x})^{(20)} \\
=& 2^{20}\mathrm{e}^{2x} \cdot x^2 + 20 \cdot 2^{19}\mathrm{e}^{2x} \cdot 2x + \frac{20 \cdot 19}{2!}2^{18}\mathrm{e}^{2x} \cdot 2 \\
=& 2^{20}\mathrm{e}^{2x}(x^2 + 20x + 95).
\end{aligned}
$$

习 题 2-4

1. 求下列函数的二阶导数.

(1) $y = x^3 + x^2 + 7$;   (2) $y = \sin 2x$;

(3) $y = x^2 + \mathrm{e}^{2x}$;   (4) $y = \ln(1 + x^2)$;

(5) $y = \tan x$;   (6) $y = \dfrac{1}{1+x}$;

(7) $y = \dfrac{\ln x}{x}$;   (8) $y = x\mathrm{e}^x$;

(9) $y = \mathrm{e}^x \cdot \cos x$;   (10) $y = 5^{2x-1}$.

2. 设 $f(x) = 2x^2 + \ln x$, 求 $f''(1)$.

3. 设 $f''(x)$ 存在, 求下列函数的二阶导数 $\dfrac{\mathrm{d}^2 y}{\mathrm{d}x^2}$.

(1) $y = f(\mathrm{e}^x)$;   (2) $y = \sin f(x)$.

4. 试从 $\dfrac{\mathrm{d}x}{\mathrm{d}y} = \dfrac{1}{y'}$ 导出

(1) $\dfrac{\mathrm{d}^2 x}{\mathrm{d}y^2} = -\dfrac{y''}{(y')^3}$;   (2) $-\dfrac{\mathrm{d}^3 x}{\mathrm{d}y^3} = \dfrac{3(y'')^2 - y'y'''}{(y')^5}$.

5. 验证函数 $y = \sin(n\arcsin x)$，n 为正整数，满足: $(1-x^2)y'' - xy' + n^2 y = 0$.

6. 若 $f''(x)$ 存在，求函数 $y = f(a^x) + a^{f(x)}$ 的二阶导数.

7. 求下列函数指定阶的导数.

(1) $y = \mathrm{e}^x \cos x$，求 $y^{(4)}$;

(2) $y = x^2 \sin 2x$，求 $y^{(50)}$.

8. 求下列函数的 n 阶导数的一般表达式.

(1) $y = x\mathrm{e}^x$;   (2) $y = \ln(1 + 2x)$;

(3) $y = \sin^2 x$;   (4) $y = \dfrac{1-x}{1+x}$.

9. 一质点按规律 $s = \dfrac{1}{2}(\mathrm{e}^t - \mathrm{e}^{-t})$ 做直线运动，求证它的加速度 a 等于 s.

10. 设 $y = \sin^6 x + \cos^6 x$，求 $y^{(n)}$.

第五节　隐函数及由参数方程所确定的函数的导数和相关变化率

一、隐函数的导数

前面讨论的函数大多是以 $y = f(x)$ 的形式表达出来的，这样的函数称其为显函数，如 $y = \sin x$，$y = \ln x + \sqrt{1-x^2}$ 等. 有时变量 x 和 y 之间的关系由一个方程确定，如方程 $x - y + 1 = 0$，$x^2 + y^2 + 1 = 0$，$\mathrm{e}^y + xy = 0$ 等，这种由方程确定的函数称为隐函数.

一般情况下，一个 x 与 y 的二元方程也能确定 y 是 x 的函数，如在方程 $x - y + 1 = 0$ 中，任给 x 一个值，相应地就有一个确定的 y 值与之对应，故这个方程也可以写成显函数 $y = x + 1$ 的表达形式. 这种把一个隐函数化成显函数的过程，称为隐函数的显化. 我们可以通过显化隐函数来求隐函数的导数.

但是隐函数的显化有时是有困难的，甚至是不可能的. 例如，方程 $x^2 + y^2 + 1 = 0$ 就不能确定 y 是 x 的函数，因为当 x 取定一个值时，满足此方程的 y 值在实数范围内是不存在的. 再如 $\mathrm{e}^y + xy = 0$，从此方程中求解出 y 是困难的. 然而实际问题中，有时需要计算隐函数的导数，因此，我们能否找到一种方法，使得不管隐函数是否能显化，都能直接由方程算出它所确定的隐函数的导数来呢?

事实上，如果 $y = f(x)$ 是由方程 $F(x, y) = 0$ 确定的隐函数，设想将 $y = f(x)$ 代入方程将成为恒等式 $F[x, f(x)] \equiv 0$，在恒等式两边对 x 求导仍然相等. 在求导时遇到 y 应看成是 x 的函数，然后利用复合函数求导法则，便可以从中解出 $\dfrac{\mathrm{d}y}{\mathrm{d}x}$. 下面，我们结合具体例子来说明隐函数的求导法则.

例 1　求由方程 $\mathrm{e}^y + xy = 0$ 所确定的隐函数的导数 $\dfrac{\mathrm{d}y}{\mathrm{d}x}$.

解 方程两边分别对 x 求导数, 注意 $y = y(x)$. 有

$$e^y \frac{dy}{dx} + y + x \frac{dy}{dx} = 0,$$

解得

$$\frac{dy}{dx} = -\frac{y}{x + e^y}.$$

例 2 求由方程 $x^2 + y^2 + 1 = 0$ 所确定的隐函数的导数 $\dfrac{dy}{dx}$.

解 方程两边分别对 x 求导数, 有

$$2x + 2yy' = 0,$$

解得

$$y' = -\frac{x}{y}.$$

例 3 求由方程 $x - y + \dfrac{1}{2} \sin y = 0$ 所确定的隐函数的二阶导数 $\dfrac{d^2y}{dx^2}$.

解 方程两边分别对 x 求导数, 有

$$1 - \frac{dy}{dx} + \frac{1}{2} \cos y \cdot \frac{dy}{dx} = 0,$$

于是 $\dfrac{dy}{dx} = \dfrac{2}{2 - \cos y}$.

上式两边再对 x 求导, 得

$$\frac{d^2y}{dx^2} = \frac{-2 \sin y \dfrac{dy}{dx}}{(2 - \cos y)^2} = \frac{-4 \sin y}{(2 - \cos y)^3}.$$

例 4 求曲线 $x^2 + y^2 + xy = 4$ 在点 $(2, -2)$ 处的切线方程.

解 方程两边分别对 x 求导数, 有

$$2x + 2yy' + y + xy' = 0,$$

解得

$$y' = -\frac{2x + y}{2y + x}.$$

由导数的几何意义知道, 所求切线的斜率为

$$k = y'|_{(2,-2)} = 1.$$

于是所求的切线方程为

$$y - (-2) = 1 \cdot (x - 2).$$

即 $y = x - 4$.

二、对数求导法

幂指函数的一般形式为

$$y = u(x)^{v(x)} (u(x) > 0).$$

如果 $u = u(x)$, $v = v(x)$ 都可导, 求幂指函数的导数时, 我们可以先把它化成 $y = e^{v(x)\ln u(x)}$, 由复合函数的求导法则有

$$
\begin{aligned}
y' &= e^{v(x)\ln u(x)}[v(x)\ln u(x)]' \\
&= e^{v(x)\ln u(x)}\left(v'(x)\ln u(x) + v(x)\frac{u'(x)}{u(x)}\right) \\
&= u(x)^{v(x)}\left(v'(x)\ln u(x) + v(x)\frac{u'(x)}{u(x)}\right).
\end{aligned}
$$

此外, 我们还可以通过对数求导法来求解幂指函数的导数, 所谓对数求导法就是先在 $y = f(x)$ 的两边取对数, 然后再求出 y 的导数.

在幂指函数两边取对数得

$$\ln y = v(x)\ln u(x),$$

将等式两边对 x 求导得

$$\frac{y'}{y} = \left(v'(x)\ln u(x) + v(x)\frac{u'(x)}{u(x)}\right),$$

从而

$$y' = y\left(v'(x)\ln u(x) + v(x)\frac{u'(x)}{u(x)}\right),$$

即

$$y' = u(x)^{v(x)}\left(v'(x)\ln u(x) + v(x)\frac{u'(x)}{u(x)}\right).$$

如果遇到对较复杂的乘、除、乘方和开方的函数求导时, 利用对数求导法能使计算简便, 下面再举两个对数求导法的例子.

例 5　求 $y = \sqrt{\dfrac{(x-1)(x-2)}{(x-3)(x-4)}}$ 的导数.

解　在两边取对数, 得

$$\ln y = \frac{1}{2}[\ln|x-1| + \ln|x-2| - \ln|x-3| - \ln|x-4|],$$

式中两边对 x 求导, 得

$$\frac{1}{y}y' = \frac{1}{2}\left(\frac{1}{x-1} + \frac{1}{x-2} - \frac{1}{x-3} - \frac{1}{x-4}\right),$$

于是 $y' = \dfrac{y}{2}\left(\dfrac{1}{x-1} + \dfrac{1}{x-2} - \dfrac{1}{x-3} - \dfrac{1}{x-4}\right).$

例 6　求 $y = \dfrac{(x+1)^3\sqrt{x-1}}{(x+4)^2 \mathrm{e}^x}$ 的导数.

解　在两边取对数, 得

$$\ln y = 3\ln|x+1| + \frac{1}{2}\ln|x-1| - 2\ln|x+4| - x,$$

式中两边对 x 求导, 得

$$\frac{1}{y}y' = \frac{3}{x+1} + \frac{1}{2(x-1)} - \frac{2}{x+4} - 1,$$

于是 $y' = y\left[\dfrac{3}{x+1} + \dfrac{1}{2(x-1)} - \dfrac{2}{x+4} - 1\right].$

三、由参数方程所确定的函数的导数

一般地, 若参数方程

$$\begin{cases} x = \varphi(t), \\ y = \psi(t) \end{cases} \tag{1}$$

确定 y 与 x 之间的函数关系, 则称此函数关系所表达的函数为由参数方程所确定的函数.

在实际问题中, 需要计算由参数方程 (1) 所确定的函数的导数. 但从方程 (1) 中消去参数 t 有时会有困难. 因此, 我们希望有一种方法能直接由参数方程 (1) 算出它所确定的函数的导数来. 下面就来讨论由参数方程 (1) 所确定的函数的求导方法.

在式 (1) 中, 如果函数 $x = \varphi(t)$ 具有单调连续反函数 $t = \varphi^{-1}(x)$, 且此反函数能与函数 $y = \psi(t)$ 构成复合函数, 那么由参数方程 (1) 所确定的函数可以看成是由函数 $y = \psi(t)$, $t = \varphi^{-1}(x)$ 复合而成的函数 $y = \psi\left[\varphi^{-1}(x)\right]$. 现在, 要计算这个复合函数的导数. 为此假定函数 $x = \varphi(t)$, $y = \psi(t)$ 都可导, 而且 $\varphi'(t) \neq 0$, 于是根据复合函数的求导法则与反函数的求导法则, 就有

$$\frac{\mathrm{d}y}{\mathrm{d}x} = \frac{\mathrm{d}y}{\mathrm{d}t} \cdot \frac{\mathrm{d}t}{\mathrm{d}x} = \frac{\mathrm{d}y}{\mathrm{d}t} \cdot \frac{1}{\dfrac{\mathrm{d}x}{\mathrm{d}t}} = \frac{\psi'(t)}{\varphi'(t)},$$

即

$$\frac{\mathrm{d}y}{\mathrm{d}x} = \frac{\psi'(t)}{\varphi'(t)} = \frac{\dfrac{\mathrm{d}y}{\mathrm{d}t}}{\dfrac{\mathrm{d}x}{\mathrm{d}t}}. \tag{2}$$

式 (2) 就是由参数方程 (1) 所确定的 x 的函数的导数公式.

如果 $x = \varphi(t), y = \psi(t)$ 还是二阶可导的, 那么从式 (2) 又可得到函数的二阶导数公式

$$\frac{\mathrm{d}^2 y}{\mathrm{d}x^2} = \frac{\mathrm{d}}{\mathrm{d}x}\left(\frac{\mathrm{d}y}{\mathrm{d}x}\right) = \frac{\mathrm{d}}{\mathrm{d}t}\left(\frac{\psi'(t)}{\varphi'(t)}\right) \cdot \frac{\mathrm{d}t}{\mathrm{d}x}$$

$$= \frac{\psi''(t)\,\varphi'(t) - \psi'(t)\,\varphi''(t)}{\varphi'^2(t)} \cdot \frac{1}{\varphi'(t)},$$

即 $\dfrac{\mathrm{d}^2 y}{\mathrm{d}x^2} = \dfrac{\psi''(t)\,\varphi'(t) - \psi'(t)\,\varphi''(t)}{\varphi'^3(t)}.$

例 7   函数 $y = f(x)$ 由参数方程 $\begin{cases} x = a\cos t, \\ y = b\sin t \end{cases}$ 所确定, 求 $\dfrac{\mathrm{d}y}{\mathrm{d}x}, \dfrac{\mathrm{d}^2 y}{\mathrm{d}x^2}.$

解 $\dfrac{\mathrm{d}y}{\mathrm{d}x} = \dfrac{\dfrac{\mathrm{d}y}{\mathrm{d}t}}{\dfrac{\mathrm{d}x}{\mathrm{d}t}} = \dfrac{b\cos t}{-a\sin t} = -\dfrac{b}{a}\cot t,$

$$\frac{\mathrm{d}^2 y}{\mathrm{d}x^2} = \frac{\mathrm{d}}{\mathrm{d}t}\left(-\frac{b}{a}\cot t\right) \cdot \frac{1}{\dfrac{\mathrm{d}x}{\mathrm{d}t}} = \frac{b}{a}\csc^2 t \cdot \frac{1}{-a\sin t} = -\frac{b}{a^2 \sin^3 t}.$$

例 8   求摆线 $\begin{cases} x = a(t - \sin t), \\ y = a(1 - \cos t) \end{cases}$ 在 $t = \dfrac{\pi}{3}$ 处的切线方程和法线方程.

解 $\dfrac{\mathrm{d}y}{\mathrm{d}x} = \dfrac{\dfrac{\mathrm{d}y}{\mathrm{d}t}}{\dfrac{\mathrm{d}x}{\mathrm{d}t}} = \dfrac{a\sin t}{a(1 - \cos t)} = \dfrac{\sin t}{1 - \cos t}.$ 于是 $k = \dfrac{\mathrm{d}y}{\mathrm{d}x}\Big|_{t = \frac{\pi}{3}} = \sqrt{3}.$

当 $t = \dfrac{\pi}{3}$ 时, $x = a\left(\dfrac{\pi}{3} - \dfrac{\sqrt{3}}{2}\right), y = \dfrac{a}{2}.$

因此, 所求的切线方程为

$$y - \frac{a}{2} = \sqrt{3}\left[x - a\left(\frac{\pi}{3} - \frac{\sqrt{3}}{2}\right)\right].$$

所求的法线方程为

$$y - \frac{a}{2} = -\frac{1}{\sqrt{3}}\left[x - a\left(\frac{\pi}{3} - \frac{\sqrt{3}}{2}\right)\right].$$

例 9   如图 2-6 所示, 以初速度 v_0、抛射角 α_0 抛射物体, 物体运动轨迹的参数方程为

$$\begin{cases} x = (v_0 \cos\alpha_0)t, \\ y = (v_0 \sin\alpha_0)t - \dfrac{1}{2}gt^2, \end{cases}$$

其中 t 为时间, 求物体在任何时刻 t 速度的大小和方向 (空气阻力忽略不计).

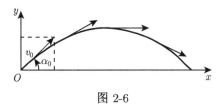

图 2-6

解　速度的水平分量为

$$\frac{\mathrm{d}x}{\mathrm{d}t} = v_0 \cos \alpha_0,$$

铅直分量为

$$\frac{\mathrm{d}y}{\mathrm{d}t} = v_0 \sin \alpha_0 - gt,$$

所以抛射体在任意时刻 t 速度的大小为

$$v = \sqrt{\left(\frac{\mathrm{d}x}{\mathrm{d}t}\right)^2 + \left(\frac{\mathrm{d}y}{\mathrm{d}t}\right)^2} = \sqrt{(v_0 \cos \alpha_0)^2 + (v_0 \sin \alpha_0 - gt)^2}$$
$$= \sqrt{v_0^2 - 2v_0 \sin \alpha_0 gt + g^2 t^2}.$$

再求速度的方向, 也就是轨迹的切线方向. 设 α 是切线的倾角, 则有

$$\tan \alpha = \frac{\mathrm{d}y}{\mathrm{d}x} = \frac{\dfrac{\mathrm{d}y}{\mathrm{d}t}}{\dfrac{\mathrm{d}x}{\mathrm{d}t}} = \frac{v_0 \sin \alpha_0 - gt}{v_0 \cos \alpha_0}$$
$$= \tan \alpha_0 - \frac{g}{v_0 \cos \alpha_0} t.$$

显然, 当 $t = \dfrac{v_0}{g} \sin \alpha_0$ 时, $\tan \alpha = 0$, 即此时切线是水平的, 抛物体达到最高点, 最大高度为

$$y\big|_{t = \frac{v_0}{g} \sin \alpha_0} = \frac{v_0^2 \sin^2 \alpha_0}{2g}.$$

四、相关变化率

设 $x = x(t), y = y(t)$ 都是可导函数, 而变量 x 与 y 间存在某种关系, 从而变化率 $\dfrac{\mathrm{d}x}{\mathrm{d}t}$ 与 $\dfrac{\mathrm{d}y}{\mathrm{d}t}$ 间也存在一定关系. 这两个相互依赖的变化率称为相关变化率. 相关变化率问题就是研究这两个变化率之间的关系, 以便从其中一个变化率求出另一个变化率.

例 10　一气球从离开观察员 500m 处离地面铅直上升, 当气球高度为 500m 时, 其速率为 140m/min. 求此时观察员视线的仰角增加的速率是多少?

解 设气球上升 t 秒后, 其高度为 h, 观察员视线的仰角为 α, 则

$$\tan\alpha = \frac{h}{500},$$

其中 α 及 h 都与 t 存在可导的函数关系. 式中两边对 t 求导, 得

$$\sec^2\alpha \cdot \frac{\mathrm{d}\alpha}{\mathrm{d}t} = \frac{1}{500} \cdot \frac{\mathrm{d}h}{\mathrm{d}t}.$$

由已知条件, 存在 t_0, 使 $h|_{t=t_0} = 500\mathrm{m}$, $\left.\dfrac{\mathrm{d}h}{\mathrm{d}t}\right|_{t=t_0} = 140\mathrm{m/min}$. 又 $\tan\alpha|_{t=t_0} = 1, \sec^2\alpha|_{t=t_0} = 2$. 代入式中得

$$2\left.\frac{\mathrm{d}\alpha}{\mathrm{d}t}\right|_{t=t_0} = \frac{1}{500} \cdot 140.$$

所以 $\left.\dfrac{\mathrm{d}\alpha}{\mathrm{d}t}\right|_{t=t_0} = \dfrac{70}{500} = 0.14(\mathrm{rad}(\text{弧度})/\min)$, 即此时观察员视线的仰角增加的速率是 $0.14\mathrm{rad/min}$.

习 题 2-5

1. 求由下列方程所确定的隐函数的导数 $\dfrac{\mathrm{d}y}{\mathrm{d}x}$.

(1) $xy + y^2 - 2x = 0$;   (2) $x - y + \dfrac{1}{2}\sin y = 0$;

(3) $\mathrm{e}^{xy} + y^3 - 5x = 0$;   (4) $x = y + \arctan y$;

(5) $x^2 - y^2 = xy$;   (6) $\arctan\dfrac{y}{x} = \ln\sqrt{x^2 + y^2}$;

(7) $x = \ln(x + y)$.

2. 求椭圆 $\dfrac{x^2}{16} + \dfrac{y^2}{9} = 1$ 在点 $\left(2, \dfrac{3}{2}\sqrt{3}\right)$ 处的切线方程和法线方程.

3. 用对数求导法求下列函数的导数.

(1) $y = x^x$;   (2) $y = x^{\sin x}$;

(3) $y = \dfrac{\sqrt{x+2}(3-x)^4}{(x+1)^5}$;   (4) $y = (1 + x^2)^{\sin x}$.

4. 求下列参数方程所确定的函数的导数 $\dfrac{\mathrm{d}y}{\mathrm{d}x}$.

(1) $\begin{cases} x = \dfrac{1}{1+t}, \\ y = \dfrac{t}{(1+t)^2}; \end{cases}$ (2) $\begin{cases} x = a(t + \sin t), \\ y = a(1 + \cos t). \end{cases}$

5. 求下列参数方程所确定的函数的二阶导数 $\dfrac{\mathrm{d}^2 y}{\mathrm{d}x^2}$.

(1) $\begin{cases} x = \arctan t, \\ y = \ln(1 + t^2); \end{cases}$ (2) $\begin{cases} x = \ln t, \\ y = \dfrac{1}{1-t}. \end{cases}$

6. 求曲线 $\begin{cases} x = 1 + t^2, \\ y = t^3 \end{cases}$ 在 $t = 2$ 处的切线方程.

7. 设参数方程 $\begin{cases} x = 2te^t + 1, \\ y = t^3 - 3t \end{cases}$ 确定函数 $y = y(x)$, 求 $\left.\dfrac{dy}{dx}\right|_{x=1}$, $\left.\dfrac{d^2y}{dx^2}\right|_{x=1}$.

8. 注水入深 8m、上顶直径 8m 的正圆锥形容器中, 其速率为 $4\text{m}^3/\text{min}$, 当水深为 5m 时, 其表面上升的速率为多少?

第六节　函数的微分

一、微分的定义

已知函数 $y = f(x)$, 如果要求出 $f(x)$ 在点 x_0 附近一点 $x_0 + \Delta x$ 的精确函数值 $f(x_0 + \Delta x)$, 一般是比较困难的. 然而, 在实际应用中, 我们往往只需要求出 $f(x_0 + \Delta x)$ 的近似值就够了, 那么我们能否找到一种计算函数 $f(x_0 + \Delta x)$ 近似值的方法呢?

因为函数的增量 $\Delta y = f(x_0 + \Delta x) - f(x_0)$, 所以 $f(x_0 + \Delta x) = f(x_0) + \Delta y$, 于是我们只需要算出 Δy 的近似值就能得到 $f(x_0 + \Delta x)$ 的近似值. 显然, Δy 是 Δx 的函数, 因而我们希望用一个关于 Δx 的简单函数来近似代替 Δy, 并使其误差能够满足要求. 既然一次函数最简单, 我们不妨用 Δx 的一次函数 $A\Delta x$(A 是常数) 来近似表示 Δy, 由此产生的误差为 $\Delta y - A\Delta x$, 如果当 $\Delta x \to 0$ 时, 误差 $\Delta y - A\Delta x = o(\Delta x)$, 那么我们就可以用 $A\Delta x$ 来代替 Δy 了.

事实上, 上述思路是完全可以实现的, 我们不妨举两个例子. 假设圆的半径为 r, 则圆的面积 $s = \pi r^2$. 如图 2-7 所示, 如果半径 r 增大 Δr, 则面积的改变量就为圆环的面积, 即

$$\Delta s = \pi(r + \Delta r)^2 - \pi r^2 = 2\pi r\Delta r + \pi(\Delta r)^2,$$

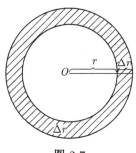

图 2-7

显然 Δs 的线性主要部分是 $2\pi r\Delta r$, 其中 $2\pi r$ 是不依赖于 Δr 的常数, 而当 $\Delta r \to 0$ 时, $\pi(\Delta r)^2$ 则是比 Δr 高阶的无穷小, 即 $\pi(\Delta r)^2 = o(\Delta r)$. 于是, 我们就可以用

$2\pi r\Delta r$ 来近似代替 Δs, 它的几何意义为圆环的面积近似等于以半径为 r 的圆周长为底, 以 Δr 为高的矩形面积.

再来看一个例子, 半径为 r 的球, 当半径 r 的改变量为 Δr 时, 其体积的改变量为 Δv, 显然

$$\Delta v = \frac{4}{3}\pi(r+\Delta r)^3 - \frac{4}{3}\pi r^3$$
$$= 4\pi r^2\Delta r + 4\pi r(\Delta r)^2 + \frac{4}{3}\pi(\Delta r)^3.$$

其中, $4\pi r^2\Delta r$ 是 Δv 的线性主要部分, 而当 $\Delta r \to 0$ 时, $4\pi r(\Delta r)^2 + \frac{4}{3}\pi(\Delta r)^3$ 则是比 Δr 高阶的无穷小, 即 $4\pi r(\Delta r)^2 + \frac{4}{3}\pi(\Delta r)^3 = o(\Delta r)$, 于是, 我们就可以用 $4\pi r^2\Delta r$ 来近似代替 Δv.

通过以上分析, 我们可以抽象出微分的定义.

定义 1　设函数 $y = f(x)$ 在某区间内有定义, x_0 及 $x_0 + \Delta x$ 在该区间内, 如果增量

$$\Delta y = f(x_0 + \Delta x) - f(x_0)$$

可表示为

$$\Delta y = A\Delta x + o(\Delta x), \tag{1}$$

其中, A 是不依赖于 Δx 的常数, 那么称函数 $y = f(x)$ 在点 x_0 处是可微的, 而 $A\Delta x$ 称为函数 $y = f(x)$ 在点 x_0 相应于自变量增量 Δx 的微分, 记为 $\mathrm{d}y$, 即

$$\mathrm{d}y = A\Delta x.$$

显然, 在近似计算中, 如果 $|\Delta x|$ 很小时, 我们就可以用 $\mathrm{d}y = A\Delta x$ 来近似代替 Δy, 又由于 $\mathrm{d}y$ 是 Δx 的线性函数, 因此我们说 $\mathrm{d}y$ 是 Δy 的线性主部 (当 $\Delta x \to 0$).

接下来的问题是对于可微的函数 $y = f(x)$ 能否找到 A 的具体形式, 观察上述两个例子, 我们不难发现, A 就是函数在该点的导数, 那么这个问题具有一般性吗? 此外函数在某点可微, 它在这点一定可导吗?

不妨假设函数 $y = f(x)$ 在点 x_0 处可微, 则由定义有式 (1) 成立. 式 (1) 两边除以 Δx, 得

$$\frac{\Delta y}{\Delta x} = A + \frac{o(\Delta x)}{\Delta x},$$

于是, 当 $\Delta x \to 0$ 时, 由上式就得到

$$A = \lim_{\Delta x \to 0} \frac{\Delta y}{\Delta x} = f'(x_0).$$

因此, 如果函数 $f(x)$ 在点 x_0 处可微, 则 $f(x)$ 在点 x_0 处也一定可导 (即 $f'(x_0)$ 存在), 且 $A = f'(x_0)$.

反之, 如果 $y = f(x)$ 在点 x_0 处可导, 即

$$\lim_{\Delta x \to 0} \frac{\Delta y}{\Delta x} = f'(x_0)$$

存在, 根据极限与无穷小的关系可得

$$\frac{\Delta y}{\Delta x} = f'(x_0) + \alpha,$$

其中 $\alpha \to 0$(当 $\Delta x \to 0$). 于是

$$\Delta y = f'(x_0)\Delta x + \alpha \Delta x.$$

因 $\alpha \Delta x = o(\Delta x)$, 且 $f'(x_0)$ 不依赖于 Δx, 故 $f(x)$ 在点 x_0 处也是可微的, 且 $\mathrm{d}y = f'(x_0)\Delta x$.

综上, 我们可以得到定理 1.

定理 1 函数 $y = f(x)$ 在点 x_0 处可微的充分必要条件是函数 $f(x)$ 在点 x_0 处可导, 并且 $\mathrm{d}y = f'(x_0)\Delta x$.

例 1 求函数 $y = x^3$ 在 $x = 1$ 处和 $x = 2$ 处的微分.

解 函数 $y = x^3$ 在 $x = 1$ 处的微分为

$$\mathrm{d}y = \left. (x^3)' \right|_{x=1} \Delta x = 3\Delta x,$$

在 $x = 2$ 处的微分为

$$\mathrm{d}y = \left. (x^3)' \right|_{x=2} \Delta x = 12\Delta x.$$

例 2 求函数 $y = \cos x$ 的微分.

解 函数 $y = \cos x$ 的微分为

$$\mathrm{d}y = (\cos x)' \Delta x = -\sin x \Delta x.$$

例 3 求函数 $y = x$ 的微分.

解 $\mathrm{d}y = \mathrm{d}x = (x)' \Delta x = \Delta x.$

由例 3 可知, 自变量的微分等于自变量的增量, 即 $\mathrm{d}x = \Delta x$, 于是函数 $y = f(x)$ 的微分又可记为

$$\mathrm{d}y = f'(x)\mathrm{d}x,$$

从而有 $\dfrac{\mathrm{d}y}{\mathrm{d}x} = f'(x)$.

这就是说, 函数的微分 $\mathrm{d}y$ 与自变量的微分 $\mathrm{d}x$ 之商等于该函数的导数. 因此, 导数也称为 "微商".

二、微分的几何意义

在直角坐标系中, 函数 $y = f(x)$ 的图形是一条曲线. $M(x_0, y_0)$ 是曲线上的一点, 当自变量 x 有微小增量 Δx 时, 就得到曲线上另一点 $N(x_0 + \Delta x, y_0 + \Delta y)$. 由图 2-8 可知: $MQ = \Delta x$, $QN = \Delta y$. 过点 M 作曲线的切线 MT, 它的倾角为 α, 则

$$QP = MQ \cdot \tan \alpha = \Delta x \cdot f'(x_0),$$

即 $\mathrm{d}y = QP$.

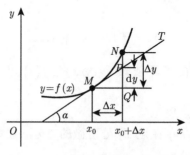

图 2-8

由此可见, 对可微函数 $y = f(x)$ 而言, 当 Δy 是曲线 $y = f(x)$ 上的点的纵坐标的增量时, $\mathrm{d}y$ 就是曲线的切线上点的纵坐标的相应增量. 当 $|\Delta x|$ 很小时, $|\Delta y - \mathrm{d}y|$ 比 $|\Delta x|$ 小得多. 因此在点 M 的邻近, 我们可以用切线段来近似代替曲线段. 在局部范围内用线性函数近似代替非线性函数, 在几何上就是局部用切线段近似代替曲线段, 这在数学上称为非线性函数的局部线性化, 这是微分学的基本思想方法之一. 这种思想方法在自然科学和工程问题的研究中是经常采用的.

三、微分的运算

由微分的表达式 $\mathrm{d}y = f'(x)\mathrm{d}x$ 可知, 要计算函数的微分, 只要计算函数的导数, 再乘以自变量的微分就可以了. 因此, 从导数的公式和运算法则就可以得到微分的基本公式和运算法则.

1. 微分的基本公式

(1) $\mathrm{d}(x^\mu) = \mu x^{\mu-1} \mathrm{d}x$;　　　　(2) $\mathrm{d}(\sin x) = \cos x \mathrm{d}x$;

(3) $\mathrm{d}(\cos x) = -\sin x \mathrm{d}x$;　　　　(4) $\mathrm{d}(\tan x) = \sec^2 x \mathrm{d}x$;

(5) $\mathrm{d}(\cot x) = -\csc^2 x \mathrm{d}x$;　　　　(6) $\mathrm{d}(\sec x) = \sec x \tan x \mathrm{d}x$;

(7) $\mathrm{d}(\csc x) = -\csc x \cot x \mathrm{d}x$;　　　　(8) $\mathrm{d}(a^x) = a^x \ln a \mathrm{d}x$;

(9) $\mathrm{d}(\mathrm{e}^x) = \mathrm{e}^x \mathrm{d}x$;　　　　(10) $\mathrm{d}(\log_a x) = \dfrac{1}{x \ln a} \mathrm{d}x$;

(11) $\mathrm{d}(\ln x) = \dfrac{1}{x} \mathrm{d}x$;　　　　(12) $\mathrm{d}(\arcsin x) = \dfrac{1}{\sqrt{1 - x^2}} \mathrm{d}x$;

(13) $\mathrm{d}(\arccos x) = -\dfrac{1}{\sqrt{1-x^2}}\mathrm{d}x$;　　(14) $\mathrm{d}(\arctan x) = \dfrac{1}{1+x^2}\mathrm{d}x$;

(15) $\mathrm{d}(\operatorname{arccot} x) = -\dfrac{1}{1+x^2}\mathrm{d}x$.

2. 微分的运算法则

由函数和、差、积、商的求导法则, 可推得相应的微分法则. 设 $u = u(x)$, $v = v(x)$ 都可微, 则有

(1) $\mathrm{d}(u \pm v) = \mathrm{d}u \pm \mathrm{d}v$;

(2) $\mathrm{d}(uv) = v\mathrm{d}u + u\mathrm{d}v$;

(3) $\mathrm{d}\left(\dfrac{u}{v}\right) = \dfrac{v\mathrm{d}u - u\mathrm{d}v}{v^2}(v \neq 0)$.

我们仅证明式 (2), 其他读者可自行证明.

$$\mathrm{d}(uv) = (uv)'\mathrm{d}x = (u'v + uv')\mathrm{d}x = u'v\mathrm{d}x + uv'\mathrm{d}x,$$

因为

$$u'\mathrm{d}x = \mathrm{d}u, \quad v'\mathrm{d}x = \mathrm{d}v,$$

所以

$$\mathrm{d}(uv) = v\mathrm{d}u + u\mathrm{d}v.$$

3. 复合函数的微分法则

设 $y = f(u)$ 及 $u = g(x)$ 都可导, 则复合函数 $y = f[g(x)]$ 的微分为

$$\mathrm{d}y = y'_x\mathrm{d}x = f'(u)g'(x)\mathrm{d}x.$$

由于 $g'(x)\mathrm{d}x = \mathrm{d}u$, 所以复合函数 $y = f[g(x)]$ 的微分公式也可以写成

$$\mathrm{d}y = f'(u)\mathrm{d}u, \quad \text{或 } \mathrm{d}y = y'_u\mathrm{d}u.$$

由此可见, 无论 u 是自变量还是中间变量, 微分形式 $\mathrm{d}y = f'(u)\mathrm{d}u$ 保持不变. 这一性质称为微分形式不变性. 这性质表示, 当变换自变量时, 微分形式 $\mathrm{d}y = f'(u)\mathrm{d}u$ 并不改变.

例 4　设 $y = \sin(2x + 1)$, 求 $\mathrm{d}y$.

解　把 $2x + 1$ 看成中间变量 u, 则

$$\begin{aligned}\mathrm{d}y &= \mathrm{d}(\sin u) = \cos u\,\mathrm{d}u = \cos(2x + 1)\mathrm{d}(2x + 1)\\ &= \cos(2x + 1) \cdot 2\mathrm{d}x = 2\cos(2x + 1)\mathrm{d}x.\end{aligned}$$

在求复合函数的导数时, 可以不写出中间变量. 在求复合函数的微分时, 类似地也可以不写出中间变量.

例 5　设 $y = \ln(1 + \mathrm{e}^{x^2})$, 求 $\mathrm{d}y$.

解　$\mathrm{d}y = \mathrm{d}(\ln(1 + \mathrm{e}^{x^2})) = \dfrac{1}{1 + \mathrm{e}^{x^2}} \mathrm{d}(1 + \mathrm{e}^{x^2}) = \dfrac{1}{1 + \mathrm{e}^{x^2}} \cdot \mathrm{e}^{x^2} \mathrm{d}(x^2)$

$$= \dfrac{\mathrm{e}^{x^2}}{1 + \mathrm{e}^{x^2}} \cdot 2x\mathrm{d}x = \dfrac{2x\mathrm{e}^{x^2}}{1 + \mathrm{e}^{x^2}} \mathrm{d}x.$$

例 6　设 $y = \mathrm{e}^x \sin x$, 求 $\mathrm{d}y$.

解　$\mathrm{d}y = \mathrm{d}(\mathrm{e}^x \sin x) = \sin x \mathrm{d}\mathrm{e}^x + \mathrm{e}^x \mathrm{d}\sin x$

$$= \mathrm{e}^x \sin x \mathrm{d}x + \mathrm{e}^x \cos x \mathrm{d}x$$

$$= \mathrm{e}^x (\sin x + \cos x) \mathrm{d}x.$$

四、微分在近似计算中的应用

1. 函数的近似计算

微分在近似计算中有一定的应用, 它往往可以把一些工程问题中的复杂计算公式用简单的近似公式来代替.

设函数 $y = f(x)$ 在点 x_0 处的导数 $f'(x_0) \neq 0$, 当 $|\Delta x|$ 很小时, 我们有

$$\Delta y \approx \mathrm{d}y = f'(x_0)\Delta x,$$

于是

$$\Delta y = f(x_0 + \Delta x) - f(x_0) \approx f'(x_0)\Delta x, \tag{2}$$

又有

$$f(x_0 + \Delta x) \approx f(x_0) + f'(x_0)\Delta x. \tag{3}$$

如果令 $x = x_0 + \Delta x$, 即 $\Delta x = x - x_0$, 则

$$f(x) \approx f(x_0) + f'(x_0)(x - x_0). \tag{4}$$

只要 $f(x_0)$ 与 $f'(x_0)$ 都容易计算, 就可以利用式 (2)、式 (3)、式 (4) 分别近似计算 Δy, $f(x_0 + \Delta x)$, $f(x)$ 的值. 由式 (4) 可以看出其实质就是用 x 的线性函数 $f(x_0) + f'(x_0)(x - x_0)$ 来近似表达函数 $f(x)$, 也就是在切点邻近部分用曲线 $y = f(x)$ 在点 $(x_0, f(x_0))$ 处的切线来近似代替该曲线.

此外, 在式 (4) 中, 如果取 $x_0 = 0$, 又可得

$$f(x) \approx f(0) + f'(0)x. \tag{5}$$

由式 (5) 可以推导以下五个在工程上常用的近似公式 (下面都假定 $|x|$ 很小):

① $\sqrt[n]{1+x} \approx 1 + \dfrac{1}{n}x$;

② $\sin x \approx x$;

③ $\tan x \approx x$;

④ $\mathrm{e}^x \approx 1 + x$;

⑤ $\ln(1+x) \approx x$.

读者可以利用式 (5) 来自行证明上述五个近似公式.

例 7　在一批半径为 1cm 的球面上, 镀上一层厚度定为 0.01cm 的铜, 估计一下每只球需用铜多少 g(铜的密度是 $8.9\mathrm{g/cm^3}$)?

解　球的体积 $V = \dfrac{4}{3}\pi R^3$, 镀层的体积为 ΔV, 则

$$\Delta V \approx V'|_{R=R_0} \cdot \Delta R = \left.\left(\frac{4}{3}\pi R^3\right)'\right|_{R=R_0} \cdot \Delta R = 4\pi R_0^2 \Delta R,$$

将 $R_0 = 1$, $\Delta R = 0.01$ 代入上式, 得

$$\Delta V \approx 4 \times 3.14 \times 1^2 \times 0.01 \approx 0.13 \ (\mathrm{cm^3}),$$

于是镀每只球需用的铜约为

$$0.13 \times 8.9 \approx 1.16 \ (\mathrm{g}).$$

例 8　利用微分计算 $\sin 30°30'$ 的近似值.

解　把 $30°30'$ 化为弧度, 得

$$30°30' = \frac{\pi}{6} + \frac{\pi}{360},$$

因为 $\dfrac{\pi}{360}$ 比较小, 所以由式 (3) 可得,

$$\sin 30°30' = \sin\left(\frac{\pi}{6} + \frac{\pi}{360}\right) \approx \sin\frac{\pi}{6} + \cos\frac{\pi}{6} \cdot \frac{\pi}{360}$$

$$= \frac{1}{2} + \frac{\sqrt{3}}{2} \cdot \frac{\pi}{360}$$

$$\approx 0.5076.$$

例 9　计算 $\sqrt{1.05}$ 的近似值.

解　$\sqrt{1.05} = \sqrt{1 + 0.05}$, 因为 $x = 0.05$ 比较小, 所以可以利用近似公式 $\sqrt[n]{1+x} \approx 1 + \dfrac{1}{n}x$, 于是

$$\sqrt{1.05} \approx 1 + \frac{1}{2} \cdot 0.05 = 1.025.$$

如果查表可知,$\sqrt{1.05} = 1.02470$, 由此可见其误差不超过 0.001, 这样的近似值在一般应用上已够精确了. 如果开方次数较高, 就更能体现出用微分进行近似计算的优越性.

*2. 误差估计

在生产实践中, 经常要测量各种数据. 但是有的数据不易直接测量, 这时我们就通过测量其他有关数据后, 根据某种公式算出所要的数据. 例如, 要计算正方形的面积 A, 可先用卡尺测量正方形的边长 a, 然后根据公式 $A = a^2$ 算出 A. 但是由于测量仪器的精度、测量的条件和测量的方法等各种因素的影响, 测得的数据往往带有误差, 而根据带有误差的数据计算所得的结果也会有误差, 我们把它称为间接测量误差.

如果某个量的精确值为 A, 它的近似值为 a, 那么 $|A - a|$ 称为 $|a|$ 的绝对误差, 而绝对误差与 $|a|$ 的比值 $\dfrac{|A - a|}{|a|}$ 称为 a 的相对误差.

在实际工作中, 某个量的精确值往往是无法知道的, 于是绝对误差和相对误差也就无法求得, 但是根据测量仪器的精度等因素, 有时能够确定误差在某一个范围内. 如果某个量的精确值是 A, 测得它的近似值是 a, 又知道它的误差不超过 δ_A, 即

$$|A - a| \leqslant \delta_A,$$

那么 δ_A 称为测量 A 的绝对误差限, 而 $\dfrac{\delta_A}{|a|}$ 称为测量 A 的相对误差限.

一般地, 根据直接测量的 x 值按公式 $y = f(x)$ 计算 y 值时, 如果已知测量 x 的绝对误差限是 δ_x, 即

$$|\Delta x| \leqslant \delta_x,$$

那么, 当 $y' \neq 0$ 时, y 的绝对误差

$$|\Delta y| \approx |\mathrm{d}y| = |y'| \cdot |\Delta x| \leqslant |y'| \cdot \delta_x,$$

即 y 的绝对误差限约为

$$\delta_y = |y'| \cdot \delta_x,$$

y 的相对误差限约为

$$\frac{\delta_y}{|y|} = \left| \frac{y'}{y} \right| \cdot \delta_x.$$

例 10   测得圆钢截面的直径 $D = 60.03 \text{ mm}$, 测量 D 的绝对误差限 $\delta_D = 0.05 \text{ mm}$, 利用公式

$$A = \frac{\pi}{4} D^2$$

计算圆钢的截面积时, 试估计面积的误差.

解 当 $|\Delta D|$ 很小时, 可以利用微分 $\mathrm{d}A$ 近似地代替增量 ΔA, 即

$$\Delta A \approx \mathrm{d}A = A' \cdot \Delta D = \frac{\pi}{2} D \cdot \Delta D,$$

由于 D 的绝对误差限为 $\delta_D = 0.05 \text{ mm}$, 所以

$$|\Delta D| \leqslant \delta_D = 0.05,$$

而 $|\Delta A| \approx |\mathrm{d}A| = \frac{\pi}{2} D \cdot |\Delta D| \leqslant \frac{\pi}{2} D \cdot \delta_D$, 因此得出 A 的绝对误差限约为

$$\delta_A = \frac{\pi}{2} D \cdot \delta_D = \frac{\pi}{2} \times 60.03 \times 0.05 \approx 4.715 (\text{mm}^2),$$

A 的相对误差限约为

$$\frac{\delta_A}{A} = \frac{\frac{\pi}{2} D \cdot \delta_D}{\frac{\pi}{4} D^2} = 2 \frac{\delta_D}{D} = 2 \times \frac{0.05}{60.03} \approx 0.17\%.$$

习 题 2-6

1. $y = x^3 - x$, 计算在 $x = 2$ 处当 Δx 分别等于 1, 0.1, 0.01 时的 Δy 及 $\mathrm{d}y$.

2. 求下列函数的微分.

(1) $y = x^2 \mathrm{e}^{2x}$;   (2) $y = \sec(1 + x^2)$;

(3) $y = x \sin x$;   (4) $y = \ln(\cos x)$.

3. 试在括号内填入适当的函数使等式成立.

(1) $\mathrm{d}(\quad) = \dfrac{1}{(1 + x^2)} \mathrm{d}x$;

(2) $\mathrm{d}(\quad) = \dfrac{1}{\sqrt{x}} \mathrm{d}x$;

(3) $\mathrm{d}(\quad) = \mathrm{e}^{6x} \mathrm{d}x$;

(4) $\mathrm{d}(\quad) = \cos(3x + 1) \mathrm{d}x$.

4. 求三角函数值 $\cos 29°$ 的近似值.

5. 求根式 $\sqrt[6]{65}$ 的近似值.

6. 求反三角函数 $\arcsin 0.5002$ 的近似值.

7. 计算球体的体积时, 要求精确度在 2% 以内, 问这时测量直径 D 的相对误差不能超过多少?

总 习 题 二

1. 函数 $f(x)$ 在点 x_0 处可导是 $f(x)$ 在点 x_0 可微的 (　　).

(A) 充要条件;　　(B) 充分条件;　　(C) 必要条件;　　(D) 没有关系.

2. 设 $f(x)$ 在 $x=a$ 的某个邻域内有定义, 则 $f(x)$ 在 $x=a$ 处可导的一个充分条件是 (　　).

(A) $\lim\limits_{h \to +\infty} h\left[f\left(a+\dfrac{1}{h}\right)-f(a)\right]$ 存在;　　(B) $\lim\limits_{h \to 0}\dfrac{f(a+2h)-f(a+h)}{h}$ 存在;

(C) $\lim\limits_{h \to 0}\dfrac{f(a+h)-f(a-h)}{2h}$ 存在;　　　　(D) $\lim\limits_{h \to 0}\dfrac{f(a)-f(a-h)}{h}$ 存在.

3. 若 $f(x)$ 可微, 当 $\Delta x \to 0$ 时, $\dfrac{\Delta y}{\Delta x}-f'(x_0)$ 是 (　　).

(A) 无穷函数;　　(B) 无界函数;　　(C) 无穷大量;　　(D) 无穷小量.

4. 若 $f(x)$ 可微, 则当 x 在 $x=1$ 点处有微小改变量时, 函数约改变了 (　　).

(A) $f'(1)\Delta x$;　　(B) $f'(1)$;　　(C) $f'(1+\Delta x)$;　　(D) $f'(1)+f'(1)\Delta x$.

5. 求下列函数 $f(x)$ 的 $f'_-(0), f'_+(0), f'(0)$ 是否存在:

(1) $f(x)=\begin{cases} \sin x, & x<0, \\ \ln(1+x), & x \geqslant 0; \end{cases}$　　(2) $f(x)=\begin{cases} \dfrac{x}{1+\mathrm{e}^{\frac{1}{x}}}, & x \neq 0, \\ 0, & x=0. \end{cases}$

6. 求下列函数的导数.

(1) $y=\arcsin(\sin x)$;　　(2) $y=\ln\tan\dfrac{x}{2}-\cos x \cdot \ln\tan x$.

7. 求下列函数的二阶导数.

(1) $y=\cos^2 x \cdot \ln x$;　　(2) $y=\dfrac{x}{\sqrt{1-x^2}}$.

8. 设函数 $y=f(x)$ 由方程 $x^2+y^2=a^2$ 所确定, 求 $f'\left(\dfrac{\sqrt{2}}{2}\right)$.

9. 设函数 $y=f(x)$ 由方程 $\mathrm{e}^y+xy=\mathrm{e}$ 所确定, 求 $y''(0)$.

10. 求由参数方程 $\begin{cases} x=\ln\sqrt{1+t^2}, \\ y=\arctan t \end{cases}$ 所确定的函数的一阶导数 $\dfrac{\mathrm{d}y}{\mathrm{d}x}$ 及二阶导数 $\dfrac{\mathrm{d}^2 y}{\mathrm{d}x^2}$.

11. 求曲线 $\begin{cases} x=2\mathrm{e}^t, \\ y=\mathrm{e}^{-t} \end{cases}$ 在 $t=0$ 相应点处的切线方程和法线方程.

12. 将直径为 4 的球加热, 如果球的半径伸长 0.005, 用微分表示球的体积 V 增加的近似值是多少?

13. 利用函数的微分代替函数的增量求 $\sqrt[3]{1.02}$ 的近似值.

历年考研题二

本章历年试题的类型:

(1) 导数与微分的概念.

(2) 微分法与导数计算.

(3) 切线问题.

1. (2001, 3 分) 设 $f(0)=0$, 则 $f(x)$ 在点 $x=0$ 可导的充要条件是 (　　).

(A) $\lim\limits_{h \to 0} \dfrac{1}{h^2} f(1 - \cos h)$ 存在;　　(B) $\lim\limits_{h \to 0} \dfrac{1}{h} f(1 - e^h)$ 存在;

(C) $\lim\limits_{h \to 0} \dfrac{1}{h^2} f(h - \sin h)$ 存在;　　(D) $\lim\limits_{h \to 0} \dfrac{1}{h} [f(2h) - f(h)]$ 存在.

2. (2002,3 分) 已知函数 $y = y(x)$ 由方程 $e^y + 6xy + x^2 - 1 = 0$ 确定, 则 $y''(0) = $ _____.

3. (2003,12 分) 设函数 $y = y(x)$ 在 $(-\infty, +\infty)$ 内具有二阶导数, 且 $y' \neq 0, x = x(y)$ 是 $y = y(x)$ 的反函数.

(1) 试将 $x = x(y)$ 所满足的微分方程 $\dfrac{\mathrm{d}^2 x}{\mathrm{d}y^2} + (y + \sin x)\left(\dfrac{\mathrm{d}x}{\mathrm{d}y}\right)^3 = 0$ 变换为 $y = y(x)$ 满足的微分方程;

(2) 求变换后的微分方程满足初始条件 $y(0) = 0, y'(0) = \dfrac{3}{2}$ 的解.

4. (2004,4 分) 曲线 $y = \ln x$ 上与直线 $x + y = 1$ 垂直的切线方程为_____.

5. (2004,4 分) 设函数 $f(x)$ 连续, 且 $f'(0) > 0$, 则存在 $\delta > 0$, 使得 (　　).

(A) $f(x)$ 在 $(0, \delta)$ 内单调增加;　　(B) $f(x)$ 在 $(-\delta, 0)$ 内单调减少;

(C) 对任意的 $x \in (0, \delta)$ 有 $f(x) > f(0)$;　　(D) 对任意的 $x \in (-\delta, 0)$ 有 $f(x) > f(0)$.

6. (2005,4 分) 设函数 $f(x) = \lim\limits_{n \to \infty} \sqrt[n]{1 + |x|^{3n}}$, 则 $f(x)$ 在 $(-\infty, +\infty)$ 内 (　　).

(A) 处处可导;　　(B) 恰有一个不可导点;

(C) 恰有两个不可导点;　　(D) 至少有三个不可导点.

7. (2007,4 分) 设函数 $f(x)$ 在 $x = 0$ 处连续, 下列命题错误的是 (　　).

(A) 若 $\lim\limits_{x \to 0} \dfrac{f(x)}{x}$ 存在, 则 $f(0) = 0$;　　(B) 若 $\lim\limits_{x \to 0} \dfrac{f(x) + f(-x)}{x}$ 存在, 则 $f(0) = 0$;

(C) 若 $\lim\limits_{x \to 0} \dfrac{f(x)}{x}$ 存在, 则 $f'(0)$ 存在;　　(D) 若 $\lim\limits_{x \to 0} \dfrac{f(x) - f(-x)}{x}$ 存在, 则 $f'(0)$ 存在.

8. (2008,4 分) 曲线 $\sin(xy) + \ln(y - x) = x$ 在点 $(0, 1)$ 处的切线方程为_____.

9. (2010,4 分) 设 $\begin{cases} x = e^{-t}, \\ y = \displaystyle\int_0^t \ln(1 + u^2)\mathrm{d}u, \end{cases}$ 则 $\dfrac{\mathrm{d}^2 y}{\mathrm{d}x^2}\bigg|_{t=0} = $ _____.

10. (2012,4 分) 设函数 $f(x) = (e^x - 1)(e^{2x} - 2)\cdots(e^{nx} - n)$, 其中 n 为正整数, 则 $f'(0) =$ (　　).

(A) $(-1)^{n-1}(n-1)!$;　　(B) $(-1)^n (n-1)!$;

(C) $(-1)^{n-1} n!$;　　(D) $(-1)^n n!$.

11. (2013,4 分) 设 $\begin{cases} x = \sin t, \\ y = t \sin t + \cos t \end{cases}$ (t 为参数), 则 $\dfrac{\mathrm{d}^2 y}{\mathrm{d}x^2}\bigg|_{t = \frac{\pi}{4}} = $ _____.

12. (2015,10 分)(1) 设函数 $u(x), v(x)$ 可导, 利用导数定义证明 $[u(x)v(x)]' = u'(x)v(x) + u(x)v'(x)$;

(2) 设函数 $u_1(x), u_2(x), \cdots, u_n(x)$ 可导, $f(x) = u_1(x)u_2(x)\cdots u_n(x)$, 写出 $f(x)$ 的求导公式.

第三章　微分中值定理与导数的应用

第二章中, 我们借助几何问题和运动学问题引进了导数与微分的概念, 除此两大问题导致导数与微分理论产生外, 还有 "求最大值和最小值" 问题, 此类问题在当时的生产实践中具有深刻的应用背景. 例如, 确定炮弹从炮管里射出后运行的水平距离; 又如天文学中如何确定行星离开太阳的最远和最近距离等. 一直以来, 导数作为函数的变化率, 在研究函数变化的规律和性态中有着十分重要的意义, 因而在诸多领域得到广泛的应用. 而构架导数应用的桥梁则是本章将介绍的微分中值定理. 本章我们将首先介绍微分中值定理, 并以此为基础, 导出利用导数计算未定式极限的方法, 进一步利用导数研究函数及其曲线的性态, 解决一些常见的实际应用问题.

第一节　微分中值定理

本节介绍微分学中有重要应用的、反映导数更深刻性质的微分中值定理. 为此, 我们来观察一个几何现象: 在图 3-1 的曲线中, 有两个点具有明显不同于其他点的特征, 即此两点是曲线的 (至少在它们的邻近范围) 最高点或最低点, 而且此两点处的切线都与 x 轴平行, 反映到曲线对应的函数 $y = f(x)$ 上来, 则是函数在相应的点处的导数取值为零. 人们不禁要问: 一定范围内有定义的函数, 当满足什么条件时, 在该范围内必定有导数为零的点? 而这也恰恰是罗尔定理回答的结论. 为证明罗尔定理, 先讨论曲线上的点若是曲线的 (局部) 最高点或最低点, 且在此点有切线, 则该点处的切线斜率必然为零.

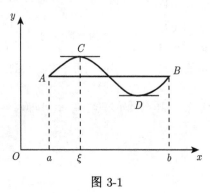

图 3-1

费马引理 如果函数 $y = f(x)$ 在点 x_0 处可导, 且在该点的某个邻域 $U(x_0)$ 内有

$$f(x) \leqslant f(x_0)(\text{或 } f(x) \geqslant f(x_0)),$$

则

$$f'(x_0) = 0.$$

证 不妨设 $x \in U(x_0)$ 时, $f(x) \leqslant f(x_0)(f(x) \geqslant f(x_0)$ 时类似可证), 从而,

(1) 当 $x < x_0$ 时,

$$\frac{f(x) - f(x_0)}{x - x_0} \geqslant 0,$$

因而有

$$\lim_{x \to x_0 - 0} \frac{f(x) - f(x_0)}{x - x_0} = f'_-(x_0) \geqslant 0.$$

(2) 当 $x > x_0$ 时,

$$\frac{f(x) - f(x_0)}{x - x_0} \leqslant 0,$$

因而

$$\lim_{x \to x_0 + 0} \frac{f(x) - f(x_0)}{x - x_0} = f'_+(x_0) \leqslant 0,$$

根据函数在一点可导的条件可知

$$f'(x_0) = 0.$$

显然, 有了费马引理, 函数在指定范围内是否必有导数为零的点可归结为指定范围内函数是否必有可导的 (局部) 最大值或最小值点. 再观察图 3-1, 曲线是连续的, 除端点外处处有不垂直于 x 轴的切线, 且两端点是等高的. 由此, 将曲线所满足的条件加以总结, 可得如下罗尔定理.

定理 1 (罗尔 (Rolle) 定理) 若 $f(x)$ 在 $[a,b]$ 上连续, 在 (a,b) 内可导, 且 $f(a) = f(b)$, 则至少存在一点 $\xi \in (a,b)$, 使得 $f'(\xi) = 0$.

证 由于 $f(x)$ 在 $[a,b]$ 上连续, 故必取得最大值 M 和最小值 m.

(1) 若 $M = m$, 则 $f(x)$ 在 $[a,b]$ 上为常数, 故 (a,b) 内任一点都可取为 ξ, 使

$$f'(\xi) = 0.$$

(2) 若 $M > m$, 由于 $f(a) = f(b)$, 则 M 和 m 中至少有一个不等于 $f(x)$ 在区间端点的值, 不妨设 $f(a) \neq M$, 则由最值定理可知, 至少 $\exists \xi \in (a,b)$ 使 $f(\xi) = M$, 又函数在该点是可导的, 故有

$$f'(\xi) = 0.$$

罗尔定理的几何意义: 若 $y = f(x)$ 满足定理的条件, 则其图像在 $[a, b]$ 上对应的曲线弧 $\overset{\frown}{AB}$ 上至少存在一点具有水平切线.

需注意的是: 罗尔定理的条件是充分的. 当条件满足时, 必有导数为零的点存在; 当条件不满足时, 导数为零的点可能存在, 也可能不存在.

例 1　不求导数, 判断函数 $f(x) = (x-1)(x-2)(x-3)$ 的导数有几个零点及这些零点所存在的范围.

解　因为 $f(1) = f(2) = f(3) = 0$, 所以在闭区间 $[1, 2], [2, 3]$ 上函数 $f(x)$ 满足罗尔定理的条件, 故至少存在 $\xi_1 \in (1, 2), \xi_2 \in (2, 3)$ 使得

$$f'(\xi_i) = 0, \quad i = 1, 2.$$

又因为 $f'(x)$ 为二次多项式, 最多有两个零点, 所以 $f'(x)$ 恰好有两个零点, 分别位于区间 $(1, 2), (2, 3)$ 内.

例 2　证明方程 $x^5 - 5x + 1 = 0$ 有且仅有一个小于 1 的正实根.

证　设 $f(x) = x^5 - 5x + 1$, 则函数 $f(x)$ 在 $[0, 1]$ 上连续, 且

$$f(0) = 1 > 0, \quad f(1) = -3 < 0,$$

由零点定理, 至少存在一点 $\xi \in (0, 1)$, 使得 $f(\xi) = 0$, 故方程至少有一个小于 1 的正实根.

假定方程有两个小于 1 的正实根, 不妨设为 $x_1 < x_2$, 则在 $[x_1, x_2]$ 上 $f(x)$ 满足罗尔定理的条件, 由罗尔定理可知, 至少存在一点 $\eta \in (x_1, x_2)$, 使得

$$f'(\eta) = 0,$$

而当 $x \in (0, 1)$ 时, $f'(x) = 5(x^4 - 1) < 0$, 矛盾, 故方程有且仅有一个小于 1 的正实根.

例 3　设函数 $f(x)$ 在 $[0, 1]$ 上连续, 在 $(0, 1)$ 内可导, 且 $f(0) = 1, f(1) = \dfrac{1}{e}$, 证明: 在 $(0, 1)$ 内至少存在一点 ξ, 使 $f'(\xi) = -e^{-\xi}$.

证　将 $f'(\xi) = -e^{-\xi}$ 变形为 $f'(\xi) + e^{-\xi} = 0$, 令

$$F(x) = f(x) - e^{-x},$$

因为

$$F(0) = f(0) - 1 = 0,$$
$$F(1) = f(1) - e^{-1} = 0$$

且 $F(x)$ 在闭区间 $[0, 1]$ 上连续, 相应开区间内可导, 由罗尔中值定理可知, 至少存在一点 $\xi \in (0, 1)$, 使得 $F'(\xi) = 0$, 即

$$f'(\xi) + e^{-\xi} = 0,$$

故在 $(0, 1)$ 内至少存在一点 ξ, 使 $f'(\xi) = -e^{-\xi}$ 成立.

定理 2(拉格朗日 (Lagrange) 中值定理) 若 $f(x)$ 满足

(1) 在 $[a, b]$ 上连续;

(2) 在 (a, b) 内可导,

则至少存在一点 $\xi \in (a, b)$, 使得

$$f(b) - f(a) = f'(\xi)(b - a).$$

证 要证明上式, 只需证明

$$f'(\xi)(b - a) - [f(b) - f(a)] = 0.$$

即要证

$$\{f(x)(b - a) - [f(b) - f(a)]x\}'|_{x=\xi} = 0.$$

由此, 作辅助函数

$$g(x) = (b - a)f(x) - [f(b) - f(a)]x.$$

显然, $g(x)$ 在 $[a, b]$ 上连续, 在 (a, b) 内可导, 且 $g(a) = g(b) = bf(a) - af(b)$, 由罗尔定理知, $\exists \xi \in (a, b)$, 使 $g'(\xi) = 0$ 得证.

拉格朗日中值定理的几何意义: 满足定理条件的连续曲线弧 $\overset{\frown}{AB}$(端点除外) 上至少有一点处的切线平行于弦 AB, 如图 3-2 所示.

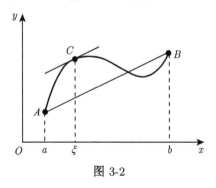

图 3-2

显然, 罗尔定理是拉格朗日中值定理当 $f(a) = f(b)$ 时的特殊情形.

为了应用方便, 有时把该定理写成另一形式. 令 $a = x_0$, $b = x_0 + \Delta x$, 则 $\Delta x = b - a$, 公式变为

$$f(x_0 + \Delta x) - f(x_0) = f'(\xi)\Delta x,$$

其中, ξ 在 x_0 与 $x_0 + \Delta x$ 之间.

若记 $\xi = x_0 + \theta\Delta x$, $0 < \theta < 1$, 则公式也可写成

$$f(x_0 + \Delta x) - f(x_0) = f'(x_0 + \theta\Delta x)\Delta x(0 < \theta < 1),$$

此式称为有限增量公式.

利用拉格朗日中值定理易得如下推论.

推论 1　若 $f(x)$ 在区间 I 上连续, 在 I 的内点处可导, 且 $f'(x) = 0$, 则 $f(x)$ 在 I 上等于常数.

推论 2　若 $f(x)$ 在区间 I 上有 $f'(x) = g'(x)$, 则在 I 上有 $f(x) = g(x) + C(C$ 为常数).

例 4　证明 $\arcsin x + \arccos x = \dfrac{\pi}{2}(-1 \leqslant x \leqslant 1)$.

证　设 $f(x) = \arcsin x + \arccos x, x \in [-1, 1]$, 因为

$$f'(x) = \frac{1}{\sqrt{1-x^2}} + \left(-\frac{1}{\sqrt{1-x^2}}\right) = 0, \quad x \in (-1, 1).$$

所以 $f(x) \equiv C, x \in (-1, 1)$, 又因为函数在 $[-1, 1]$ 上连续, 所以有

$$f(x) \equiv C, \quad x \in [-1, 1].$$

而 $f(0) = \dfrac{\pi}{2}$, 因此 $C = \dfrac{\pi}{2}$, 故在 $[-1, 1]$ 有

$$\arcsin x + \arccos x = \frac{\pi}{2}.$$

例 5　证明不等式 $\arctan x_2 - \arctan x_1 \leqslant x_2 - x_1$(其中 $x_1 < x_2$).

证　设 $f(x) = \arctan x$, 在 $[x_1, x_2]$ 上利用拉格朗日中值定理, 得

$$\arctan x_2 - \arctan x_1 = \frac{1}{1 + \xi^2}(x_2 - x_1), \quad x_1 < \xi < x_2,$$

因 $\dfrac{1}{1 + \xi^2} \leqslant 1$, 所以 $\arctan x_2 - \arctan x_1 \leqslant x_2 - x_1$.

例 6　若 $f(x) > 0$, 在 $[a, b]$ 上连续, 在 (a, b) 内可导, 则存在 $\xi \in (a, b)$, 使得

$$\ln \frac{f(b)}{f(a)} = \frac{f'(\xi)}{f(\xi)}(b - a).$$

证　原式即

$$\ln f(b) - \ln f(a) = \frac{f'(\xi)}{f(\xi)}(b - a),$$

令 $\varphi(x) = \ln f(x)$, 有

$$\varphi'(x) = \frac{f'(x)}{f(x)},$$

显然 $\varphi(x) = \ln f(x)$ 在 $[a, b]$ 上满足拉格朗日中值定理条件, 在 $[a, b]$ 上应用定理可得证.

若曲线由参数方程 $x = g(t), y = f(t), t \in [a, b]$ 给出, 则连接两端点的弦的斜率为

$$\frac{f(b) - f(a)}{g(b) - g(a)},$$

曲线上任何一点处的切线斜率为 $\dfrac{\mathrm{d}y}{\mathrm{d}x} = \dfrac{f'(t)}{g'(t)}$, 按拉格朗日中值定理的几何意义, 应有 $\xi \in (a, b)$, 使得

$$\frac{f(b) - f(a)}{g(b) - g(a)} = \frac{f'(\xi)}{g'(\xi)}$$

成立, 这恰恰是柯西中值定理的结论.

定理 3 (柯西中值定理)　　若 $f(x), g(x)$ 满足

(1) 在 $[a, b]$ 上连续;

(2) 在 (a, b) 内可导, 且 $g'(x) \neq 0$,

则至少存在一点 $\xi \in (a, b)$, 使得

$$\frac{f(b) - f(a)}{g(b) - g(a)} = \frac{f'(\xi)}{g'(\xi)}.$$

显而易见, 若取 $g(x) = x$, 则定理 3 就成为定理 2, 所以柯西中值定理又称为广义中值定理.

利用柯西中值定理, 可对例 3 重新证明如下.

证　设 $g(x) = \mathrm{e}^{-x}$, 在区间 $(0, 1)$ 上, 因为

$$\frac{f(1) - f(0)}{\mathrm{e}^{-1} - 1} = 1,$$

所以由柯西中值定理, 至少存在一点 $\xi \in (0, 1)$, 使得

$$\frac{f(1) - f(0)}{\mathrm{e}^{-1} - 1} = 1 = \frac{f'(\xi)}{-\mathrm{e}^{-\xi}},$$

即

$$f'(\xi) = -\mathrm{e}^{-\xi}.$$

习　题　3-1

1. $f(x) = \sin x$ 在 $\left[0, \dfrac{2}{3}\pi\right]$ 上是否满足罗尔定理的条件? 有无满足定理的数值 ξ?

2. 在 $[-1, 3]$ 上, 函数 $f(x) = 1 - x^2$ 满足拉格朗日中值定理的 ξ 为多少?

3. 设 $f(x) = x^3, F(x) = x^2$, 在 $[1, 2]$ 上有无适合柯西中值定理的 ξ?

4. 证明: 恒等式 $\sin^2 x + \cos^2 x = 1 (x \in \mathbf{R})$.

5. 函数 $f(x) = x(x-1)(x-2)$, 则方程 $f'(x) = 0$ 有几个实根?

6. 若方程 $a_0 x^n + a_1 x^{n-1} + \cdots + a_{n-1} x = 0$ 有一个正根, 证明方程 $a_0 n x^{n-1} + a_1 (n-1)x^{n-2} + \cdots + a_{n-1} = 0$ 必有一个小于 x_0 的正根.

7. 设 $a > b > 0$, 证明: $\dfrac{a-b}{a} < \ln \dfrac{a}{b} < \dfrac{a-b}{b}$.

8. 设函数 $f(x)$ 在区间 $[a, b]$ 内具有二阶导数, 且 $f(a) = f(c) = f(b)(a < c < b)$. 证明在开区间 (a, b) 内至少有一点 ξ, 使 $f''(\xi) = 0$.

9. 证明: 当 $x > 1$ 时, $\mathrm{e}^x > \mathrm{e} \cdot x$.

10. 设函数 $y = f(x)$ 在 $x = 0$ 的某邻域内具有 n 阶导数, 且 $f(0) = f'(0) = \cdots = f^{(n-1)}(0) = 0$, 试用柯西中值定理证明:

$$\frac{f(x)}{x^n} = \frac{f^{(n)}(\theta x)}{n!}, \quad 0 < \theta < 1.$$

第二节　　洛必达法则

在某一极限过程中, $f(x)$ 和 $g(x)$ 都是无穷小量或都是无穷大量时, $\dfrac{f(x)}{g(x)}$ 的极限可能存在, 也可能不存在, 通常这种极限称为未定式, 并分别简记为 $\dfrac{0}{0}$ 型或 $\dfrac{\infty}{\infty}$ 型. 本节利用微分中值定理给出处理未定式极限的洛必达法则.

洛必达法则是计算未定式极限的简单而有效的法则, 其理论基础是柯西中值定理.

一、$\dfrac{0}{0}$ 型未定式

定理 1　　设 $f(x), g(x)$ 满足:

(1) $\lim\limits_{x \to x_0} f(x) = 0$, $\lim\limits_{x \to x_0} g(x) = 0$;

(2) 在 $\overset{\circ}{U}(x_0)$ 内, $f(x), g(x)$ 可导, 且 $g'(x) \neq 0$;

(3) $\lim\limits_{x \to x_0} \dfrac{f'(x)}{g'(x)}$ 存在 (或为 ∞),

则

$$\lim_{x \to x_0} \frac{f(x)}{g(x)} = \lim_{x \to x_0} \frac{f'(x)}{g'(x)}.$$

证　　因极限 $\lim\limits_{x \to x_0} \dfrac{f(x)}{g(x)}$ 与函数 $f(x), g(x)$ 在 $x = x_0$ 处的定义无关, 不妨定义 $f(x_0) = g(x_0) = 0$, 则当 $x \in U(x_0)$ 时, $f(x), g(x)$ 在 $[x, x_0]$ 或 $[x_0, x]$ 上满足柯西中值定理条件, 于是有

$$\frac{f(x)}{g(x)} = \frac{f(x) - f(x_0)}{g(x) - g(x_0)} = \frac{f'(\xi)}{g'(\xi)},$$

其中 ξ 在 x 与 x_0 之间. 令 $x \to x_0(\xi \to x_0)$, 上式两端取极限, 便有

$$\lim_{x \to x_0} \frac{f(x)}{g(x)} = \lim_{\xi \to x_0} \frac{f'(\xi)}{g'(\xi)} = \lim_{x \to x_0} \frac{f'(x)}{g'(x)}$$

成立.

对于 $x \to \infty$ 时的 $\dfrac{0}{0}$ 型未定式, 洛必达法则也成立.

定理 1′ 设 $f(x), g(x)$ 满足:

(1) $\lim\limits_{x \to \infty} f(x) = 0$, $\lim\limits_{x \to \infty} g(x) = 0$;

(2) 存在正数 X, 当 $|x| > X$ 时, $f(x), g(x)$ 可导, 且 $g'(x) \neq 0$;

(3) $\lim\limits_{x \to \infty} \dfrac{f'(x)}{g'(x)}$ 存在 (或为 ∞),

则

$$\lim_{x \to \infty} \frac{f(x)}{g(x)} = \lim_{x \to \infty} \frac{f'(x)}{g'(x)}.$$

证 做变换 $z = \dfrac{1}{x}$, 则当 $x \to \infty$ 时, $z \to 0$, 从而有

$$\lim_{x \to \infty} \frac{f(x)}{g(x)} = \lim_{z \to 0} \frac{f\left(\dfrac{1}{z}\right)}{g\left(\dfrac{1}{z}\right)} = \lim_{z \to 0} \frac{f'\left(\dfrac{1}{z}\right)\left(-\dfrac{1}{z^2}\right)}{g'\left(\dfrac{1}{z}\right)\left(-\dfrac{1}{z^2}\right)} = \lim_{x \to \infty} \frac{f'(x)}{g'(x)}.$$

例 1 求 $\lim\limits_{x \to 0} \dfrac{\ln(1+x)}{x^2}$.

解 $\lim\limits_{x \to 0} \dfrac{\ln(1+x)}{x^2} = \lim\limits_{x \to 0} \dfrac{\dfrac{1}{1+x}}{2x} = \infty.$

例 2 求 $\lim\limits_{x \to 0} \dfrac{x - \sin x}{x^3}$.

解 $\lim\limits_{x \to 0} \dfrac{x - \sin x}{x^3} = \lim\limits_{x \to 0} \dfrac{1 - \cos x}{3x^2} = \lim\limits_{x \to 0} \dfrac{\sin x}{6x} = \dfrac{1}{6}.$

例 3 求 $\lim\limits_{x \to +\infty} \dfrac{\dfrac{\pi}{2} - \arctan x}{\dfrac{1}{x}}$.

解 $\lim\limits_{x \to +\infty} \dfrac{\dfrac{\pi}{2} - \arctan x}{\dfrac{1}{x}} = \lim\limits_{x \to +\infty} \dfrac{-\dfrac{1}{1+x^2}}{-\dfrac{1}{x^2}} = \lim\limits_{x \to +\infty} \dfrac{x^2}{1+x^2} = 1.$

二、$\dfrac{\infty}{\infty}$ 型未定式

定理 2 设 $f(x), g(x)$ 满足:

(1) $\lim\limits_{x \to x_0} f(x) = \infty, \lim\limits_{x \to x_0} g(x) = \infty$;

(2) 在 $\overset{\circ}{U}(x_0)$ 内, $f(x), g(x)$ 可导, 且 $g'(x) \neq 0$;

(3) $\lim\limits_{x \to x_0} \dfrac{f'(x)}{g'(x)}$ 存在 (或为 ∞),

则

$$\lim_{x \to x_0} \frac{f(x)}{g(x)} = \lim_{x \to x_0} \frac{f'(x)}{g'(x)}.$$

同样地, 对于 $x \to \infty$ 时的 $\dfrac{\infty}{\infty}$ 型未定式, 洛必达法则也成立.

定理 2′   设 $f(x), g(x)$ 满足:

(1) $\lim\limits_{x \to \infty} f(x) = \infty, \lim\limits_{x \to \infty} g(x) = \infty$;

(2) 存在正数 X, 当 $|x| > X$ 时, $f(x), g(x)$ 可导, 且 $g'(x) \neq 0$;

(3) $\lim\limits_{x \to \infty} \dfrac{f'(x)}{g'(x)}$ 存在 (或为 ∞),

则

$$\lim_{x \to \infty} \frac{f(x)}{g(x)} = \lim_{x \to \infty} \frac{f'(x)}{g'(x)}.$$

例 4   求 $\lim\limits_{x \to +\infty} \dfrac{\ln x}{x^{\alpha}} (\alpha > 0)$.

解 $\lim\limits_{x \to +\infty} \dfrac{\ln x}{x^{\alpha}} = \lim\limits_{x \to +\infty} \dfrac{\dfrac{1}{x}}{\alpha x^{\alpha-1}} = \lim\limits_{x \to +\infty} \dfrac{1}{\alpha x^{\alpha}} = 0.$

例 5   求 $\lim\limits_{x \to +\infty} \dfrac{x^{\alpha}}{\mathrm{e}^x} (\alpha > 1)$.

解   取正整数 $n > \alpha$, 当 $x > 1$ 时有不等式

$$\frac{x^n}{\mathrm{e}^x} > \frac{x^{\alpha}}{\mathrm{e}^x} > 0.$$

而 $\dfrac{x^n}{\mathrm{e}^x}$ 是 $x \to \infty$ 时的 $\dfrac{\infty}{\infty}$ 型未定式, 应用 n 次洛必达法则得

$$\lim_{x \to +\infty} \frac{x^n}{\mathrm{e}^x} = \lim_{x \to +\infty} \frac{nx^{n-1}}{\mathrm{e}^x} = \cdots = \lim_{x \to +\infty} \frac{n!}{\mathrm{e}^x} = 0,$$

故有

$$\lim_{x \to +\infty} \frac{x^{\alpha}}{\mathrm{e}^x} = 0 (\alpha > 1).$$

由上极限, 还可得 $\lim\limits_{x \to +\infty} \dfrac{\mathrm{e}^x}{x^{\alpha}} = +\infty.$

由上两例不难获知, 当 $x \to \infty$ 时, 在趋于无穷大的快慢上, 幂函数 $x^{\alpha}(\alpha > 0)$ 比对数函数快, 指数函数 $a^x(a > 1)$ 比幂函数快.

三、其他未定式

对于函数极限的其他一些未定式, 如 $0 \cdot \infty, \infty - \infty, 0^0, 1^\infty$ 型等, 处理它们的原则是设法将其转化为 $\dfrac{0}{0}$ 型或 $\dfrac{\infty}{\infty}$ 型, 再应用洛必达法则.

例 6　求 $\lim\limits_{x \to 0^+} x^2 \ln x$.

解　$\lim\limits_{x \to 0^+} x^2 \ln x = \lim\limits_{x \to 0^+} \dfrac{\ln x}{x^{-2}} = \lim\limits_{x \to 0^+} \dfrac{x^{-1}}{-2x^{-3}} = \lim\limits_{x \to 0^+} \left(-\dfrac{1}{2} x^2 \right) = 0.$

例 7　求 $\lim\limits_{x \to \frac{\pi}{2}} (\sec x - \tan x)$.

解　$\lim\limits_{x \to \frac{\pi}{2}} (\sec x - \tan x) = \lim\limits_{x \to \frac{\pi}{2}} \dfrac{1 - \sin x}{\cos x} = \lim\limits_{x \to \frac{\pi}{2}} \dfrac{-\cos x}{-\sin x} = 0.$

例 8　求 $\lim\limits_{x \to 0^+} x^{\sin x}$.

解　设 $y = x^{\sin x}$. 则 $\ln y = \sin x \ln x$,

$$\lim_{x \to 0^+} \ln y = \lim_{x \to 0^+} \sin x \ln x = \lim_{x \to 0^+} \dfrac{\ln x}{\csc x}$$
$$= \lim_{x \to 0^+} \dfrac{x^{-1}}{-\csc x \cot x} = -\lim_{x \to 0^+} \dfrac{1}{\cos x} \cdot \lim_{x \to 0^+} \dfrac{\sin^2 x}{x} = 0.$$

由 $y = \mathrm{e}^{\ln y}$, 有 $\lim\limits_{x \to 0^+} y = \lim\limits_{x \to 0^+} \mathrm{e}^{\ln y} = \mathrm{e}^{\lim\limits_{x \to 0^+} \ln y}$, 则

$$\lim_{x \to 0^+} x^{\sin x} = \mathrm{e}^0 = 1.$$

洛必达法则是求未定式的一种有效方法, 但它不是万能的, 要学会善于根据具体问题采取不同的方法求解, 最好能与其他求极限方法结合使用, 使运算尽可能简捷.

例 9　求 $\lim\limits_{x \to 0} \dfrac{\tan x - x}{x^2 \sin x}$.

解　$\lim\limits_{x \to 0} \dfrac{\tan x - x}{x^2 \sin x} = \lim\limits_{x \to 0} \dfrac{\tan x - x}{x^3} \cdot \dfrac{x}{\sin x} = \lim\limits_{x \to 0} \dfrac{\tan x - x}{x^3} = \lim\limits_{x \to 0} \dfrac{\sec^2 x - 1}{3x^2}$

$$= \lim_{x \to 0} \dfrac{2\sec^2 x \tan x}{6x} = \dfrac{1}{3} \lim_{x \to 0} \dfrac{\tan x}{x} = \dfrac{1}{3}.$$

例 10　求 $\lim\limits_{x \to 0} \dfrac{\sin x - x}{(\mathrm{e}^x - 1)\ln(1 + x^2)(x + 2)}$.

解　$\lim\limits_{x \to 0} \dfrac{\sin x - x}{(\mathrm{e}^x - 1)\ln(1 + x^2)(x + 2)} = \dfrac{1}{2} \lim\limits_{x \to 0} \dfrac{\sin x - x}{x^3} = \dfrac{1}{2} \lim\limits_{x \to 0} \dfrac{\cos x - 1}{3x^2}$

$$= \dfrac{1}{6} \lim_{x \to 0} \dfrac{\dfrac{-x^2}{2}}{x^2} = -\dfrac{1}{12}.$$

习　题　3-2

1. 求下列函数的极限.

(1) $\lim\limits_{x \to 1} \dfrac{x-1}{x^2+x-2}$;　　　　　(2) $\lim\limits_{x \to 0} \dfrac{1-\mathrm{e}^x}{\sin x}$;

(3) $\lim\limits_{x \to 0} \dfrac{\mathrm{e}^x - \mathrm{e}^{-x}}{\tan x}$;　　　　　(4) $\lim\limits_{x \to 0} \dfrac{\sin 2x - 2x}{x^3}$;

(5) $\lim\limits_{x \to \pi} \dfrac{\sin 3x}{\tan 5x}$;　　　　　(6) $\lim\limits_{x \to 0} \dfrac{x - \ln(1+x)}{x^2}$;

(7) $\lim\limits_{x \to 0} \dfrac{\ln \tan x}{\ln \tan 2x}$;　　　　　(8) $\lim\limits_{x \to +\infty} \dfrac{\ln\left(1+\dfrac{1}{x}\right)}{\operatorname{arc cot} x}$;

(9) $\lim\limits_{x \to +\infty} \dfrac{\ln(1+x)}{\mathrm{e}^x}$;　　　　　(10) $\lim\limits_{x \to \infty} x\left(\mathrm{e}^{\frac{1}{x}} - 1\right)$;

(11) $\lim\limits_{x \to 0^+} x^{\ln(1+x)}$;　　　　　(12) $\lim\limits_{x \to 0} \left(\dfrac{\sin x}{x}\right)^{\frac{1}{x}}$;

(13) $\lim\limits_{x \to +\infty} (\ln x)^{\frac{1}{x}}$;　　　　　(14) $\lim\limits_{x \to 0^+} \left(\dfrac{1}{x}\right)^{\tan x}$.

2. 验证极限 $\lim\limits_{x \to +\infty} \dfrac{\mathrm{e}^x - \mathrm{e}^{-x}}{\mathrm{e}^x + \mathrm{e}^{-x}}$ 存在, 但不能用洛必达法则得出.

3. 验证极限 $\lim\limits_{x \to \infty} \dfrac{x - \sin x}{x + \sin x}$ 存在, 但不能用洛必达法则得出.

第三节　泰　勒　公　式

我们知道, 若 $f(x)$ 在 x_0 处可导, 则

$$f(x) = f(x_0) + f'(x_0)(x - x_0) + o(x - x_0)\,(x \to x_0).$$

此式表明, 在 x_0 的附近, 可用 $(x - x_0)$ 的一次多项式作为 $f(x)$ 的逼近函数, 且误差当 $x \to x_0$ 时是 $(x - x_0)$ 的高阶无穷小. 一次多项式虽是最简单的初等函数, 但逼近的精确度不能满足实际需要, 要提高精确度, 是否可用 $(x - x_0)$ 的更高次多项式来近似表示 $f(x)$, 且这种近似的误差是比 $(x - x_0)$ 更高阶的无穷小, 而且还希望得到估计误差的公式, 泰勒对此进行了研究, 并得到了下述结论.

定理 1　若 $f(x)$ 在点 x_0 处有 n 阶导数, 则

$$f(x) = f(x_0) + f'(x_0)(x - x_0) + \cdots + \frac{1}{n!}f^{(n)}(x_0)(x - x_0)^n + o[(x - x_0)^n]. \quad (1)$$

该公式称为带有佩亚诺余项的 n 阶泰勒公式.

证　欲证公式成立, 即要证明

$$I = \lim_{x \to x_0} \frac{1}{(x - x_0)^n}\left[f(x) - f(x_0) - f'(x_0)(x - x_0) - \cdots - \frac{1}{n!}f^{(n)}(x_0)(x - x_0)^n\right] = 0.$$

由条件知, $f(x)$ 在点 x_0 处连续, 且在点 x_0 处有连续的 $(n-1)$ 阶导数, 因此, 对上式可用 $(n-1)$ 次洛必达法则, 即得

$$I = \lim_{x \to x_0} \frac{1}{n(x-x_0)^{n-1}} \left[f'(x) - f'(x_0) - \cdots - \frac{1}{(n-1)!} f^{(n)}(x_0)(x-x_0)^{n-1} \right]$$

$$= \cdots$$

$$= \lim_{x \to x_0} \frac{1}{n!(x-x_0)} \left[f^{(n-1)}(x) - f^{(n-1)}(x_0) - \cdots - f^{(n)}(x_0)(x-x_0) \right]$$

$$= \lim_{x \to x_0} \frac{1}{n!} \left[\frac{f^{(n-1)}(x) - f^{(n-1)}(x_0)}{x-x_0} - f^{(n)}(x_0) \right] = \frac{1}{n!} \left[f^{(n)}(x_0) - f^{(n)}(x_0) \right] = 0.$$

当 $x_0 = 0$ 时, 公式称为带有佩亚诺余项的 n 阶麦克劳林公式.

$$f(x) = f(0) + f'(0)x + \cdots + \frac{1}{n!} f^{(n)}(0)x^n + o(x^n)(x \to 0). \tag{2}$$

定理 2(泰勒中值定理)　若 $f(x)$ 在 $[a,b]$ 上有连续的 n 阶导数, 在 (a,b) 内有 $n+1$ 阶导数, 则对 $\forall x_0, x \in [a,b]$ 有

$$f(x) = f(x_0) + f'(x_0)(x-x_0) + \cdots + \frac{1}{n!} f^{(n)}(x_0)(x-x_0)^n + R_n(x). \tag{3}$$

其中 $R_n(x) = \dfrac{1}{(n+1)!} f^{(n+1)}(\xi)(x-x_0)^{n+1}$($\xi$ 在 x_0 与 x 之间).

公式 (3) 称为函数 $f(x)$ 的在 x_0 点的 n 阶泰勒公式. $R_n(x)$ 称为拉格朗日余项,

$$P_n(x) = f(x_0) + f'(x_0)(x-x_0) + \cdots + \frac{1}{n!} f^{(n)}(x_0)(x-x_0)^n \tag{4}$$

称为函数 $f(x)$ 在 x_0 点的 n 阶泰勒多项式, 各系数称为数 $f(x)$ 在 x_0 点的泰勒系数.

证明略.

显然, 当 $n = 0$ 时, 泰勒公式即为拉格朗日中值公式; 若计算 $f(x)$ 的近似值, 只需用 $P_n(x)$ 近似表示 $f(x)$, 由此所产生的误差可用余项进行估计.

当 $x_0 = 0$ 时, 公式

$$f(x) = f(0) + f'(0)x + \cdots + \frac{1}{n!} f^{(n)}(0)x^n + \frac{f^{(n+1)}(\xi)}{(n+1)!} x^{n+1} \tag{5}$$

称为带有拉格朗日型余项的麦克劳林公式.

例 1　求 $f(x) = e^x$ 的 n 阶麦克劳林公式.

解　$f^{(k)}(x) = e^x, f^{(k)}(0) = 1(k = 0, 1, 2, \cdots)$,

$$e^x = 1 + x + \frac{1}{2!}x^2 + \cdots + \frac{1}{n!}x^n + o(x^n).$$

其拉格朗日型余项为

$$R_n(x) = \frac{\mathrm{e}^{\theta x}}{(n+1)!} x^{n+1}, \quad \theta \in (0,1).$$

例 2　计算 e 的近似值, 使其误差不超过 0.0001.

解　在 e^x 的麦克劳林公式中, 取 $x = 1$, 得

$$\mathrm{e} \approx 1 + 1 + \frac{1}{2!} + \cdots + \frac{1}{n!}.$$

这时误差 $|R_n| = \dfrac{\mathrm{e}^\theta}{(n+1)!} < \dfrac{3}{(n+1)!}$, 当 $n = 7$ 时, $\mathrm{e} \approx 2.7183$, 误差 $|R_n| < \dfrac{3}{8!} < 0.0001$.

下面是几个常用的麦克劳林公式.

(1) $\sin x = x - \dfrac{1}{3!}x^3 + \dfrac{1}{5!}x^5 - \cdots + (-1)^{m-1}\dfrac{x^{2m-1}}{(2m-1)!} + o(x^{2m}).$

(2) $\cos x = 1 - \dfrac{1}{2!}x^2 + \dfrac{1}{4!}x^4 - \cdots + (-1)^m \dfrac{x^{2m}}{(2m)!} + o(x^{2m+1}).$

(3) $\ln(1+x) = x - \dfrac{1}{2!}x^2 + \dfrac{1}{3!}x^3 - \cdots + (-1)^{n-1}\dfrac{x^n}{n} + o(x^n).$

例 3　求极限 $\lim\limits_{x \to 0} \dfrac{\cos x - \mathrm{e}^{-\frac{1}{2}x^2}}{x^4}$.

解　$\cos x = 1 - \dfrac{1}{2!}x^2 + \dfrac{1}{4!}x^4 + o(x^4)$,　$\mathrm{e}^{-\frac{1}{2}x^2} = 1 + \left(-\frac{1}{2}x^2\right) + \frac{1}{2!}\left(-\frac{1}{2}x^2\right)^2 + o(x^4).$
于是 $\cos x - \mathrm{e}^{-\frac{1}{2}x^2} = -\dfrac{1}{12}x^4 + o(x^4).$

所以

$$\lim_{x \to 0} \frac{\cos x - \mathrm{e}^{-\frac{1}{2}x^2}}{x^4} = \lim_{x \to 0} \frac{-\dfrac{1}{12}x^4 + o(x^4)}{x^4} = -\frac{1}{12}.$$

习　题　3-3

1. 按 $(x-4)$ 的幂展开多项式 $f(x) = x^4 - 5x^3 + x^2 - 3x + 4.$

2. 求函数 $f(x) = \tan x$ 的带有佩亚诺型余项的 3 阶麦克劳林公式.

3. 应用 3 阶泰勒公式求下列各数的近似值, 并估计误差.

(1) $\sqrt[3]{30}$;　　　　(2) $\sin 18^0$.

4. 利用泰勒公式求下列极限.

(1) $\lim\limits_{x \to +\infty} \left(\sqrt[3]{x^3 + 3x^2} - \sqrt[4]{x^4 - 2x^3} \right);$　　　　(2) $\lim\limits_{x \to 0} \dfrac{\cos x - \mathrm{e}^{-\frac{x^2}{2}}}{[x + \ln(1-x)]}.$

第四节 函数的单调性与曲线的凹凸性

我们已经学会使用初等数学的方法研究一些函数的单调性和某些简单函数的性质, 但那些方法使用范围狭小, 并且有些需要借助某些特殊的技巧, 因而不具有一般性. 本节将以导数为工具, 介绍判断函数单调性和凹凸性的简便且具有一般性的方法.

一、函数的单调性的判定法

为说明如何利用导数研究函数的单调性, 先考察一个特例. 我们知道, 函数 $y = x^2$ 在区间 $(-\infty, 0]$ 上单降, 在区间 $[0, +\infty)$ 上单增, 而该函数除点 $x = 0$ 处的导数为零外, 在区间 $(-\infty, 0)$ 内其导数小于零, 在 $(0, +\infty)$ 内导数大于零. 这个特例反映出的函数单调性与函数导数取值间的关系是否具有一般性呢? 为回答此问题, 我们给出如下结论.

定理 1 设 $f(x)$ 在 $[a, b]$ 上连续, 在 (a, b) 内可导,

(1) 若在 (a, b) 内 $f'(x) > 0$, 则 $f(x)$ 在 $[a, b]$ 上单调增加;

(2) 若在 (a, b) 内 $f'(x) < 0$, 则 $f(x)$ 在 $[a, b]$ 上单调减少.

证 只证明 (1) 的情况. $\forall x_1, x_2 \in [a, b]$, 不妨设 $x_1 < x_2$, 应用拉格朗日中值定理有

$$f(x_2) - f(x_1) = f'(\xi)(x_2 - x_1), \quad x_1 < \xi < x_2.$$

因 $f'(\xi) > 0$, 所以 $f(x_2) > f(x_1)$, 即 $f(x)$ 在 $[a, b]$ 上单调增加.

如果把这个判定法中的闭区间改成其他各种区间, 结论也成立. 特别地, 即使在有限个点处导数为零或导数不存在, 但函数在该点连续, 结论也成立.

例 1 确定 $f(x) = 2x^3 - 9x^2 + 12x - 3$ 的单调区间.

解 $f(x)$ 在定义域 **R** 上可导, 导数的正值区间与负值区间将由函数的驻点 (导数为零的点) 相隔, 由

$$f'(x) = 6(x - 1)(x - 2),$$

令 $f'(x) = 0$, 得驻点 $x_1 = 1, x_2 = 2$ 把定义域分成三个区间 $(-\infty, 1], [1, 2], [2, +\infty)$. 在区间 $(-\infty, 1]$ 与 $[2, +\infty)$ 内有 $f'(x) > 0$, 在区间 $[1, 2]$ 内有 $f'(x) < 0$, 所以 $f(x)$ 在区间 $(-\infty, 1]$ 与 $[2, +\infty)$ 上单调增加, 在 $[1, 2]$ 上单调减少. 函数图形如图 3-3 所示.

例 2 证明 $y = x^{\frac{1}{3}}$ 在 **R** 上单调增加.

证 显然 $y = x^{\frac{1}{3}}$ 在 **R** 上连续, 且除 $x = 0$ 外, $y' = \dfrac{1}{3}x^{-\frac{2}{3}} > 0$, 所以此函数在 **R** 上单调增加.

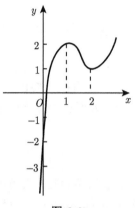

图 3-3

注意　从上两例不难看出, 函数导数为零的点或导数不存在的点常是函数单调性发生变化的分界点. 在此意义上讲, 为确定函数的单调区间, 需先找函数导数为零和导数不存在的点, 并用这些点划分函数定义域为若干个区间, 再分别考察各区间段函数的导数取值符号, 即可确定函数在各区间段上的单调性.

例 3　讨论函数 $y = \mathrm{e}^x - x - 1$ 的单调性.

解　函数的定义域为 $(-\infty, +\infty)$. 又

$$y' = \mathrm{e}^x - 1,$$

令 $y' = 0$, 可得导数为零的点为 $x = 0$. 将 $(-\infty, +\infty)$ 划分成区间

$$(-\infty, 0), \quad (0, +\infty).$$

因当 $x \in (-\infty, 0)$ 时, $y' < 0, x \in (0, +\infty)$ 时, $y' > 0$, 故函数在区间 $(-\infty, 0)$ 上单降, 在 $[0, +\infty)$ 上单增.

例 4　证明当 $x > 0$ 时, 有 $x > \ln(1 + x)$.

证　令 $f(x) = x - \ln(1 + x)$, 则 $f(x)$ 在 $[0, +\infty)$ 上连续, 又

$$f'(x) = \frac{x}{1 + x} > 0, \quad x \in (0, +\infty),$$

所以 $f(x)$ 在 $[0, +\infty)$ 上单调增加, 从而 $f(x) > f(0) = 0$. 故当 $x > 0$ 时, $x > \ln(1 + x)$.

例 5　证明方程 $x^5 + x + 1 = 0$ 在区间 $(-1, 0)$ 内有且仅有一个实根.

证　令 $f(x) = x^5 + x + 1$, 显然, 函数在闭区间 $[-1, 0]$ 上连续, 且 $f(-1) = -1 < 0, f(0) = 1 > 0$. 由零点定理知, 在区间 $(-1, 0)$ 内, 方程至少有一个实根.

又 $f'(x) = 5x^4 + 1 > 0, x \in (-1, 0)$, 所以函数在区间 $[-1, 0]$ 上单增, 故方程在区间 $(-1, 0)$ 内最多有一个实根.

综上所述, 方程 $x^5 + x + 1 = 0$ 在区间 $(-1, 0)$ 内有且仅有一个实根.

二、曲线的凹凸性与拐点

我们已讨论了函数的单调性, 但单调性相同的函数还会存在显著的差异, 因为在曲线的升或降过程中还有一个弯曲方向的问题. 如图 3-4 所示.

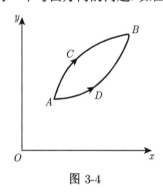

图 3-4

从几何上看到, 有的曲线弧上, 若任取两点, 则连接这两点间的弦总位于这两点间的弧段的上方, 而有的曲线弧段正好相反. 曲线的这种性质就是曲线的凹凸性. 因此, 曲线的凹凸性可用曲线上任意两点连接而成的弦的中点与曲线上相应点的位置关系来描述.

定义 1 设 $f(x)$ 在区间 I 上连续, 若对 I 上任意两点 x_1, x_2, 恒有

$$f\left(\frac{x_1 + x_2}{2}\right) < \frac{f(x_1) + f(x_2)}{2},$$

则称 $f(x)$ 在区间 I 上的图形是凹的; 若恒有

$$f\left(\frac{x_1 + x_2}{2}\right) > \frac{f(x_1) + f(x_2)}{2},$$

则称 $f(x)$ 在区间 I 上的图形是凸的.

曲线的凹凸性具有明显的几何意义, 对于凹曲线, 当 x 逐渐增加时, 其上每一点切线的斜率是逐渐增加的, 即导函数 $f'(x)$ 是单调增加函数 (图 3-5(a)); 而对于凸曲线, 其上每一点切线的斜率是逐渐减少的, 即导函数 $f'(x)$ 是单调减少函数 (图 3-5(b)). 于是有下面判断曲线凹凸性的定理.

定理 2 设 $f(x)$ 在 $[a, b]$ 上连续, 在 (a, b) 内具有一阶和二阶导数, 则

(1) 若在 (a, b) 内 $f''(x) > 0$, 则 $f(x)$ 在 $[a, b]$ 上的图形是凹的;

(2) 若在 (a, b) 内 $f''(x) < 0$, 则 $f(x)$ 在 $[a, b]$ 上的图形是凸的.

证 只证 (1). 一方面由条件知, $f'(x)$ 在 (a, b) 内单调增加, 下面证明 $\forall x_1, x_2 \in$

$[a,b]$ 有

$$f\left(\frac{x_1 + x_2}{2}\right) < \frac{f(x_1) + f(x_2)}{2}.$$

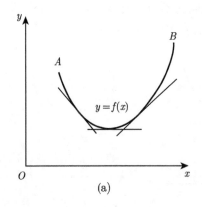

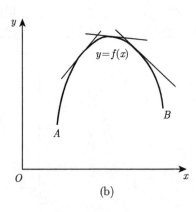

图 3-5

用反证法. 若 $\exists x_1, x_2 \in [a,b]\left(\text{设 } x_1 < x_2, x_0 = \frac{1}{2}(x_1 + x_2)\right)$, 使得

$$f\left(\frac{x_1 + x_2}{2}\right) = f(x_0) \geqslant \frac{f(x_1) + f(x_2)}{2},$$

即有 $f(x_0) - f(x_1) \geqslant f(x_2) - f(x_0)$.

由拉格朗日中值定理, $\exists \xi_1 \in (x_1, x_0)$ 与 $\xi_2 \in (x_0, x_2)$, 使得

$$f(x_0) - f(x_1) = f'(\xi_1)(x_0 - x_1),$$

$$f(x_2) - f(x_0) = f'(\xi_2)(x_2 - x_0),$$

则由以上不等式可得 $f'(\xi_1)(x_0 - x_1) \geqslant f'(\xi_2)(x_2 - x_0)$, 因 $x_0 - x_1 = x_2 - x_0 > 0$, 即有

$$f'(\xi_1) \geqslant f'(\xi_2).$$

这时 $\xi_1 < \xi_2$, 这与 $f'(x)$ 在 (a,b) 内单调增加相矛盾, 所以不等式

$$f\left(\frac{x_1 + x_2}{2}\right) < \frac{f(x_1) + f(x_2)}{2}$$

在区间 $[a,b]$ 上都成立. 从而曲线在 $[a,b]$ 上是凹的, 类似可证明 (2).

对非闭区间的情形, 也有类似结论.

例 6　判定曲线 $y = \ln x$ 的凹凸性.

解　因 $y' = \dfrac{1}{x}, y' = -\dfrac{1}{x^2}$. 故 $y = \ln x$ 在定义域 $(0, +\infty)$ 内总有 $y'' < 0$, 于是

曲线 $y = \ln x$ 是凸的.

例 7 判断曲线 $y = x^3$ 的凹凸性.

解 因为 $y' = 3x^2, y'' = 6x$, 所以当 $x < 0$ 时, $y'' < 0$, 当 $x > 0$ 时, $y'' > 0$, 因此曲线 $y = x^3$ 在 $(-\infty, 0)$ 为凸, 在 $(0, +\infty)$ 为凹.

例 8 判断曲线 $y = \sqrt[3]{x}$ 的凹凸性.

解 因为 $y' = \dfrac{1}{3}x^{-\frac{2}{3}}, y'' = -\dfrac{2}{9}x^{-\frac{5}{3}}(x \neq 0)$, 所以当 $x < 0$ 时, $y'' > 0$, 当 $x > 0$ 时, $y'' < 0$, 因此曲线 $y = \sqrt[3]{x}$ 在 $(-\infty, 0)$ 为凹, 在 $(0, +\infty)$ 为凸.

我们注意到: 在例 7、例 8 中, 虽然曲线在点 $(0,0)$ 处都是连续的, 但一条曲线对应的函数在 $x = 0$ 处的二阶导数为零, 另一条曲线对应的函数在 $x = 0$ 处不可导, 然而它们具有的共同特征是曲线在点 $(0,0)$ 左右两侧的凹凸性发生了变化, 我们把这种导致曲线凹凸性在其左右两侧发生变化的界点称为曲线的拐点. 一般地, 有如下定义.

定义 2 在连续曲线 $y = f(x)$ 上, 凹弧与凸弧的分界点 $(x_0, f(x_0))$ 称为曲线 $y = f(x)$ 的拐点.

如何寻找曲线 $y = f(x)$ 的拐点呢?

从上面的定理可知, 若点 $(x_0, f(x_0))$ 是曲线的拐点, 则 $f''(x)$ 在点 x_0 两侧要变号, 故要寻找拐点, 只要找出 $f''(x)$ 符号发生变化的分界点即可, 而这样的分界点 x_0 处或者 $f''(x_0) = 0$ 或者 $f''(x_0)$ 不存在. 综上分析, 可得判定曲线凹凸性及寻找曲线的拐点的步骤如下.

(1) 求 $f''(x)$;

(2) 令 $f''(x_0) = 0$, 求出这方程在 (a, b) 内的所有实根, 并求出所有使二阶导数不存在的点;

(3) 对于 (2) 中求出的每一个实根或二阶导数不存在的点 x_0, 检查其两侧 $f''(x)$ 的符号, 确定曲线的凹凸区间和拐点.

例 9 求曲线 $y = x^3 - 3x^2 + 1$ 的凹凸区间与拐点.

解 $y' = 3x^2 - 6x, y'' = 6x - 6 = 6(x - 1)$.

令 $y'' = 0$, 得 $x = 1$. 当 $x \in (-\infty, 1)$ 时, $y'' < 0$, 曲线在 $(-\infty, 1)$ 上是凸的; 当 $x \in (1, +\infty)$ 时, $y'' > 0$, 曲线在 $(1, +\infty)$ 上是凹的; 且点 $(1, -1)$ 是曲线的拐点.

例 10 求曲线

$$y = \begin{cases} x^3, & x < 0, \\ \sqrt[3]{x^4}, & x \geqslant 0 \end{cases}$$

的凹凸区间和拐点.

解 函数在区间 $(-\infty, +\infty)$ 上连续, 且 $x < 0$ 时, $y'' = 6x < 0$, $x > 0$ 时, $y'' = \dfrac{4}{9}x^{-\frac{2}{3}} > 0$, $x = 0$ 时, 函数二阶导数不存在. 故曲线在区间 $(-\infty, 0]$ 为凸, 在区

间 $[0, +\infty)$ 为凹, 点 $(0,0)$ 为曲线的拐点.

习 题 3-4

1. 选择题.

(1) $f(x)$ 在闭区间 $[a,b]$ 上连续, 在开区间 $(0,1)$ 内可导, 且 $f'(x) < 0$, 则 (　　).

(A) $f(0) < 0$; 　　(B) $f(1) > 0$; 　　(C) $f(0) < f(1)$; 　　(D) $f(0) > f(1)$.

(2) 设在区间 (a,b) 内, $f'(x) > 0$, $f''(x) < 0$, x_0 是 (a,b) 内任一点, 当 $\Delta x > 0$ 时, $\Delta y = f(x_0 + \Delta x) - f(x_0)$ 与 $\mathrm{d}y = f'(x_0)\Delta x$ 的关系是 (　　).

(A) $\Delta y > \mathrm{d}y$; 　　(B) $\Delta y < \mathrm{d}y$; 　　(C) $\Delta y = \mathrm{d}y$; 　　(D) 不能确定大小.

2. 确定下列函数的单调区间.

(1) $y = 2x^3 - 9x^2 + 12x$; 　　(2) $y = \dfrac{1}{4x^3 - 9x^2 + 6x}$;

(3) $y = \sqrt{2x - x^2}$; 　　(4) $y = (x^2 - 1)^3 + 3$;

(5) $y = \ln\left(x + \sqrt{1 + x^2}\right)$; 　　(6) $y = x + |\sin 2x|$.

3. 证明下列不等式.

(1) 当 $x \geqslant 0$ 时, $x \geqslant \arctan x$;

(2) 当 $0 < x < \dfrac{\pi}{2}$ 时, $\sin x + \tan x > 2x$;

(3) 当 $x > 1$ 时, $2\sqrt{x} > 3 - \dfrac{1}{x}$;

(4) 当 $0 < x < \dfrac{\pi}{2}$ 时, $\tan x > x + \dfrac{1}{3}x^3$.

4. 判定下列曲线的凹凸性.

(1) $y = x \arctan x$; 　　(2) $y = 4x - x^2$;

(3) $y = x\mathrm{e}^{-x}$; 　　(4) $y = x + \dfrac{1}{x}(x > 0)$.

5. 求下列函数图形的拐点及凹或凸的区间.

(1) $y = 3x^4 - 4x^3 + 1$; 　　(2) $y = x + \dfrac{1}{x+1}$;

(3) $y = x^4(12\ln x - 7)$; 　　(4) $y = \dfrac{5}{9}x^2 + (x-3)^{\frac{5}{3}}$.

6. 利用函数图形的凹凸性, 证明下列不等式.

(1) $\dfrac{\mathrm{e}^x + \mathrm{e}^y}{2} > \mathrm{e}^{\frac{x+y}{2}} (x \neq y)$;

(2) $\dfrac{1}{2}(x^n + y^n) > \left(\dfrac{x+y}{2}\right)^n (x > 0, y > 0, x \neq y, n > 1)$.

7. 设 $f(x)$ 具有二阶连续导数, $f'(0) = 0$, $\lim\limits_{x \to 0} \dfrac{f''(x)}{|x|} = 1$, 证明: $(0, f(0))$ 不是拐点.

8. 试确定曲线 $y = ax^3 + bx^2 + cx + d$ 中的 a, b, c, d, 使得 $x = -2$ 处曲线有水平切线, $(1, -10)$ 为拐点, 且点 $(-2, 44)$ 在曲线上.

9. 设 $y = f(x)$ 在 $x = x_0$ 的某邻域内具有三阶连续导数, 如果 $f''(x) = 0$, 而 $f'''(x_0) \neq 0$, 试问 $(x_0, f(x_0))$ 是否为拐点, 为什么?

第五节　函数的极值与最大值、最小值

一、函数的极值与求法

研究函数的单调性, 我们曾发现有一类点具有如下的特征:

(1) 它是函数单调性发生变化的分界点;

(2) 虽然该点处函数值未必是函数在整个定义域上的最大或最小值, 但它是函数在该点邻近的最大或最小值.

具有这种特征和性质的点在应用上有着很重要的意义. 由此我们引入函数极值的概念.

定义 1　设 $f(x)$ 在 $U(x_0)$ 内有定义, 若 $\forall x \in \overset{\circ}{U}(x_0)$, 有 $f(x) < f(x_0)$(或 $f(x) > f(x_0)$), 则称 $f(x)$ 在 x_0 点取得极大值 (或极小值)$f(x_0)$, 点 x_0 称为 $f(x)$ 的极大 (或极小) 值点.

在不需要区分是极大值还是极小值的时候, 极大值与极小值统称为函数的极值; 同样, 极大值点与极小值点统称为函数的极值点.

由定义可知, 极值是局部性概念, 是在一点的邻域内比较函数值的大小而产生的. 因此, 对一个函数来说, 极值往往有很多个, 且某一点取得的极大值可能会比另一个点取得的极小值还要小. 如图 3-6 所示, 直观上看, 在取得极值的地方, 其切线 (若存在) 都是水平的, 的确也有这样的点, 虽然该点处切线是水平的, 但此点不是函数的极值点.

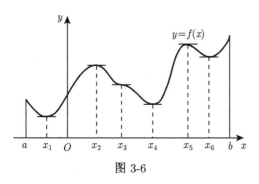

图 3-6

定理 1(必要条件)　若 $f(x)$ 在 x_0 处可导且取得极值, 那么 $f'(x_0) = 0$.

证　不妨设 $f(x_0)$ 为极大值, 则由定义, $\forall x \in \overset{\circ}{U}(x_0)$,

当 $x < x_0$ 时, 有 $\dfrac{f(x) - f(x_0)}{x - x_0} > 0$, 则 $f'_-(x_0) = \lim\limits_{x \to x_0^-} \dfrac{f(x) - f(x_0)}{x - x_0} \geqslant 0$;

当 $x > x_0$ 时, 有 $\dfrac{f(x) - f(x_0)}{x - x_0} < 0$, 则 $f'_+(x_0) = \lim\limits_{x \to x_0^+} \dfrac{f(x) - f(x_0)}{x - x_0} \leqslant 0$.

故 $f'(x_0) = 0$.

$f'(x)$ 的零点称为函数 $f(x)$ 的驻点. 定理给出了函数取得极值的必要条件: 可导函数的极值点必是驻点, 但此条件并不充分. 例如, $x = 0$ 是函数 $y = x^3$ 的驻点, 但不是极值点. 另外, 连续函数在其导数不存在的点处也可能取得极值, 如 $y = |x|$ 在 $x = 0$ 处取得极小值. 因此, 对连续函数来说, 驻点和导数不存在的点都有可能是极值点, 问题是对具体函数一旦找到了驻点和导数不存在的点, 如何判断这些点是不是极值点呢? 为此, 我们仍然从特殊的函数出发来分析.

$x = 0$ 分别是函数 $y = x^2$, $y = -x^2$ 的极值点, 它也是函数单调性发生变化的分界点. 在 $x = 0$ 处两个函数分别达到极大与极小, 而函数在该点处也具有两个截然不同的性态.

(1) 在点 $x = 0$ 处两侧, 函数单调性不同;

(2) 在点 $x = 0$ 处, 函数的二阶导数取值符号相反.

上述两个不同的性态分别构成判断函数的驻点和导数不存在的点是不是函数极值点的两个充分条件.

定理 2(第一充分条件) 设 $f(x)$ 在 x_0 处连续, 在 $\mathring{U}(x_0)$ 内可导.

(1) 若 $\forall x \in \mathring{U}(x_0^-)$, $f'(x) > 0$; $\forall x \in \mathring{U}(x_0^+)$, $f'(x) < 0$, 则 $f(x)$ 在 x_0 处取得极大值.

(2) 若 $\forall x \in \mathring{U}(x_0^-)$, $f'(x) < 0$; $\forall x \in \mathring{U}(x_0^+)$, $f'(x) > 0$, 则 $f(x)$ 在 x_0 处取得极小值.

例 1 求 $f(x) = x^3 - 3x^2 - 9x + 5$ 的极值.

解 $f'(x) = 3x^2 - 6x - 9 = 3(x+1)(x-3)$, 令 $f'(x) = 0$, 得驻点 $x_1 = -1, x_2 = 3$.

当 $x \in (-\infty, -1)$ 时, $f'(x) > 0$; 当 $x \in (-1, 3)$ 时, $f'(x) < 0$; 当 $x \in (3, +\infty)$ 时, $f'(x) > 0$. 故得 $f(x)$ 的极大值为 $f(-1) = 10$, 极小值为 $f(3) = -22$.

例 2 求 $f(x) = \sqrt[3]{x^2}$ 的极值.

解 $f'(x) = \dfrac{2}{3\sqrt[3]{x}}(x \neq 0)$, $x = 0$ 是 $f(x)$ 一阶导数不存在的点.

当 $x \in (-\infty, 0)$ 时, $f'(x) < 0$; 当 $x \in (0, +\infty)$ 时, $f'(x) > 0$. 故得 $f(x)$ 在 $x = 0$ 处取得极小值为 $f(0) = 0$.

定理 3(第二充分条件) 设 $f(x)$ 在 $U(x_0)$ 内具有二阶导数, 且 $f'(x_0) = 0$, $f''(x_0) \neq 0$, 则

(1) 当 $f''(x_o) < 0$ 时, $f(x_0)$ 为极大值;

(2) 当 $f''(x_o) > 0$ 时, $f(x_0)$ 为极小值.

证 (1) 由二阶导数的定义, 有

$$\lim_{x \to x_0} \frac{f'(x) - f'(x_0)}{x - x_0} = f''(x_0) < 0.$$

由函数极限保号性定理知, $\exists \overset{\circ}{U}(x_0, \delta)$, 当 $x \in \overset{\circ}{U}(x_0, \delta)$ 时有

$$\frac{f'(x) - f'(x_0)}{x - x_0} = \frac{f'(x)}{x - x_0} < 0.$$

当 $x \in (x_0 - \delta, x_0)$ 时, $x - x_0 < 0$, 这时 $f'(x) > 0$; 而当 $x \in (x_0, x_0 + \delta)$ 时, $x - x_0 > 0$, 这时 $f'(x) < 0$, 由定理 2 知, $f(x)$ 在 x_0 处取得极大值.

类似可证 (2).

例 3　求 $f(x) = x^3 - 3x$ 的极值.

解　$f'(x) = 3x^2 - 3 = 3(x+1)(x-1)$, $f''(x) = 6x$.

令 $f'(x) = 0$, 得 $x_1 = -1$, $x_2 = 1$. 因 $f''(1) = 6 > 0$, 故 $f(1) = -2$ 为极小值; 而 $f''(-1) = -6 < 0$, 故 $f(-1) = 2$ 为极大值.

二、最大值、最小值问题

1. 函数的最大值、最小值的求法

若 $f(x)$ 在 $[a, b]$ 上连续, 且在 (a, b) 内只有有限个驻点或导数不存在的点, 设其为 $x_1, x_2, \cdots, x_n$, 由闭区间上连续函数最值定理知, $f(x)$ 在 $[a, b]$ 上必取得最大值 M 和最小值 m. 若最值在 (a, b) 内取得, 则它一定是极值, 而 $f(x)$ 的极值点只能是驻点或不可导点. 此外, 最值点也可能是区间的端点. 于是 $f(x)$ 在 $[a, b]$ 上的最值可用下述方法求得:

$$M = \max\{f(a), f(x_1), f(x_2), \cdots, f(x_n), f(b)\};$$

$$m = \min\{f(a), f(x_1), f(x_2), \cdots, f(x_n), f(b)\}.$$

例 4　求 $f(x) = x^4 - 8x^2 + 2$ 在 $[-1, 3]$ 上的最大值和最小值.

解　$f'(x) = 4x(x - 2)(x + 2)$, 得驻点 $x_1 = 0$, $x_2 = 2$, $x_3 = -2$(舍去).

计算: $f(-1) = -5$, $f(0) = 2$, $f(2) = -14$, $f(3) = 11$.

故在 $[-1, 3]$ 上, $M = f(3) = 11$, $m = f(2) = -14$.

下面的两个结论在研究函数最值问题上是有用的:

(1) 若函数在开区间 (a, b) 内连续, 且在该区间内只有唯一的一个极值点, 则该极值点是极大值点的, 也是函数在 (a, b) 内的最大值点, 反之亦然;

(2) 若函数在开区间 (a, b) 内连续, 在 (a, b) 内有最大值和最小值, 且在该区间内存在两个极值点, 则函数值大的必是函数的最大值, 反之亦然.

2. 实际问题中的最大、最小问题

在实际中, 常会碰到 "用料最省" "效率最大" 等问题. 此类问题常常在数学上归结为求函数最大值和最小值问题.

实际中求最大值或最小值问题经常是下面的情况: 目标函数 $f(x)$ 在所讨论的区间内可导且只有唯一驻点 x_0, 则

(1) 若能判定 $f(x_0)$ 是极值, 则 $f(x_0)$ 一定是 $f(x)$ 在区间上的最值;

(2) 若依实际问题能判断出所求量一定在区间的内点处存在, 则 $f(x_0)$ 就是该区间上的最值.

例 5　要制造一个容积为 v_0 的带盖圆柱形桶, 问桶的半径 r 和桶高 h 应如何确定, 才能使用料最省?

解　首先建立目标函数, 要用料最省, 就是要圆桶的表面积 s 最小. 由 $\pi r^2 h = v_0$, $h = \dfrac{v_0}{\pi r^2}$, 故

$$s = 2\pi r^2 + 2\pi rh = 2\pi r^2 + \frac{2v_0}{r} (r > 0),$$

令 $s' = 4\pi r - \dfrac{2v_0}{r^2} = 0$, 得唯一的驻点 $r_0 = \sqrt[3]{\dfrac{v_0}{2\pi}}$, 且 $s''(r_0) > 0$, 因此 r_0 是唯一极小值点, 该点就是所求最小值点, 从而当 $r = \sqrt[3]{\dfrac{v_0}{2\pi}}$, $h = 2\sqrt[3]{\dfrac{v_0}{2\pi}} = 2r$ 时, 圆桶表面积最小, 则用料最省.

例 6　把一根直径为 d 的圆木锯成截面为矩形的梁 (图 3-7). 问矩形截面的高 h 和宽 b 应如何选择才能使梁的抗弯截面模量最大?

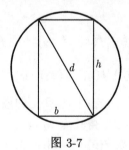

图 3-7

解　由力学分析知, 矩形梁的抗弯截面模量为 $W = \dfrac{1}{6}bh^2$, 而 $h^2 = d^2 - b^2$, 因此有

$$W = \frac{1}{6}(d^2 b - b^3)(0 < b < d).$$

令 $W' = \dfrac{1}{6}(d^2 - 3b^2) = 0$, 得唯一的驻点 $b_0 = \sqrt{\dfrac{1}{3}}d$. 由于矩形梁的抗弯截面模量一

定存在, 且在 $(0,d)$ 内部取得, 所以当 $b = \sqrt{\dfrac{1}{3}}d, h = \sqrt{d^2 - b^2} = \sqrt{\dfrac{2}{3}}d$ 时, 梁的抗弯截面模量 W 的值最大, 这时

$$d : h : b = \sqrt{3} : \sqrt{2} : 1.$$

习 题 3-5

1. 下列命题中正确的是 ( ).

(A) 若 x_0 为 $f(x)$ 的极值点, 则必有 $f'(x_0) = 0$;

(B) 若 $f'(x_0) = 0$, 则 x_0 必为 $f(x)$ 的极值点;

(C) 若 x_0 为 $f(x)$ 的极值点, 可能 $f'(x)$ 不存在;

(D) 若 $f(x)$ 在 (a,b) 内存在极大值和极小值, 则极大值必定大于极小值.

2. 设函数 $f(x)$ 在 $x = 0$ 点的邻域内可导, 且 $f'(o) = 0$, $\lim\limits_{x \to 0} \dfrac{f'(x)}{x} = -1$, 则 $f(0)$ 一定 ( ).

(A) 不是 $f(x)$ 的极值;　　　　(B) 是 $f(x)$ 的极大值;

(C) 是 $f(x)$ 的极小值;　　　　(D) 等于 0.

3. $f(x) = x - \dfrac{3}{2}x^{\frac{2}{3}}$ 的极值点的个数是 ( ).

(A) 0;　　　(B) 1;　　　(C) 2;　　　(D) 3.

4. 求下列函数的极值.

(1) $y = x^3 - 3x^2 + 3$;　　　　(2) $y = x - \dfrac{3}{2}x^{\frac{2}{3}}$;

(3) $y = x + \sqrt{1-x}$;　　　　(4) $y = x - \ln(1+x)$;

(5) $y = \dfrac{1+3x}{\sqrt{4+5x^2}}$;　　　　(6) $y = x + \tan x$.

5. 试问 a 为何值时, 函数 $f(x) = a\sin x + \dfrac{1}{3}\sin 2x$ 在 $x = \dfrac{\pi}{3}$ 处有极值? 它是极大值还是极小值? 并求此极值.

6. $f(x) = \dfrac{1}{4}x^4 - \dfrac{3}{2}x^2(-2 \leqslant x \leqslant 4)$ 在何处取得最大值?

7. 求函数 $f(x) = x^{\frac{2}{3}} - (x^2 - 1)^{\frac{1}{3}}$ 在区间 $[0,2]$ 上的最大值与最小值.

8. 在曲线 $y = \dfrac{1}{x^2}(x > 0)$ 上求一点 x_0, 使该点的切线被两坐标轴所截得的线段的长度最短.

9. 要造一圆柱形油罐, 体积为 V, 问底半径 r 和高 h 各等于多少时, 才能使表面积最小? 这时底直径与高的比是多少?

第六节　函数图形的描绘

我们讨论了函数的单调性与极值、曲线的凹凸性与拐点等, 利用函数的这些性

态, 便能比较准确地描绘出函数的图形. 为把握曲线上的点无限远离坐标原点的渐近状态, 需介绍渐近线的概念及求法.

一、渐近线

曲线 C 上的动点 M 沿曲线移动无限远离坐标原点时, 若能与一条直线 l 的距离趋于零, 则称直线 l 为曲线 C 的一条渐近线, 如图 3-8 所示.

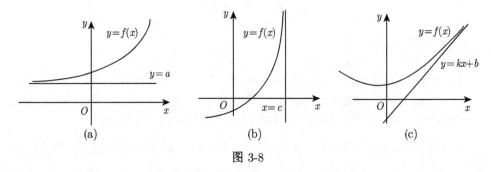

图 3-8

渐近线反映的是曲线无限延伸时的走向和趋势. 根据曲线上的点能无限远离坐标原点的情况, 可得确定曲线的渐近线的方法如下:

(1) 若 $\lim\limits_{x\to\infty} f(x) = a$, 则曲线 $y = f(x)$ 有一条水平渐近线 $y = a$;

(2) 若 $\lim\limits_{x\to c} f(x) = \infty$, 则曲线 $y = f(x)$ 有一条铅直渐近线 $x = c$;

(3) 若 $\lim\limits_{x\to\infty} \dfrac{f(x)}{x} = k$, 且 $\lim\limits_{x\to\infty} (f(x) - kx) = b$, 则曲线 $y = f(x)$ 有一条斜渐近线 $y = kx + b$.

例 1   求曲线 $f(x) = \dfrac{2(x-2)(x+3)}{x-1}$ 的渐近线.

解   因为

$$\lim_{x\to 1^+} f(x) = -\infty, \quad \lim_{x\to 1^-} f(x) = +\infty,$$

所以, 直线 $x = 1$ 是曲线的一条铅直渐近线. 又因为

$$\lim_{x\to\infty} \frac{f(x)}{x} = \lim_{x\to\infty} \frac{2(x-2)(x+3)}{x(x-1)} = 2,$$

$$\lim_{x\to\infty} \left(\frac{2(x-2)(x+3)}{(x-1)} - 2x \right) = \lim_{x\to\infty} \frac{2(x-2)(x+3) - 2x(x-1)}{(x-1)} = 4,$$

所以, $y = 2x + 4$ 是曲线的一条斜渐近线.

二、函数图形的描绘

描绘函数的图形, 中学阶段常通过描点法. 这种方法在描绘图形时, 由于常会遗漏曲线的一些关键点, 如极值点、拐点等, 使得曲线的单调性、凹凸性等一些函

数的重要性态难以准确显示出来. 本节将要利用导数描绘函数 $y = f(x)$ 的图形, 其一般步骤如下:

(1) 确定函数的定义域、奇偶性、有界性、周期性等;

(2) 求出 $f'(x)$ 和 $f''(x)$ 的全部零点及不存在的点, 并利用这些点划分定义域为若干个小区间;

(3) 考察各个小区间内 $f'(x)$ 和 $f''(x)$ 的符号, 确定 $f(x)$ 的增减区间、极值点和凹凸区间及拐点, 并使用下列记号列表,

| 凹、单增 | 凹、单减 | 凸、单增 | 凸、单减 |

(4) 确定函数图形的水平、铅直渐近线以及其他变化趋势;

(5) 必要时, 可补充一些适当的点, 如 $f(x)$ 与坐标轴交点等, 然后结合上面讨论, 连点描出图形.

例 2　画出 $y = x^3 - x^2 - x + 1$ 的图形.

解　(1) $D = (-\infty, +\infty)$. 而 $f'(x) = 3x^2 - 2x - 1 = (3x + 1)(x - 1)$, $f''(x) = 2(3x - 1)$.

令 $f'(x) = 0$, 得 $x = -\dfrac{1}{3}$, $x = 1$, $f\left(-\dfrac{1}{3}\right) = \dfrac{32}{27}$; $f''(x) = 0$, 得 $x = \dfrac{1}{3}$, $f\left(\dfrac{1}{3}\right) = \dfrac{16}{27}$.

(2) 列表如下.

x	$\left(-\infty, -\dfrac{1}{3}\right)$	$-\dfrac{1}{3}$	$\left(-\dfrac{1}{3}, \dfrac{1}{3}\right)$	$\dfrac{1}{3}$	$\left(\dfrac{1}{3}, 1\right)$	1	$(1, +\infty)$
$f'(x)$	+	0	−	−	−	0	+
$f''(x)$	−	−	−	0	+	+	+
$y = f(x)$ 的图形	⤴	极大	⤵	拐点	⤷	极点	⤴

(3) 当 $x \to -\infty$ 时, $y \to -\infty$; 当 $x \to +\infty$ 时, $y \to +\infty$.

(4) 补充点: $f(-1) = 0$, $f(0) = 1$, $f\left(\dfrac{3}{2}\right) = \dfrac{5}{8}$. 由上讨论, 即可画出图形 (图 3-9).

例 3　描绘 $y = \dfrac{1}{\sqrt{2\pi}} \mathrm{e}^{-\frac{x^2}{2}}$ 的图形.

解　(1) $D = (-\infty, +\infty)$, 由 $f(-x) = f(x)$, 知 $f(x)$ 为偶函数. 而

$$f'(x) = -\frac{1}{\sqrt{2\pi}} x \mathrm{e}^{-\frac{x^2}{2}}, \quad f''(x) = \frac{1}{\sqrt{2\pi}} \mathrm{e}^{-\frac{x^2}{2}}(x^2 - 1).$$

令 $f'(x) = 0$, 得 $x = 0$, $f(0) = \dfrac{1}{\sqrt{2\pi}}$; $f''(x) = 0$, 得 $x = 1$, $f(1) = \dfrac{1}{\sqrt{2\pi\mathrm{e}}}$.

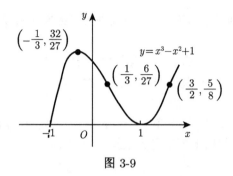

图 3-9

(2) 列表如下.

x	0	$(0,1)$	1	$(1,+\infty)$
$f'(x)$	0	$-$	$-$	$-$
$f''(x)$	$-$	$-$	0	$+$
$y=f(x)$ 的图形	极大	$\searrow$	拐点	$\searrow$

(3) 当 $\lim\limits_{x\to+\infty} f(x) = 0$ 时, 图形有一条水平渐近线 $y=0$.

(4) 由上知 $M_1\left(0, \dfrac{1}{\sqrt{2\pi}}\right)$ 和 $M_2\left(1, \dfrac{1}{\sqrt{2\pi e}}\right)$, 补充 $M_3\left(2, \dfrac{1}{\sqrt{2\pi e^2}}\right)$, 结合上述讨论, 即可画出图形 (图 3-10).

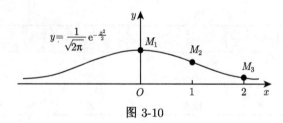

图 3-10

习　题　3-6

1. 描绘下列函数图形.

(1) $y = 3x - x^3$;

(2) $y = x^2 + \dfrac{1}{x}$;

(3) $y = \dfrac{x^2}{1+x}$;

(4) $y = e^{-(x-1)^2}$;

(5) $y = \dfrac{\cos x}{\cos 2x}$.

第七节　曲　率

一、弧微分

作为曲率的预备知识, 先介绍弧微分的概念.

设函数 $f(x)$ 在 (a,b) 内有连续的导数, 在曲线 $y = f(x)$ 上取一定点 $M_0(x_0, y_0)$ 作为度量弧长的基点 (图 3-11), 并规定依 x 增大的方向作为曲线的正向. 对曲线上任一点 $M(x, y)$, 规定有向弧段 $\overset{\frown}{M_0 M}$ 的值 s(简称弧 s, s 的绝对值等于这弧段的长度) 如下: 当有向弧段 $\overset{\frown}{M_0 M}$ 的方向与曲线的正向一致时, $s > 0$, 相反时 $s < 0$, 显然, s 是 x 的函数, 且是单调增加函数, 记为 $s = s(x)$. 下面求 $s(x)$ 的导数和微分.

设 $x, x+\Delta x$ 为 (a,b) 内的两个邻近点, 它们在曲线 $y = f(x)$ 上对应点 M, M'(图 3-11), 并设对应于 x 的增量 Δx, 弧 s 的增量为 Δs, 则

$$\Delta s = \overset{\frown}{M_0 M'} - \overset{\frown}{M_0 M} = \overset{\frown}{MM'}.$$

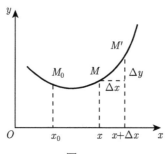

图 3-11

于是

$$\left(\frac{\Delta s}{\Delta x}\right)^2 = \left(\frac{\overset{\frown}{MM'}}{\Delta x}\right)^2 = \left(\frac{\overset{\frown}{MM'}}{|MM'|}\right)^2 \cdot \frac{\left|\overset{\frown}{MM'}\right|^2}{(\Delta x)^2}$$

$$= \left(\frac{\overset{\frown}{MM'}}{|MM'|}\right)^2 \cdot \frac{(\Delta x)^2 + (\Delta y)^2}{(\Delta x)^2} = \left(\frac{\overset{\frown}{MM'}}{|MM'|}\right)^2 \left[1 + \left(\frac{\Delta y}{\Delta x}\right)^2\right].$$

当 $\Delta x \to 0$ 时, $M' \to M$, 且有

$$\lim_{M' \to M} \frac{\left|\overset{\frown}{MM'}\right|}{|MM'|} = 1.$$

又 $\displaystyle\lim_{\Delta x \to 0} \frac{\Delta y}{\Delta x} = y'$, 因此

$$\left(\frac{\mathrm{d}s}{\mathrm{d}x}\right)^2 = 1 + y'^2.$$

由于 $s(x)$ 单调增加, 故 $\dfrac{\mathrm{d}s}{\mathrm{d}x} > 0$, 所以

$$\frac{\mathrm{d}s}{\mathrm{d}x} = \sqrt{1 + y'^2}.$$

于是有 $\mathrm{d}s = \sqrt{1 + y'^2}\mathrm{d}x$. 这就是弧微分公式.

二、曲率及其计算公式

我们讨论了曲线弧的凹凸性, 即 "弯曲" 方向, 那么怎样定量地描述曲线的 "弯曲" 程度呢?

一条曲线被称为光滑曲线, 若此曲线上每一点都有切线, 且切线随切点的移动而连续转动. 设 M, M' 是光滑曲线 C 上两点, 当 C 上的动点从 M 移动到 M' 时, 切线转过了角度 $\Delta\alpha$(称为转角), 而所对应的弧增量 $\Delta s = \overparen{MM'}$, 如图 3-12 所示.

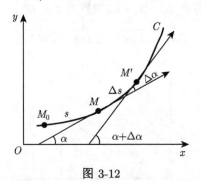

图 3-12

不难看出, 曲线弧的弯曲程度一是与切线转角有关, 转角越大, 弯曲越厉害; 二是与弧的长度有关, 转角相同时, 弧段长度越短弯曲越厉害, 即曲线的弯曲程度与转角成正比, 与弧长成反比. 于是我们用 $|\Delta\alpha|$ 与 $|\Delta s|$ 的比值来表示弧段 $\overparen{MM'}$ 的弯曲程度. 我们将单位弧段上切线转角的大小称为 $\overparen{MM'}$ 的平均曲率, 记为 $\overline{K}$, 则

$$\overline{K} = \left|\frac{\Delta\alpha}{\Delta s}\right|.$$

我们将平均曲率当 $\Delta s \to 0$(即 $M' \to M$) 时的极限, 即

$$K = \lim_{\Delta s \to 0}\left|\frac{\Delta\alpha}{\Delta s}\right| = \left|\frac{\mathrm{d}\alpha}{\mathrm{d}s}\right|,$$

称为曲线 C 在点 M 的曲率.

对于直线, 倾角 α 始终不变, 故 $\Delta\alpha = 0$, 从而 $K = 0$, 即直线不弯曲.

对于圆, 设半径为 R, 由图 3-13 可知, 任意两点 M, M' 处圆之切线所夹的角

$\Delta\alpha$ 等于 $\angle MDM'$, 而 $\angle MDM' = \dfrac{\Delta s}{R}$, 于是

$$\frac{\Delta\alpha}{\Delta s} = \frac{\dfrac{\Delta s}{R}}{\Delta s} = \frac{1}{R}.$$

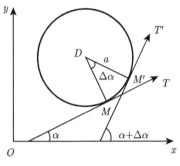

图 3-13

故

$$K = \lim_{\Delta s \to 0} \left| \frac{\Delta\alpha}{\Delta s} \right| = \frac{1}{R}.$$

即圆上任一点处的曲率都相等, 且等于其半径的倒数, 也就是说, 半径越小, 曲率越大; 反之, 半径越大, 曲率越小.

　　下面给出曲率的计算公式. 设曲线方程为 $y = f(x)$, 且 $f(x)$ 具有二阶导数. 因 $\tan\alpha = y'$, 故

$$\sec^2\alpha \frac{\mathrm{d}\alpha}{\mathrm{d}x} = y'',$$

即 $\mathrm{d}\alpha = \dfrac{y''}{1 + y'^2}\mathrm{d}x$, 又 $\mathrm{d}s = \sqrt{1 + y'^2}\mathrm{d}x$, 于是

$$K = \left| \frac{\mathrm{d}\alpha}{\mathrm{d}s} \right| = \frac{|y''|}{(1 + y'^2)^{\frac{3}{2}}}.$$

　　若曲线方程 $\begin{cases} x = \varphi(t), \\ y = \psi(t), \end{cases}$ 则

$$K = \frac{|\varphi'(t)\psi''(t) - \varphi''(t)\psi'(t)|}{[\varphi'^2(t) + \psi'^2(t)]^{\frac{3}{2}}}.$$

例 1　抛物线 $y = ax^2 + bx + c$ 在哪一点处曲率最大?

解　$y' = 2ax + b$, $y'' = 2a$ 代入曲率公式, 得

$$K = \frac{|2a|}{[1 + (2ax + b)^2]^{\frac{3}{2}}},$$

显然, 只要分母最小, K 就最大, 易知, 当 $2a + b = 0$, 即 $x = -\dfrac{b}{2a}$ 时, K 有最大值 $|2a|$, 而 $x = -\dfrac{b}{2a}$ 所对应的点为抛物线的顶点. 因此, 抛物线在顶点处的曲率最大.

在实际问题中, $|y'|$ 与 1 比较起来是很小的, 可能忽略不计, 这时由 $1 + y'^2 \approx 1$, 可得曲率的近似计算公式为

$$K \approx |y''|.$$

这样, 对复杂问题的计算和讨论就方便多了.

三、曲率半径与曲率圆

设曲线 $y = f(x)$ 在点 $M(x, y)$ 处的曲率为 $K(K \neq 0)$, 在点 M 处的曲线的法线上, 在凹的一侧取一点 D, 使 $|DM| = \dfrac{1}{K} = \rho$, 以 D 为圆心, ρ 为半径作圆. 如图 3-14 所示. 这个圆称为曲线在点 M 处的曲率圆, 曲率圆的圆心 D 称为曲线在点 M 处的曲率中心, 曲率圆的半径 ρ 称为曲线在点 M 处的曲率半径.

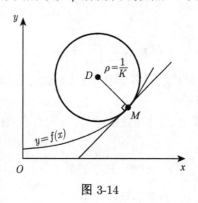

图 3-14

曲率圆与曲线 C 在 M 点处有相同的切线和曲率以及相同的凹向. 因而在 M 点附近, 圆弧与曲线的密切程度非常好.

*四、曲率中心的计算公式

设已知曲线的方程是 $y = f(x)$, 且其二阶导数 y'' 在点 x 处不为零, 可以证明, 曲线在 $M(x, y)$ 点的曲率中心 $D(\alpha, \beta)$ 的坐标为

$$\alpha = x - \frac{y'(1 + y'^2)}{y''}, \quad \beta = y + \frac{1 + y'^2}{y''}.$$

习　题　3-7

1. 求椭圆 $4x^2 + y^2 = 4$ 在点 $(0, 2)$ 处的曲率.

2. 求曲线 $y = x^2 - 4x + 3$ 在其顶处的曲率及曲率半径.

3. 曲线 $y = \ln x$ 上哪一点处的曲率半径最小? 求出该点处的曲率半径.

4. 曲线 $y = kx^3 (0 \leqslant x < +\infty, k > 0)$ 的最大曲率为 $\dfrac{1}{1000}$, 求达到此最大曲率的横坐标.

5. 求曲线 $y = \tan x$ 在点 $\left(\dfrac{\pi}{4}, 1\right)$ 处的曲率圆方程.

*第八节　方程的近似解

在工程技术问题中, 常遇到求方程 $f(x) = 0$ 的根的问题, 但根的精确值经常不易求得, 甚至有时不可能求得, 这时, 在一定条件下, 可以求根的近似值.

求方程的近似根, 一般首先确定根的大致范围, 这就是说, 确定一个区间 $[a, b]$, 使得在 $[a, b]$ 内确定有实根, 然后用逐次逼近法求出根的近似值, 下面介绍两种逐次逼近法.

一、二分法

设 $f(x)$ 在 $[a, b]$ 上连续, 且 $f(a) \cdot f(b) < 0$, 则方程 $f(x) = 0$ 在 (a, b) 内至少有一个根.

取 $[a, b]$ 的中点 $c_1 = \dfrac{1}{2}(a + b)$, 计算 $f(c_1)$, 若 $f(c_1) = 0$, 则 c_1 就是方程的根. 若 $f(c_1) \neq 0$, 且 $f(a)$ 与 $f(c_1)$ 异号, 则令 $a_1 = a, b_1 = c_1$; 若 $f(b)$ 与 $f(c_1)$ 异号, 则令 $a_1 = c_1, b_1 = b$. 总之, 使 $f(a_1) \cdot f(b_1) < 0$, 这时, 仍用 $c_2 = \dfrac{1}{2}(a_1 + b_1)$ 作为近似根, 其误差就小于 $\dfrac{1}{2^2}(b - a)$. 若误差不满足要求, 则可重复上述作法, 计算 $f(c_2)$ 的值, $\cdots$, 当重复 n 次后, 确定了 $f(c_n)$ 的符号, 则可有 $c_{n+1} = \dfrac{1}{2}(a_n + b_n)$ 作为近似根, 其误差小于 $\dfrac{1}{2^{n+1}}(b - a)$.

例 1　用二分法求方程 $x^3 + 1.1x^2 + 0.9x - 1.4 = 0$ 的近似根, 精确到 10^{-3}.

解　记 $f(x) = x^3 + 1.1x^2 + 0.9x - 1.4$. 由于 $f(0) = -1.4 < 0$, $f(1) = 1.6 > 0$, 所以 $f(x) = 0$ 在 $[0, 1]$ 上有根, 计算得 $f(0) < 0$, $f(1) > 0$.

$c_1 = 0.5, f(c_1) = -0.55 < 0$, 取 $a_1 = 0.5, b_1 = 1$;

$c_2 = 0.75, f(c_2) = 0.32 > 0$, 取 $a_2 = 0.5, b_2 = 0.75$;

$c_3 = 0.625, f(c_3) = -0.16 < 0$, 取 $a_3 = 0.625, b_3 = 0.75$;

$c_4 = 0.687, f(c_4) = 0.062 > 0$, 取 $a_4 = 0.625, b_2 = 0.687$;

$c_5 = 0.656, f(c_5) = -0.054 < 0$, 取 $a_5 = 0.656, b_5 = 0.687$;

$c_6 = 0.672, f(c_6) = 0.005 > 0$, 取 $a_6 = 0.656, b_6 = 0.672$;

$c_7 = 0.664, f(c_7) = -0.025 < 0$, 取 $a_7 = 0.664, b_7 = 0.672$;

$c_8 = 0.668, f(c_8) = -0.010 < 0$, 取 $a_8 = 0.668, b_8 = 0.672$;

$c_9 = 0.670, f(c_9) = -0.002 < 0$, 取 $a_9 = 0.670, b_9 = 0.672$.

这时, 若用 $c_{10} = 0.671$ 作为近似根, 则误差小于 $0.672 - 0.671 = 0.001$.

二、切线法

若 $f(x)$ 在 $[a,b]$ 上可导, 在 (a,b) 内的二阶导数保持同号, 且 $f(a) \cdot f(b) < 0$, 这时 $y = f(x)$ 在 $[a,b]$ 上的图形只有图 3-15 的四种不同的情形. 可以证明: 对其中的每一种情形, 方程 $f(x) = 0$ 都只有唯一的实根 (证明留给读者) 在 (a,b) 内至少有一个根.

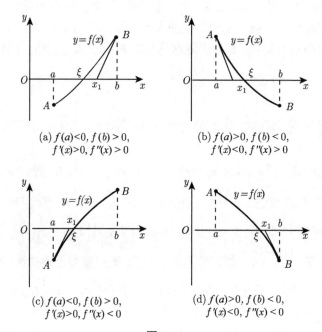

(a) $f(a)<0, f(b)>0,$
$f'(x)>0, f''(x)>0$

(b) $f(a)>0, f(b)<0,$
$f'(x)<0, f''(x)>0$

(c) $f(a)<0, f(b)>0,$
$f'(x)>0, f''(x)<0$

(d) $f(a)>0, f(b)<0,$
$f'(x)<0, f''(x)<0$

图 3-15

下面以图 3-15(c) 情况为例, 讨论用切线法求根的方法. 此时 $f(a)$ 与 $f''(x)$ 同号, 令 $x_0 = a$(若 $f(b)$ 与 $f''(x)$ 同号, 令 $x_0 = b$), 在端点 $(x_0, f(x_0))$ 的切线方程为

$$y - f(x_0) = f'(x_0)(x - x_0).$$

令 $y = 0$, 可解出切线与 x 轴交点的横坐标为

$$x_1 = x_0 - \frac{f(x_0)}{f'(x_0)},$$

它比 x_0 更接近方程的根 ξ, x_1 可作为根的第一次近似值.

再在点 $(x_1, f(x_1))$ 作切线, 此切线与 x 轴交点的横坐标为 x_2, 可作为根的第二次近似值, 如此继续下去, 可得根的第 n 次近似值

$$x_n = x_{n-1} - \frac{f(x_{n-1})}{f'(x_{n-1})},$$

经过适当的讨论, 可判定近似根 x_n 是否满足要求.

例 2 用切线法求方程 $x^3 + 1.1x^2 + 0.9x - 1.4 = 0$ 中的近似根, 精确到 0.0005.

解 令 $f(x) = x^3 + 1.1x^2 + 0.9x - 1.4$, 由例 1 知 $f(0) < 0$, $f(1) > 0$. 在 $(0,1)$ 上求二阶导数得

$$f''(x) = 6x + 2.2 > 0.$$

函数 $f(x)$ 在 $[0,1]$ 上满足切线法求根的条件, 这时, $f(1)$ 与 $f''(x)$ 同号, 所以令 $x_0 = 1$, 连续应用迭代公式, 得

$$x_1 = 1 - \frac{f(1)}{f'(1)} \approx 0.738;$$

$$x_2 = 0.738 - \frac{f(0.738)}{f'(0.738)} \approx 0.674;$$

$$x_3 = 0.674 - \frac{f(0.674)}{f'(0.674)} \approx 0.671;$$

$$x_4 = 0.671 - \frac{f(0.671)}{f'(0.671)} \approx 0.671;$$

至此, x_3 与 x_1 的近似值相同, 迭代计算不必再继续, 经计算 $f(0.670) < 0$, 这时若取根的近似值为 $\frac{1}{2}(0.670+0.671) = 0.6705$, 则误差小于 $\frac{1}{2}(0.671-0.670) = 0.0005$.

习 题 3-8

1. 试证明方程 $x^3 - 3x^2 + 6x - 1 = 0$ 在区间 $(0,1)$ 内有唯一的实根, 并用二分法求这个根的近似值, 使误差不超过 0.01.

2. 试证明方程 $x^5 + 5x + 1 = 0$ 在区间 $(-1,0)$ 内有唯一的实根, 并用切线法求这个根的近似值, 使误差不超过 0.01.

3. 求方程 $x^3 + 3x - 1 = 0$ 的近似根, 使误差不超过 0.01.

总 习 题 三

1. 下列函数在给定区间上满足罗尔定理条件的是 (   ).

(A) $f(x) = 1 - x^2$, $x \in [-1, 1]$; (B) $f(x) = xe^{-x}$, $x \in [-1, 1]$;

(C) $f(x) = \dfrac{1}{1-x^2}$, $x \in [-1, 1]$; (D) $f(x) = |x|$, $x \in [-1, 1]$.

2. 函数 $f(x) = |\cos x|$ 在区间 $\left[\dfrac{\pi}{3}, \dfrac{2\pi}{3}\right]$ 上 (　　).

(A) 满足拉格朗日定理条件, 且 $\xi = \dfrac{\pi}{2}$;

(B) 满足拉格朗日定理条件, 无法求 ξ;

(C) 不满足拉格朗日定理条件, 但有 ξ 能满足该定理的结论;

(D) 不满足拉格朗日定理条件, 不存在 ξ.

3. 函数 $f(x)$ 在点 x_0 处取得极值, 则 (　　).

(A) $f'(x_0)$ 不存在或 $f'(x_0) = 0$; 　　　　(B) $f'(x_0)$ 必定不存在;

(C) $f'(x_0)$ 必定存在且 $f'(x_0) = 0$; 　　　　(D) $f'(x_0)$ 必定存在, 不一定为 0.

4. 曲线 $y = \dfrac{x^2 + 1}{x - 1}$(　　).

(A) 有水平渐近线, 无垂直渐近线;

(B) 无水平渐近线, 有垂直渐近线;

(C) 既有水平渐近线, 又有垂直渐近线;

(D) 无水平渐近线, 无垂直渐近线.

5. 证明方程 $x2^x - 1 = 0$ 至少有一个小于 1 的正根.

6. 设 $a_0 + \dfrac{a_1}{2} + \cdots + \dfrac{a_n}{n+1} = 0$, 证明多项式 $f(x) = a_0 + a_1 x + \cdots + a_n x^n$ 在 $(0, 1)$ 内至少有一个零点.

7. 设函数 $f(x)$ 在 $[a, b]$ 上连续, 在 (a, b) 内可导, 且 $f(a) = f(b) = 0$, 试证存在 $\xi \in (a, b)$, 使 $f'(\xi) + 2\lambda \xi f(\xi) = 0$.

8. 设函数 $f(x)$ 在 $[a, b]$ 上可微 $(0 < a < b)$, 证明: 存在 $\xi \in (a, b)$, 使 $(b^2 - a^2)f'(\xi) = 2\xi[f(b) - f(a)]$.

9. 求下列极限.

(1) $\lim\limits_{x \to 0} \dfrac{\cos x - \cos 3x}{x^2}$;

(2) $\lim\limits_{x \to 1} \dfrac{x - x^x}{1 - x + \ln x}$;

(3) $\lim\limits_{x \to 0^+} (\tan x)^{\sin x}$;

(4) $\lim\limits_{x \to \infty} \left[\left(a_1^{\frac{1}{x}} + a_2^{\frac{1}{x}} + \cdots + a_n^{\frac{1}{x}}\right)/n\right]^{nx}$ (其中 $a_1, a_2, \cdots, a_n > 0$).

10. 证明下列不等式.

(1) 证明当 $x \in \left[\dfrac{1}{2}, 1\right]$ 时, $\arctan x - \ln(1 + x^2) \geqslant \dfrac{\pi}{4} - \ln 2$;

(2) 证明当 $1 < a < b$ 时, $a + \ln b < b + \ln a$.

11. 设 $a > 0$, 问 a 为何值时, 曲线 $y = \mathrm{e}^{-2x}$ 在点 (a, e^{-2a}) 处的切线与两坐标轴所围成的三角形的面积最大, 并求此最大面积.

12. 已知 $(2, 4)$ 是曲线 $y = x^3 + ax^2 + bx + c$ 的拐点, 且曲线在点 $x = 3$ 处取得极值, 求 a, b, c.

13. 设 $f(x)$ 在 $[0, 2]$ 上二阶可导, 且 $|f(x)| \leqslant 1$, $|f''(x)| \leqslant 1$, 证明 $|f'(x)| \leqslant 2$

14. 试确定常数 a 和 b, 使 $f(x) = x - (a + b\cos x)\sin x$ 为当 $x \to 0$ 时关于 x 的 5 阶无穷小.

历年考研题三

本章历年试题的类型:

(1) 单调性与极值问题.

(2) 凹凸函数的性质与判断.

(3) 求函数在定义域上的单调区间与极值点, 凹凸区间与拐点及渐近线.

(4) 函数不等式问题.

(5) 函数零点的存在性与个数问题.

(6) 拉格朗日中值定理及带有拉格朗日余项的泰勒公式及其应用.

1. (2000, 3 分) 设 $f(x)$, $g(x)$ 是恒大于零的可导函数, 且 $f'(x)g(x) - f(x)g'(x) < 0$, 则当 $a < x < b$ 时, 有 (   ).

(A) $f(x)g(b) > f(b)g(x)$;   (B) $f(x)g(a) > f(a)g(x)$;

(C) $f(x)g(x) > f(b)g(b)$;   (D) $f(x)g(x) > f(a)g(a)$.

2. (2000, 6 分) 设函数 $f(x)$ 在 $[0, \pi]$ 上连续, 且 $\int_0^\pi f(x)\mathrm{d}x = 0$, $\int_0^\pi f(x)\cos x\mathrm{d}x = 0$. 试证: 在 $(0, \pi)$ 内至少存在两个不同的点 ξ_1 和 ξ_2, 使 $f(\xi_1) = f(\xi_2) = 0$.

3. (2001, 3 分) 设函数 $f(x)$ 在定义域内可导, $y = f(x)$ 的图形如下图所示,

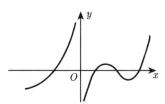

则导函数 $y = f'(x)$ 的图形为 (   ).

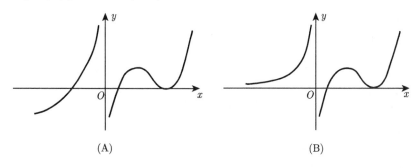

(A)   (B)

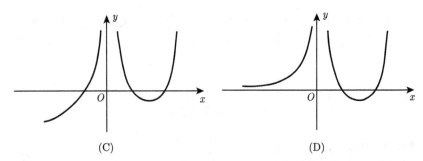

(C)　　　　　　　　　　　　　　　　(D)

4. (2001,7 分) 设 $y = f(x)$ 在 $(-1, 1)$ 内具有二阶连续导数, 且 $f''(x) \neq 0$, 试证:

(1) 对于 $(-1,1)$ 内的任一 $x \neq 0$, 存在唯一的 $\theta(x) \in (0,1)$, 使 $f(x) = f(0) + xf'[\theta(x)x]$ 成立;

(2) $\lim\limits_{x \to 0} \theta(x) = \dfrac{1}{2}$.

5. (2002,3 分) 设函数 $y = f(x)$ 在 $(0, +\infty)$ 内有界且可导, 则 (　　).

(A) 当 $\lim\limits_{x \to +\infty} f(x) = 0$ 时, 必有 $\lim\limits_{x \to +\infty} f'(x) = 0$;

(B) 当 $\lim\limits_{x \to +\infty} f'(x)$ 存在时, 必有 $\lim\limits_{x \to +\infty} f'(x) = 0$;

(C) 当 $\lim\limits_{x \to 0^+} f(x) = 0$ 时, 必有 $\lim\limits_{x \to 0^+} f'(x) = 0$;

(D) 当 $\lim\limits_{x \to 0^+} f'(x)$ 存在时, 必有 $\lim\limits_{x \to 0^+} f'(x) = 0$.

6. (2003,4 分) 设函数 $f(x)$ 在 $(-\infty, +\infty)$ 内连续, 其导函数的图形如下图所示,

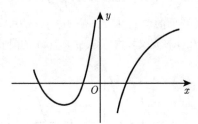

则 $f(x)$ 有 (　　).

(A) 一个极小值点和两个极大值点;　　　　(B) 两个极小值点和一个极大值点;

(C) 两个极小值点和两个极大值点;　　　　(D) 三个极小值点和一个极大值点.

7. (2004,12 分) 设 $e < a < b < e^2$, 证明 $\ln^2 b - \ln^2 a > \dfrac{4}{e^2}(b - a)$.

8. (2004,11 分) 设有方程 $x^n + nx - 1 = 0$, 其中 n 为正整数, 证明此方程存在唯一正实根 x_n, 并证明当 $\alpha > 1$ 时, 级数 $\sum\limits_{n=1}^{\infty} x_n^{\alpha}$ 收敛.

9. (2005,4 分) 曲线 $y = \dfrac{x^2}{2x + 1}$ 的斜渐近线方程为＿＿＿＿＿＿.

10. (2005,12 分) 已知函数 $f(x)$ 在 $[0,1]$ 上连续, 在 $(0,1)$ 内可导, 且 $f(0) = 0, f(1) = 1$. 证明:

(1) 存在 $\xi \in (0, 1)$ 使得 $f(\xi) = 1 - \xi$.

(2) 存在两个不同的点 $\eta,\ \zeta \in (0,\ 1)$, 使得 $f'(\zeta)f'(\eta) = 1$.

11. (2006,4 分) 设函数 $y = f(x)$ 具有二阶导数, 且 $f'(x) > 0, f''(x) > 0, \Delta x$ 为自变量 x 在点 x_0 处的增量, Δy 与 dy 分别为 $f(x)$ 在点 x_0 处对应的增量与微分, 若 $\Delta x > 0$, 则 ( ).

(A) $0 < \mathrm{d}y < \Delta y$;   (B) $0 < \Delta y < \mathrm{d}y$;

(C) $\Delta y < \mathrm{d}y < 0$;   (D) $\mathrm{d}y < \Delta y < 0$.

12. (2007,4 分) 设函数 $f(x)$ 在 $(0,\ +\infty)$ 上具有二阶导数, 且 $f''(x) > 0$, 令 $u_n = f(n)(n = 1,\ 2,\ \cdots)$, 则下列结论正确的是 ( ).

(A) 若 $u_1 > u_2$, 则 $\{u_n\}$ 必收敛;   (B) 若 $u_1 > u_2$, 则 $\{u_n\}$ 必发散;

(C) 若 $u_1 < u_2$, 则 $\{u_n\}$ 必收敛;   (D) 若 $u_1 < u_2$, 则 $\{u_n\}$ 必发散.

13. (2007,4 分) 曲线 $y = \dfrac{1}{x} + \ln(1 + \mathrm{e}^x)$ 渐近线的条数为 ( ).

(A) 0;   (B) 1;   (C) 2;   (D) 3.

14. (2007,11 分) 设函数 $f(x), g(x)$ 在 $[a,b]$ 上连续, 在 $(a,\ b)$ 内具有二阶导数且存在相等的最大值, $f(a) = g(a), f(b) = g(b)$, 证明: 存在 $\xi \in (a,b)$ 使得 $f''(\xi) = g''(\xi)$.

15. (2009,11 分)(1) 证明拉格朗日中值定理: 若函数 $f(x)$ 在 $[a,\ b]$ 上连续, 在 $(a,\ b)$ 内可导, 则存在 $\xi \in (a,b)$ 使得 $f(b) - f(a) = f'(\xi)(b - a)$.

(2) 证明: 若函数 $f(x)$ 在 $x = 0$ 处连续, 在 $(0,\delta)(\delta > 0)$ 内可导, 且 $\lim\limits_{x \to 0^+} f'(x) = A$, 则 $f'_+(0)$ 存在, 且 $f'_+(0) = A$.

16. (2010,10 分) 求函数 $f(x) = \displaystyle\int_1^{x^2} (x^2 - t)\mathrm{e}^{-t^2}\mathrm{d}t$ 的单调区间与极值.

17. (2011,4 分) 曲线 $y = (x - 1)(x - 2)^2(x - 3)^3(x - 4)^4$ 的拐点是 ( ).

(A) $(1,0)$;   (B) $(2,0)$;   (C) $(3,0)$;   (D) $(4,0)$.

18. (2011,4 分) 设函数 $f(x)$ 具有二阶连续导数, 且 $f(x) > 0, f'(0) = 0$, 则函数 $z = f(x)\ln f(y)$ 在点 $(0,0)$ 处取得极小值的一个充分条件是 ( ).

(A) $f(0) > 1, f''(0) > 0$;   (B) $f(0) > 1, f''(0) < 0$;

(C) $f(0) < 1, f''(0) > 0$;   (D) $f(0) < 1, f''(0) < 0$.

19. (2011,10 分) 求方程 $k \arctan x - x = 0$ 不同实根的个数, 其中 k 为参数.

20. (2012,4 分) 曲线 $y = \dfrac{x^2 + x}{x^2 - 1}$ 的渐近线的条数为 ( ).

(A) 0;   (B) 1;   (C) 2;   (D) 3.

21. (2012,10 分) 证明: $x \ln \dfrac{1 + x}{1 - x} + \cos x \geqslant 1 + \dfrac{x^2}{2}, -1 < x < 1$.

22. (2013,10 分) 设奇函数 $f(x)$ 在 $[-1,1]$ 上具有二阶导数, 且 $f(1) = 1$, 证明:

(1) 存在 $\xi \in (0,1)$, 使得 $f'(\xi) = 1$;

(2) 存在 $\eta \in (-1,1)$, 使得 $f''(\eta) + f'(\eta) = 1$.

23. (2014,4 分) 下列曲线中有渐近线的是 ( ).

(A) $y = x + \sin x$;   (B) $y = x^2 + \sin x$;

(C) $y = x + \sin \dfrac{1}{x}$;   (D) $y = x^2 + \sin \dfrac{1}{x}$.

24. (2014,4 分) 设函数 $f(x)$ 具有 2 阶导数, $g(x) = f(0)(1-x) + f(1)x$, 则在区间 $[0,1]$ 上 (   ).

(A) 当 $f'(x) \geqslant 0$ 时, $f(x) \geqslant g(x)$;   (B) 当 $f'(x) \geqslant 0$ 时, $f(x) \leqslant g(x)$;

(C) 当 $f''(x) \geqslant 0$ 时, $f(x) \geqslant g(x)$;   (D) 当 $f''(x) \geqslant 0$ 时, $f(x) \leqslant g(x)$.

25. (2014,10 分) 设函数 $y = f(x)$ 由方程 $y^3 + xy^2 + x^2y + 6 = 0$ 确定, 求 $f(x)$ 的极值.

26. (2015,4 分) 设函数 $f(x)$ 在 $(-\infty, +\infty)$ 内连续, 其中二阶导数 $f''(x)$ 的图形如下图所示,

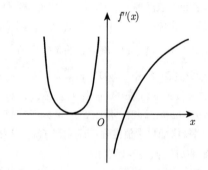

则曲线 $y = f(x)$ 的拐点的个数为 (   ).

(A) 0;   (B) 1;   (C) 2;   (D) 3.

27. (2015,10 分) 设函数 $f(x) = x + a\ln(1+x) + bx\sin x, g(x) = kx^3$, 若 $f(x)$ 与 $g(x)$ 在 $x \to 0$ 时是等价无穷小, 求 a, b, k 的值.

第四章 空间解析几何

空间解析几何的产生是数学史上的一个划时代的成就. 法国数学家笛卡儿和费马均于 17 世纪上半叶对此做了开创性的工作. 众所周知, 代数学的优越性在于运算上的数量化和推理方法的程序化, 基于这种优越性, 人们自然产生出用代数方法研究几何问题的思想, 这就是解析几何的基本思想. 要用代数方法研究几何问题, 就需要沟通代数与几何的联系, 而这种联系的本质是代数的最基本概念数与几何的最基本要素点之间的联系. 于是, 就需要找到一种特定的数学结构, 建立数与点的联系, 这种结构就是坐标系. 通过坐标系, 建立了数与点间的一一对应关系, 就可把数和形结合起来, 统一起来, 从而实现用代数方法来研究解决几何问题, 也可用几何方法来解决代数问题.

本章先介绍向量的概念及运算, 然后再介绍空间解析几何, 其主要内容为平面和直线方程、一些常用的空间曲线和曲面的方程以及关于它们的某些基本问题. 这些方程的建立和问题的解决是以向量作为工具的. 所介绍的内容将对学习函数的微积分学起到重要的作用.

第一节 向量及其线性运算

一、向量基本概念

在对客观世界进行描述时, 有时仅用数量是不够的, 如力、速度、位移等. 要想客观清晰地描述这类问题, 我们除了要表示它的大小, 还要表示它的方向. 这种既有大小又有方向的量称为向量 (矢量).

在数学上, 往往用一条有向线段来表示向量, 有向线段的长度表示向量的大小, 有向线段的方向表示向量的方向. 如图 4-1 所示, 起点为 A, 终点为 B 的向量可以用 $\overrightarrow{AB}$ 表示, 也可用一个黑体字母来表示 (书写时, 在字母上面加上箭头), 如 a, b, c (书写时为 $\vec{a}, \vec{b}, \vec{c}$) 等.

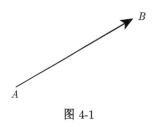

图 4-1

实际问题中, 有些向量与起点有关, 如力 (与作用点有关), 有些向量与起点无关. 但是二者的共性是既有大小又有方向, 所以在数学上只研究与起点无关的一般情形, 如果是与起点有关的特殊问题, 可在一般情形的基础上进一步讨论.

这种与起点无关而只有大小和方向的向量称为自由向量.

向量的大小称为向量的模. 向量 $\overrightarrow{AB}$, a 的模分别记为 $|\overrightarrow{AB}|$, $|a|$.

模为零的向量称为零向量, 记为 0 或 $\vec{0}$. 零向量的方向是任意的.

如果向量 a 的模等于 1, 则称向量 a 是单位向量.

如果向量 a 与 b 的大小相等, 方向相同, 则称向量 a 与 b 是相等向量, 记为 $a = b$(在此意义上, 向量可在空间进行平行移动, 所得向量与原向量相等).

设有两向量 a, b, 在空间任取一点 O, 作 $\overrightarrow{OA} = a$, $\overrightarrow{OB} = b$, 如图 4-2 所示. 把向量 $\overrightarrow{OA}$, $\overrightarrow{OB}$ 形成的不超过 π 的 $\angle AOB = \varphi$ 称为向量 a, b 的夹角, 记为 $\widehat{(a, b)}$ 或 $\widehat{(b, a)}$, 即 $\varphi = \widehat{(a, b)}$. 当向量 a 与向量 b 同向时, $\widehat{(a, b)} = 0$, 当 a 与 b 反向时, $\widehat{(a, b)} = \pi$. 特别的, 当向量 a, b 中有一个为零向量时, 规定它们的夹角可在 0 到 π 之间任意取值.

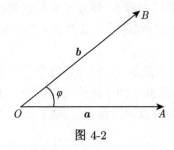

图 4-2

如果 $\widehat{(a, b)} = 0$ 或 π, 则称向量 a 与 b 平行, 记为 $a /\!/ b$. 如果 $\widehat{(a, b)} = \dfrac{\pi}{2}$, 则称向量 a 与 b 垂直, 记为 $a \perp b$. 由于零向量与另一向量的夹角可在 0 到 π 之间任意取值, 所以可以认为零向量既可与任意向量平行, 也可与任意向量垂直.

二、向量的线性运算

1. 向量的加法

定义 1　设两个向量 a, b 有共同的起点 O, 作 $\overrightarrow{OA} = a$, $\overrightarrow{OB} = b$, 以 $\overrightarrow{OA}$, $\overrightarrow{OB}$ 为邻边, 作平行四边形 $OACB$, 如图 4-3 所示, 称对角线 $c = \overrightarrow{OC}$ 为向量 a 与 b 的和, 记 $\overrightarrow{OC} = \overrightarrow{OA} + \overrightarrow{OB}$, 即 $c = a + b$.

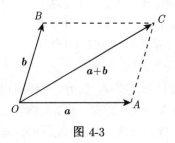

图 4-3

这是向量加法的平行四边形法则.

由图 4-3 可见, 向量 $b = \overrightarrow{AC}$, 所以向量 $c = a + b$, 即以向量的 a 终点作为向量 b 的起点做向量 b, 则以向量 a 的起点为起点, 以向量 b 的终点为终点的向量也是向量 a 与 b 的和. 这种方法称为三角形法则.

向量加法满足如下运算律:

(1) 交换律: $a + b = b + a$;

(2) 结合律: $(a + b) + c = a + (b + c)$.

证明　(1) 根据向量加法的三角形法则, 由图 4-3 可知:

$$a + b = \overrightarrow{OA} + \overrightarrow{AC} = \overrightarrow{OB} + \overrightarrow{BC} = b + a.$$

(2) 根据三角形法则, 由图 4-4 可知:

$$\overrightarrow{OC} = \overrightarrow{OB} + \overrightarrow{BC} = \overrightarrow{OB} + c = (a + b) + c = a + \overrightarrow{AC} = a + (b + c).$$

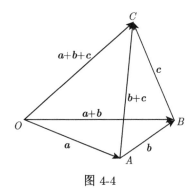

图 4-4

2. 向量的减法

与向量 a 大小相等, 方向相反的向量称为向量 a 的负向量, 记为 $-a$.

定义 2　设有向量 a 与 b, 定义 $b + (-a)$ 称为向量 b 减 a, 记为: $b - a$.

由图 4-5 可知, 向量 $b - a$ 是以向量 a 的终点为起点, b 的终点为终点的向量.

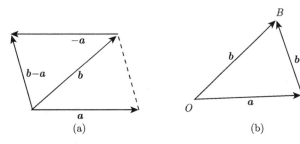

(a)　　　　　　　　　　　　(b)

图 4-5

3. 向量与数的乘法

定义 3   设 a 为一向量, λ 为一实数, 定义 λ 与向量 a 的乘积为向量 λa, 且 $|\lambda a| = |\lambda||a|$, 其方向当 $\lambda > 0$ 时与 a 的方向相同, 当 $\lambda < 0$ 时与 a 的方向相反.

当 $\lambda = 0$ 时, 由于 λa 是零向量, 所以它的方向是任意的.

向量与数的乘法满足的运算律:

(1) 结合律: $\lambda(\mu a) = \mu(\lambda a) = (\lambda\mu)a$;

(2) 分配律: $(\lambda + \mu)a = \lambda a + \mu a; \lambda(a + b) = \lambda a + \lambda b$.

证   (1) $\lambda(\mu a), \mu(\lambda a), (\lambda\mu)a$ 是方向相同的向量, 且

$$|\lambda(\mu a)| = |\lambda||\mu a| = |\lambda||\mu||a| = |\mu||\lambda||a| = |\mu||\lambda a| = |\mu(\lambda a)|,$$

又

$$|\lambda(\mu a)| = |\lambda||\mu a| = |\lambda||\mu||a| = |\lambda\mu||a| = |(\lambda\mu)a|,$$

即三个向量的大小也相同, 所以 $\lambda(\mu a) = \mu(\lambda a) = (\lambda\mu)a$.

(2) 这个规律同样可以按向量与数的乘积的定义来证明, 这里从略了.

向量的加减运算和数乘运算统称为向量的线性运算.

例 1   设有平行四边形 $ABCD$, 其中 $\overrightarrow{AB} = a$, $\overrightarrow{AD} = b$, M 是对角线的交点, 试用 a 与 b 表示向量 $\overrightarrow{MA}, \overrightarrow{MB}, \overrightarrow{MC}$ 和 $\overrightarrow{MD}$, 如图 4-6 所示.

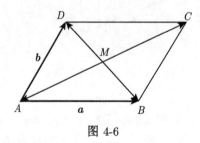

图 4-6

解   因 $a + b = \overrightarrow{AC}, b - a = \overrightarrow{BD}$, 且平行四边形的对角线互相平分, 所以

$$\overrightarrow{MC} = \frac{1}{2}\overrightarrow{AC} = \frac{1}{2}(a + b), \quad \overrightarrow{MA} = -\overrightarrow{MC} = -\frac{1}{2}(a + b),$$

$$\overrightarrow{MD} = \frac{1}{2}\overrightarrow{BD} = \frac{1}{2}(b - a), \quad \overrightarrow{MB} = -\overrightarrow{MD} = -\frac{1}{2}(b - a).$$

设 a 是一个非零向量, 令 $a^\circ = \dfrac{a}{|a|}$. 按照向量的数乘运算法则, 向量 $a^\circ = \dfrac{a}{|a|}$ 的方向与 a 的方向相同, 且 $|a^\circ| = \dfrac{1}{|a|} \cdot |a| = 1$, 所以向量 $a^\circ = \dfrac{a}{|a|}$ 是与 a 同方向

的单位向量. 人们把由非零向量 a 得向量 a° 的过程称为非零向量的单位化过程, 非零向量单位化的结果产生一个与原向量同方向的单位向量.

例 2   设有等腰梯形 $ABCD$, 其中 $\overrightarrow{AB} = a$, $\overrightarrow{AD} = b$, $\angle A = 60°$. 试用 a 与 b 表示向量 $\overrightarrow{BC}$, $\overrightarrow{CD}$, $\overrightarrow{AC}$ 和 $\overrightarrow{BD}$, 如图 4-7 所示.

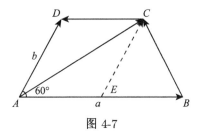

图 4-7

解   作 $EC // AD$, $\triangle BEC$ 为等边三角形, 因此

$$\overrightarrow{AD} = \overrightarrow{EC} = b, \quad \overrightarrow{EB} = |b|a^{\circ},$$

于是

$$\overrightarrow{BC} = \overrightarrow{EC} - \overrightarrow{EB} = b - \frac{|b|}{|a|}a, \quad \overrightarrow{BD} = b - a,$$

$$\overrightarrow{CD} = -\overrightarrow{DC} = -\overrightarrow{AE} = -(\overrightarrow{AB} - \overrightarrow{EB}) = -\left(a - \frac{|b|}{|a|}a\right) = \frac{|b| - |a|}{|a|}a,$$

$$\overrightarrow{AC} = \overrightarrow{AD} + \overrightarrow{DC} = b + \frac{|a| - |b|}{|a|}a.$$

下面的定理表明, 利用向量的数乘可以说明两个向量的平行关系.

定理 1   设向量 a 是一个非零向量, 则向量 b 与 a 平行的充要条件是存在唯一的实数 λ, 使 $b = \lambda a$.

证   充分性. 根据数乘运算的定义, 向量 b 与 a 是方向相同或者方向相反的向量, 所以向量 $a // b$.

必要性. 设向量 $a // b$.

首先证明 λ 的存在性. 当向量 a 与 b 方向相同时, 令 $\lambda = \dfrac{|b|}{|a|}$, 则向量 a 与 λa 同向, 且 $|\lambda a| = |\lambda||a| = \dfrac{|b|}{|a|}|a| = |b|$, 所以 $b = \lambda a$; 当向量 a 与 b 方向相反时, 令 $\lambda = -\dfrac{|b|}{|a|}$, 则向量 a 与 λa 方向相反, 且 $|\lambda a| = |\lambda||a| = \dfrac{|b|}{|a|}|a| = |b|$, 所以 $b = \lambda a$.

再证明 λ 的唯一性. 设 $b = \lambda a$, 又设 $b = \mu a$, 两式相减, 便得 $\lambda a - \mu a = (\lambda - \mu)a = 0$. 即

$$|(\lambda - \mu)a| = |\lambda - \mu||a| = 0.$$

因 $|a| \neq 0$, 故 $|\lambda - \mu| = 0$, 即 $\lambda = \mu$.

定理证毕.

这个定理是建立数轴的理论依据. 由于一个单位向量既确定了长度单位, 又确定了方向, 所以给定一个点和一个单位向量就确定了一条数轴.

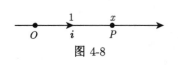

图 4-8

设点 O 和单位向量 i 确定了 Ox 轴, 如图 4-8 所示, 在数轴上任取一点 P, 根据本节定理, 存在实数 x, 使 $\overrightarrow{OP} = xi$, 由 x 的唯一性可知, 向量 $\overrightarrow{OP}$ 与实数 x 之间是一一对应的关系, 即点 $P \leftrightarrow$ 向量 $\overrightarrow{OP} = xi \leftrightarrow$ 实数 x. 实数 x 称为向量 $\overrightarrow{OP}$ 在 x 轴上的坐标.

习 题 4-1

1. 已知 $s = a + 2b - c$, $t = 3a - 2b + 2c$, 试用 a, b, c 表示 $s + t$, $s - t$, $3s - 2t$.

2. 在平行四边形 $ABCD$ 中,

(1) 设对角线 $\overrightarrow{AC} = a$, $\overrightarrow{BD} = b$, 求 $\overrightarrow{AB}$, $\overrightarrow{BC}$, $\overrightarrow{CD}$, $\overrightarrow{DA}$;

(2) 设边 BC 和 CD 的中点分别为 M 和 N, 且 $\overrightarrow{AM} = p$, $\overrightarrow{AN} = q$, 求 $\overrightarrow{BC}$, $\overrightarrow{CD}$.

3. 如果平面上一个四边形的对角线互相平分, 用向量法证明它是平行四边形.

第二节　向量的坐标及利用坐标作向量的线性运算

在建立了向量的基本概念和线性运算后, 我们不难发现以有向线段表示向量的几何方式为基础所给出的向量运算在具体问题的求解过程中实现起来是困难的. 能否通过解析的方法, 或者说是代数的方法来进行对向量的运算 (包括对空间其他几何问题的研究), 自然是我们所关心的问题. 代数运算的基本对象是数, 而有向线段表示的向量及其他几何问题的基本元素是点, 如何构架数与抽象的点之间的联系便成为问题解决的关键, 能够建立两者之间联系的正是坐标系的建立.

一、空间直角坐标系

在空间中任取一定点 O, 过 O 做三条两两垂直的数轴, 它们有相同的坐标原点 O 和相同的长度单位, 三条数轴依次称为 Ox 轴, Oy 轴, Oz 轴, 简称为 x 轴、y 轴、z 轴, 其方向符合右手法则, 即以右手握住 z 轴, 当右手的四指从 x 轴正向以 $\frac{\pi}{2}$ 角度转向 y 轴正向时, 拇指的指向即为 z 轴正向, 这样就建立了一个空间直角坐标系 $Oxyz$. 如图 4-9 所示. O 点称为坐标原点, 三条数轴 x 轴、y 轴、z 轴统称为坐标轴. 三条坐标轴 x 轴、y 轴、z 轴两两可以确定 xOy 平面、yOz 平面和 xOz 平面, 这样确定的三个平面统称为坐标面.

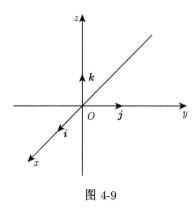

图 4-9

三个坐标平面把空间分成八个部分, 统称为八个卦限. 在 xOy 平面上方从包含 x 轴正向、y 轴正向、z 轴正向的部分开始按逆时针方向依次是 Ⅰ, Ⅱ, Ⅲ, Ⅳ卦限, 在 xOy 平面下方与 Ⅰ, Ⅱ, Ⅲ, Ⅳ卦限对应的分别是Ⅴ, Ⅵ, Ⅶ, Ⅷ卦限. 如图 4-10 所示.

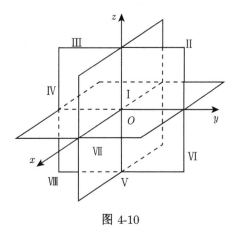

图 4-10

二、空间点的坐标和向量的坐标

设 M 是空间中任意一点, 过点 M 做三个坐标轴的垂直平面, 分别与 x 轴、y 轴、z 轴相交于点 P, Q, R, 它们相对于各坐标轴的坐标依次为 x, y, z, 于是相对于 M 点就确定了一个有顺序的实数组 (x, y, z), 称为点 M 的坐标, 记为 $M(x, y, z)$, 如图 4-11 所示.

反之, 任意给定一有序三维数组 (x, y, z), 则在 x 轴、y 轴、z 轴上分别可以找到以 x, y, z 为坐标的点 P, Q, R, 再过这三点分别作垂直于该坐标轴的平面相交于一点 M, 则 M 点的坐标即为 (x, y, z).

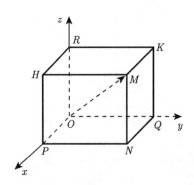

图 4-11

由此可知, 在建立了空间直角坐标系后, 便建立了空间中的点和三维有序数组 (x, y, z) 之间的一一对应关系. 称 x, y, z 为点 M 的坐标, 记为 (x, y, z), 并依次称为点 M 的横坐标、纵坐标和竖坐标.

坐标面上和坐标轴上的点, 其坐标各有一定的特征. 例如, 如果点 M 在 xOy 平面, 则 $z = 0$; 同样, 在 yOz 平面上的点, 有 $x = 0$; 在 xOz 平面上的点, 有 $y = 0$. 如果点 M 在 x 轴上, 则 $y = z = 0$; 同样, 在 y 轴上的点, 有 $x = z = 0$; 在 z 轴上的点, 有 $x = y = 0$. 两点关于坐标面对称、两点关于坐标轴对称和两点关于坐标原点对称, 其坐标各具有的特征问题, 留给读者思考.

若以 $\boldsymbol{i}, \boldsymbol{j}, \boldsymbol{k}$ 分别表示 x, y, z 轴正向的单位向量, 并称它们为基本单位向量, 则由图 4-11 可知, 任给空间中的一个向量 $\boldsymbol{a}$, 可唯一找到空间中的一点 M, 使得由点 O 和点 M 所确定的向量 $\boldsymbol{r} = \overrightarrow{OM} = \boldsymbol{a}$, 且有

$$\boldsymbol{r} = \overrightarrow{OM} = x\boldsymbol{i} + y\boldsymbol{j} + z\boldsymbol{k}.$$

记 $a_x = x, a_y = y, a_z = z$, 则有 $\boldsymbol{a} = a_x\boldsymbol{i} + a_y\boldsymbol{j} + a_z\boldsymbol{k}$, 此式称为向量 $\boldsymbol{a}$ 按三个基本单位向量的分解式. 这样, 便在向量 $\boldsymbol{a}$、分解式 $a_x\boldsymbol{i} + a_y\boldsymbol{j} + a_z\boldsymbol{k}$、数组 (a_x, a_y, a_z) 之间建立了一一对应. 据此, 定义表达式 $\boldsymbol{a} = (a_x, a_y, a_z)$ 称为向量 $\boldsymbol{a}$ 的坐标表达式, a_x, a_y, a_z 称为向量 $\boldsymbol{a}$ 在坐标系 $Oxyz$ 中的坐标.

三、利用坐标做向量的线性运算

设向量 $\boldsymbol{a} = (a_x, a_y, a_z)$, $\boldsymbol{b} = (b_x, b_y, b_z)$, 即

$$\boldsymbol{a} = a_x\boldsymbol{i} + a_y\boldsymbol{j} + a_z\boldsymbol{k}, \quad \boldsymbol{b} = b_x\boldsymbol{i} + b_y\boldsymbol{j} + b_z\boldsymbol{k},$$

利用向量加法和数乘运算的运算律, 向量的线性运算可以用坐标表示如下.

加法和减法:

$$\begin{aligned}
\boldsymbol{a} \pm \boldsymbol{b} &= (a_x\boldsymbol{i} + a_y\boldsymbol{j} + a_z\boldsymbol{k}) \pm (b_x\boldsymbol{i} + b_y\boldsymbol{j} + b_z\boldsymbol{k}) \\
&= (a_x \pm b_x)\boldsymbol{i} + (a_y \pm b_y)\boldsymbol{j} + (a_z \pm b_z)\boldsymbol{k}. \\
&= (a_x \pm b_x, a_y \pm b_y, a_z \pm b_z)
\end{aligned}$$

数与向量的乘积:

$$\lambda a = \lambda(a_x \boldsymbol{i} + a_y \boldsymbol{j} + a_z \boldsymbol{k}) = \lambda(a_x)\boldsymbol{i} + \lambda(a_y)\boldsymbol{j} + \lambda(a_z)\boldsymbol{k} = (\lambda a_x, \lambda a_y, \lambda a_z).$$

可见, 用坐标进行向量的线性运算即是对其坐标进行相应的数量运算.

例 1　设点 $M_1(1, -1, 2), M_2(0, 1, -1), M_3(2, 0, -1)$, 求向量 $\overrightarrow{M_1 M_2} - 3\overrightarrow{M_2 M_3} - 5\overrightarrow{M_3 M_1}$ 的坐标.

解　因为

$$\overrightarrow{M_1 M_2} = (-1, 2, -3), \quad \overrightarrow{M_2 M_3} = (2, -1, 0), \quad \overrightarrow{M_3 M_1} = (-1, -1, 3),$$

所以

$$3\overrightarrow{M_2 M_3} = (6, -3, 0), \quad 5\overrightarrow{M_3 M_1} = (-5, -5, 15),$$

所以

$$\overrightarrow{M_1 M_2} - 3\overrightarrow{M_2 M_3} - 5\overrightarrow{M_3 M_1}$$
$$= (-1, 2, -3) - (6, -3, 0) - (-5, -5, 15)$$
$$= (-1 - 6 + 5, 2 + 3 + 5, -3 - 0 - 15)$$
$$= (-2, 10, -18).$$

设向量 $\boldsymbol{a} \neq 0, \boldsymbol{a} // \boldsymbol{b}$, 则 $\boldsymbol{b} = \lambda \boldsymbol{a}$, 即 $(b_x, b_y, b_z) = \lambda(a_x, a_y, a_z)$, 所以

$$\frac{b_x}{a_x} = \frac{b_y}{a_y} = \frac{b_z}{a_z} = \lambda,$$

即两向量平行时, 其对应坐标成比例. 反之, 当两个向量的对应坐标成比例时也可以得到两向量是平行的.

例 2　已知两点 $A(x_1, y_1, z_1)$ 和 $B(x_2, y_2, z_2)$, 以及实数 $\lambda \neq -1$, 在直线 AB 上求一点 M, 使 $\overrightarrow{AM} = \lambda \overrightarrow{MB}$.

解　如图 4-12 所示, 设 M 点的坐标为 $M(x, y, z)$, 则

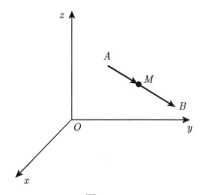

图 4-12

$$\overrightarrow{AM} = \overrightarrow{OM} - \overrightarrow{OA} = (x - x_1, y - y_1, z - z_1),$$

$$\overrightarrow{MB} = \overrightarrow{OB} - \overrightarrow{OM} = (x_2 - x, y_2 - y, z_2 - z),$$

且 $\overrightarrow{AM} = \lambda \overrightarrow{MB}$, 所以有

$$\frac{x - x_1}{x_2 - x} = \frac{y - y_1}{y_2 - y} = \frac{z - z_1}{z_2 - z} = \lambda,$$

解得

$$x = \frac{x_1 + \lambda x_2}{1 + \lambda}, \quad y = \frac{y_1 + \lambda y_2}{1 + \lambda}, \quad z = \frac{z_1 + \lambda z_2}{1 + \lambda},$$

故所求点位 $M\left(x = \dfrac{x_1 + \lambda x_2}{1 + \lambda}, y = \dfrac{y_1 + \lambda y_2}{1 + \lambda}, x = \dfrac{z_1 + \lambda z_2}{1 + \lambda}\right)$.

习 题 4-2

1. 填空.

在空间直角坐标系中, 点 $(1, -2, 3)$ 关于 Ox 轴、Oy 轴、Oz 轴的对称点分别为_____、_____、_____; 关于 yOz 平面、zOx 平面、xOy 平面的对称点分别为_____、_____、_____; 关于坐标原点 O 的对称点为_____.

2. 选择.

(1) 已知向量 $\overrightarrow{AB} = (3, -2, 5)$, 其终点 B 的坐标为 $(2, -3, 6)$, 则始点 A 的坐标为 (　　).

(A) $(1, 1, -1)$;　　　　(B) $(-1, -1, 1)$;　　　　(C) $(-1, 1, 1)$;　　　　(D) $(1, -1, 1)$.

(2) 已知两向量 $\boldsymbol{a} = m\boldsymbol{i} + 3\boldsymbol{j} - \boldsymbol{k}$ 和 $\boldsymbol{b} = 2\boldsymbol{i} + \boldsymbol{j} + n\boldsymbol{k}$, 且 $\boldsymbol{b} /\!/ \boldsymbol{a}$, 则数 m 和 n 分别为 (　　).

(A) $m = \dfrac{1}{6}, n = -3$;　　(B) $m = 6, n = \dfrac{1}{3}$;　　(C) $m = 6, n = -\dfrac{1}{3}$;　　(D) $m = \dfrac{1}{6}, n = 3$.

3. 已知三点 $M_1\left(4, \sqrt{2}, 1\right)$, $M_2(3, 0, 2)$, $M_3(1, \sqrt{2}, -1)$, 求向量 $\overrightarrow{M_2 M_3} - 2\overrightarrow{M_1 M_2}$ 的坐标.

4. 指出下列各点位置的特殊性.

$$A(3, 0, 0); \quad B(-5, 0, 3); \quad C(0, 1, -2); \quad D(2, 4, 0); \quad E(0, 1, 0).$$

第三节　向量的模、方向角、投影

一、向量的模

如图 4-11 所示, 设向量 $\boldsymbol{r} = \overrightarrow{OM}$, $\overrightarrow{OP} = x\boldsymbol{i}$, $\overrightarrow{OQ} = y\boldsymbol{j}$, $\overrightarrow{OR} = z\boldsymbol{k}$, 则

$$\overrightarrow{OM} = \overrightarrow{OP} + \overrightarrow{OQ} + \overrightarrow{OR},$$

所以向量 r 的模为

$$|r| = \left|\overrightarrow{OM}\right| = \sqrt{\left|\overrightarrow{OP}\right|^2 + \left|\overrightarrow{OQ}\right|^2 + \left|\overrightarrow{OR}\right|^2}$$
$$= \sqrt{x^2 + y^2 + z^2}.$$

二、两点间距离公式

设点 $A(x_1, y_1, z_1)$, $B(x_2, y_2, z_2)$, 则 A, B 两点间距离即是向量 $\overrightarrow{AB}$ 的模, 且向量 $\overrightarrow{AB} = (x_2 - x_1, y_2 - y_1, z_2 - z_1)$, 所以 A, B 两点间距离为

$$|AB| = \sqrt{(x_2 - x_1)^2 + (y_2 - y_1)^2 + (z_2 - z_1)^2}.$$

例 1　设点 $A(4, 1, 9), B(10, -1, 6), C(2, 4, 3)$, 证明:$\triangle ABC$ 是等腰直角三角形.

证　由于

$$|AB| = \sqrt{(10 - 4)^2 + (-1 - 1)^2 + (6 - 9)^2} = 7,$$
$$|AC| = \sqrt{(2 - 4)^2 + (4 - 1)^2 + (3 - 9)^2} = 7,$$
$$|BC| = \sqrt{(2 - 10)^2 + (4 + 1)^2 + (3 - 6)^2} = 7\sqrt{2},$$

所以 $|AB| = |AC|$ 且 $|AB|^2 + |AC|^2 = |BC|^2$, 即 $\triangle ABC$ 是等腰直角三角形.

例 2　在 x 轴上求与点 $B(1, 4, 2)$ 和 $C(3, -2, -2)$ 等距离的点.

解　由于所求点在 x 轴上, 所以可设为 $A(x, 0, 0)$, 根据题意, 有 $|AB| = |AC|$, 即

$$\sqrt{(x - 1)^2 + (0 - 4)^2 + (0 - 2)^2} = \sqrt{(x - 3)^2 + (0 + 2)^2 + (0 + 2)^2},$$

解得

$$x = -1.$$

因此, 所求的点为 $A(-1, 0, 0)$.

例 3　求平行于向量 $a = (6, 7, -6)$ 的单位向量.

解　因为

$$|a| = \sqrt{6^2 + 7^2 + (-6)^2} = 11,$$

所以平行于向量 a 的单位向量为

$$e_a = \pm \frac{a}{|a|} = \pm \left(\frac{6}{11}, \frac{7}{11}, \frac{-6}{11}\right) = \pm \frac{1}{11}(6, 7, -6).$$

三、方向角和方向余弦

非零向量 $\boldsymbol{r} = \overrightarrow{OM} = (x, y, z)$ 与 x 轴、y 轴、z 轴正向的夹角 α, β, γ 称为向量 $\boldsymbol{r}$ 的方向角. 如图 4-13 所示, 做 MP 垂直于 x 轴, 则在 $\triangle OMP$ 中,

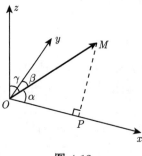

图 4-13

$$\cos\alpha = \frac{x}{\sqrt{x^2 + y^2 + z^2}},$$

同理可知,

$$\cos\beta = \frac{y}{\sqrt{x^2 + y^2 + z^2}},$$

$$\cos\gamma = \frac{z}{\sqrt{x^2 + y^2 + z^2}}.$$

$\cos\alpha, \cos\beta, \cos\gamma$ 称为向量 $\boldsymbol{r}$ 的方向余弦.

由于 $(\cos\alpha, \cos\beta, \cos\gamma) = \dfrac{1}{|\boldsymbol{r}|}(x, y, z) = \dfrac{\boldsymbol{r}}{|\boldsymbol{r}|}$, 所以以 $\boldsymbol{r}$ 的方向余弦为坐标的向量是与 $\boldsymbol{r}$ 同向的单位向量, 并且有 $\cos^2\alpha + \cos^2\beta + \cos^2\gamma = 1$.

例 4　已知空间两点 $M_1\left(4, \sqrt{2}, 1\right)$, $M_2(3, 0, 2)$, 求向量 $\overrightarrow{M_1M_2}$ 的模、方向余弦和方向角.

解　因为向量 $\overrightarrow{M_1M_2} = (-1, -\sqrt{2}, 1)$, 所以

$$\left|\overrightarrow{M_1M_2}\right| = \sqrt{(-1)^2 + (-\sqrt{2})^2 + 1^2} = 2.$$

所以方向余弦为

$$\cos\alpha = \frac{x}{|M_1M_2|} = -\frac{1}{2};$$

$$\cos\beta = \frac{y}{|M_1M_2|} = -\frac{\sqrt{2}}{2};$$

$$\cos\gamma = \frac{z}{|M_1M_2|} = \frac{1}{2}.$$

所以方向角为

$$\alpha = \frac{2}{3}\pi; \quad \beta = \frac{3}{4}\pi; \quad \gamma = \frac{\pi}{3}.$$

四、向量在轴上的投影

设点 O 和单位向量 e 确定了 u 轴. 如图 4-14 所示.

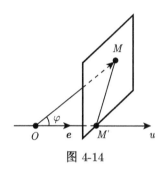

图 4-14

任给向量 $r = \overrightarrow{OM}$. 过点 M 作垂直于 u 轴的平面, 与 u 轴交于 M' 点. 如果 $OM' = \lambda e$, 则向量 OM' 称为 r 在 u 轴上的投影向量. λ 称为 r 在 u 轴上的投影, 记为 $Prj_u r$.

按此定义, 向量 a 在空间直角坐标系 $Oxyz$ 中的坐标 a_x, a_y, a_z 分别是向量 a 在坐标轴 x 轴、y 轴、z 轴上的投影, 即

$$a_x = Prj_x a, \quad a_y = Prj_y a, \quad a_z = Prj_z a.$$

由此不难获知, 对向量进行平行移动, 改变的是向量的始、终点的位置, 不改变的是向量的模和向量的三个方向角, 因而向量在三个坐标轴上的投影和向量在坐标系下的坐标也是不变的. 当

$$a = (a_x, a_y, a_z)$$

时, 便有

$$|a| = \sqrt{a_x^2 + a_y^2 + a_z^2}, \quad a^\circ = (\cos\alpha, \cos\beta, \cos\gamma) = \frac{1}{|a|}(a_x, a_y, a_z).$$

向量的投影满足以下性质.

性质 1　$Prj_u a = |a|\cos(\widehat{a, u})$.

性质 2　$Prj_u (a + b) = Prj_u a + Prj_u b$.

性质 3　$Prj_u (\lambda a) = \lambda Prj_u a$.

例 5　设一向量的终点为点 $B(2, -1, 7)$, 它在 x 轴、y 轴、z 轴上的投影分别为 $4, -4$ 和 7. 求这一向量的起点 A 的坐标.

解　设 A 的坐标为 (x, y, z), 则向量 $\overrightarrow{AB} = (2-x, -1-y, 7-z)$, 由题意可得

$$\begin{cases} 2-x = 4, \\ -1-y = -4, \\ 7-z = 7, \end{cases}$$

由此解得

$$\begin{cases} x = -2, \\ y = 3, \\ z = 0. \end{cases}$$

所以点 A 的坐标为 $(-2, 3, 0)$.

例 6　已知向量 r 的模是 4, 它与 u 轴的夹角是 $60°$, 求 r 在轴 u 上的投影.

解　由于 $|r| = 4$, 所以根据投影性质有

$$Prj_u r = |r| \cos(\widehat{r, u}) = 4 \cdot \cos 60° = 4 \cdot \frac{1}{2} = 2.$$

习　题　4-3

1. 填空

(1) 在空间直角坐标系中, 点 $(2, -6, 3)$ 到 Ox 轴、Oy 轴、Oz 轴的距离分别为_____、_____、_____; 到 yOz 平面、zOx 平面、xOy 平面的距离分别为_____、_____、_____; 到坐标原点 O 的距离为_____.

(2) 已知 $A(1, 2, 0), B(2, -1, 3)$, 则 $\overrightarrow{AB}$ 在 Ox 轴、Oy 轴、Oz 轴三个坐标轴上的投影分别为_____、_____、_____; $\overrightarrow{AB}$ 的模为_____; 与 $\overrightarrow{AB}$ 方向一致的单位向量为_____.

2. 选择.

(1) 在 z 轴上与两点 $A(-4, 1, 3)$ 和 $B(\sqrt{2}, 0, -2)$ 等距离的点的坐标为 (　　).

(A) $(0, 0, 2)$;　　　(B) $(0, 0, -2)$;　　　(C) $\left(0, 0, \frac{1}{2}\right)$;　　　(D) $\left(0, 0, -\frac{1}{2}\right)$.

3. 已知两点 $A(1, 2, 3)$ 和 $B(3, -4, 6)$, 求

(1) 向量 $\overrightarrow{AB}$ 的模 $\left|\overrightarrow{AB}\right|$; (2) 向量 $\overrightarrow{AB}$ 的方向余弦; (3) 平行于向量 $\overrightarrow{AB}$ 的单位向量.

4. 设向量 a 的三个方向角为 α, β, γ, 若 $\alpha = \dfrac{\pi}{4}, \beta = \dfrac{\pi}{3}$, 求 γ.

5. 已知向量 a 的三个方向角 α, β, γ 中, 若 $\alpha = \beta, \gamma = 2\alpha$, 求 $\cos \alpha, \cos \beta, \cos \gamma$.

6. 设向量 r 的模是 4, 它与 u 轴的夹角是 $\dfrac{\pi}{3}$, 求 r 在 u 轴上的投影.

7. 设 $m = 3i + 5j + 8k, n = 2i - 4j - 7k$ 和 $p = 5i + j - 4k$, 求向量 $a = 4m + 3n - p$ 在 x 轴上的投影及在 y 轴上的分向量.

第四节　向量的数量积　向量积　混合积

在第一节学习了向量的线性运算, 本节学习向量的两种新的运算: 向量积和数量积, 在此基础上, 学习向量的混合积运算.

一、两向量的数量积

1. 数量积的定义

在物理学中, 若一物体在恒力 F 的作用下沿直线从点 M_1 移动到点 M_2, 位移记为 s, 则力 F 所作的功为 $W = |F||s|\cos\theta$, 如图 4-15 所示.

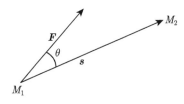

图 4-15

从这个问题中可以看到, 两个向量 a, b 有时要做这样的运算: $|a|$ 与 $|b|$ 及 $\cos\theta(\theta$ 为 a, b 的夹角) 的乘积, 并且其结果是一个常数. 基于向量的这种运算, 做如下定义.

定义 1　向量 a 与 b 的模及其夹角余弦的乘积称为向量 a 与 b 的数量积, 记为 $a \cdot b$, 如图 4-16 所示, 即

$$a \cdot b = |a||b|\cos(\widehat{a, b}).$$

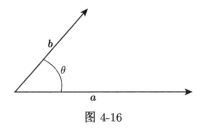

图 4-16

由向量数量积的定义可知, 前面提到的功 $W = F \cdot s$, 即功 W 等于力 F 和位移 s 的数量积.

当 $a \neq 0$ 时, 由于 $|b|\cos(\widehat{a, b}) = Prj_a b$, 所以 $a \cdot b = |a|Prj_a b$.
同理, 当 $b \neq 0$ 时, $a \cdot b = |b| Prj_b a$.

根据数量积的定义可得以下结论:

(1) $a \cdot a = |a|^2$.

由于向量 a 与 a 的夹角 $\theta = 0$, 所以 $\cos \theta = 1$, 即 $a \cdot a = |a||a|\cos\theta = |a|^2$.

(2) 两个非零向量 a, b 垂直的充要条件是 $a \cdot b = 0$.

证　必要性. 由于 a 与 b 垂直, 所以两向量的夹角 $\theta = \dfrac{\pi}{2}$, 所以 $\cos\theta = 0$, 即有 $a \cdot b = |a||b|\cos\theta = 0$.

充分性. 由于 $a \cdot b = |a||b|\cos\theta = 0$ 且 $|a| \neq 0, |b| \neq 0$, 所以有 $\cos\theta = 0$, 即 $\theta = \dfrac{\pi}{2}$, 即向量 a 与 b 垂直.

2. 数量积的运算规律

向量的数量积运算符合下列运算律.

(1) 交换律:$a \cdot b = b \cdot a$;

(2) 分配律:$a \cdot (b + c) = a \cdot b + a \cdot c$;

(3) 结合律:$(\lambda a) \cdot b = \lambda (a \cdot b)$, 其中 λ 为常数.

证　(1) 由于 $a \cdot b = |a||b|\cos(\widehat{a, b})$, $b \cdot a = |b||a|\cos(\widehat{b, a})$, 且 $|a||b| = |b||a|$, $\cos(\widehat{a, b}) = \cos(\widehat{b, a})$, 所以由数量积的定义, $a \cdot b = b \cdot a$.

(2) 根据向量投影的性质:$Prj_a(b + c) = Prj_a b + Prj_a c$, 所以

$$a \cdot (b + c) = |a|Prj_a(b + c) = |a|Prj_a b + |a|Prj_a c = a \cdot b + a \cdot c.$$

类似可证 (3).

例 1　试用向量证明三角形的余弦定理.

证　如图 4-17 所示, 设在 $\triangle ABC$ 中, $\angle BCA = \theta$, $|BC| = a, |CA| = b, |AB| = c$, 要证

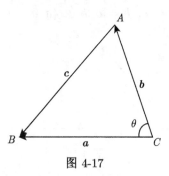

图 4-17

$$c^2 = a^2 + b^2 - 2ab\cos\theta.$$

记 $\overrightarrow{CB} = a, \overrightarrow{CA} = b, \overrightarrow{AB} = c$, 则有

$$c = a - b.$$

从而

$$|c|^2 = c \cdot c = (a - b) \cdot (a - b) = a \cdot a + b \cdot b - 2a \cdot b$$
$$= |a|^2 + |b|^2 - 2|a||b|\cos(\widehat{a, b}),$$

由 $|a| = a, |b| = b, |c| = c$ 及 $(\widehat{a, b}) = \theta$, 即得

$$c^2 = a^2 + b^2 - 2ab\cos\theta.$$

例 2　已知 $|a| = 2, |b| = 1, (\widehat{a, b}) = \dfrac{\pi}{3}$, 求

(1) $(2a + b) \cdot (a - 4b)$.

(2) $|a + b|$.

解　(1) $(2a + b) \cdot (a - 4b) = 2a \cdot a - 8a \cdot b + b \cdot a - 4b \cdot b$
$$= 2|a|^2 - 7|a||b|\cos\frac{\pi}{3} - 4|b|^2 = 2 \times 2^2 - 7 \times 2 \times 1$$
$$\times \frac{1}{2} - 4 \times 1^2 = -3.$$

(2) $|a + b|^2 = (a + b) \cdot (a + b) = a \cdot a + 2a \cdot b + b \cdot b = 2^2 + 2 \times 2 \times 1 \times \dfrac{1}{2} + 1^2 = 7.$

3. 数量积的坐标表示

设向量 $a = (a_x, a_y, a_z) = a_x i + a_y j + a_z k$, $b = (b_x, b_y, b_z) = b_x i + b_y j + b_z k$, 利用数量积运算的分配律和结合律有

$$a \cdot b = (a_x i + a_y j + a_z k) \cdot (b_x i + b_y j + b_z k)$$
$$= (a_x b_x) i \cdot i + (a_x b_y) i \cdot j + (a_x b_z) i \cdot k + (a_y b_x) j \cdot i + (a_y b_y) j \cdot j + (a_y b_z) j \cdot k$$
$$+ (a_z b_x) k \cdot i + (a_z b_y) k \cdot j + (a_z b_z) k \cdot k.$$

由于向量 i, j, k 互相垂直, 且均为单位向量, 所以有 $i \cdot j = j \cdot k = k \cdot i = 0$ 且 $i \cdot i = j \cdot j = k \cdot k = 1$, 从而由上式可得

$$a \cdot b = a_x b_x + a_y b_y + a_z b_z.$$

上式表明, 两向量的数量积等于两向量的对应坐标乘积之和.

4. 两向量夹角公式

设 a, b 为两个非零向量, 由于 $a \cdot b = |a||b|\cos(\widehat{a, b})$, 所以

$$\cos(\widehat{a, b}) = \frac{a \cdot b}{|a||b|} = \frac{a_x b_x + a_y b_y + a_z b_z}{\sqrt{a_x^2 + a_y^2 + a_z^2} \cdot \sqrt{b_x^2 + b_y^2 + b_z^2}}.$$

例 3　设 $a = (2, 1, -1), b = (1, -1, 2)$, 求:

(1) $a \cdot b$. (2) $(a + b) \cdot (a - b)$.

解   (1) $\boldsymbol{a} \cdot \boldsymbol{b} = 2 \times 1 + 1 \times (-1) + (-1) \times 2 = -1$.

(2) 由于 $\boldsymbol{a} + \boldsymbol{b} = (3, 0, 1), \boldsymbol{a} - \boldsymbol{b} = (1, 2, -3)$, 所以

$$(\boldsymbol{a} + \boldsymbol{b}) \cdot (\boldsymbol{a} - \boldsymbol{b}) = 3 \times 1 + 0 \times 2 + 1 \times (-3) = 0.$$

例 4   已知 $\boldsymbol{a} = \boldsymbol{i} + \boldsymbol{j}, \boldsymbol{b} = \boldsymbol{i} + \boldsymbol{k}$, 求 $\boldsymbol{a} \cdot \boldsymbol{b}$ 及 $(\widehat{\boldsymbol{a}, \boldsymbol{b}})$.

解   因为 $\boldsymbol{a} = (1, 1, 0), \boldsymbol{b} = (1, 0, 1)$, 所以

$$\boldsymbol{a} \cdot \boldsymbol{b} = 1 \times 1 + 1 \times 0 + 0 \times 1 = 1,$$

所以

$$\cos(\widehat{\boldsymbol{a}, \boldsymbol{b}}) = \frac{\boldsymbol{a} \cdot \boldsymbol{b}}{|\boldsymbol{a}||\boldsymbol{b}|} = \frac{1}{\sqrt{1^2 + 1^2 + 0^2}\sqrt{1^2 + 0^2 + 1^2}} = \frac{1}{2},$$

所以 $(\widehat{\boldsymbol{a}, \boldsymbol{b}}) = \dfrac{\pi}{3}$.

例 5   在 xOy 坐标平面上求一单位向量, 使其与向量 $\boldsymbol{a} = (-4, 3, 7)$ 垂直.

解   因为所求向量在 xOy 坐标平面上, 故可设其为

$$\boldsymbol{b} = (x, y, 0),$$

又因为 $\boldsymbol{a}$ 与 $\boldsymbol{b}$ 垂直, 所以有

$$\boldsymbol{a} \cdot \boldsymbol{b} = -4x + 3y = 0,$$

所以

$$\begin{cases} -4x + 3y = 0, \\ x^2 + y^2 = 1. \end{cases}$$

解得 $x = \pm\dfrac{3}{5}, y = \pm\dfrac{4}{5}$.

即所求向量 $\boldsymbol{b} = \left(\pm\dfrac{3}{5}, \pm\dfrac{4}{5}, 0 \right)$.

二、两向量的向量积

1. 向量积的定义

在研究物体转动问题时, 不但要考虑物体所受的力, 还要分析这些力所产生的力矩.

设杠杆 L 的支点为 O, 力 $\boldsymbol{F}$ 作用于这杠杆上 P 点处. 力 $\boldsymbol{F}$ 与 $\overrightarrow{OP}$ 的夹角为 θ, 如图 4-18 所示. 由力学规定, 力 $\boldsymbol{F}$ 对支点 O 的力矩是一向量 $\boldsymbol{M}$. 该向量的模

为 $|M| = |F||\overrightarrow{OP}|\sin\theta$, 方向垂直于 F 与 $\overrightarrow{OP}$ 所决定的平面, 且向量 M 的指向符合右手法则, 如图 4-19 所示.

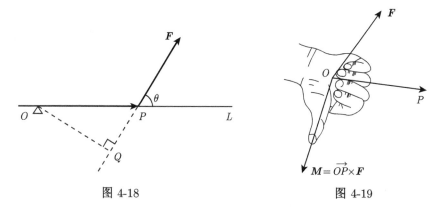

图 4-18   图 4-19

在其他的实际问题中, 也常遇到由两个已知向量按照确定力矩的方法来确定另外一个向量的情形. 为此, 除去问题的实际意义, 做出如下定义.

定义 2   两个已知向量 a 与 b 的向量积是一向量 c, 记为 $c = a \times b$, 它满足:

(1) $|c| = |a||b|\sin(\widehat{a, b})$;

(2) c 与向量 a 和向量 b 都垂直, 即 c 垂直于向量 a 和向量 b 所确定的平面;

(3) a, b, c 符合右手法则, 即四指从 a 握向 b, 大拇指的指向即为 c 的方向, 如图 4-20 所示.

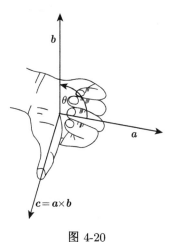

图 4-20

由向量积的定义可知, 前面例子中的力矩可表示为

$$M = \overrightarrow{OP} \times F,$$

而 $|a \times b|$ 实际是以 a 和 b 为邻边的平行四边形面积.

根据向量积的定义可得以下结论.

(1) $a \times a = 0$.

由于向量 a 与 a 的夹角 $\theta = 0$, 所以 $\sin\theta = 0$, 即 $|a \times a| = |a||a|\sin\theta = 0$, 所以向量 $a \times a = 0$.

(2) 两个非零向量 a, b 平行的充要条件是 $a \times b = 0$.

证   必要性. 由于 a 与 b 平行, 所以两向量的夹角 $\theta = 0$, 即 $\sin\theta = 0$, 所以有 $|a \times b| = |a||b|\sin\theta = 0$, 所以 $a \times b = 0$.

充分性. 由于 $a \times b = 0$, 所以 $|a \times b| = |a||b|\sin\theta = 0$ 且 $|a| \neq 0$, 又 $|b| \neq 0$, 所以有 $\sin\theta = 0$, 所以 $\theta = 0$ 或 π, 即向量 a 与 b 平行.

2. 向量积的运算规律

向量的向量积运算符合下列运算律.

(1) $a \times b = -b \times a$.

(2) 分配律:$(a + b) \times c = a \times c + b \times c$.

(3) 结合律:$(\lambda a) \times b = a \times (\lambda b) = \lambda(a \times b)$, 其中 λ 为常数.

证   (1) 按照向量积的定义, 显然 $|a \times b| = |b \times a|$, 但是按右手法则, 向量 $a \times b$ 和 $b \times a$ 正好方向相反, 所以 $a \times b = -b \times a$.

运算律 (2) 和 (3) 的证明略去.

运算律 (1) 表明, 两向量向量积运算不符合交换律.

3. 向量积的坐标表示

设向量

$$a = (a_x, a_y, a_z) = a_x i + a_y j + a_z k, \quad b = (b_x, b_y, b_z) = b_x i + b_y j + b_z k,$$

利用向量积运算的分配律和结合律有

$$
\begin{aligned}
a \cdot b = & (a_x i + a_y j + a_z k) \times (b_x i + b_y j + b_z k) \\
= & a_x b_x i \times i + a_x b_y i \times j + a_x b_z i \times k + a_y b_x j \times i + a_y b_y j \times j + a_y b_z j \times k \\
& + a_z b_x k \times i + a_z b_y k \times j + a_z b_z k \times k.
\end{aligned}
$$

由于向量 i, j, k 互相垂直且均为单位向量, 所以有 $i \times i = 0, j \times j = 0, k \times k = 0$, $i \times j = k, j \times i = -k; i \times k = -j, k \times i = j; j \times k = i, k \times j = -i$, 从而有

$$a \times b = (a_y b_z - a_z b_y)i + (a_z b_x - a_x b_z)j + (a_x b_y - a_y b_x)k.$$

为记忆上的方便, 利用三阶行列式, 上式可以写成便于记忆的形式:

$$\boldsymbol{a} \times \boldsymbol{b} = \begin{vmatrix} \boldsymbol{i} & \boldsymbol{j} & \boldsymbol{k} \\ a_x & a_y & a_z \\ b_x & b_y & b_z \end{vmatrix}.$$

例 6　设 $\boldsymbol{a} = 3\boldsymbol{i} - \boldsymbol{j} - 2\boldsymbol{k}, \boldsymbol{b} = \boldsymbol{i} + 2\boldsymbol{j} - \boldsymbol{k}, \boldsymbol{c} = 3\boldsymbol{i} + \boldsymbol{k},$

(1) 求 $\boldsymbol{a} \times \boldsymbol{b}$, (2) 验证 $\boldsymbol{a} \times (\boldsymbol{b} + \boldsymbol{c}) = \boldsymbol{a} \times \boldsymbol{b} + \boldsymbol{a} \times \boldsymbol{c}.$

解　(1) $\boldsymbol{a} \times \boldsymbol{b} = \begin{vmatrix} \boldsymbol{i} & \boldsymbol{j} & \boldsymbol{k} \\ 3 & -1 & -2 \\ 1 & 2 & -1 \end{vmatrix} = 5\boldsymbol{i} + \boldsymbol{j} + 7\boldsymbol{k}.$

(2) 因为 $\boldsymbol{b} + \boldsymbol{c} = (4, 2, 0)$, 所以

$$\boldsymbol{a} \times (\boldsymbol{b} + \boldsymbol{c}) = \begin{vmatrix} \boldsymbol{i} & \boldsymbol{j} & \boldsymbol{k} \\ 3 & -1 & -2 \\ 4 & 2 & 0 \end{vmatrix} = 4\boldsymbol{i} - 8\boldsymbol{j} + 10\boldsymbol{k}.$$

又由于

$$\boldsymbol{a} \times \boldsymbol{b} = \begin{vmatrix} \boldsymbol{i} & \boldsymbol{j} & \boldsymbol{k} \\ 3 & -1 & -2 \\ 1 & 2 & -1 \end{vmatrix} = 5\boldsymbol{i} + \boldsymbol{j} + 7\boldsymbol{k},$$

$$\boldsymbol{a} \times \boldsymbol{c} = \begin{vmatrix} \boldsymbol{i} & \boldsymbol{j} & \boldsymbol{k} \\ 3 & -1 & -2 \\ 3 & 0 & 1 \end{vmatrix} = -\boldsymbol{i} - 9\boldsymbol{j} + 3\boldsymbol{k},$$

所以

$$\boldsymbol{a} \times \boldsymbol{b} + \boldsymbol{a} \times \boldsymbol{c} = (5, 1, 7) + (-1, -9, 3) = (4, -8, 10) = 4\boldsymbol{i} - 8\boldsymbol{j} + 10\boldsymbol{k}.$$

故有

$$\boldsymbol{a} \times (\boldsymbol{b} + \boldsymbol{c}) = \boldsymbol{a} \times \boldsymbol{b} + \boldsymbol{a} \times \boldsymbol{c}.$$

例 7　求以三点 $A(2, -2, 0), B(1, 1, 2), C(0, 1, 3)$ 为顶点的三角形面积.

解　由向量积的定义可知 $\triangle ABC$ 的面积 $S = \dfrac{1}{2}|\overrightarrow{BC} \times \overrightarrow{BA}|$. 因为向量 $\overrightarrow{BC} = (-1, 0, 1), \overrightarrow{BA} = (1, -3, -2)$, 所以

$$S = \frac{1}{2}\left|\overrightarrow{BC} \times \overrightarrow{BA}\right| = \frac{1}{2}\left\|\begin{vmatrix} \boldsymbol{i} & \boldsymbol{j} & \boldsymbol{k} \\ -1 & 0 & 1 \\ 1 & -3 & -2 \end{vmatrix}\right\| = \frac{1}{2}|3\boldsymbol{i} - \boldsymbol{j} + 3\boldsymbol{k}| = \frac{1}{2} \times \sqrt{19} = \frac{\sqrt{19}}{2}.$$

*三、向量的混合积

1. 混合积的定义

定义 3 设有三向量 a, b, c 若先作向量 a 与 b 的向量积 $a \times b$, 再与向量 c 作数量积 $(a \times b) \cdot c$, 这样得到的数量称为三向量 a, b, c 的混合积, 记为 $[abc]$, 即

$$[abc] = (a \times b) \cdot c.$$

2. 混合积的坐标表示

设向量

$$a = (a_x, a_y, a_z) = a_x i + a_y j + a_z k,$$
$$b = (b_x, b_y, b_z) = b_x i + b_y j + b_z k,$$
$$c = (c_x, c_y, c_z) = c_x i + c_y j + c_z k,$$

根据向量积和数量积的坐标表示可得

$$a \times b = \begin{vmatrix} i & j & k \\ a_x & a_y & a_z \\ b_x & b_y & b_z \end{vmatrix} = \begin{vmatrix} a_y & a_z \\ b_y & b_z \end{vmatrix} i - \begin{vmatrix} a_x & a_z \\ b_x & b_z \end{vmatrix} j + \begin{vmatrix} a_x & a_y \\ b_x & b_y \end{vmatrix} k,$$

$$[abc] = (a \times b) \cdot c$$

$$= c_x \begin{vmatrix} a_y & a_z \\ b_y & b_z \end{vmatrix} - c_y \begin{vmatrix} a_x & a_z \\ b_x & b_z \end{vmatrix} + c_z \begin{vmatrix} a_x & a_y \\ b_x & b_y \end{vmatrix}$$

$$= \begin{vmatrix} a_x & a_y & a_z \\ b_x & b_y & b_z \\ c_x & c_y & c_z \end{vmatrix}.$$

3. 向量混合积的几何意义

三向量 a, b, c 的混合积 $[abc]$ 是一个常数, 其绝对值表示以向量 a, b, c 为棱的平行六面体的体积, 它的符号由三向量的方向确定, 即当向量 a, b, c 的方向符合右手法则 (从 a 转向 b 时, 右手的拇指方向恰好是 c 的方向) 时, 则混合积 $[abc]$ 的符号是正的, 反之混合积 $[abc]$ 的符号是负的.

事实上, 设向量 $a \times b$ 与向量 c 的夹角为 α, 按混合积的定义 $[abc] = (a \times b) \cdot c = |a \times b| \cdot |c| \cdot \cos \alpha$.

如图 4-21 所示, 设 $OA = a$, $OB = b$, $OC = c$.

根据向量积的定义可知, 平行六面体的底面 (平行四边形 $OADB$) 的面积 S 等于 $|a \times b|$, 即 $S = |a \times b|$. 根据向量的投影可知, 平行六面体的高 h 等于向量 c 在

向量 $a \times b$ 上的投影的绝对值, 即 $h = |Prj_{a \times b} c| = |c \cdot \cos \alpha| = |c| \cdot |\cos \alpha|$. 所以平行六面体的体积为

$$V = |a \times b| \, |c| \, |\cos \alpha| = |[abc]|,$$

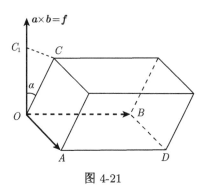

图 4-21

即向量 a, b, c 的混合积的绝对值 $|[abc]|$ 等于平行六面体的体积.

当向量 a, b, c 符合右手法则时, 向量 c 的方向与向量 $a \times b$ 的方向相同, 此时 α 为锐角, $\cos \alpha > 0$, 所以混合积 $[abc] = |a \times b| \cdot |c| \cdot \cos \alpha$ 是正的; 否则向量 c 的方向与向量 $a \times b$ 的方向相反, 此时 α 为钝角, $\cos \alpha < 0$, 所以混合积 $[abc] = |a \times b| \cdot |c| \cdot \cos \alpha$ 是负的.

4. 混合积的性质

由混合积的坐标表示和行列式的性质可得如下结论.

性质 1　$[abc] = [bca]$.

这是因为 $[abc] = \begin{vmatrix} a_x & a_y & a_z \\ b_x & b_y & b_z \\ c_x & c_y & c_z \end{vmatrix} = - \begin{vmatrix} b_x & b_y & b_z \\ a_x & a_y & a_z \\ c_x & c_y & c_z \end{vmatrix} = \begin{vmatrix} b_x & b_y & b_z \\ c_x & c_y & c_z \\ a_x & a_y & a_z \end{vmatrix} = [bca].$

同理可得 $[abc] = [cab] = -[cba] = -[bac] = -[acb]$.

由混合积的几何意义可得如下结论.

性质 2　三向量 a, b, c 共面的充要条件是 $[abc] = 0$, 即

$$\begin{vmatrix} a_x & a_y & a_z \\ b_x & b_y & b_z \\ c_x & c_y & c_z \end{vmatrix} = 0.$$

这是因为, 若混合积 $[abc] \neq 0$, 则能以三向量 a, b, c 为棱构成平行六面体, 从而 a, b, c 不共面; 反之, 若 a, b, c 不共面, 则必能以 a, b, c 为棱构成平行六面体, 从而 $[abc] \neq 0$. 由此可得, 三向量共面的充要条件为 $[abc] = 0$.

例8　已知不在一平面上的四点:$A(x_1, y_1, z_1)$, $B(x_2, y_2, z_2)$, $C(x_3, y_3, z_3)$, $D(x_4, y_4, z_4)$. 求四面体 $ABCD$ 的体积.

解　由立体几何可知, 四面体 $ABCD$ 的体积等于以向量 $\overrightarrow{AB}$, $\overrightarrow{AC}$, $\overrightarrow{AD}$ 为棱的平行六面体体积的六分之一, 所以

$$V = \frac{1}{6} \left| \left[\overrightarrow{AB} \ \overrightarrow{AC} \ \overrightarrow{AD} \right] \right|.$$

因

$$\overrightarrow{AB} = (x_2 - x_1, y_2 - y_1, z_2 - z_1),$$
$$\overrightarrow{AC} = (x_3 - x_1, y_3 - y_1, z_3 - z_1),$$
$$\overrightarrow{AD} = (x_4 - x_1, y_4 - y_1, z_4 - z_1),$$

所以

$$V = \frac{1}{6} \left| \left[\overrightarrow{AB} \ \overrightarrow{AC} \ \overrightarrow{AD} \right] \right| = \frac{1}{6} \left\| \begin{array}{ccc} x_2 - x_1 & y_2 - y_1 & z_2 - z_1 \\ x_3 - x_1 & y_3 - y_1 & z_3 - z_1 \\ x_4 - x_1 & y_4 - y_1 & z_4 - z_1 \end{array} \right\|.$$

习　题　4-4

1. 填空.

(1) 设向量 $a \perp b$, 且 $|a| = 3$, $|b| = 1$, 则 $2a \cdot 3b =$ _____, $a \times (-2b) =$ _____.

(2) 设向量 a 与 b 平行, 则 $|2a \times 3b| =$ _____.

(3) 设 $|a| = 3$, $|b| = 5$, 且向量 $a + kb$ 垂直于向量 $a - kb$, 则 $k=$ _____.

2. 选择.

(1) 已知两向量 $a = (-1, 1, 2)$ 和 $b = (2, 0, 1)$, 则 a 与 b 的夹角是 (　　).

(A) 0;　　　　　　(B) $\frac{\pi}{6}$;　　　　　　(C) $\frac{\pi}{4}$;　　　　　　(D) $\frac{\pi}{2}$.

(2) 已知两向量 $a = (2, 3, 4)$ 和 $b = (0, 3, 4)$, 则 a 在 b 上的投影为 (　　).

(A) $\frac{25}{\sqrt{29}}$;　　　　(B) 5;　　　　(C) $-\frac{25}{\sqrt{29}}$;　　　　(D) -5.

3. 设向量 a 垂直于向量 b, 且 $|a| = 2$, $|b| = 3$, 求 $(5a + 3b) \cdot (a - b)$.

4. 设向量 $a = 2i - j + 2k$, $b = i - 3j + 2k$, 求:

(1) $a \cdot b$ 及 $a \times b$,　　(2) $3a \cdot (-2b)$ 及 $2a \times b$,　　(3) a 与 b 夹角的余弦.

5. 已知两向量 $a = mi + 3j + 4k$ 和 $b = 4i + mj - 7k$, 问 m 为何值时它们垂直?

6. 质量为 10kg 的物体沿直线从点 $A(2, -1, 7)$ 移动到点 $B(-2, 3, -1)$, 计算重力所做的功 (坐标系长度单位为 m, 重力方向为 z 轴负方向).

7. 已知四点 $A(1, 2, 3)$, $B(5, -1, 7)$, $C(1, 1, 1)$ 和 $D(3, 3, 2)$, 求

(1) $\mathrm{Pr}j_{\overrightarrow{CD}}\overrightarrow{AB}$;　　　　(2) $\overrightarrow{AB}$ 与 $\overrightarrow{CD}$ 夹角的余弦.

8. 求以 $A(1, 1, 1)$, $B(2, 3, 4)$ 和 $C(4, 3, 2)$ 为顶点的三角形的面积.

9. 求一单位向量, 使其同时垂直于向量 $a = 2i - 3j + k$ 和 $b = i + j - 2k$.

10. 已知向量 $a = (2, -3, 1)$, $b = (1, -1, 3)$ 和 $c = (1, -2, 0)$, 计算

    (1) $(a \cdot b)c - (a \cdot c)b$;   (2) $(a \times b) \cdot c$

11. 已知

$$a = a_x i + a_y j + a_z k, \quad b = b_x i + b_y j + b_z k, \quad c = c_x i + c_y j + c_z k,$$

试利用行列式的性质证明: $(a \times b) \cdot c = (b \times c) \cdot a = (c \times a) \cdot b$.

第五节　空间曲面及其方程

一、 曲面方程的概念

前面通过建立空间直角坐标系, 把空间中抽象的点用其具体的坐标 (x, y, z) 形式来表达, 我们不仅给出了向量的坐标表示, 同时也把向量的相关运算转化为向量坐标表示下的代数运算. 对空间中的其他几何问题, 同样可在点的坐标表达的基础上, 使用解析的或代数的方法来进行研究、表达和处理. 例如, 对空间中的各种空间曲面, 如果像研究平面曲线那样, 把它仍看成是空间上的动点 $M(x, y, z)$ 在满足某一规律或某一条件下的运动轨迹, 那么, 能体现动点满足这一规律或这一条件的表现形式就是动点的坐标所满足的代数方程. 在此意义下, 便有空间曲面与三元方程间关系的如下描述.

定义 1　设空间曲面 S 与三元方程 $F(x, y, z) = 0$ 满足以下关系:

(1) 曲面 S 上任一点的坐标都满足方程 $F(x, y, z) = 0$;

(2) 不在曲面 S 上的点的坐标都不满足方程 $F(x, y, z) = 0$.

则称方程 $F(x, y, z) = 0$ 为曲面 S 的方程, 而曲面 S 就称为方程 $F(x, y, z) = 0$ 的几何图形, 如图 4-22 所示.

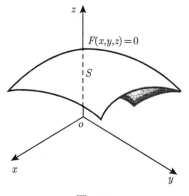

图 4-22

在建立了曲面方程的概念后, 我们就可以像平面解析几何一样, 用代数的方法研究空间曲面的一些性质了.

空间解析几何中曲面问题的研究主要有两个方面:

(1) 已知一曲面作为点的几何轨迹时, 建立这曲面的方程;

(2) 已知坐标间的一个方程时, 研究这方程所表示的空间曲面.

二、常见的几种空间曲面的方程

1. 球面方程

求球心在 $M_0(x_0, y_0, z_0)$, 半径为 R 的球面方程.

假设点 $M(x, y, z)$ 是球面上的任一点, 如图 4-23 所示, 则

$$|MM_0| = R.$$

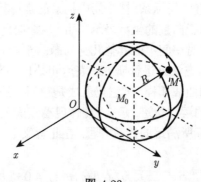

图 4-23

由两点间距离公式, 有

$$|MM_0| = \sqrt{(x - x_0)^2 + (y - y_0)^2 + (z - z_0)^2},$$

即

$$\sqrt{(x - x_0)^2 + (y - y_0)^2 + (z - z_0)^2} = R,$$

所以

$$(x - x_0)^2 + (y - y_0)^2 + (z - z_0)^2 = R^2. \tag{1}$$

显然, 球面上的点都满足方程 (1), 同时, 如果点 M 不在球面上, 则 $|MM_0| \neq R$, 即不满足方程 (1), 所以方程 (1) 就是以 $M_0(x_0, y_0, z_0)$ 为球心半径为 R 的球面方程.

特别地, 当 $M_0(x_0, y_0, z_0)$ 为原点, 即 $x_0 = 0, y_0 = 0, z_0 = 0$ 时, 代入方程 (1) 即得球心在原点, 半径为 R 的球面方程

$$x^2 + y^2 + z^2 = R^2.$$

方程 (1) 可以展开为形式

$$x^2 + y^2 + z^2 - 2x_0 x - 2y_0 y - 2z_0 z + (x_0^2 - y_0^2 - z_0^2 - R^2) = 0,$$

令 $B = -2x_0, C = -2y_0, D = -2z_0, E = x_0^2 - y_0^2 - z_0^2 - R^2$, 则上式可表示为

$$x^2 + y^2 + z^2 + Bx + Cy + Dz + E = 0 \tag{2}$$

的形式.

可见, 球面方程是三元二次方程, 且具有二次项 x^2, y^2, z^2 系数相等 (可化为方程 (1))、没有二次交叉项 xy, xz, yz 的特点. 反之, 具有上述特点的三元二次方程如果通过配方可以化成方程 (1) 的形式, 它就表示一个球面. 需要注意, 不是所有的具有形式 (2) 的三元二次方程都表示球面.

例 1　讨论下列三元二次方程是否表示球面.

(1) $x^2 + y^2 + z^2 - 2x + 4y + 2z = 0$;

(2) $x^2 + y^2 + z^2 - 4x + 6y + 8z + 30 = 0$.

解　(1) 配方得 $(x-1)^2 + (y+2)^2 + (z+1)^2 - 6 = 0$, 即

$$(x-1)^2 + (y+2)^2 + (z+1)^2 = \left(\sqrt{6}\right)^2,$$

表示球心在点 $(1, -2, -1)$ 半径为 $\sqrt{6}$ 的球面.

(2) 配方得 $(x-2)^2 + (y+3)^2 + (z+4)^2 - 29 + 30 = 0$, 即

$$(x-2)^2 + (y+3)^2 + (z+4)^2 = -1.$$

由于任何一点都不满足该方程, 所以此三元二次方程不表示任何曲面.

2. 柱面方程

柱面是指由一条直线 L 沿定曲线 C 平行移动而形成的轨迹. 其中, 定曲线 C 称为柱面的准线, 直线 L 称为柱面的母线.

求母线为平行于 z 轴的直线 L, 准线为平面曲线 $C:f(x,y) = 0$ 的柱面方程.

在柱面上任取一点 $M(x,y,z)$, 把点 M 投影到 xOy 坐标平面得点 $M'(x,y)$, 则由于点 M' 在准线 C 上, 所以有 $f(x,y) = 0$, 因而, 柱面上任一点 $M(x,y,z)$ 满足方程 $f(x,y) = 0$. 反之, 不在柱面上的点, 其在 xOy 平面上的投影点一定不在准线 C 上, 因而不满足 $f(x,y) = 0$, 所以方程

$$f(x,y) = 0$$

即为所求的柱面方程.

一般地, 不含 z 的方程 $f(x,y)=0$ 在空间直角坐标系中表示平行于 z 轴直线为母线, xOy 坐标平面上的平面曲线 $f(x,y)=0$ 为准线的柱面方程.

同样, 不含 x 的方程 $\phi(y,z)=0$ 表示平行于 x 轴直线为母线, yOz 坐标平面上的平面曲线 $\phi(y,z)=0$ 为母线的柱面方程; 不含 y 的方程 $\psi(x,z)=0$ 表示平行于 y 轴直线为母线, xOz 坐标平面上的平面曲线 $\psi(x,z)=0$ 为母线的柱面方程.

例 2　方程 $y^2=2x$ 表示母线是平行于 z 轴的直线, 准线是 xOy 平面上的抛物线 $y^2=2x$ 的柱面. 该柱面称为抛物柱面, 如图 4-24 所示.

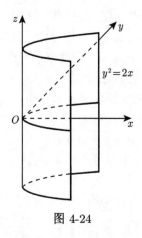

图 4-24

例 3　方程 $y=x$ 表示母线是平行于 z 轴的直线, 准线是 $y=x$ 直线的柱面, 它是过 z 轴的平面, 如图 4-25 所示.

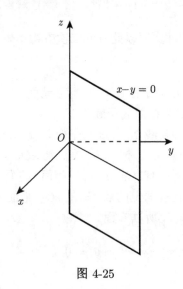

图 4-25

3. 旋转曲面

所谓旋转曲面是指平面曲线绕该平面内的一条直线旋转而形成的曲面.

求 yOz 平面内的曲线 $C: f(y, z) = 0$ 绕 z 轴旋转而形成的旋转曲面方程. 如图 4-26 所示, 在曲面上任取一点 $M(x, y, z)$, 则 M 点一定是由平面曲线 C 上的一点 $N(0, y_0, z_0)$ 旋转而来, 所以 M 点和 N 点的竖坐标相同, 且都在以 P 点为圆心的圆周上, 即 M 点和 N 点到 z 轴的距离相等, 所以有

$$\begin{cases} \sqrt{x^2 + y^2} = |y_0|, \\ z = z_0, \end{cases}$$

由此可得

$$\begin{cases} y_0 = \pm\sqrt{x^2 + y^2}, \\ z_0 = z, \end{cases}$$

把 y_0, z_0 带入方程 $f(y_0, z_0) = 0$ 即可得所求的旋转曲面方程为

$$f\left(\pm\sqrt{x^2 + y^2}, z\right) = 0.$$

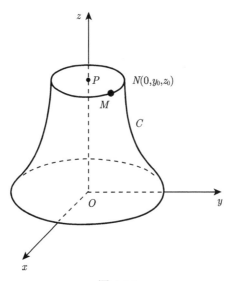

图 4-26

可以看到, 在曲线 C 的方程中 z 保持不变同时把 y 改成 $\pm\sqrt{x^2 + y^2}$, 便是曲线 C 绕 z 轴旋转而形成的旋转曲面方程.

所以曲线 $C: f(y, z) = 0$ 绕 y 轴旋转而形成的旋转曲面方程为

$$f\left(y, \pm\sqrt{x^2 + z^2}\right) = 0.$$

同样地, xOz 平面内的曲线 $f(x,z)=0$ 绕 x 轴旋转而形成的旋转曲面方程为 $f\left(x,\pm\sqrt{y^2+z^2}\right)=0$, 绕 z 轴旋转而形成的旋转曲面方程为 $f\left(\pm\sqrt{x^2+y^2},z\right)=0$; xOy 平面内的曲线 $f(x,y)=0$ 绕 x 轴旋转而形成的旋转曲面方程为 $f(x,\pm\sqrt{y^2+z^2})=0$, 绕 y 轴旋转而形成的旋转曲面方程为 $f\left(\pm\sqrt{x^2+z^2},y\right)=0$.

例 4　直线 L 绕另一条相交的直线旋转一周, 所得旋转曲面称为圆锥面. 两直线的交点称为圆锥面的顶点, 两直线的夹角 $\alpha\left(0<\alpha<\dfrac{\pi}{2}\right)$ 称为圆锥面的半顶角. 试建立 yOz 平面上直线 $z=y\cot\alpha$ 绕 z 轴旋转而形成的圆锥面方程, 如图 4-27 所示.

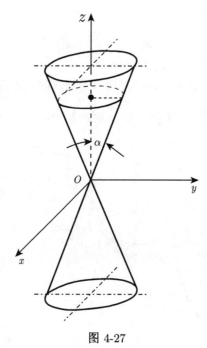

图 4-27

解　由于母线方程 $z=y\cot\alpha$ 是绕 z 轴旋转的, 所以旋转曲面的方程为

$$z=\pm\sqrt{x^2+y^2}\cot\alpha,$$

整理可得

$$z^2=(x^2+y^2)\cot^2\alpha.$$

记: $a^2=\dfrac{1}{\cot^2\alpha}$, 则圆锥面方程化为

$$z^2=\frac{x^2+y^2}{a^2}.$$

例 5　求 xOz 平面上的双曲线 $\dfrac{x^2}{a^2} - \dfrac{z^2}{c^2} = 1$ 分别绕 x 轴和 z 轴旋转一周所形成的旋转曲面方程.

解　绕 x 轴旋转形成的旋转曲面方程为 $\dfrac{x^2}{a^2} - \dfrac{y^2 + z^2}{c^2} = 1$, 此曲面称为旋转双叶双曲面, 如图 4-28 所示.

绕 z 轴旋转形成的旋转曲面方程为 $\dfrac{x^2 + y^2}{a^2} - \dfrac{z^2}{c^2} = 1$, 此曲面称为旋转单叶双曲面, 如图 4-29 所示.

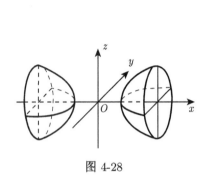 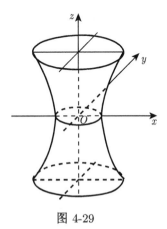

图 4-28　　　　　　　　　　　　　　　　　图 4-29

例 6　求 xOz 平面上的抛物线 $z = ax^2$ 绕 z 轴旋转一周所形成的旋转曲面方程.

解　抛物线 $z = ax^2$ 绕 z 轴旋转形成的旋转曲面称为旋转抛物面, 它的方程为 $z = a\left(\pm\sqrt{x^2 + y^2}\right)^2$, 即 $z^2 = a^2(x^2 + y^2)$, 如图 4-30 所示.

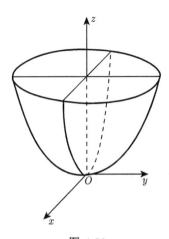

图 4-30

习　题　4-5

1. 填空.

(1) 将 xOy 平面上的椭圆 $9x^2 + 4y^2 = 36$ 绕 x 轴旋转一周, 所生成的旋转曲面方程为_____.

(2) 将 yOz 平面上的双曲线 $5y^2 - 3z^2 = 15$ 分别绕 z 轴和 y 轴旋转一周所成旋转曲面方程分别为_____和_____.

(3) 将 zOx 平面上的抛物线 $z = 2x^2$ 绕 z 轴旋转一周所成旋转曲面方程为_____.

2. 选择.

(1) 建立以点 $(4, -2, -4)$ 为球心, 且过坐标原点的球面方程为 (　　).

(A) $(x - 4)^2 + (y + 2)^2 + (z + 4)^2 = 36$;　　(B) $(x - 4)^2 + (y + 2)^2 + (z + 4)^2 = 6$;

(C) $(x + 4)^2 + (y - 2)^2 + (z - 4)^2 = 36$;　　(D) $(x + 4)^2 + (y - 2)^2 + (z - 4)^2 = 6$.

(2) 方程 $xyz = 0$ 在空间解析几何中表示的图形是 (　　).

(A) 坐标原点;　　　(B) 三个坐标轴;　　　(C) 三个坐标平面;　　　(D) 柱面.

3. 一动点移动时, 与 $A(4, 0, 0)$ 及 xOy 平面等距离, 求该动点的轨迹方程.

4. 求一条直径的两个端点是 $(2, -3, 5)$ 和 $(4, 1, -3)$ 的球面方程.

5. 下列方程表示什么曲面?

(1) $x^2 + y^2 + z^2 - 2x + 8y - 6z + 1 = 0$;

(2) $4x^2 + 4y^2 + 4z^2 + 16x - z + \dfrac{1}{16} = 0$.

6. 指出下列方程在平面解析几何和空间解析几何中分别表示什么图形.

(1) $y = x + 1$;　　　　　(2) $x^2 + y^2 = 9$;　　　　　(3) $x^2 - y^2 = 1$;

(4) $z = 3y^2$;　　　　　　(5) $2x^2 + 3y^2 = 6$.

第六节　平面及其方程

　　平面是一种最简单的空间曲面, 本节利用向量作为工具给出平面方程的三种表现形式.

一、平面的点法式方程

　　由立体几何知, 平面上的一点和一条垂直于该平面的直线是可以确定一个平面的.

　　垂直于一个平面的非零向量称为该平面的法向量. 显然一平面的法向量不是唯一的.

　　假设平面 Π 过点 $M_0(x_0, y_0, z_0)$, 一个法向量为 $\boldsymbol{n} = (A, B, C)$, 求平面 Π 的方程.

如图 4-31 所示, 在平面上任取一点 $M(x, y, z)$, 则向量 $\overrightarrow{M_0M} = (x-x_0, y-y_0, z-z_0)$ 是平面 $\varPi$ 内的向量. 由于向量 $\boldsymbol{n}$ 垂直于平面内的任何直线, 所以 $\boldsymbol{n} \perp \overrightarrow{MM_0}$, 即 $\boldsymbol{n} \cdot \overrightarrow{MM_0} = 0$, 即

$$A(x - x_0) + B(y - y_0) + C(z - z_0) = 0. \tag{1}$$

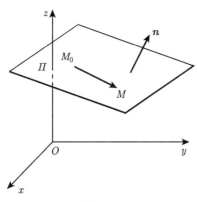

图 4-31

这就是平面 $\varPi$ 上任一点 $M(x, y, z)$ 满足的方程.

另一方面, 如果一个点 $M(x, y, z)$ 不在平面 $\varPi$ 上, 那么, 向量

$$\overrightarrow{M_0M} = (x - x_0, y - y_0, z - z_0)$$

不是平面 $\varPi$ 内的向量, 所以向量 $\boldsymbol{n}$ 与 $\overrightarrow{M_0M}$ 就不垂直, 即 $\boldsymbol{n} \cdot \overrightarrow{MM_0} \neq 0$, 就有 $A(x - x_0) + B(y - y_0) + C(z - z_0) \neq 0$, 也就是点 $M(x, y, z)$ 不满足方程 (1), 所以方程 (1) 就是过点 $M_0(x_0, y_0, z_0)$, 法向量为 $\boldsymbol{n} = (A, B, C)$ 的平面的方程. 方程 (1) 称为平面 $\varPi$ 的点法式方程.

例 1 求过点 $M_0(3, 0, -1)$, 法向量为 $\boldsymbol{n} = (3, -7, 5)$ 的平面方程.

解 根据平面的点法式方程 (1), 所求平面的方程为

$$3(x - 3) - 7(y - 0) + 5(z + 1) = 0.$$

即

$$3x - 7y + 5z - 4 = 0.$$

例 2 求过三点 $A(2, -1, 0), B(-1, 3, -2)$ 和 $C(0, 2, -1)$ 的平面方程.

解 由于向量 $\overrightarrow{AB} \times \overrightarrow{AC}$ 垂直于向量 $\overrightarrow{AB}$ 和 $\overrightarrow{AC}$ 确定的平面, 也就是垂直于三点 A, B, C 确定的平面, 所以向量 $\overrightarrow{AB} \times \overrightarrow{AC}$ 可作为平面的法向量. 由于

$$\overrightarrow{AB} = (-3, 4, -2), \quad \overrightarrow{AC} = (-2, 3, -1),$$

所以向量

$$\overrightarrow{AB} \times \overrightarrow{AC} = \begin{vmatrix} i & j & k \\ -3 & 4 & -2 \\ -2 & 3 & -1 \end{vmatrix} = (2, 1, -1),$$

据平面的点法式方程 (1), 得所求平面的方程为

$$2(x - 2) + 1(y + 1) - 1(z - 0) = 0.$$

即

$$2x + y - z - 3 = 0.$$

二、平面的一般方程

任一平面的点法式方程 (1) 可化为 $Ax + By + Cz + D = 0$ 的形式, 也就是任一平面方程可用三元一次方程来表示.

反之, 任给一个三元一次方程

$$Ax + By + Cz + D = 0, \tag{2}$$

假设 $x = x_0, y = y_0, z = z_0$ 是该方程的一组解, 则有

$$Ax_0 + By_0 + Cz_0 + D = 0. \tag{3}$$

方程 (2) 减方程 (3) 可得

$$A(x - x_0) + B(y - y_0) + C(z - z_0) = 0. \tag{4}$$

对比平面的点法式方程可知, 方程 (4) 表示平面. 又由于方程 (4) 和方程 (2) 是同解方程, 所以方程 (2) 也表示平面. 因此, 任意三元一次方程都表示空间中的一个平面.

方程 (2) 称为平面的一般式方程. 其中 x, y, z 前面的系数 A, B, C 恰是平面法向量的三个坐标.

需要指出的是: 当 A, B, C 取值不全为零, 且 A, B, C 和 D 分别取值为零时, 相应的方程所表示的平面具有不同的几何性质.

(1) 当 $D = 0$ 时, 方程 $Ax + By + Cz = 0$ 表示过原点的平面.

(2) 当 $A = 0(B = 0$ 或 $C = 0)$ 时, 方程 $By + Cz + D = 0(Ax + Cz + D = 0$ 或 $Ax + By + D = 0)$ 表示平行于 $x(y$ 或 $z)$ 轴的平面;

(3) 当 $A = D = 0(B = D = 0$ 或 $C = D = 0)$ 时, $By + Cz = 0(Ax + Cz = 0$ 或 $Ax + By = 0)$ 表示过 $x(y$ 或 $z)$ 轴的平面.

(4) 当 $A = B = 0(B = C = 0$ 或 $A = C = 0)$ 时, 方程 $Cz + D = 0(Ax + D = 0$ 或 $By + D = 0)$ 表示垂直于 $z(x$ 或 $y)$ 轴的平面.

例 3　求平行于 xOz 坐标平面且经过点 $(2, -5, 3)$ 的平面方程.

解　由于所求平面平行于 xOz 坐标平面, 所以平面方程可设为

$$By + D = 0,$$

将点 $(2, -5, 3)$ 代入平面方程, 得

$$-5B + D = 0,$$

即

$$D = 5B.$$

所以所求的平面方程为

$$y + 5 = 0.$$

例 4　设一个平面与 x 轴、y 轴、z 轴分别相交于点 $P(a, 0, 0)$, $Q(0, b, 0)$, $R(0, 0, c)$, 求该平面方程 (其中 $a \neq 0, b \neq 0, z \neq 0$), 如图 4-32 所示.

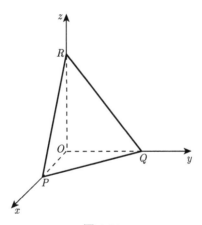

图 4-32

解　设所求平面的一般式方程为 $Ax + By + Cz + D = 0$, 由于三点 $P(a, 0, 0)$, $Q(0, b, 0)$, $R(0, 0, c)$ 都是平面上的点, 所以其坐标都适合平面方程, 即

$$\begin{cases} aA + D = 0, \\ bB + D = 0, \\ cC + D = 0, \end{cases}$$

解得

$$\begin{cases} A = -\dfrac{D}{a}, \\[2mm] B = -\dfrac{D}{b}, \\[2mm] C = -\dfrac{D}{c}. \end{cases}$$

代入方程便得到所求的平面方程为

$$-\frac{D}{a}x - \frac{D}{b}y - \frac{D}{c}z + D = 0,$$

移项并同时除以 $D(\neq 0)$, 得平面的截距式方程为

$$\frac{x}{a} + \frac{y}{b} + \frac{z}{c} = 1,$$

其中 a, b, c 称为平面在 x 轴、y 轴、z 轴上的截距.

　　显然, 平面方程的三种形式在研究问题中都有存在的价值. 点法式给出了如何确定平面方程的方法; 一般式解决了平面方程的简单表达形式; 截距式常用于确定平面的位置和与平面有关的某些几何问题的处理.

　　例 5　求平面 $x - 3y + 4z - 12 = 0$ 与三坐标面所围成的四面体体积.

　　解　将平面方程化为截距式

$$\frac{x}{12} + \frac{y}{-4} + \frac{z}{3} = 1,$$

则得平面在三坐标轴上的截距为 $a = 12, b = -4, c = 3$, 故所求四面体的体积为

$$V = \frac{1}{6} \times 12 \times 4 \times 3 = 24.$$

三、两平面的夹角

　　定义 1　两平面的法向量之间的夹角 (通常取锐角) 称为这两个平面的夹角.

　　设两平面 $\varPi_1, \varPi_2$ 的夹角为 θ, 如图 4-33 所示, 法向量分别为

$$\boldsymbol{n}_1 = (A_1, B_1, C_1), \quad \boldsymbol{n}_2 = (A_2, B_2, C_2).$$

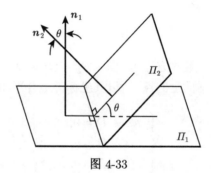

图 4-33

则
$$\theta = (\widehat{n_1, n_2}), \quad \text{或} \ \pi - (\widehat{n_1, n_2}),$$

所以
$$\cos\theta = \left|\cos(\widehat{n_1, n_2})\right| = \left|\frac{n_1 \cdot n_2}{|n_1||n_2|}\right| = \frac{|A_1A_2 + B_1B_2 + C_1C_2|}{\sqrt{A_1^2 + B_1^2 + C_1^2}\sqrt{A_2^2 + B_2^2 + C_2^2}}.$$

通过这个公式可以确定两平面的夹角余弦和夹角.

特别地,

(1) 当平面 $\varPi_1$, $\varPi_2$ 垂直时, $\theta = \dfrac{\pi}{2}$, 即有 $A_1A_2 + B_1B_2 + C_1C_2 = 0$;

(2) 当平面 $\varPi_1$, $\varPi_2$ 平行时, $\theta = 0$, 即有 $\dfrac{A_1}{A_2} = \dfrac{B_1}{B_2} = \dfrac{C_1}{C_2}$.

例 6　求平面 $x + y - 2z + 3 = 0$ 与 $x - 2y + z - 7 = 0$ 的夹角.

解　设两平面的夹角是 θ, 两平面的法向量分别为 $n_1 = (1, 1, -2)$, $n_2 = (1, -2, 1)$, 代入公式可得
$$\cos\theta = \frac{|1 \times 1 + 1 \times (-2) + (-2) \times 1|}{\sqrt{1^2 + 1^2 + (-2)^2}\sqrt{1^2 + (-2)^2 + 1^2}} = \frac{1}{2},$$

所以两平面的夹角为
$$\theta = \frac{\pi}{3}.$$

例 7　求过点 $(1, 0, -1)$ 且与向量 $a = (2, 1, 1)$ 和 $b = (1, -1, 0)$ 都平行的平面方程.

解　由于平面平行于向量 a 和 b, 所以可取平面的法向量为
$$a \times b = \begin{vmatrix} i & j & k \\ 2 & 1 & 1 \\ 1 & -1 & 0 \end{vmatrix} = (1, 1-3),$$

所以所求平面的方程为
$$1 \cdot (x - 1) + 1 \cdot (y - 0) - 3 \cdot (z + 1) = 0,$$

即
$$x + y - 3z - 4 = 0.$$

例 8　求平面外一点 $P_0(x_0, y_0, z_0)$ 到平面 $\varPi : Ax + By + Cz + D = 0$ 的距离, 如图 4-34 所示.

解　平面 $\varPi$ 的法向量为 $\boldsymbol{n} = (A, B, C)$. 在平面 $\varPi$ 上任取一点 $P_1(x_1, y_1, z_1)$, 则向量

$$\overrightarrow{P_1P_0} = (x_0 - x_1, y_0 - y_1, z_0 - z_1).$$

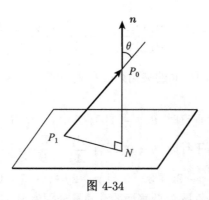

图 4-34

点 P_0 到平面 $\varPi$ 的距离 d 是向量 $\overrightarrow{P_1P_0}$ 在法向量 $\boldsymbol{n}$ 上的投影的绝对值, 即

$$d = \left| Prj_n \, \overrightarrow{P_1P_0} \right| = \frac{\left| \boldsymbol{n} \cdot \overrightarrow{P_1P_0} \right|}{|\boldsymbol{n}|} = \frac{|A(x_0 - x_1) + B(y_0 - y_1) + C(z_0 - z_1)|}{\sqrt{A^2 + B^2 + C^2}}$$

$$= \frac{|Ax_0 + By_0 + Cz_0 - (Ax_1 + By_1 + Cz_1)|}{\sqrt{A^2 + B^2 + C^2}}.$$

由于 $P_1(x_1, y_1, z_1)$ 是平面 $\varPi$ 上的点, 所以 $Ax_1 + By_1 + Cz_1 = -D$.

代入上式, 便得平面外一点到平面的距离公式为

$$d = \frac{|Ax_0 + By_0 + Cz_0 + D|}{\sqrt{A^2 + B^2 + C^2}}.$$

习　题　4-6

1. 填空.

(1) 过点 $(0, -3, 3)$ 且平行于平面 $3x + 2y + 4z - 5 = 0$ 的平面方程为＿＿＿＿＿＿.

(2) 过点 $(1, -2, 4)$ 且垂直于 Ox 轴的平面方程为＿＿＿＿＿＿.

(3) 过点 $(-3, 1, -2)$ 且通过 z 轴的平面方程为＿＿＿＿＿＿.

2. 选择.

(1) 两平面 $\varPi_1 2x + y - 3z + 1 = 0$ 和 $\varPi_2 6x + 3y - 9z - 4 = 0$ 的位置关系是 (　　).

(A) $\varPi_1 // \varPi_2$;　　(B) $\varPi_1 \perp \varPi_2$;　　(C) $\varPi_1$ 与 $\varPi_2$ 相交;　　(D) 以上全不对.

(2) 已知平面 $x + ky - 2z = 0$ 与平面 $2x + 4y + 3z - 3 = 0$ 垂直, 则参数 k 等于 (　　).

(A) 2;　　　　(B) 1;　　　　(C) -1;　　　　(D) -2.

(3) 平面 $2x - y + z = 7$ 与 $x + y + 2z = 11$ 的夹角为 (　　).

(A) 0;   (B) $\dfrac{\pi}{6}$;   (C) $\dfrac{\pi}{3}$;   (D) $\dfrac{\pi}{2}$.

3. 已知两点 $A(6,-5,4)$ 和 $B(8,-7,5)$, 求通过点 A 且垂直于向量 $\overrightarrow{AB}$ 的平面方程.

4. 求过两点 $(4,0,-2)$ 和 $(5,1,7)$ 且与 y 轴平行的平面方程.

5. 已知一个平面过点 $(0,0,1)$, 且平行于向量 $\boldsymbol{a}=(-2,\,1,\,1)$ 和 $\boldsymbol{b}=(-1,\,0,\,0)$, 求此平面方程.

6. 求过三点 $A(1,-1,0)$, $B(2,3,-1)$ 和 $C(-1,0,2)$ 的平面方程.

7. 求平面 $2x-2y+z+5=0$ 与各坐标面的夹角余弦.

8. 求点 $(1,\,2,\,1)$ 到平面 $x+2y+2z-10=0$ 的距离.

9. 求过点 $(1,\,2,\,1)$ 且垂直于两平面 $x+y=0$ 和 $5y+z=0$ 的平面方程.

10. 指出下列各平面的特殊位置.

(1) $x=0$;   (2) $3y+2=0$;   (3) $5x-2y+1=0$;

(4) $y+z=0$;   (5) $x-y+5z-4=0$.

11. 求过两点 $(1,\,1,\,1)$ 和 $(2,\,2,\,2)$ 且垂直于平面 $x+y-z=0$ 的平面方程.

第七节 空间曲线方程

一、空间曲线的一般方程

由于空间中任意曲线 C, 都可看成是空间中某两个曲面相交产生的交线, 因此有了空间曲面的方程表示后, 我们不难直接给出空间曲线方程的一种表达方法.

设两个空间曲面的方程分别为 $S_1:F(x,y,z)=0$ 和 $S_2:G(x,y,z)=0$, 其交线为空间曲线 C.

曲线 C 上的点 M 既在曲面 S_1 上, 又在曲面 S_2 上, 所以其坐标既满足方程 $F(x,y,z)=0$, 也满足方程 $G(x,y,z)=0$, 应满足方程组

$$\begin{cases} F(x,y,z)=0, \\ G(x,y,z)=0. \end{cases} \tag{1}$$

反之, 不在曲线 C 上的点 M 的坐标不能同时在两个曲面上, 它的坐标不能满足方程组 (1). 所以曲线 C 可用方程组 (1) 来表示. 方程组 (1) 称为曲线 C 的一般方程, 如图 4-35 所示.

例 1 方程组 $\begin{cases} z=\sqrt{4-x^2-y^2}, \\ y=1 \end{cases}$ $(x>0,y>0)$ 表示怎样的曲线?

解 方程 $z=\sqrt{4-x^2-y^2}\,(x>0,y>0)$ 表示以原点为球心, 2 为半径的球面位于第一卦限的部分; 方程 $y=1$ 为平行于 xOz 平面的平面, 它们交线如图 4-36 所示.

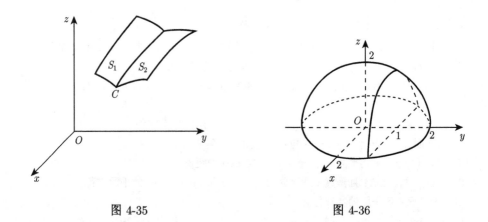

图 4-35   图 4-36

例 2   方程组 $\begin{cases} x^2 + y^2 = 1, \\ x^2 + z^2 = 1 \end{cases}$ $(x > 0, y > 0, z > 0)$ 表示怎样的曲线?

解   方程组中的两个方程依次表示母线平行于 z 轴和 y 轴的柱面在第一卦限的部分, 它们的交线如图 4-37 所示.

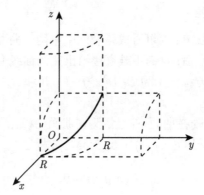

图 4-37

例 3   方程组 $\begin{cases} z = \sqrt{a^2 - x^2 - y^2}, \\ \left(x - \dfrac{a}{2}\right)^2 + y^2 = \left(\dfrac{a}{2}\right)^2 \end{cases}$ 表示怎样的曲线?

解   方程组中第一个方程表示球心在坐标原点 O, 半径为 a 的上半球面. 第二个方程表示母线平行于 z 轴的圆柱面, 它的准线是 xOy 面上的圆, 圆心在 $\left(\dfrac{a}{2}, 0\right)$, 半径为 $\dfrac{a}{2}$. 方程组就表示上述半球面与圆柱面的交线, 如图 4-38 所示.

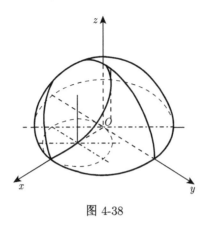

图 4-38

二、空间曲线的参数方程

实际问题中, 为了处理问题的方便, 也常将空间曲线用参数式来表示.

如果空间曲线 C 上的动点 $M(x,y,z)$ 的坐标可用某一个变量 t 的函数

$$\begin{cases} x = x(t), \\ y = y(t), \\ z = z(t) \end{cases} \tag{2}$$

来表示, 当 t 取某个确定的值 t_0 时, 就得到 C 上的一个确定点 (x_0, y_0, z_0), 并且随着 t 在某个范围内的取值变化, 相应的点可以取遍 C 上的所有点, 则方程组 (2) 称为空间曲线 C 的参数方程.

例 4 如果空间一点 M 在圆柱面 $x^2 + y^2 = a^2$ 上以角速度 ω 绕 z 轴旋转, 同时又以线速度 v 沿平行于 z 轴的正方向上升 (其中 ω, v 都是常数), 那么点 M 的轨迹构成的几何图形称为螺旋线. 试建立其参数方程.

解 取时间 t 为参数. 设当 $t = 0$ 时, 动点位于 x 轴上的一点 $A(a, 0, 0)$ 处. 经过时间 t, 动点 A 运动到 $M(x, y, z)$, 如图 4-39 所示. 记 M 在 xOy 面上的投影为 M', M' 的坐标为 $(x, y, 0)$. 由于动点在圆柱面上以角速度 ω 绕 z 轴旋转, 所以经过时间 t,

$$\angle AOM' = \omega t.$$

从而

$$x = |OM'| \cos \angle AOM' = a \cos \omega t,$$
$$y = |OM'| \sin \angle AOM' = a \sin \omega t.$$

由于动点同时以线速度 v 沿平行于 z 轴的正方向上升, 所以

$$z = |M'M| = vt.$$

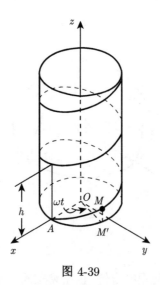

图 4-39

因此螺旋线的参数方程为

$$\begin{cases} x = a\cos\omega t, \\ y = a\sin\omega t, \\ z = vt. \end{cases}$$

也可以用其他变量作参数. 例如, $\theta = \omega t$, 则螺旋线的参数方程为

$$\begin{cases} x = a\cos\theta, \\ y = a\sin\theta, \\ z = b\theta. \end{cases}$$

这里 $b = \dfrac{v}{\omega}$, 而参数为 θ.

三、空间曲线在坐标面上的投影

设空间曲线 C 的一般方程为

$$\begin{cases} F(x, y, z) = 0, \\ G(x, y, z) = 0, \end{cases}$$

方程组消去变量 z 得方程

$$H(x, y) = 0. \tag{3}$$

方程 (3) 表示一个母线平行于 z 轴的柱面. 由于曲线 C 上点的坐标满足方程组 (1), 而方程 (3) 是由方程组 (1) 消去 z 得到的, 故曲线 C 上点的坐标应满足方程 (3), 因此曲线 C 在方程 (3) 表示的柱面上, 这说明方程 (3) 表示的柱面是以曲

线 C 为准线, 母线平行于 z 轴的柱面. 我们把柱面 $H(x, y) = 0$ 称为曲线 C 关于 xOy 坐标面的投影柱面, 该投影柱面与 xOy 坐标平面的交线称为曲线 C 在 xOy 坐标面上的投影曲线, 简称投影, 其方程为

$$\begin{cases} H(x, y) = 0, \\ z = 0. \end{cases} \tag{4}$$

同理, 方程组 (1) 中分别消去变量 x 和变量 y, 得到曲线 C 在 yOz 和 xOz 的投影柱面方程分别为

$$R(y, z) = 0$$

和

$$T(x, z) = 0,$$

所以曲线 C 在 yOz 平面和 xOz 平面的投影曲线方程分别为

$$\begin{cases} R(y, z) = 0, \\ x = 0. \end{cases}$$

和

$$\begin{cases} T(x, z) = 0, \\ y = 0. \end{cases}$$

例 5　求上半球面 $z = \sqrt{4 - x^2 - y^2}$ 和锥面 $z = \sqrt{3(x^2 + y^2)}$ 的交线在 xOy 面上的投影, 如图 4-40 所示.

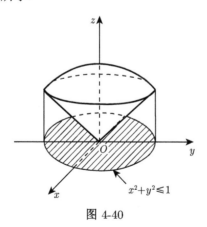

图 4-40

解　半球面和锥面的交线为

$$C : \begin{cases} z = \sqrt{4 - x^2 - y^2}, \\ z = \sqrt{3(x^2 + y^2)}. \end{cases}$$

由上面方程组消去 z, 得到

$$x^2 + y^2 = 1,$$

这是一个母线平行于 z 轴的圆柱面. 容易看出, 该柱面恰好是交线 C 关于 xOy 面的投影柱面, 于是交线 C 在 xOy 面上的投影曲线为圆周

$$\begin{cases} x^2 + y^2 = 1, \\ z = 0. \end{cases}$$

例 6   求球面 $x^2 + y^2 + z^2 = 9$ 和平面 $x + z = 1$ 的交线在 xOy 面上的投影方程.

解   在 $\begin{cases} x^2 + y^2 + z^2 = 9, \\ x + z = 1 \end{cases}$ 中消去 z, 得

$$x^2 + y^2 + (1 - x)^2 = 9,$$

即

$$2x^2 - 2x + y^2 = 8,$$

它表示母线平行于 z 轴的柱面, 故

$$\begin{cases} 2x^2 - 2x + y^2 = 8, \\ z = 0 \end{cases}$$

表示已知交线在 xOy 面上的投影方程.

习　题　4-7

1. 填空.

(1) 曲面 $\dfrac{x^2}{9} - \dfrac{y^2}{25} + \dfrac{z^2}{4} = 1$ 在平面 $x = 2$ 上的截痕曲线方程为_____.

(2) 曲线 $\begin{cases} x^2 + y^2 + z^2 = 4, \\ (x-1)^2 + y^2 = 1 \end{cases}$ 的参数方程为_____.

2. 下列方程组各表示什么曲线?

(1) $\begin{cases} z^2 = x^2 + 4y^2, \\ z = 4; \end{cases}$　　　　(2) $\begin{cases} 9x^2 + 4y^2 + 9z^2 = 36, \\ y = 2; \end{cases}$

(3) $\begin{cases} y = 2x^2 + 3z^2, \\ x = 1; \end{cases}$　　　　(4) $\begin{cases} z = x^2 - 4y^2, \\ z = 1. \end{cases}$

3. 分别求母线平行于 x 轴及 z 轴且通过曲线 $\begin{cases} 4z = 2y^2 + z^2 + 4x, \\ 12z = y^2 + 3z^2 - 8x \end{cases}$ 的柱面方程.

4. 将下列曲线的一般方程化为参数方程.

(1) $\begin{cases} x^2 + 4y^2 + 8z^2 = 36, \\ x = z; \end{cases}$ 　　(2) $\begin{cases} x^2 + (y-1)^2 + (z-1)^2 = 2, \\ y = 0. \end{cases}$

5. 求下列各曲线在指定坐标面上的投影曲线的方程.

(1) $\begin{cases} x^2 + y^2 + z^2 = 16, \\ 2x + z = 1, \end{cases}$ 　在 xOy 坐标面;

(2) $\begin{cases} 2x^2 + y^2 + z^2 = 16, \\ x^2 - y^2 + z^2 = 0; \end{cases}$ 　在 yOz 及 zOx 坐标面.

6. 画出下列曲线在第一卦限内的图形.

(1) $\begin{cases} z = \sqrt{4 - x^2 - y^2}, \\ x - y = 0; \end{cases}$ 　　(2) $\begin{cases} x^2 + y^2 = a^2, \\ x^2 + z^2 = a^2. \end{cases}$

7. 求上半球 $0 \leqslant z \leqslant \sqrt{a^2 - x^2 - y^2}$ 与圆柱体 $x^2 + y^2 \leqslant ax \, (a > 0)$ 的公共部分在 xOy 面上的投影.

第八节　空间直线及其方程

一、空间直线的一般方程

作为空间曲线的特殊情况, 空间直线可看成是空间上某两个平面的交线, 如图 4-41 所示. 仿空间曲线的情形, 可给出空间直线的一般式方程.

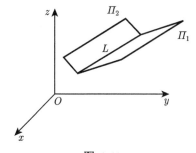

图 4-41

设空间两个平面的方程分别为

$$\Pi_1: \quad A_1 x + B_1 y + C_1 z + D_1 = 0$$

和

$$\Pi_2: \quad A_2 x + B_2 y + C_2 z + D_2 = 0,$$

其交线为空间直线 L.

直线 L 上的点既在平面 Π_1 上, 也在平面 Π_2 上, 其坐标既满足方程 $A_1x + B_1y + C_1z + D_1 = 0$ 也满足方程 $A_2x + B_2y + C_2z + D_2 = 0$, 所以满足方程组

$$\begin{cases} A_1x + B_1y + C_1z + D_1 = 0, \\ A_2x + B_2y + C_2z + D_2 = 0. \end{cases} \tag{1}$$

反之, 不在直线 L 上的点的坐标不能同时满足方程 $A_1x + B_1y + C_1z + D_1 = 0$ 和 $A_2x + B_2y + C_2z + D_2 = 0$, 因而也不能满足方程组 (1). 所以直线 L 的方程是方程组 (1). 方程组 (1) 称为直线 L 的一般方程.

一般情况下, 通过空间一直线 L 的平面有无限多个, 其中任意两个平面的方程联立而得到的方程组都是两平面相交所成直线 L 的一般式方程.

二、空间直线的对称式方程

由立体几何知, 过空间一点并平行于一条已知直线的直线是唯一的.

平行于一条直线的任一非零向量称为该直线的方向向量.

假设空间直线 L 过点 $M_0(x_0, y_0, z_0)$, 一个方向向量为 $\boldsymbol{s} = (m, n, p)$, 求直线 L 的方程.

如图 4-42 所示, 在直线上任取一点 $M(x, y, z)$, 则向量

$$\overrightarrow{M_0M} /\!/ \boldsymbol{s}$$

且

$$\overrightarrow{M_0M} = (x - x_0, y - y_0, z - z_0).$$

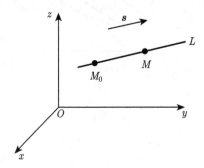

图 4-42

所以

$$\frac{x - x_0}{m} = \frac{y - y_0}{n} = \frac{z - z_0}{p}. \tag{2}$$

这就是所求直线 L 的方程.

另一方面, 如果一个点 $M(x, y, z)$ 不在直线 L 上, 那么, 向量 $\overrightarrow{M_0M} = (x - x_0, y - y_0, z - z_0)$ 与 s 不平行, 则方程 (2) 不成立, 也就是点 $M(x, y, z)$ 不满足方程 (2).

所以方程 (2) 就是过点 $M_0(x_0, y_0, z_0)$, 方向向量为 $s = (m, n, p)$ 的直线方程. 方程 (2) 称为直线 L 的对称式方程, 也称为直线 L 的点向式方程. 方向向量 s 的坐标 m, n, p 称为直线 L 的一组方向数, 方向向量 s 的方向余弦也称为直线 L 的方向余弦.

特别地, 当方程 (2) 中的分母 m, n, p 中有一个或两个是零时, 相应的分子也认为是零.

例 1　求过两点 $M_1(-1, 0, 2), M_2(2, 4, 2)$ 的直线方程.

解　由于向量 $\overrightarrow{M_1M_2} = (3, 4, 0)$ 与所求直线平行, 所以 $\overrightarrow{M_1M_2}$ 可作为直线的方向向量, 直线的一般式方程为

$$\begin{cases} \dfrac{x - 2}{3} = \dfrac{y - 4}{4}, \\ z = 2. \end{cases}$$

对称式方程为 $\dfrac{x - 2}{3} = \dfrac{y - 4}{4} = \dfrac{z - 2}{0}$.

三、空间直线的参数方程

在直线 L 的对称式方程中, 令

$$\frac{x - x_0}{m} = \frac{y - y_0}{n} = \frac{z - z_0}{p} = t,$$

可得

$$\begin{cases} x = mt + x_0, \\ y = nt + y_0, \\ z = pt + z_0. \end{cases} \tag{3}$$

方程组 (3) 称为直线 L 的参数方程.

例 2　用对称式方程及参数方程表示直线 $\begin{cases} x - y + z = 1, \\ 2x + y + z = 4. \end{cases}$

解　根据题意可知, 已知直线的方向向量可取为

$$s = \begin{vmatrix} i & j & k \\ 1 & -1 & 1 \\ 2 & 1 & 1 \end{vmatrix} = (-2, 1, 3).$$

取 $x = 0$, 代入直线方程可得

$$\begin{cases} -y + z = 1, \\ y + z = 4. \end{cases}$$

解方程组得

$$y = \frac{3}{2}, \quad z = \frac{5}{2}.$$

这样就得到直线上的一点 $\left(0, \frac{3}{2}, \frac{5}{2}\right)$. 因此直线的对称式方程为

$$\frac{x - 0}{-2} = \frac{y - \frac{3}{2}}{1} = \frac{z - \frac{5}{2}}{3}.$$

由对称式方程可得参数方程为

$$x = -2t, \quad y = t + \frac{3}{2}, \quad z = 3t + \frac{5}{2}.$$

由于所取的直线上的点可以不同, 因此得到的直线对称式和参数方程表达式也可以是不同的.

例 3　求过点 $(0, 2, 4)$ 且与两平面 $x + 2z = 1$ 和 $y - 3z = 2$ 的交线平行的直线方程.

解　由于所求直线与两平面的交线平行, 所以该直线同时垂直于两平面的法向量 n_1, n_2, 因此所求直线的方向向量 s 可取为

$$s = n_1 \times n_2 = \begin{vmatrix} i & j & k \\ 1 & 0 & 2 \\ 0 & 1 & -3 \end{vmatrix} = (-2, 3, 1),$$

故所求直线方程为

$$\frac{x - 0}{-2} = \frac{y - 2}{3} = \frac{z - 4}{1}.$$

例 4　求直线 $\dfrac{x - 2}{3} = \dfrac{y + 2}{1} = \dfrac{z - 3}{-4}$ 与平面 $x + 2y + z - 3 = 0$ 的交点.

解　直线的参数方程为

$$\begin{cases} x = 3t + 2, \\ y = t - 2, \\ z = -4t + 3. \end{cases}$$

将其代入平面方程 $x + 2y + z - 3 = 0$, 解得 $t = 2$, 故直线与已知平面的交点为 $(8, 0, -5)$.

通过上面的实例看出, 直线的一般式方程解决了空间直线的表达; 直线的对称式方程确立了直线方程的确定方法; 而直线的参数式方程常用于求直线与其他几何图形的交点.

例 5　求过点 $(1, 2, 1)$ 与直线 $\dfrac{x-4}{2} = \dfrac{y+3}{-1} = \dfrac{z}{-3}$ 垂直相交的直线.

解　过点 $(1, 2, 1)$ 且与已知直线垂直的平面方程为

$$2(x-1) - (y-2) - 3(z-1) = 0,$$

即

$$2x - y - 3z + 3 = 0.$$

将直线的对称式方程转化为参数式方程

$$\begin{cases} x = 2t + 4, \\ y = -t - 3, \\ z = -3t, \end{cases}$$

并代入所得平面方程 $2x - y - 3z + 3 = 0$, 解得

$$t = -1,$$

从而已知直线与该平面的交点为 $(2, -2, 3)$, 所以所求直线的方向向量为 $(1, -4, 2)$, 因而所求直线方程为

$$\frac{x-1}{1} = \frac{y-2}{-4} = \frac{z-1}{2}.$$

四、两直线的夹角

定义 1　两直线的方向向量间的夹角 (通常取锐角) 称为这两条直线的夹角.

设两直线 L_1, L_2 的夹角为 ϕ, 方向向量分别为

$$\boldsymbol{s}_1 = (m_1, n_1, p_1),$$
$$\boldsymbol{s}_2 = (m_2, n_2, p_2).$$

则

$$\phi = (\widehat{\boldsymbol{s}_1, \boldsymbol{s}_2}) \text{ 或 } \pi - (\widehat{\boldsymbol{s}_1, \boldsymbol{s}_2}),$$

所以

$$\cos\phi = |\cos(\widehat{\boldsymbol{s}_1, \boldsymbol{s}_2})| = \left| \frac{\boldsymbol{s}_1 \cdot \boldsymbol{s}_2}{|\boldsymbol{s}_1||\boldsymbol{s}_2|} \right| = \frac{|n_1 n_2 + m_1 m_2 + p_1 p_2|}{\sqrt{n_1^2 + m_1^2 + p_1^2}\sqrt{n_2^2 + m_2^2 + p_2^2}}.$$

通过这个公式可以确定两直线的夹角余弦和夹角.

特别地,

(1) 当直线 L_1, L_2 垂直时, $\phi = \dfrac{\pi}{2}$, 即有

$$m_1 m_2 + n_1 n_2 + p_1 p_2 = 0;$$

(2) 当直线 L_1, L_2 平行时, $\phi = 0$, 即有

$$\frac{m_1}{m_2} = \frac{n_1}{n_2} = \frac{p_1}{p_2}.$$

例 6   求直线 $\begin{cases} 5x - 3y + 3z - 9 = 0, \\ 3x - 2y + z - 1 = 0 \end{cases}$ 与 $\begin{cases} 2x + 2y - z + 23 = 0, \\ 3x + 8y + z - 18 = 0 \end{cases}$ 的夹角.

解   设两直线的夹角是 θ. 已知两直线的方向向量分别为

$$s_1 = \begin{vmatrix} \boldsymbol{i} & \boldsymbol{j} & \boldsymbol{k} \\ 5 & -3 & 3 \\ 3 & -2 & 1 \end{vmatrix} = (3, 4, -1),$$

$$s_2 = \begin{vmatrix} \boldsymbol{i} & \boldsymbol{j} & \boldsymbol{k} \\ 2 & 2 & -1 \\ 3 & 8 & 1 \end{vmatrix} = (10, -5, 10),$$

因此, 两直线的夹角的余弦

$$\cos\theta = \left| \cos(\widehat{\boldsymbol{s}_1, \boldsymbol{s}_2}) \right| = \frac{|\boldsymbol{s}_1 \cdot \boldsymbol{s}_2|}{|\boldsymbol{s}_1| \cdot |\boldsymbol{s}_2|}$$

$$= \frac{|3 \times 10 - 4 \times 5 - 1 \times 10|}{\sqrt{3^2 + 4^2 + (-1)^2}\sqrt{10^2 + (-5)^2 + 10^2}} = 0,$$

所以两直线的夹角为 $\theta = \dfrac{\pi}{2}$.

五、直线与平面的夹角

定义 2   直线与它在平面上的投影直线之间的夹角称为直线与平面的夹角.
特别地, 当平面与直线垂直时, 规定直线与平面的夹角是 $\dfrac{\pi}{2}$.

如图 4-43 所示, 设直线 L 的方向向量为 $\boldsymbol{s} = (m, n, p)$, 平面 Π 的法向量为 $\boldsymbol{n} = (A, B, C)$, 直线与平面的夹角为 φ, 则

$$\varphi = \frac{\pi}{2} - (\widehat{\boldsymbol{n}, \boldsymbol{s}}) \text{ 或 } (\widehat{\boldsymbol{n}, \boldsymbol{s}}) - \frac{\pi}{2},$$

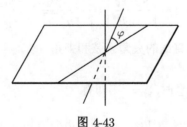

图 4-43

所以

$$\sin\varphi = |\cos(\widehat{\boldsymbol{n},\boldsymbol{s}})| = \left|\frac{\boldsymbol{n}\cdot\boldsymbol{s}}{|\boldsymbol{n}||\boldsymbol{s}|}\right| = \frac{|Am+Bn+Cp|}{\sqrt{A^2+B^2+C^2}\sqrt{m^2+n^2+p^2}}.$$

特别地,

(1) 当直线与平面垂直时, 直线的方向向量与平面的法向量平行, 所以 $\dfrac{A}{m} = \dfrac{B}{n} = \dfrac{C}{p}$;

(2) 当直线与平面平行时, 直线的方向向量与平面的法向量垂直, 所以 $Am + Bn + Cp = 0$.

例 7　求直线 $\begin{cases} x+y+3z=0, \\ x-y-z=0 \end{cases}$ 与平面 $x-y-z+1=0$ 的夹角.

解　设直线与平面的夹角是 φ. 已知直线的方向向量

$$\boldsymbol{s} = \begin{vmatrix} \boldsymbol{i} & \boldsymbol{j} & \boldsymbol{k} \\ 1 & 1 & 3 \\ 1 & -1 & -1 \end{vmatrix} = (2,4,-2),$$

平面的法向量为 $\boldsymbol{n} = (1,-1,-1)$. 所以

$$\sin\varphi = |\cos(\widehat{\boldsymbol{n},\boldsymbol{s}})| = \left|\frac{\boldsymbol{n}\cdot\boldsymbol{s}}{|\boldsymbol{n}||\boldsymbol{s}|}\right| = \frac{|2\times1+4\times(-1)+(-2)\times(-1)|}{\sqrt{2^2+4^2+(-2)^2}\sqrt{1^2+(-1)^2+(-1)^2}} = 0,$$

所以

$$\varphi = 0.$$

六、平面束

设直线 L 的一般方程为

$$\begin{cases} A_1x + B_1y + C_1z + D_1 = 0, & (4) \\ A_2x + B_2y + C_2z + D_2 = 0, & (5) \end{cases}$$

其中 A_1, B_1, C_1 与 A_2, B_2, C_2 不成比例.

建立三元一次方程

$$A_1x + B_1y + C_1z + D_1 + \lambda(A_2x + B_2y + C_2z + D_2) = 0, \tag{6}$$

其中 λ 为任意常数.

对于任意常数 λ, 由于 $A_1+\lambda A_2, B_1+\lambda B_2, C_1+\lambda C_2$ 不同时为零, 所以方程 (6) 表示一个平面. 而且, 直线 L 上点的坐标由于同时满足方程 (4) 和方程 (5), 所以一定满足方程 (6). 也就是说, 对于任意常数 λ, 平面 (6) 都过直线 L.

反之, 通过直线 L 的任何平面 (平面 (5) 除外) 都包含在方程 (6) 表示的平面簇内.

通过定直线的所有平面的全体称为平面束. 方程 (6) 是通过直线 L 的平面束方程 (平面 (5) 除外). 有时用平面束的方法去解决问题会比较方便.

例 8   求直线 $\begin{cases} 2x - 4y + z = 0, \\ 3x - y - 2z - 9 = 0 \end{cases}$ 在平面 $4x - y + z = 1$ 上的投影直线的方程.

解   过直线 $\begin{cases} 2x - 4y + z = 0, \\ 3x - y - 2z - 9 = 0 \end{cases}$ 作与已知平面垂直的平面, 不妨假定其方程为

$$2x - 4y + z + \lambda(3x - y - 2z - 9) = 0,$$

整理得

$$(2 + 3\lambda)x + (-4 - \lambda)y + (1 - 2\lambda)z - 9\lambda = 0.$$

由两平面垂直的条件可得

$$(2 + 3\lambda) \cdot 4 + (-4 - \lambda) \cdot (-1) + (1 - 2\lambda) \cdot 1 = 0,$$

解得

$$\lambda = -\frac{13}{11}.$$

故得投影平面的方程为

$$17x + 31y - 37z - 117 = 0.$$

因此投影直线的方程为

$$\begin{cases} 17x + 31y - 37z - 117 = 0, \\ 4x - y + z = 1. \end{cases}$$

习 题 4-8

1. 填空.

(1) 过点 $(1, -4, 5)$ 且与平面 $2x + y - 3z = 0$ 垂直的直线方程为_____.

(2) 过点 $(1, 0, 1)$ 与直线 $\dfrac{x - 5}{2} = \dfrac{y - 2}{-1} = \dfrac{z + 7}{1}$ 垂直的平面方程为_____.

(3) 过原点且平行于直线 $\begin{cases} x - 4z = 3, \\ 2x - y - 5z = 1 \end{cases}$ 的直线方程为_____.

2. 选择.

(1) 直线 $L : \dfrac{x - 1}{5} = \dfrac{y + 1}{1} = \dfrac{z - 7}{-3}$ 与平面 $\Pi : 10x + 2y - 6z - 7 = 0$ 的位置关系是 (   ).

(A) $L//\Pi$;　　　　(B) $L\perp\Pi$;　　　　(C) L 在 Π 上;　　　　(D) 以上全不对.

(2) 设直线 $L: \dfrac{x-5}{1} = \dfrac{y+6}{-3} = \dfrac{z-1}{\lambda}$ 与平面 $\Pi: -4x+z+3=0$ 平行, 则 λ 等于 (　　).

(A) 4;　　　　　　(B) -4;　　　　　　(C) $\dfrac{1}{4}$;　　　　　　(D) $-\dfrac{1}{4}$.

3. 写出直线 $\begin{cases} x-5y+2z=1, \\ z=2+5y \end{cases}$ 的对称式方程和参数式方程.

4. 求过两点 $M_1(2,-3,4)$ 和 $M_2(5,1,-2)$ 的直线方程.

5. 求过点 $M(-2,-1,3)$ 且与直线 $\begin{cases} x=1+t, \\ y=3-2t, \\ z=5-4t \end{cases}$ 平行的直线方程.

6. 求过点 $M(-1,2,1)$ 且与平面 $\Pi_1: x+2y-2z-1=0$ 和平面 $\Pi_2: x+2y-z+1=0$ 都平行的直线方程.

7. 求过点 $(2,0,1)$ 与直线 $L_1: \begin{cases} 3x+y-5=0, \\ 2y-3z+5=0 \end{cases}$ 和 $L_2: \begin{cases} x=-1+2t, \\ y=-3-t, \\ z=2+4t \end{cases}$ 都垂直的直线方程.

8. 求过直线 $\dfrac{x-1}{1} = \dfrac{y+1}{-1} = \dfrac{z-1}{2}$ 与平面 $x+y-3z+15=0$ 的交点, 且垂直于该平面的直线方程.

9. 求直线 $\dfrac{x}{2} = \dfrac{y-3}{-1} = \dfrac{z-8}{-2}$ 的方向余弦.

10. 求直线 $\begin{cases} 5x-3y+3z-9=0, \\ 3x-2y+z-1=0 \end{cases}$ 与直线 $\begin{cases} 2x+2y-z+23=0, \\ 3x+8y+z-18=0 \end{cases}$ 的夹角的余弦.

11. 求直线 $\dfrac{x+3}{3} = \dfrac{y-1}{1} = \dfrac{z+5}{-2}$ 与平面 $x-2y-3z+4=0$ 的夹角.

12. 求过点 $(3,1,-2)$ 且通过直线 $\dfrac{x-4}{5} = \dfrac{y+3}{2} = \dfrac{z}{1}$ 的平面方程.

13. 求直线 $\begin{cases} 2x-4y+z=0, \\ 3x-y-2z-9=0 \end{cases}$ 在平面 $4x-y+z=1$ 上的投影直线的方程.

14. 求点 $(0,-1,1)$ 到直线 $\begin{cases} y+1=0, \\ x+2z-7=0 \end{cases}$ 的距离.

第九节　二次曲面

前面介绍了如何利用空间曲面或平面的几何性质, 建立空间曲面或平面的方程, 本节将通过几种特殊的三元二次方程介绍如何由方程了解方程所表示的空间曲面的几何图形的基本方法 —— 截痕法和伸缩变形法.

　　三元二次方程所表示的空间曲面称为二次曲面.

　　二次曲面有九种, 适当选取坐标系, 可得它们的标准方程. 下面就标准方程来讨论这九种二次曲面的形状.

一、椭圆锥面 $\dfrac{x^2}{a^2}+\dfrac{y^2}{b^2}=z^2$

　　我们先用截痕法来了解椭圆锥面的图形.

　　用垂直于 z 轴的平面 $z=t$ 截此曲面, 显然, 当 $t=0$ 时, 截痕为原点 $(0,0,0)$; 当 $t\neq0$ 时, 截痕为平面 $z=t$ 上的椭圆: $\dfrac{x^2}{(at)^2}+\dfrac{y^2}{(bt)^2}=1$. 随着 $|t|$ 减小, 椭圆的轴长逐渐缩小但长短轴比例不变, 当 $t=0$ 时, 椭圆缩为一点.

　　曲面与 yOz 坐标平面的截痕为两条直线:$z=\pm\dfrac{y}{b}$, 与 xOz 坐标平面的截痕也为两条直线:$z=\pm\dfrac{x}{a}$. 综上, 可得椭圆锥面的图形, 如图 4-44 所示.

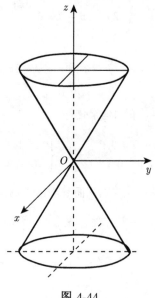

图 4-44

　　平面 $z=t$ 与曲面 $F(x,y,z)=0$ 的交线称为截痕. 所谓截痕法是指用与坐标平面平行的平面去截割曲面, 从截痕的形状和变化来了解曲面形状的方法.

　　另外, 椭圆锥面的图形也可用伸缩变形法考虑.

　　先说明 xOy 平面上的图形伸缩变形的方法. 在平面上, 把点 $M(x,y)$ 变为点 $M'(x,\lambda y)$, 从而把点 M 的轨迹 C 变为点 M' 的轨迹 C', 称为把图形 C 沿 y 轴方向伸缩 λ 倍变成图形 C'. 假如 C 为曲线 $F(x,y)=0$, 点 $M(x_1,y_1)\in C$, 点 M 变

为点 $M'(x_2, y_2)$, 其中 $x_2 = x_1, y_2 = \lambda y_1$, 即 $x_1 = x_2, y_1 = \dfrac{1}{\lambda} y_2$, 由于点 $M \in C$, 所以 $F(x_1, y_1) = 0$, 故 $F\left(x_2, \dfrac{1}{\lambda} y_2\right) = 0$, 因此点 $M'(x_2, y_2)$ 的轨迹 C' 的方程为 $F\left(x, \dfrac{1}{\lambda} y\right) = 0$.

在平面上, 把圆 $x^2 + y^2 = a^2$ 沿 y 轴方向伸缩 $\dfrac{b}{a}$ 倍, 就变为椭圆 $\dfrac{x^2}{a^2} + \dfrac{y^2}{b^2} = 1$, 如图 4-45 所示.

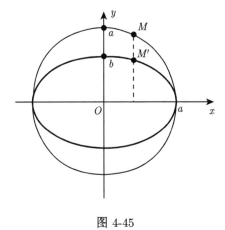

图 4-45

在空间中, 把圆锥面 $\dfrac{x^2}{a^2} + \dfrac{y^2}{a^2} = z^2$ 沿 y 轴方向伸缩 $\dfrac{b}{a}$ 倍, 就变为椭圆锥面 $\dfrac{x^2}{a^2} + \dfrac{y^2}{b^2} = z^2$, 如图 4-46 所示.

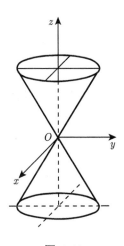

图 4-46

　　这种利用圆锥面 (旋转曲面) 的伸缩变形来得出椭圆锥面 (二次曲面) 的形状的方法称为伸缩变形法.

　　利用伸缩变形法易得单叶双曲面、双叶双曲面、椭球面和椭圆抛物面这四种二次曲面的图形.

二、单叶双曲面 $\dfrac{x^2}{a^2}+\dfrac{y^2}{b^2}-\dfrac{z^2}{c^2}=1$

　　由旋转曲面知, 把 xOz 平面上的双曲线

$$\frac{x^2}{a^2}-\frac{z^2}{c^2}=1$$

绕 z 轴旋转, 得到旋转单叶双曲面

$$\frac{x^2+y^2}{a^2}-\frac{z^2}{c^2}=1,$$

再利用伸缩法, 把此旋转曲面沿 y 轴方向伸缩 $\dfrac{b}{a}$ 倍便得到单叶双曲面

$$\frac{x^2}{a^2}+\frac{y^2}{b^2}-\frac{z^2}{c^2}=1.$$

三、双叶双曲面 $\dfrac{x^2}{a^2}-\dfrac{y^2}{b^2}-\dfrac{z^2}{c^2}=1$

　　把 xOz 平面上的双曲线

$$\frac{x^2}{a^2}-\frac{z^2}{c^2}=1$$

绕 x 轴旋转, 得到旋转双叶双曲面

$$\frac{x^2}{a^2}-\frac{y^2+z^2}{c^2}=1.$$

　　再利用伸缩法, 把此旋转曲面沿 y 轴方向伸缩 $\dfrac{b}{c}$ 倍便得到双叶双曲面

$$\frac{x^2}{a^2}-\frac{y^2}{b^2}-\frac{z^2}{c^2}=1.$$

四、椭球面 $\dfrac{x^2}{a^2}+\dfrac{y^2}{b^2}+\dfrac{z^2}{c^2}=1$

　　把 xOz 平面上的椭圆

$$\frac{x^2}{a^2}+\frac{z^2}{c^2}=1$$

绕 z 轴旋转, 得到旋转椭球面

$$\frac{x^2 + y^2}{a^2} + \frac{z^2}{c^2} = 1.$$

再利用伸缩变形法, 把此旋转曲面沿 y 轴方向伸缩 $\dfrac{b}{a}$ 倍便得到椭球面

$$\frac{x^2}{a^2} + \frac{y^2}{b^2} + \frac{z^2}{c^2} = 1,$$

形状如图 4-47 所示.

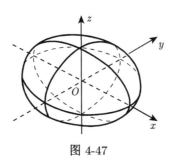

图 4-47

五、椭圆抛物面 $\dfrac{x^2}{a^2} + \dfrac{y^2}{b^2} = z$

把 xOz 平面上的抛物线

$$\frac{x^2}{a^2} = z$$

绕 z 轴旋转, 得到旋转抛物面

$$\frac{x^2 + y^2}{a^2} = z.$$

再利用伸缩法, 把此旋转曲面沿 y 轴方向伸缩 $\dfrac{b}{a}$ 倍便得到椭圆抛物面

$$\frac{x^2}{a^2} + \frac{y^2}{b^2} = z,$$

形状如图 4-48 所示.

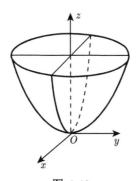

图 4-48

六、双曲抛物面 $-\dfrac{x^2}{a^2}+\dfrac{y^2}{b^2}=z$

双曲抛物面的图形比较复杂, 我们利用截痕法讨论.

用垂直于 z 轴的平面 $z=t$ 截此曲面, 截痕曲线方程为

$$
\begin{cases}
-\dfrac{x^2}{a^2}+\dfrac{y^2}{b^2}=t, \\
z=t.
\end{cases}
$$

当 $t=0$ 时, 截痕是 xOy 坐标平面上的两条直线 $y=\pm\dfrac{b}{a}x$.

当 $t\neq 0$ 时, 截痕为平面 $z=t$ 上的双曲线 $-\dfrac{x^2}{a^2 t}+\dfrac{y^2}{b^2 t}=1$.

当 $t>0$ 时, 双曲线实轴平行于 y 轴, 其顶点坐标满足方程 $\begin{cases}\dfrac{y^2}{b^2}=z, \\ x=0,\end{cases}$ 即随着

t 的变化, 这一族双曲线的顶点沿 yOz 平面上的抛物线 $\dfrac{y^2}{b^2}=z$ 移动; 当 $t<0$ 时,

双曲线实轴平行于 x 轴, 其顶点坐标满足方程 $\begin{cases}-\dfrac{x^2}{a^2}=z, \\ y=0,\end{cases}$ 即随着 t 的变化, 这一

族双曲线的顶点沿 xOz 平面上的抛物线 $-\dfrac{x^2}{a^2}=z$ 移动.

用垂直于 x 轴的平面 $x=h$ 截此二次曲面的截痕为抛物线

$$
\begin{cases}
\dfrac{y^2}{b^2}=z+\dfrac{x^2}{a^2}, \\
x=h.
\end{cases}
$$

当 $h=0$ 时, 截痕是 yOz 坐标平面上的抛物线 $\dfrac{y^2}{b^2}=z$.

用垂直于 y 轴的平面 $y=k$ 截此二次曲面的截痕为抛物线

$$
\begin{cases}
-\dfrac{x^2}{a^2}=z-\dfrac{k^2}{b^2}, \\
y=k.
\end{cases}
$$

当 $k=0$ 时, 截痕是 yOz 坐标平面上的抛物线 $-\dfrac{x^2}{a^2}=z$.

综上, 可得双曲抛物面的图形如图 4-49 所示.

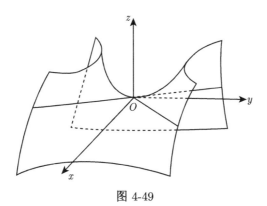

图 4-49

七、椭圆柱面 $\dfrac{x^2}{a^2}+\dfrac{y^2}{b^2}=1$、双曲柱面 $\dfrac{x^2}{a^2}-\dfrac{y^2}{b^2}=1$ 和抛物柱面 $ax^2=y$

椭圆柱面 $\dfrac{x^2}{a^2}+\dfrac{y^2}{b^2}=1$、双曲柱面 $\dfrac{x^2}{a^2}-\dfrac{y^2}{b^2}=1$ 和抛物柱面 $ax^2=y$ 也是二次曲面, 其图形在柱面中已经讨论过了, 这里不再讨论.

掌握好本节讨论的九种二次曲面的方程及其图形对后面多元函数的积分学的学习能起到重要的作用.

习　题　4-9

1. 指出下列各方程所表示的曲面的名称, 并作简图.

(1) $z = x^2 + 2y^2$;　　　(2) $4x^2 + 4y^2 + z^2 = 16$;　　　(3) $4x^2 + 4y^2 - z^2 = 16$;

(4) $y = \dfrac{x^2}{2} + \dfrac{z^2}{4}$;　　　(5) $y = \dfrac{x^2}{2} - \dfrac{z^2}{4}$.

总 习 题 四

1. 填空.

(1) 设向量 $a = (2, -1, 2)$, b 与 a 平行, 且 $a \cdot b = -27$, 则 $b=$＿＿＿＿＿＿.

(2) 设向量 $a = (2, 1, 2)$, $b = (4, -1, 10)$, $c = b - \lambda a$, 且 $a \perp c$, 则 $\lambda =$＿＿＿＿＿＿.

(3) 已知 $|a| = 1$, $|b| = 1$, 且向量 a 与 b 的夹角为 $\dfrac{\pi}{3}$, 求 $|2a - 3b| =$＿＿＿＿＿＿.

2. 选择.

(1) 已知三平面 S_1, S_2, S_3 的一般式方程分别为

$$S_1 : x - 5y + 2z + 1 = 0, \quad S_2 : 3x - 2y + 5z + 8 = 0, \quad S_3 : 4x + 2y + 3z - 9 = 0,$$

则必有 (　　).

(A) S_2 与 S_3 垂直;　　(B) S_1 与 S_3 垂直;　　(C) S_2 与 S_3 平行;　　(D) S_1 与 S_2 平行.

(2) 设空间直线的标准方程为 $\dfrac{x}{0} = \dfrac{y}{1} = \dfrac{z}{2}$, 则该直线必 (　　).

(A) 过原点且垂直于 Ox 轴;　　　　(B) 过原点且垂直于 Oy 轴;

(C) 过原点且垂直于 Oz 轴;　　　　(D) 过原点且平行于 Ox 轴.

3. 在 z 轴上求与点 $A(-4,1,7)$ 和 $B(3,5,-2)$ 等距离的点.

4. 已知 $|a| = 4$, $|b| = 3$, 且向量 a 与 b 的夹角为 $\dfrac{\pi}{6}$, 求以 $a + 2b$ 和 $a - 3b$ 为边的平行四边形的面积.

5. 设向量 $a + 3b$ 与 $7a - 5b$ 垂直, $a - 4b$ 与 $7a - 2b$ 垂直, 求向量 a 与 b 的夹角.

6. 说出下面的旋转曲面名称, 并说明是如何形成的.

(1) $2x^2 + 2y^2 = z$;　　(2) $x^2 + 2y^2 = 1 - z^2$;　　(3) $x^2 - 2y^2 = 1 - z^2$;　　(4) $x^2 - y^2 = z^2$.

7. 求过点 $(1,1,1)$, 且同时垂直于平面 $x - y + z - 7 = 0$ 及 $3x + 2y - 12z + 5 = 0$ 的平面方程.

8. 求通过点 $A(3,0,0)$ 和 $B(0,0,1)$ 且与 xOy 面交成 $\dfrac{\pi}{3}$ 角的平面的方程.

9. 求过点 $A(2,-3,1)$, 且与直线 $\dfrac{x-1}{2} = \dfrac{y+1}{-1} = \dfrac{z-3}{3}$ 垂直相交的直线方程.

10. 求曲线 $\begin{cases} z = 2 - x^2 - y^2, \\ z = (x-1)^2 + (y-1)^2 \end{cases}$ 在三个坐标面上的投影曲线的方程.

11. 画出下列各曲面所围立体的图形.

(1) 平面 $x = 0$, $y = 0$, $z = 0$ 及平面 $x + y + z = 1$;

(2) 圆锥面 $z = \sqrt{x^2 + y^2}$ 及旋转抛物面 $z = 2 - x^2 - y^2$.

历年考研题四

本章历年试题的类型:

(1) 距离公式.

1. (2006, 4 分) 点 $(2,1,0)$ 到平面 $3x + 4y + 5z = 0$ 的距离为 $d = $ ＿＿＿＿＿＿.

第五章 多元函数微分法及其应用

此前我们讨论的函数都只有一个自变量, 这种函数称为一元函数. 但在很多实际问题中, 能对一个量产生影响的因素往往不止一个. 反映到数学上, 就是某一个变量可同时依赖于多个变量的情形, 相关的问题实质上就是多元函数问题.

多元函数的微分学及积分学可视为是一元函数微分学及积分学的推广和发展. 它们既有许多类似之处, 又有不少本质差别. 鉴于微积分学理论、方法一旦实现一元函数向二元函数的推广和发展, 实质上就等同于实现了一元函数向更多元函数的推广和发展, 所以本章讨论中, 我们着重研究二元函数, 得到的理论和方法可直接类推到更多元函数之中.

第一节 多元函数的基本概念

一、平面点集 n 维空间

在研究一元函数时, 相关的概念、理论和方法, 都离不开 $\mathbf{R}^1$ 中的点集、两点间的距离、区间和邻域的概念. 类似地, 要讨论多元函数, 首先需要将上述一些概念加以推广, 同时还需涉及一些其他概念. 为此先从平面入手, 引入平面点集的一些基本概念, 再将有关概念从 $\mathbf{R}^1$ 推广到 $\mathbf{R}^2$ 中; 然后引入 n 维空间, 以便推广到一般的 $\mathbf{R}^n$ 中.

1. 平面上点的邻域

由平面解析几何知道, 当在平面上建立了一个直角坐标系后, 平面上的点 M 便与一个有序二元实数组 (x, y) 之间形成了一一对应. 在此意义上, 我们常把有序实数组 (x, y) 与平面上的点 M 视作是等同的. 这种建立了坐标系的平面称为坐标平面, 二元有序实数组 (x, y) 称为点 M 在该坐标系下的坐标, 而二元有序实数组 (x, y) 的全体, 即

$$\mathbf{R}^2 = \mathbf{R} \times \mathbf{R} = \{(x, y) | x, y \in \mathbf{R}\}$$

就表示该坐标平面.

坐标平面上具有某种性质 P 的点的集合, 称为一平面点集, 记为

$$E = \{(x, y) | x, y \text{具有性质} P\}.$$

例如, 平面上以原点为中心, r 为半径的圆内所有点的集合是

$$C = \left\{(x,y)\big|x^2 + y^2 < r^2\right\}.$$

如果以点 M 表示 (x,y), $|OM|$ 表示点 M 到原点 O 的距离, 那么集合 C 也可表成

$$C = \left\{M\big||OM| < r\right\}.$$

现在我们引入 $\mathbf{R}^2$ 中邻域的概念.

设 $P_0(x_0, y_0)$ 是 xOy 平面上的一个点, δ 是某一正数, 平面上所有与点 $P_0(x_0, y_0)$ 距离小于 δ 的点 $P(x, y)$ 的全体, 称为点 P_0 的一个 δ 邻域, 记为 $U(P_0, \delta)$, 即

$$U(P_0, \delta) = \left\{P\big||PP_0| < \delta\right\}.$$

也就是

$$U(P_0, \delta) = \left\{(x,y)\big|\sqrt{(x - x_0)^2 + (y - y_0)^2} < \delta\right\}.$$

从几何上看, $U(P_0, \delta)$ 就是 xOy 面上以点 $P_0(x_0, y_0)$ 为中心, 以正数 δ 为半径的圆内部的点 $P(x, y)$ 的全体.

点 P_0 的去心 δ 邻域, 记为 $\overset{\circ}{U}(P_0, \delta)$, 即

$$\overset{\circ}{U}(P_0, \delta) = \left\{P\big|0 < |PP_0| < \delta\right\}.$$

在不需要强调邻域的半径 δ 时, 可用 $U(P_0)$ 表示点 P_0 的某个邻域, 而点 P_0 的去心邻域可记为 $\overset{\circ}{U}(P_0)$.

2. 平面上点和点集之间的关系

下面利用邻域来描述点和点集之间的关系.

设 $E \subset \mathbf{R}^2$ 为一点集, 相对于 E, 平面上的点可分为如下三类:

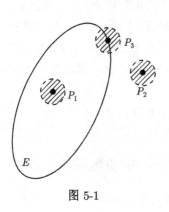

图 5-1

(1) 内点: 如果存在点 P 的某个邻域 $U(P)$, 使得 $U(P) \subset E$, 则称 P 为 E 的内点 (如图 5-1 所示, P_1 为 E 的内点);

(2) 外点: 如果存在点 P 的某个邻域 $U(P)$, 使得 $U(P) \cap E = \phi$, 则称点 P 为 E 的外点 (如图 5-1 中, P_2 为 E 的外点);

(3) 边界点: 如果点 P 的任一邻域内既含有属于 E 的点, 又含有不属于 E 的点, 则称 P 为 E 的边界点 (如图 5-1 中, P_3 为 E 的边界点).

E 的边界点的全体, 称为 E 的边界, 记为 ∂E.

E 的内点必属于 E; E 的外点必定不属 E; 而 E 的边界点可能属于 E, 也可能不属于 E.

任意一点 P 与一个点集 E 之间除上述三种关系之外, 还有另一种关系, 这就是下面定义的聚点.

聚点: 如果对于任意给定的 $\delta > 0$, 点 P 的去心邻域 $\overset{\circ}{U}(P,\delta)$ 内总有 E 中的点, 则称点 P 是 E 的聚点.

由聚点的定义可知, 点集 E 的聚点 P 本身可以属于 E, 也可以不属于 E.

例如, 设平面点集

$$E = \left\{ (x,y) \mid 1 < x^2 + y^2 \leqslant 3 \right\}.$$

满足 $1 < x^2 + y^2 < 3$ 的一切点 (x,y) 都是 E 的内点; 满足 $x^2 + y^2 = 1$ 的一切点 (x,y) 都是 E 的边界点, 它们都不属于 E; 满足 $x^2 + y^2 = 3$ 的一切点 (x,y) 也是 E 的边界点, 它们都属于 E; 点集 E 以及它的边界 ∂E 上的一切点都是 E 的聚点.

3. 开集、闭集与区域

根据点集所属点的特性, 再来定义一些重要的平面点集.

开集: 如果点集 E 的点都是 E 的内点, 则称 E 为开集.

闭集: 如果点集 E 的边界 $\partial E \subset E$, 则称 E 为闭集.

例如, 集合 $\{(x,y) \mid 1 < x^2 + y^2 < 2\}$ 是开集; 集合 $\{(x,y) \mid 1 \leqslant x^2 + y^2 \leqslant 2\}$ 是闭集; 而集合 $\{(x,y) \mid 1 < x^2 + y^2 \leqslant 2\}$ 既非开集, 也非闭集.

连通集: 如果点集 E 内任何两点, 都可用折线联结起来, 且该折线上的点都属于 E, 则称 E 为连通集.

区域 (或开区域): 连通的开集称为区域或开区域.

闭区域: 开区域连同它的边界一起所构成的点集称为闭区域.

例如, 集合 $\{(x,y) \mid 1 < x^2 + y^2 < 2\}$ 是区域; 而集合 $\{(x,y) \mid 1 \leqslant x^2 + y^2 \leqslant 2\}$ 是闭区域.

有界集: 对于平面点集 E, 如果存在某一正数 r, 使得 $E \subset U(O,r)$, 其中 O 是坐标原点, 则称 E 为有界集.

无界集: 一个集合如果不是有界集, 就称这集合为无界集.

例如, 集合 $\{(x,y) \mid 1 \leqslant x^2 + y^2 \leqslant 2\}$ 是有界闭区域; 集合 $\{(x,y) \mid x + y > 0\}$ 是无界开区域, 集合 $\{(x,y) \mid x + y \geqslant 0\}$ 是无界闭区域.

*4. n 维空间

设 n 为取定的一个正整数, 我们用 $\mathbf{R}^n$ 表示 n 元有序实数组 $(x_1, x_2, \cdots, x_n)$

的全体所构成的集合, 即

$$\mathbf{R}^n = \mathbf{R} \times \mathbf{R} \times \cdots \times \mathbf{R} = \left\{ (x_1, x_2, \cdots, x_n) \big| x_i \in \mathbf{R}, i = 1, 2, \cdots, n \right\}.$$

$\mathbf{R}^n$ 中的元素 $(x_1, x_2, \cdots, x_n)$ 有时也用单个字母 x 来表示, 即 $\boldsymbol{x} = (x_1, x_2, \cdots, x_n)$. 当所有的 $x_i (i = 1, 2, \cdots, n)$ 都为零时, 称这样的元素为 $\mathbf{R}^n$ 中的零元, 记为 0. 在解析几何中, 通过建立直角坐标系, $\mathbf{R}^2$(或 $\mathbf{R}^3$) 中的元素分别与平面 (或空间) 中的点或向径建立一一对应, 因此 $\mathbf{R}^n$ 中的元素 $\boldsymbol{x} = (x_1, x_2, \cdots, x_n)$ 也称为 $\mathbf{R}^n$ 中的一个点或一个 n 维向量, 对应地, x_i 称为点 $\boldsymbol{x}$ 的第 i 个坐标或 n 维向量 $\boldsymbol{x}$ 的第 i 个分量. 特别地, $\mathbf{R}^n$ 中的零元 0 称为 $\mathbf{R}^n$ 中的坐标原点或 n 维零向量.

　　研究一元函数微分时, 需涉及对自变量 x 所处状态、变化方式及变化过程的描述, 同样, 为了研究多元函数微分, 也应当在集合 $\mathbf{R}^n$ 中的元素之间建立联系, 在 $\mathbf{R}^n$ 中引入线性运算及距离概念.

　　设 $\boldsymbol{x} = (x_1, x_2, \cdots, x_n), \boldsymbol{y} = (y_1, y_2, \cdots, y_n)$ 为 $\mathbf{R}^n$ 中任意两个元素, $\lambda \in \mathbf{R}$, 规定

$$\boldsymbol{x} + \boldsymbol{y} = (x_1 + y_1, x_2 + y_2, \cdots, x_n + y_n),$$

$$\lambda \boldsymbol{x} = (\lambda x_1, \lambda x_2, \cdots, \lambda x_n).$$

这样定义的线性运算的集合 $\mathbf{R}^n$ 称为 n 维空间.

　　$\mathbf{R}^n$ 中点 $\boldsymbol{x} = (x_1, x_2, \cdots, x_n)$ 和点 $\boldsymbol{y} = (y_1, y_2, \cdots, y_n)$ 间的距离, 记为 $\rho(x, y)$, 规定

$$\rho(x, y) = \sqrt{(x_1 - y_1)^2 + (x_2 - y_2)^2 + \cdots + (x_n - y_n)^2}.$$

显然, $n = 1, 2, 3$ 时, 上述规定与数轴上、直角坐标系下平面及空间中两点间的距离一致.

　　$\mathbf{R}^n$ 中元素 $\boldsymbol{x} = (x_1, x_2, \cdots, x_n)$ 与零元 0 之间的距离 $\rho(x, 0)$ 记为 $\|\boldsymbol{x}\|$ (在 $\mathbf{R}^1$ 中, 通常将 $\|\boldsymbol{x}\|$ 记为 $|\boldsymbol{x}|$), 即

$$\|\boldsymbol{x}\| = \sqrt{x_1^2 + x_2^2 + \cdots + x_n^2}.$$

采用这一记号, 结合向量的线性运算, 便得

$$\|\boldsymbol{x} - \boldsymbol{y}\| = \sqrt{(x_1 - y_1)^2 + (x_2 - y_2)^2 + \cdots + (x_n - y_n)^2} = \rho(x, y).$$

　　在 n 维空间 $\mathbf{R}^n$ 中定义了距离以后, 就可以定义 $\mathbf{R}^n$ 中变元的极限.

　　设 $\boldsymbol{x} = (x_1, x_2, \cdots, x_n), \boldsymbol{a} = (a_1, a_2, \cdots, a_n) \in \mathbf{R}^n$, 如果

$$\|\boldsymbol{x} - \boldsymbol{a}\| \to 0,$$

则称变元 x 在 $\mathbf{R}^n$ 中趋于固定元 a, 记为 $x \to a$.

显然,

$$x \to a \Leftrightarrow x_1 \to a_1, x_2 \to a_2, \cdots, x_n \to a_n.$$

在 $\mathbf{R}^n$ 中线性运算和距离的引入, 使得前面讨论的有关平面点集的一系列概念, 可以方便地引入到 $n(n \geqslant 3)$ 维空间中来, 例如,

设 $a = (a_1, a_2, \cdots, a_n) \in \mathbf{R}^n$, δ 是某一正数, 则 n 维空间内的点集

$$U(a, \delta) = \{x \,|\, x \in \mathbf{R}^n, \ \rho(x, a) < \delta\}$$

就定义为 $\mathbf{R}^n$ 中点 a 的 δ 邻域, 以邻域为基础, 就可类似定义 n 维空间点集的内点、外点、边界点和聚点以及开集、闭集、区域等一系列概念.

二、多元函数概念

在本章开始时已经提到, 在很多自然现象以及实际问题中, 经常遇到一个变量同时依赖于多个变量, 我们把它们归结为多元函数, 如下所示.

例 1　圆柱体的体积 V 和它的底半径 r、高 h 之间具有关系

$$V = \pi r^2 h.$$

这里, 当 r, h 在集合 $\{(r, h) \,|\, r > 0, h > 0\}$ 内取定一对值 (r, h) 时, V 的对应值就随之确定.

例 2　一定量的理想气体的压强 p、体积 V 和绝对温度 T 之间具有关系

$$p = \frac{RT}{V},$$

其中 R 为常数. 这里, 当 V, T 在集合 $\{(V, T) \,|\, V > 0, T > T_0\}$ 内取定一对值 (V, T) 时, p 的对应值就随之确定.

撇开两个例子的实际背景和变量所表示的具体意义, 利用两问题所具有的共性, 不难得到二元函数的定义.

定义 1　设 D 是 $\mathbf{R}^2$ 的一个非空子集, 称映射 $f: D \to R$ 为定义在 D 上的一元函数, 通常记为

$$z = f(x, y), (x, y) \in D$$

或

$$z = f(P), P \in D.$$

其中点集 D 称为该函数的定义域, x, y 称为自变量, z 称为因变量.

上述定义中, 与自变量 x, y 的一对值 (即二元有序实数组)(x, y) 相对应的因变量 z 的值, 也称为 f 在点 (x, y) 处的函数值, 记为 $f(x, y)$, 即 $z = f(x, y)$. 函数值 $f(x, y)$ 的全体所构成的集合称为函数 f 的值域, 记为 $f(D)$, 即

$$f(D) = \{z \,|\, z = f(x, y), (x, y) \in D\}$$

与一元函数的情形相仿, 记号 f 与 $f(x, y)$ 的意义是有区别的, 但习惯上常用记号 "$f(x, y), (x, y) \in D$" 或 "$z = f(x, y), (x, y) \in D$" 来表示 D 上的二元函数 f. 表示二元函数的记号 f 也是可以任意选取的, 如也可以记为 $z = \varphi(x, y), z = z(x, y)$ 等.

一般地, 把定义 1 中的平面点集 D 换成 n 维空间 $\mathbf{R}^n$ 内的点集 D, 映射 $f : D \to \mathbf{R}$ 就称为定义在 D 上的 n 元函数, 通常记为

$$u = f(x_1, x_2, \cdots, x_n), (x_1, x_2, \cdots, x_n) \in D$$

或简记为

$$u = f(P), P(x_1, x_2, \cdots, x_n) \in D.$$

在 $n = 2$ 或 3 时, 习惯上将点 (x_1, x_2) 与点 (x_1, x_2, x_3) 分别写成 (x, y) 与 (x, y, z). 这时, 若用字母表示 $\mathbf{R}^2$ 或 $\mathbf{R}^3$ 中的点, 即写成 $P(x, y)$ 或 $M(x, y, z)$, 则相应的二元函数及三元函数也可简记为 $z = f(P)$ 及 $u = f(M)$.

当 $n = 1$ 时, n 元函数就是一元函数. 当 $n \geqslant 2$ 时, n 元函数统称为多元函数.

与一元函数相仿, 关于多元函数的定义域, 我们做如下同样的约定: 若多元函数 $u = f(P)$ 是以解析表达式给出时, 其定义域就是使解析表达式有意义的点的全体所构成的点集. 例如, 函数 $z = \ln(x + y)$ 的定义域为

$$\{(x, y) \,|\, x + y > 0\},$$

这是一个无界开区域 (图 5-2). 又如函数 $z = \arcsin(x^2 + y^2)$ 的定义域为

$$\{(x, y) \,|\, x^2 + y^2 \leqslant 1\}$$

这是一个有界闭区域 (图 5-3).

设函数 $z = f(x, y)$ 的定义域为 D. 对于任意取定的点 $P(x, y) \in D$, 对应的函数值为 $z = f(x, y)$. 这样, 以 x 为横坐标、y 为纵坐标、z 为竖坐标在空间就确定一点 $M(x, y, z)$. 当 (x, y) 取遍 D 上的一切点时, 得到一个空间点集

$$\{(x, y, z) \,|\, z = f(x, y), (x, y) \in D\},$$

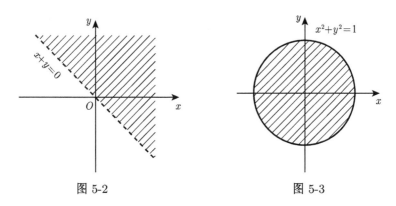

图 5-2　　　　　　　　　　　　　　　　　图 5-3

这个点集称为二元函数 $z = f(x, y)$ 的图形 (图 5-4). 通常我们也说二元函数的图形是一个曲面.

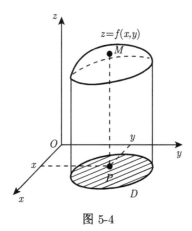

图 5-4

例如, 由空间解析几何知道, 线性函数 $z = ax + by + c$ 的图形是一个平面, 而函数 $z = x^2 + y^2$ 的图形是旋转抛物面.

三、多元函数的极限

我们首先讨论二元函数 $z = f(x, y)$ 当 $(x, y) \to (x_0, y_0)$, 即 $P(x, y) \to P_0(x_0, y_0)$ 时的极限. 与一元函数的极限概念相仿, 如果在 $P(x, y) \to P_0(x_0, y_0)$ 的过程中, 即当点 $P(x, y)$ 与点 $P_0(x_0, y_0)$ 的距离

$$|PP_0| = \sqrt{(x - x_0)^2 + (y - y_0)^2} \to 0$$

时, 对应的函数值 $f(x, y)$ 无限接近于一个确定的常数 A, 就说 A 是函数 $f(x, y)$ 当 $(x, y) \to (x_0, y_0)$ 时的极限. 下面用 "ε-δ" 语言描述这个极限概念.

定义 2　设二元函数 $f(P) = f(x, y)$ 的定义域为 D, $P_0(x_0, y_0)$ 是 D 的聚

点. 如果存在常数 A, 对于任意给定的正数 ε, 总存在正数 δ, 使得当点 $P(x,y) \in D \cap \overset{\circ}{U}(P_0, \delta)$ 时, 都有

$$|f(P) - A| = |f(x,y) - A| < \varepsilon$$

成立, 那么就称常数 A 为函数 $f(x,y)$ 当 $(x,y) \to (x_0, y_0)$ 的极限, 记为

$$\lim_{(x,y) \to (x_0,y_0)} f(x,y) = A \text{或} f(x,y) \to A((x,y) \to (x_0,y_0)),$$

也记为

$$\lim_{P \to P_0} f(P) = A \text{ 或 } f(P) \to A(P \to P_0).$$

为了区别于一元函数的极限, 我们把二元函数的极限称为二重极限.

例 3 设 $f(x,y) = (x^2 + y^2) \sin \dfrac{1}{x^2 + y^2}$, 求证: $\lim\limits_{(x,y) \to (0,0)} f(x,y) = 0$.

证 这里函数 $f(x,y)$ 的定义域为 $D = \mathbf{R}^2 \backslash \{(0,0)\}$, 点 $O(0,0)$ 为 D 的聚点, 因为

$$|f(x,y) - 0| = \left| (x^2 + y^2) \sin \frac{1}{x^2 + y^2} - 0 \right| \leqslant x^2 + y^2,$$

可见, $\forall \varepsilon > 0$, 取 $\delta = \sqrt{\varepsilon}$, 则当

$$0 < \sqrt{(x-0)^2 + (y-0)^2} < \delta,$$

即 $P(x,y) \in D \cap \overset{\circ}{U}(O, \delta)$ 时, 总有

$$|f(x,y) - 0| < \varepsilon$$

成立, 所以

$$\lim_{(x,y) \to (0,0)} f(x,y) = 0.$$

必须注意, 所谓二重极限存在, 是指 $P(x,y)$ 以任何方式趋于 $P_0(x_0, y_0)$ 时, $f(x,y)$ 都无限接近于 A. 因此, 如果 $P(x,y)$ 以某一特殊方式, 如沿着一条定直线或定曲线趋于 $P_0(x_0, y_0)$ 时, 即使 $f(x,y)$ 无限接近于某一确定值, 我们还不能由此判定函数的极限存在. 但是反过来, 如果当 $P(x,y)$ 以不同方式趋于 $P_0(x_0, y_0)$ 时, $f(x,y)$ 趋于不同的值, 那么就可以判定这函数的极限不存在. 如下所示,

考察函数

$$f(x,y) = \begin{cases} \dfrac{xy}{x^2 + y^2}, & x^2 + y^2 \neq 0, \\ 0, & x^2 + y^2 = 0, \end{cases}$$

显然, 当点 $P(x,y)$ 沿 x 轴趋于点 $(0,0)$ 时,

$$\lim_{\substack{(x,y) \to (0,0) \\ y=0}} f(x,y) = \lim_{x \to 0} f(x,0) = \lim_{x \to 0} 0 = 0;$$

又当点 $P(x, y)$ 沿 y 轴趋于点 $(0, 0)$ 时,

$$\lim_{\substack{(x,y)\to(0,0)\\x=0}} f(x,y) = \lim_{y\to 0} f(x,0) = \lim_{y\to 0} 0 = 0.$$

　　显然点 $P(x, y)$ 以上述两种特殊方式 (沿 x 轴或沿 y 轴) 趋于原点时函数的极限存在并且相等, 但是 $\lim\limits_{(x,y)\to(0,0)} f(x,y)$ 并不存在. 这是因为当点 $P(x, y)$ 沿着直线 $y = kx$ 趋于点 $(0, 0)$ 时, 有

$$\lim_{\substack{(x,y)\to(0,0)\\y=kx}} \frac{xy}{x^2+y^2} = \lim_{x\to 0} \frac{kx^2}{x^2+k^2x^2} = \frac{k}{1+k^2},$$

显然它是随着 k 的值的不同而改变的.

　　以上关于二元函数的极限概念, 可以相应地推广到 n 元函数 $u = f(P)$, 即 $u = f(x_1, x_2, \cdots, x_n)$ 上去.

　　关于多元函数的极限计算, 有与一元函数类似的运算法则. 如对例 3, 亦可按下面方法证明.

　　证　因为

$$\lim_{(x,y)\to(0,0)} \left(x^2+y^2\right) = 0,$$

且

$$\left|\sin\frac{1}{x^2+y^2}\right| \leqslant 1,$$

所以

$$\lim_{(x,y)\to(0,0)} f(x,y) = 0.$$

　　例 4　求 $\lim\limits_{(x,y)\to(0,2)} \dfrac{\sin(xy)}{x}$.

　　解　这里函数 $\dfrac{\sin(xy)}{x}$ 的定义域为 $D = \{(x,y)|x \neq 0, y \in \mathbf{R}\}, P_0\,(0,2)$ 为 D 的聚点. 由积的极限运算法则, 得

$$\lim_{(x,y)\to(0,2)} \frac{\sin(xy)}{x} = \lim_{(x,y)\to(0,2)} \left[\frac{\sin(xy)}{xy} \cdot y\right] = \lim_{xy\to 0} \frac{\sin(xy)}{xy} \cdot \lim_{y\to 2} y = 1 \cdot 2 = 2.$$

　　但若将问题改为求 $\lim\limits_{(x,y)\to(0,0)} \dfrac{\sin(xy)}{x}$, 则在上述做法下, 明显没考虑 $(x,0) \to (0,0)$ 的方式, 因而得到的结论不具有 $(x,y) \to (0,0)$ 的全面性. 正确的做法应为

因为 $\left|\dfrac{\sin(xy)}{x}\right| \leqslant |y|$, 且当 $(x,y) \to (0,0)$时, $|y| \to 0$, 所以有 $\lim\limits_{(x,y)\to(0,0)} \dfrac{\sin(xy)}{x} = 0.$

四、多元函数的连续性

建立了多元函数的极限, 就不难给出多元函数在一点连续的概念.

定义 3　设二元函数 $f(P) = f(x, y)$ 的定义域为 D, $P_0(x_0, y_0)$ 为 D 的聚点, 且 $P_0 \in D$. 如果

$$\lim_{(x,y) \to (x_0, y_0)} f(x, y) = f(x_0, y_0),$$

则称函数 $f(x, y)$ 在点 $P_0(x_0, y_0)$ 连续.

设函数 $f(x, y)$ 在 D 上有定义, D 内的每一点都是函数定义域的聚点. 如果函数 $f(x, y)$ 在 D 的每一点都连续, 那么就称函数 $f(x, y)$ 在 D 上连续, 或者称 $f(x, y)$ 是 D 上的连续函数.

以上关于二元函数的连续性概念, 可相应的推广到 n 元函数 $f(P)$ 上去.

定义 4　设函数 $f(x, y)$ 的定义域为 D, $P_0(x_0, y_0)$ 是 D 的聚点. 如果函数 $f(x, y)$ 在点 $P_0(x_0, y_0)$ 不连续, 则称 $P_0(x_0, y_0)$ 为函数 $f(x, y)$ 的间断点.

二元函数的间断点可以是孤立的点, 也可以形成一条或多条曲线.

例如, 前面讨论过的函数

$$f(x, y) = \begin{cases} \dfrac{xy}{x^2 + y^2}, & x^2 + y^2 \neq 0, \\ 0, & x^2 + y^2 = 0. \end{cases}$$

其定义域 $D = \mathbf{R}^2$, $O(0, 0)$ 是 D 的聚点. $f(x, y)$ 当 $(x, y) \to (0, 0)$ 时的极限不存在, 所以点 $O(0, 0)$ 是该函数的一个间断点; 又如函数

$$f(x, y) = \sin \frac{1}{x^2 + y^2 - 1},$$

其定义域为

$$D = \{(x, y) | x^2 + y^2 \neq 1\}.$$

圆周 $C = \{(x, y) | x^2 + y^2 \neq 1\}$ 上的点都是 D 的聚点, 而 $f(x, y)$ 在 C 上没有定义, 当然 $f(x, y)$ 在 C 上各点都不连续, 所以圆周 C 上各点都是该函数的间断点.

显然, 每一个一元函数 $f(x)$ 都可视为是一个多元函数, 当一元函数 $f(x)$ 在点 x_0 连续时, 若将其视为是 D 上的多元函数, 如二元函数 $F(x, y)$, 则当点 $(x_0, y_0) \in D$ 且是 D 的聚点时, 必有

$$\lim_{(x,y) \to (x_0, y_0)} F(x, y) = \lim_{x \to x_0} f(x) = f(x_0) = F(x_0, y_0),$$

故在 $(x_0, y_0) \in D$ 处, 函数 $F(x, y)$ 也是连续的.

由此可知, 一元基本初等函数看成二元函数或二元以上的多元函数时, 它们在各自的定义域内都是连续的.

前面已经指出: 一元函数中关于极限的运算法则, 对于多元函数仍然适用. 根据多元函数的极限运算法则, 可以证明多元连续函数的和、差、积仍为连续函数; 连续函数的商在分母不为零处仍连续; 多元连续函数的复合函数也是连续函数.

与一元初等函数相类似, 多元初等函数是指可用一个式子表示的多元函数, 这个式子是由常数及具有不同自变量的一元基本初等函数经过有限次的四则运算和复合运算而得到的. 例如, $\dfrac{x + x^2 - y^2}{1 + y^2}$, $\sin(x + y)$ 等都是多元初等函数.

根据上面指出的连续函数的和、差、积、商的连续性以及连续函数的复合函数的连续性, 再利用基本初等函数的连续性, 我们进一步可得如下结论:

一切多元初等函数在其定义区域内都是连续的 (所谓定义区域是指包含在定义域内的区域或闭区域).

由多元初等函数的连续性, 如果要求它在点 P_0 处的极限, 而该点又在此函数的定义域内, 则极限值就是函数在该点的函数值, 即

$$\lim_{P \to P_0} f(P) = f(P_0)$$

例 5　求 $\displaystyle\lim_{(x,y)\to(0,0)} \dfrac{\sqrt{xy+1}-1}{xy}$.

解　
$$\lim_{(x,y)\to(0,0)} \frac{\sqrt{xy+1}-1}{xy} = \lim_{(x,y)\to(0,0)} \frac{xy+1-1}{xy\left(\sqrt{xy+1}+1\right)}$$
$$= \lim_{(x,y)\to(0,0)} \frac{1}{\sqrt{xy+1}+1} = \frac{1}{2}.$$

以上运算的最后一步用到了二元函数 $\dfrac{1}{\sqrt{xy+1}+1}$ 在点 $(0,0)$ 的连续性.

与闭区间上一元函数的性质相类似, 在有界闭区域上连续的多元函数具有如下性质.

性质 1 (有界性与最大最小值定理)　在有界闭区域 D 上的多元连续函数, 必定在 D 上有界, 且能取得它的最大值和最小值.

性质 2 (介值定理)　在有界闭区域 D 上的多元连续函数必取得介于最大值和最小值之间的任何值.

* 性质 3 (一致连续性定理)　在有界闭区域 D 上的多元连续函数必定在 D 上一致连续.

习　题　5-1

1. 填空.

(1) 已知函数 $f(x,y) = xy + \dfrac{y}{x}$, 则 $f(1,-1) = $ ＿＿＿＿＿＿, $f\left(ab, \dfrac{a}{b}\right) = $ ＿＿＿＿＿＿.

(2) 函数 $z = \dfrac{1}{\sqrt{2 - x^2 - y^2}}$ 的定义域是＿＿＿＿＿＿.

(3) 极限 $\lim\limits_{(x,y)\to(0,0)} \dfrac{\tan xy}{xy} =$ _____.

2. 选择.

(1) 平面点集 $E = \left\{ (x,y) \mid 0 < x^2 + y^2 < 1 \right\}$ 的所有聚点构成的集合为 (   ).

(A) $\left\{ (x,y) \mid 0 \leqslant x^2 + y^2 < 1 \right\}$;   (B) $\left\{ (x,y) \mid 0 < x^2 + y^2 \leqslant 1 \right\}$;

(C) $z = \ln \sqrt{x^2 + y^2}$;   (D) $\left\{ (x,y) \mid 0 < x^2 + y^2 < 1 \right\}$.

(2) 二元函数 $\dfrac{e^{x+y}}{x+y}$ 的所有间断点构成的集合是 (   ).

(A) $\left\{ (x,y) \mid x + y = 0 \right\}$;   (B) $\left\{ (x,y) \mid x + y \neq 0 \right\}$;

(C) $\left\{ (x,y) \mid x = 0, y = 0 \right\}$;   (D) $\left\{ (x,y) \mid x \neq 0, y \neq 0 \right\}$.

(3) $\lim\limits_{(x,y)\to(0,0)} \dfrac{\sin xy^2}{y} =$(   ).

(A) 1;   (B) 0;   (C) ∞;   (D) 不存在且非无穷大.

3. 已知函数 $f(x,y) = \dfrac{x^2 - y^2}{2xy}$, 求 $f\left(\dfrac{1}{x}, \dfrac{1}{y} \right)$.

4. 已知函数 $f(x+y, x-y) = xy + y^2$, 求 $f(x,y)$.

5. 已知函数 $f(x,y) = 3x - y$, 求 $f(xy, f(x,y))$.

6. 指出下列平面区域哪些是开区域、闭区域、有界区域、无界区域?

(1) $\left\{ (x,y) \mid x^2 > y \right\}$;   (2) $\left\{ (x,y) \mid |x| + |y| \leqslant 1 \right\}$;

(3) $\left\{ (x,y) \mid x > 0, y > 0 \right\}$;   (4) $z = \ln \sqrt{x^2 + y^2}$.

7. 求下列函数的定义域.

(1) $z = \ln(4 - xy)$;   (2) $z = \dfrac{1}{\sqrt{y - \sqrt{x}}}$;

(3) $z = \sqrt{x^2 - 4} + \sqrt{4 - y^2}$;   (4) $z = \sqrt{xy} + \arcsin \dfrac{x}{2}$;

(5) $z = \dfrac{\ln x}{\sqrt{36 - 4x^2 - 9y^2}}$;

(6) $z = \sqrt{9 - x^2 - y^2 - z^2} + \dfrac{1}{\sqrt{x^2 + y^2 + z^2 - 1}}$.

8. 求下列函数的极限.

(1) $\lim\limits_{(x,y)\to(1,2)} \dfrac{x + y}{x^2 - xy + y^2}$;   (2) $\lim\limits_{(x,y)\to(0,1)} \arcsin \sqrt{x^2 + y^2}$;

(3) $\lim\limits_{(x,y)\to(0,0)} (x^2 + y^2) \sin \dfrac{1}{x^2 + y^2}$;   (4) $\lim\limits_{(x,y)\to(0,0)} \dfrac{1 - \cos(x^2 + y^2)}{(x^2 + y^2)e^{xy}}$;

(5) $\lim\limits_{(x,y)\to(0,0)} \dfrac{x^2 + y^2}{\sqrt{x^2 + y^2 + 4} - 2}$;   (6) $\lim\limits_{(x,y)\to(0,0)} \dfrac{2 - \sqrt{xy + 4}}{xy}$.

9. 判断下列函数的极限是否存在.

(1) $\lim\limits_{(x,y)\to(0,0)} \dfrac{2xy}{x^2+y^2}$;

(2) $\lim\limits_{\substack{x\to\infty\\y\to\infty}} \dfrac{x+y}{x^2+y^2}$.

第二节　多元函数的偏导数

一、偏导数的概念

多元函数与一元函数的一个明显区别在于自变量不止一个. 由此带来因变量与自变量的关系无论体现在具体表达式的结构上还是变化过程中取值的依赖性上都比一元函数复杂得多. 但是借助一元认识多元也不失为是研究多元的一种方法. 例如, 我们可以让多元函数中的某一个自变量变化, 其他自变量取值固定, 则多元函数实际上就相当于一个一元函数. 以二元函数 $z=f(x,y)$ 为例, 如果只有自变量 x 变化, 而自变量 y 取值固定在 $y=y_0$, 这时 $z=f(x,y_0)$ 实际上就是 x 的一元函数, 对它就可像一元函数那样考虑其对 x 在点 $x=x_0$ 的变化率. 这样得到的变化率就是二元函数 $z=f(x,y)$ 在点 (x_0,y_0) 处关于变量 x 的偏导数.

定义 1　设函数 $z=f(x,y)$ 在点 (x_0,y_0) 的某一邻域内有定义, 当 y 固定在 y_0 而 x 在 x_0 有增量 Δx 时, 相应的函数有增量

$$f(x_0+\Delta x, y_0) - f(x_0,y_0),$$

如果极限

$$\lim_{\Delta x\to 0} \frac{f(x_0+\Delta x, y_0) - f(x_0,y_0)}{\Delta x}$$

存在, 则称此极限为函数 $z=f(x,y)$ 在点 (x_0,y_0) 处对 x 的偏导数, 记为

$$\frac{\partial z}{\partial x}\bigg|_{\substack{x=x_0\\y=y_0}}, \quad \frac{\partial f}{\partial x}\bigg|_{\substack{x=x_0\\y=y_0}}, \quad z_x\bigg|_{\substack{x=x_0\\y=y_0}} \text{ 或 } f_x(x_0,y_0),$$

即

$$f_x(x_0,y_0) = \lim_{\Delta x\to 0} \frac{f(x_0+\Delta x, y_0) - f(x_0,y_0)}{\Delta x}.$$

类似地, 如果极限

$$\lim_{\Delta y\to 0} \frac{f(x_0, y_0+\Delta y) - f(x_0,y_0)}{\Delta y}$$

存在, 则称此极限为函数 $z=f(x,y)$ 在点 (x_0,y_0) 处对 y 的偏导数, 记为

$$\frac{\partial z}{\partial y}\bigg|_{\substack{x=x_0\\y=y_0}}, \quad \frac{\partial f}{\partial y}\bigg|_{\substack{x=x_0\\y=y_0}}, \quad z_y\bigg|_{\substack{x=x_0\\y=y_0}} \text{ 或 } f_y(x_0,y_0),$$

即

$$f_y(x_0, y_0) = \lim_{\Delta y \to 0} \frac{f(x_0, y_0 + \Delta y) - f(x_0, y_0)}{\Delta y}.$$

偏导数的概念可推广到二元以上的函数. 例如, 三元函数 $u = f(x, y, z)$ 在点 (x, y, z) 处对 x 的偏导数可定义为

$$f_x(x, y, z) = \lim_{\Delta x \to 0} \frac{f(x + \Delta x, y, z) - f(x, y, z)}{\Delta x},$$

其中 (x, y, z) 是函数 $u = f(x, y, z)$ 的定义域的内点.

如果函数 $z = f(x, y)$ 在平面区域 D 内每一点 (x, y) 处对 x, y 的偏导数 $f_x(x, y)$, $f_y(x, y)$ 都存在, 那么这两个偏导数就是 x, y 的函数, 它们被分别称为函数 $z = f(x, y)$ 对自变量 x 的偏导函数和函数 $z = f(x, y)$ 对自变量 y 的偏导函数.

显然, $z = f(x, y)$ 在点 (x_0, y_0) 处对 x 的偏导数 $f_x(x_0, y_0)$ 显然就是偏导函数 $f_x(x, y)$ 在点 (x_0, y_0) 处的函数值;$f_y(x_0, y_0)$ 就是偏导函数 $f_y(x, y)$ 在点 (x_0, y_0) 处的函数值. 就像一元函数的导函数一样, 以后在不至于发生混淆的地方也把偏导函数称为偏导数.

二、偏导数的计算

从偏导数的定义可以看出, 当给出函数 $z = f(x, y)$ 的具体表达式时, 求 $z = f(x, y)$ 的偏导数, 并不需要新的方法. 因为这里只有一个自变量在变动, 另一个自变量是被看成固定的, 所以仍旧是一元函数的微分法问题. 例如, 求 $\dfrac{\partial f}{\partial x}$ 时, 只要把 y 暂时看成常量而对 x 求导数; 求 $\dfrac{\partial f}{\partial y}$ 时, 只要把 x 暂时看成常量而对 y 求导数. 这样, 一元函数的求导公式和求导法则都可用于多元函数偏导数的计算上来.

例 1　求 $z = x^2 + y^2 + 3xy$ 在点 $(1, 2)$ 处的偏导数.

解

$$\frac{\partial z}{\partial x} = 2x + 3y, \qquad \frac{\partial z}{\partial y} = 3x + 2y.$$

将 $(1, 2)$ 代入上面, 得

$$\frac{\partial z}{\partial x}\bigg|_{\substack{x=1 \\ y=2}} = 8, \qquad \frac{\partial z}{\partial y}\bigg|_{\substack{x=1 \\ y=2}} = 7.$$

例 2　求 $z = x^2 \sin 2y$ 的偏导数.

解

$$\frac{\partial z}{\partial x} = 2x \sin 2y, \qquad \frac{\partial z}{\partial y} = 2x^2 \cos 2y.$$

例 3　求 $z = x^y (x > 0, x \neq 1)$ 的偏导数.

解

$$\frac{\partial z}{\partial x} = yx^{y-1}, \qquad \frac{\partial z}{\partial y} = x^y \ln x.$$

由此题不难看出, 当把不同的自变量看成常数时, 函数的类型及结构有可能发生改变, 求导时, 使用的公式和法则也要对应地进行改变.

例 4 设 $f(x,y) = x + (y-1)\arcsin\sqrt{\dfrac{x}{y}}$, 求 $f_x(x,1)$.

解 因 $f(x,1) = x$, 所以 $f_x(x,1) = 1$.

例 5 求 $r = \sqrt{x^2 + y^2 + z^2}$ 的偏导数.

解 把 y 和 z 都看成常量, 得

$$\frac{\partial r}{\partial x} = \frac{x}{\sqrt{x^2 + y^2 + z^2}} = \frac{x}{r}.$$

由所给函数关于自变量的对称性, 所以

$$\frac{\partial r}{\partial y} = \frac{y}{r}, \quad \frac{\partial r}{\partial z} = \frac{z}{r}.$$

例 6 一定量的理想气体的状态方程为 $PV = RT(R\ 为常数)$, 证明

$$\frac{\partial P}{\partial V} \cdot \frac{\partial V}{\partial T} \cdot \frac{\partial T}{\partial P} = -1.$$

证 因为

$$P = \frac{RT}{V}, \quad \frac{\partial P}{\partial V} = -\frac{RT}{V^2},$$

$$V = \frac{RT}{P}, \quad \frac{\partial V}{\partial T} = \frac{R}{P},$$

$$T = \frac{PV}{R}, \quad \frac{\partial T}{\partial P} = \frac{V}{R},$$

所以

$$\frac{\partial P}{\partial V} \cdot \frac{\partial V}{\partial T} \cdot \frac{\partial T}{\partial P} = -\frac{RT}{V^2} \cdot \frac{R}{P} \cdot \frac{V}{R} = -1.$$

我们知道, 对一元函数来说, $\dfrac{\mathrm{d}y}{\mathrm{d}x}$ 可看成函数的微分 $\mathrm{d}y$ 与自变量的微分 $\mathrm{d}x$ 之商. 而上式表明, 偏导数的记号是一个整体记号, 不能看成分子与分母之商.

三、偏导数的几何意义

二元函数 $z = f(x,y)$ 在点 (x_0, y_0) 的偏导数有下述几何意义.

设 $M_0(x_0, y_0, f(x_0, y_0))$ 为曲面 $z = f(x,y)$ 上的一点, 过 M_0 作平面 $y = y_0$, 截此曲面得一曲线, 此曲线在平面 $y = y_0$ 上的方程为 $z = f(x, y_0)$, 则偏导数 $f_x(x_0, y_0)$, 就是这曲线在点 M_0 处的切线对 x 轴的斜率 (图 5-5). 同样, 偏导数 $f_y(x_0, y_0)$ 的几何意义是曲面被平面 $x = x_0$ 所截得的曲线在点 M_0 处的切线对 y 轴的斜率.

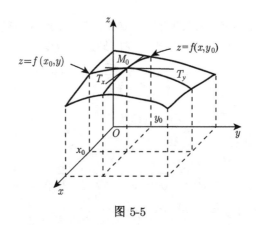

图 5-5

四、函数的偏导数与函数连续性的关系

我们已经知道, 对一元函数而言, 若它在某点具有导数, 则它在该点必定连续. 但对多元函数来说, 即使各偏导数在某点都存在, 也不能保证函数在该点连续. 这是因为各偏导数存在只能保证点 P 沿着平行于坐标轴的方向趋于 P_0 时, 函数值 $f(P)$ 趋于 $f(P_0)$, 但不能保证点 P 按任何方式趋于 P_0 时, 函数值 $f(P)$ 都趋于 $f(P_0)$. 例如, 函数

$$z = f(x, y) = \begin{cases} \dfrac{xy}{x^2 + y^2}, & x^2 + y^2 \neq 0, \\ 0, & x^2 + y^2 = 0 \end{cases}$$

在点 $(0,0)$ 对 x 的偏导数为

$$f_x(0,0) = \lim_{\Delta x \to 0} \frac{f(0 + \Delta x, 0) - f(0, 0)}{\Delta x} = 0,$$

同样有

$$f_y(0,0) = \lim_{\Delta y \to 0} \frac{f(0, 0 + \Delta y) - f(0, 0)}{\Delta y} = 0,$$

但是在第一节中我们已经知道这函数在点 $(0,0)$ 并不连续.

由一元函数相关结论易知: 多元函数在一点连续, 它在该点处的偏导数不一定存在.

五、高阶偏导数

设函数 $z = f(x, y)$ 在区域 D 内具有偏导数

$$\frac{\partial z}{\partial x} = f_x(x, y), \quad \frac{\partial z}{\partial y} = f_y(x, y),$$

那么在 D 内 $f_x(x,y)$, $f_y(x,y)$ 都是 x, y 的函数. 如果这两个函数的偏导数也存在, 则称它们是函数 $z = f(x,y)$ 的二阶偏导数. 按照对变量求导次序的不同有下列四个二阶偏导数:

$$\frac{\partial z}{\partial x}\left(\frac{\partial z}{\partial x}\right) = \frac{\partial^2 z}{\partial x^2} = f_{xx}(x,y), \quad \frac{\partial z}{\partial y}\left(\frac{\partial z}{\partial x}\right) = \frac{\partial^2 z}{\partial x \partial y} = f_{xy}(x,y),$$

$$\frac{\partial z}{\partial x}\left(\frac{\partial z}{\partial y}\right) = \frac{\partial^2 z}{\partial y \partial x} = f_{yx}(x,y), \quad \frac{\partial z}{\partial y}\left(\frac{\partial z}{\partial y}\right) = \frac{\partial^2 z}{\partial y^2} = f_{yy}(x,y),$$

其中偏导数 $\dfrac{\partial^2 z}{\partial x \partial y}$, $\dfrac{\partial^2 z}{\partial y \partial x}$ 称为函数 $z = f(x,y)$ 的二阶混合偏导数. 仿上可定义多元函数的三阶、四阶以及 n 阶偏导数, 相应的记号亦可类似引入. 二阶及二阶以上的偏导数统称为高阶偏导数.

例 7　设 $f(x,y) = \begin{cases} xy\dfrac{x^2 - y^2}{x^2 + y^2}, & (x,y) \neq (0,0), \\ 0, & (x,y) = (0,0), \end{cases}$ 　求 $f_{xy}(0,0), f_{yx}(0,0)$.

解　当 $(x,y) \neq (0,0)$ 时

$$f_x(x,y) = y\frac{x^2 - y^2}{x^2 + y^2} + \frac{4x^2 y^3}{(x^2 + y^2)^2},$$

$$f_y(x,y) = x\frac{x^2 - y^2}{x^2 + y^2} - \frac{4x^3 y^2}{(x^2 + y^2)^2}.$$

当 $(x,y) = (0,0)$ 时, 按定义得

$$f_x(0,0) = f_y(0,0) = 0,$$

而

$$f_{xy}(0,0) = \lim_{\Delta y \to 0} \frac{f_x(0,\Delta y) - f_x(0,0)}{\Delta y} = \lim_{\Delta y \to 0} \frac{-(\Delta y)^3}{(\Delta y)^3} = -1,$$

$$f_{yx}(0,0) = \lim_{\Delta x \to 0} \frac{f_y(\Delta x,0) - f_y(0,0)}{\Delta x} = \lim_{\Delta x \to 0} \frac{(\Delta x)^3}{(\Delta x)^3} = 1.$$

由此例说明, 一般情况下, 高阶混合偏导数是与函数对自变量求偏导数的次序有关的.

例 8　设 $z = x^3 y^2 - 3xy^3 - xy + 1$, 求 $\dfrac{\partial^2 z}{\partial x^2}, \dfrac{\partial^2 z}{\partial y \partial x}, \dfrac{\partial^2 z}{\partial x \partial y}, \dfrac{\partial^2 z}{\partial y^2}$.

解　$\dfrac{\partial z}{\partial x} = 3x^2 y^2 - 3y^3 - y, \quad \dfrac{\partial z}{\partial y} = 2x^3 y - 9xy^2 - x;$

$$\frac{\partial^2 z}{\partial x^2} = 6xy^2, \quad \frac{\partial^2 z}{\partial y \partial x} = 6x^2 y - 9y^2 - 1;$$

$$\frac{\partial^2 z}{\partial x \partial y} = 6x^2 y - 9y^2 - 1, \quad \frac{\partial^2 z}{\partial y^2} = 2x^3 - 18xy.$$

我们注意到, 在例 8 中, $\dfrac{\partial^2 z}{\partial x \partial y} = \dfrac{\partial^2 z}{\partial y \partial x}$. 出现这种现象不是偶然的, 下面的定理可保证二阶混合偏导数相等.

定理 1　　如果函数 $z = f(x, y)$ 的两个二阶混合偏导数 $\dfrac{\partial^2 z}{\partial x \partial y}$ 及 $\dfrac{\partial^2 z}{\partial y \partial x}$ 在区域 D 内连续, 那么在该区域内这两个二阶混合偏导数必相等.

换句话说, 二阶混合偏导数在连续的条件下与求导的次序无关. 定理证明从略.

对于二元以上的函数, 也可以类似地定义高阶偏导数. 而且高阶混合偏导数在偏导数连续的条件下也与求导的次序无关, 在此意义下, 可根据对各自变量的求导次数, 将高阶偏导数记为

$$\frac{\partial^m f(x_1, x_2, \cdots, x_n)}{\partial x_1^{k_1} \partial x_2^{k_2} \cdots \partial x_n^{k_n}} \, (k_1 + k_2 + \cdots + k_n = m).$$

习　题　5-2

1. 填空.

(1) 函数 $z = x^2 y^3$, 则 $\left. \dfrac{\partial z}{\partial x} \right|_{(1,2)} = $＿＿＿＿＿, $\left. \dfrac{\partial z}{\partial y} \right|_{(1,2)} = $＿＿＿＿＿.

(2) 曲线 $\begin{cases} z = \dfrac{x^2 + y^2}{4} \\ y = 1 \end{cases}$　在 $\left(2, 1, \dfrac{5}{4}\right)$ 的切线与 x 轴正向的夹角为＿＿＿＿＿.

(3) 设 $f(x, y) = y^2 + (x - 2) \arccos \sqrt{\dfrac{y}{x}}$, 则 $f_y(2, y) = $＿＿＿＿＿.

2. 选择.

(1) 设 $f(x, y)$ 在点 (a, b) 处的偏导数存在, 则 $\lim\limits_{\Delta x \to 0} \dfrac{f(a + \Delta x, b) - f(a - \Delta x, b)}{\Delta x} = ($ 　　$)$.

(A) $\dfrac{1}{2} f_x(a, b)$;　　　(B) $-\dfrac{1}{2} f_x(a, b)$;　　　(C) $2f_x(a, b)$;　　　(D) $-2f_x(a, b)$.

(2) 设 $z = 3^{x + y^2}$, 则 $\dfrac{\partial z}{\partial y} = ($ 　　$)$.

(A) $y 3^{x + y^2} \ln 9$;　　(B) $(x + y^2) 3^{x + y^2 - 1}$;　　(C) $2y(x + y^2) 3^{x + y^2 - 1}$;　　(D) $2y 3^{x + y^2}$.

(3) 使 $\dfrac{\partial^2 z}{\partial x \partial y} = 2x$ 成立的函数是 (　　).

(A) $z = xy^2 + x^2 y$;　　(B) $z = e^x + x^2 y$;　　　(C) $z = xy^2$;　　　　(D) $z = y^2 + x^2$.

3. 求下列函数的偏导数.

(1) $z = \sqrt{xy} - \cos x^2$;　　　　　　　　(2) $z = e^{xy} + yx^2$;

(3) $z = \ln \sin(x - 2y)$;　　　　　　　　(4) $z = \dfrac{x}{\sqrt{x^2 + y^2}}$;

(5) $z = \sqrt{1 - x^2 - y^2}$;　　　　　　　(6) $z = \dfrac{1}{y} \cos x^2$;

(7) $u = \left(\dfrac{x}{y}\right)^z$;　　　　　　　　　　(8) $u = \arctan(x - y)^z$.

4. 设函数 $z = \mathrm{e}^{\frac{x}{y^2}}$, 证明 $2x\dfrac{\partial z}{\partial x} + y\dfrac{\partial z}{\partial y} = 0$.

5. 讨论函数 $f(x,y) = \begin{cases} x\sin\dfrac{1}{x^2+y^2}, & x^2+y^2 \neq 0, \\ 0, & x^2+y^2 = 0 \end{cases}$ 在 $(0,0)$ 偏导数是否存在?

6. 求下列函数的 $\dfrac{\partial^2 z}{\partial x^2}, \dfrac{\partial^2 z}{\partial y^2}, \dfrac{\partial^2 z}{\partial x \partial y}$.

(1) $z = x^5 - y^5 + x^2 y^3$; (2) $z = x\mathrm{e}^y + y\mathrm{e}^x$; (3) $z = \arctan\dfrac{y}{x}$.

7. 求下列函数的指定阶偏导.

(1) 设 $u = x^3 \sin y + y^3 \sin x$, 求 $\dfrac{\partial^3 u}{\partial x^2 \partial y}, \dfrac{\partial^3 u}{\partial y^3}$;

(2) 设 $u = xy^2 + yz^2 + zx^2$, 求 $\dfrac{\partial^2 u}{\partial z \partial y}, \dfrac{\partial^3 u}{\partial x^2 \partial z}$;

(3) 设 $u = \mathrm{e}^{xyz}$, 求 $\dfrac{\partial^3 u}{\partial x \partial y \partial z}$.

8. 证明函数 $z = \ln(\mathrm{e}^x + \mathrm{e}^y)$ 满足方程 $\dfrac{\partial^2 z}{\partial x^2} \cdot \dfrac{\partial^2 z}{\partial y^2} - \left(\dfrac{\partial^2 z}{\partial y \partial x}\right)^2 = 0$.

第三节 全 微 分

一、全微分的定义

对二元函数 $z = f(x,y)$, 如果将自变量 y 的取值固定, 给自变量 x 一增量 Δx, 则相应于增量 Δx, 函数 $z = f(x,y)$ 所产生的改变量为

$$\Delta_x z = f(x + \Delta x, y) - f(x,y),$$

当函数 $z = f(x,y)$ 在点 (x,y) 关于 x 有偏导数时, 根据一元函数微分学中增量与微分的关系可得

$$\Delta_x z = f(x + \Delta x, y) - f(x,y) = f_x(x,y)\Delta x + o(\Delta x).$$

我们称 $\Delta_x z$ 为函数 $z = f(x,y)$ 在点 (x,y) 处对自变量 x 的偏增量, 而 $f_x(x,y)\Delta x$ 称为函数 $z = f(x,y)$ 在点 (x,y) 处对自变量 x 的偏微分.

仿上不难给出函数 $z = f(x,y)$ 在点 (x,y) 处对 y 的偏增量与偏微分. 显然偏增量与偏微分问题实质上仍是一元函数的增量与微分问题.

但在许多实际问题中, 需要研究自变量 x 和 y 各自独立地取得增量 Δx 和 Δy 时, 函数 $z = f(x,y)$ 所取得的增量, 即所谓全增量的问题.

设函数 $z = f(x,y)$ 在点 $P(x,y)$ 的某邻域内有定义, $P'(x + \Delta x, y + \Delta y)$ 为这邻域内任意一点, 则称这两点的函数值之差 $f(x + \Delta x, y + \Delta y) - f(x,y)$ 为函数 $z = f(x,y)$ 在点 P 对应于自变量增量 $\Delta x, \Delta y$ 的全增量, 记为 Δz, 即

$$\Delta z = f(x + \Delta x, y + \Delta y) - f(x,y).$$

　　一般说来, 计算全增量 Δz 比较复杂. 与一元函数的情形一样, 我们希望用自变量的增量 Δx, Δy 的线性函数来近似地代替函数的全增量 Δz. 为此, 引入如下定义.

　　定义 1　设函数 $z = f(x, y)$ 在点 (x, y) 的某邻域内有定义, 如果函数在点 (x, y) 的全增量

$$\Delta z = f(x + \Delta x, y + \Delta y) - f(x, y)$$

可表示为

$$\Delta z = A\Delta x + B\Delta y + o(\rho),$$

其中 A, B 为不依赖于 Δx, Δy 而仅与 x, y 有关的常数, $\rho = \sqrt{(\Delta x)^2 + (\Delta y)^2}$, $o(\rho)$ 是当 $\rho \to 0$ 时关于 ρ 的高阶无穷小, 则称函数 $z = f(x, y)$ 在点 (x, y) 可微分, 而 $A\Delta x + B\Delta y$ 称为函数 $z = f(x, y)$ 在点 (x, y) 的全微分, 记为 dz, 即

$$\mathrm{d}z = A\Delta x + B\Delta y.$$

　　习惯上, 我们将自变量的增量 Δx, Δy 分别记为 dx, dy, 并分别称为自变量 x, y 的微分. 这样, 函数 $z = f(x, y)$ 的全微分就可写成

$$\mathrm{d}z = A\mathrm{d}x + B\mathrm{d}y.$$

　　如果函数在区域 D 内各点处都可微分, 那么称这函数在 D 内可微分.

二、连续、偏导数存在与全微分的关系

　　从给定的全微分定义不难了解, 如果函数 $z = f(x, y)$ 在点 (x, y) 可微, 则在该点的较小邻域内

$$\Delta z = f(x + \Delta x, y + \Delta y) - f(x, y) \approx A\Delta x + B\Delta y,$$

因此, 可微的意义是在局部范围内, 可将函数 $z = f(x, y)$ 线性化, 这一点在实际问题中是很有意义的. 问题是：①怎样预先判断函数的可微性; ②函数可微时, 怎样确定 A, B. 为回答这些问题, 我们研究函数的连续、偏导数存在与可微间的关系.

　　在第二节中曾指出, 多元函数在某点的偏导数存在, 并不能保证函数在该点连续. 但由全微分定义不难获知, 如果函数 $z = f(x, y)$ 在点 (x, y) 可微, 必有

$$\lim_{\rho \to 0} \Delta z = \lim_{\rho \to 0}(f(x + \Delta x, y + \Delta y) - f(x, y)) = 0,$$

从而

$$\lim_{(\Delta x, \Delta y) \to (0,0)} f(x + \Delta x, y + \Delta y) = f(x, y)$$

成立, 因此函数 $z = f(x, y)$ 在点 (x, y) 处必然连续.

下面讨论函数 $z = f(x, y)$ 在点 (x, y) 处可微分与在点 (x, y) 处偏导数存在间的联系.

定理 1 (可微分的必要条件)　如果函数 $z = f(x, y)$ 在点 (x, y) 可微分, 则该函数在点 (x, y) 的偏导数 $\dfrac{\partial z}{\partial x}, \dfrac{\partial z}{\partial y}$ 必定存在, 且函数 $z = f(x, y)$ 在点 (x, y) 的全微分可表示为

$$\mathrm{d}z = \frac{\partial z}{\partial x}\Delta x + \frac{\partial z}{\partial y}\Delta y.$$

证　设函数 $z = f(x, y)$ 在点 $P(x, y)$ 可微分, 于是对于点 P 的某个邻域内的任意一点 $P'(x + \Delta x, y + \Delta y)$, 必有

$$\Delta z = f(x + \Delta x, y + \Delta y) - f(x, y) = A\Delta x + B\Delta y + o(\rho)$$

成立. 特别当 $\Delta y = 0, \rho = |\Delta x|$ 时, 有

$$f(x + \Delta x, y) - f(x, y) = A \cdot \Delta x + o(|\Delta x|),$$

上式两边同时除以 Δx, 再令 $\Delta x \to 0$, 并对上式两边取极限, 就得

$$\lim_{\Delta x \to 0} \frac{f(x + \Delta x, y) - f(x, y)}{\Delta x} = A,$$

从而偏导数 $\dfrac{\partial z}{\partial x}$ 存在, 且等于 A. 同理可证 $\dfrac{\partial z}{\partial y} = B$, 因此,

$$\mathrm{d}z = \frac{\partial z}{\partial x}\Delta x + \frac{\partial z}{\partial y}\Delta y.$$

与一元函数不同的是: 多元函数在一点偏导数存在仅是该函数在这一点可微分的必要条件而不是充分条件. 例如, 函数

$$f(x, y) = \begin{cases} \dfrac{xy}{\sqrt{x^2 + y^2}}, & x^2 + y^2 \neq 0, \\ 0, & x^2 + y^2 = 0 \end{cases}$$

在点 $(0, 0)$ 处有 $f_x(0, 0) = 0$ 及 $f_y(0, 0) = 0$, 所以

$$\Delta z - [f_x(0, 0) \cdot \Delta x + f_y(0, 0) \cdot \Delta y] = \frac{\Delta x \cdot \Delta y}{\sqrt{(\Delta x)^2 + (\Delta y)^2}},$$

如果考虑点 $P'(\Delta x, \Delta y)$ 沿着直线 $y = x$ 趋于 $(0, 0)$, 则

$$\frac{\dfrac{\Delta x \cdot \Delta y}{\sqrt{(\Delta x)^2 + (\Delta y)^2}}}{\rho} = \frac{\Delta x \cdot \Delta y}{(\Delta x)^2 + (\Delta y)^2} = \frac{\Delta x \cdot \Delta x}{(\Delta x)^2 + (\Delta x)^2} = \frac{1}{2},$$

它不能随 $\rho \to 0$ 而趋于 0, 这表示 $\rho \to 0$ 时,

$$\Delta z - [f_x(0,0)\Delta x + f_y(0,0)\Delta y]$$

并不是较 ρ 高阶的无穷小, 因此函数在点 $(0,0)$ 处的全微分并不存在, 即函数在点 $(0,0)$ 处是不可微分的.

　　由上讨论可知, 函数在一点的连续、偏导数存在仅是函数在该点可微的必要条件. 但是, 如果再假定函数的各个偏导数连续, 则可证明函数是可微分的, 即有下面定理.

　　定理 2 (可微分的充分条件)　若函数 $z = f(x,y)$ 在点 (x,y) 的某邻域内的偏导数存在, 且偏导函数 $\dfrac{\partial z}{\partial x}, \dfrac{\partial z}{\partial y}$ 都在点 (x,y) 处连续, 则函数 $f(x,y)$ 在该点可微分.

　　证　由假定, 函数的偏导数 $\dfrac{\partial z}{\partial x}, \dfrac{\partial z}{\partial y}$ 在点 $P(x,y)$ 的某邻域内存在. 设点 $(x+\Delta x, y+\Delta y)$ 为这邻域内任意一点, 考察函数的全增量

$$\Delta z = f(x+\Delta x, y+\Delta y) - f(x,y)$$
$$= [f(x+\Delta x, y+\Delta y) - f(x, y+\Delta y)] + [f(x, y+\Delta y) - f(x,y)].$$

于是, 应用拉格朗日中值定理, 得到

$$[f(x+\Delta x, y+\Delta y) - f(x, y+\Delta y)] = f_x\,(x + \theta_1\Delta x, y+\Delta y)\,\Delta x(0 < \theta_1 < 1).$$

又由假设, $f_x(x,y)$ 在点 (x,y) 连续, 所以上式可写成

$$f(x+\Delta x, y+\Delta y) - f(x, y+\Delta y) = f_x(x,y)\Delta x + \varepsilon_1\Delta x,$$

其中 ε_1 为 $\Delta x, \Delta y$ 的函数, 且当 $\Delta x \to 0, \Delta y \to 0$ 时, $\varepsilon_1 \to 0$.

　　同理可证第二个方括号内的表达式可写成

$$f(x, y+\Delta y) - f(x,y) = f_y(x,y)\Delta y + \varepsilon_2\Delta y,$$

其中 ε_2 为 Δy 的函数, 且当 $\Delta y \to 0$ 时, $\varepsilon_2 \to 0$.

　　于是, 在偏导数连续的假定下, 全增量 Δz 可表示为

$$\Delta z = f_x(x,y)\Delta x + f_y(x,y)\Delta y + \varepsilon_1\Delta x + \varepsilon_2\Delta y.$$

容易看出

$$\left| \frac{\varepsilon_1\Delta x + \varepsilon_2\Delta y}{\rho} \right| \leqslant |\varepsilon_1| + |\varepsilon_2|,$$

它是随着 $(\Delta x, \Delta y) \to (0,0)$, 即 $\rho \to 0$ 而趋于零的.

　　这就证明了 $z = f(x,y)$ 在点 $P(x,y)$ 是可微分的.

以上关于二元函数全微分的定义及可微分的必要条件和充分条件, 可以完全类似地推广到三元和三元以上的多元函数中去. 例如, 若三元函数 $u = f(x, y, z)$ 在点 (x, y, z) 处的全增量

$$\Delta u = f(x + \Delta x, y + \Delta y, z + \Delta z) - f(x, y, z)$$

可以表示为

$$\Delta u = A\Delta x + B\Delta y + C\Delta z + o(\rho),$$

其中 A, B, C 是不依赖于 $\Delta x, \Delta y, \Delta z$ 的三个常数, $\rho = \sqrt{(\Delta x)^2 + (\Delta y)^2 + (\Delta z)^2}$, 则称函数 $u = f(x, y, z)$ 在点 (x, y, z) 可微, 并称

$$A\Delta x + B\Delta y + C\Delta z$$

为函数 $u = f(x, y, z)$ 在点 (x, y, z) 处的全微分, 记为

$$\mathrm{d}u = A\Delta x + B\Delta y + C\Delta z = \frac{\partial u}{\partial x}\mathrm{d}x + \frac{\partial u}{\partial y}\mathrm{d}y + \frac{\partial u}{\partial z}\mathrm{d}z.$$

例 1 计算函数 $z = x^2 y + y^2$ 的全微分.

解 因为 $\dfrac{\partial z}{\partial x} = 2xy, \dfrac{\partial z}{\partial y} = x^2 + 2y$, 所以

$$\mathrm{d}z = 2xy\mathrm{d}x + (x^2 + 2y)\mathrm{d}y.$$

例 2 计算函数 $z = \mathrm{e}^{xy}$ 在点 $(2, 1)$ 处的全微分.

解 因为

$$\frac{\partial z}{\partial x} = y\mathrm{e}^{xy}, \frac{\partial z}{\partial y} = x\mathrm{e}^{xy},$$

所以

$$\mathrm{d}z\Big|_{\substack{x=2 \\ y=1}} = \mathrm{e}^2\mathrm{d}x + 2\mathrm{e}^2\mathrm{d}y.$$

例 3 求函数 $u = \left(\dfrac{x}{y}\right)^z$ 的全微分.

解 因为

$$u_x = \frac{z}{y}\left(\frac{x}{y}\right)^{z-1}, \quad u_y = -\frac{z}{y}\left(\frac{x}{y}\right)^z, \quad u_z = \left(\frac{x}{y}\right)^z \ln\frac{x}{y},$$

所以

$$\mathrm{d}u = \frac{z}{y}\left(\frac{x}{y}\right)^{z-1}\mathrm{d}x - \frac{z}{y}\left(\frac{x}{y}\right)^z\mathrm{d}y + \left(\frac{x}{y}\right)^z \ln\frac{x}{y}\mathrm{d}z.$$

习 题 5-3

1. 选择.

(1) 函数 $f(x, y)$ 连续且偏导数存在是 $f(x, y)$ 可微分的 (　　).

(A) 充分条件;   (B) 必要条件;

(C) 充要条件;   (D) 既非充分又非必要条件.

(2) 函数 $f(x, y)$ 在 $P(x_0, y_0)$ 可微分的充分条件是 (   ).

(A) $f_x(x_0, y_0)$ 与 $f_y(x_0, y_0)$ 均存在;

(B) $f_x(x, y)$ 与 $f_y(x, y)$ 在 $P(x_0, y_0)$ 的某邻域内均连续;

(C) $\Delta z - f_x(x_0, y_0)\Delta x - f_y(x_0, y_0)\Delta y$ 当 $\sqrt{\Delta x^2 + \Delta y^2} \to 0$ 时是无穷小量;

(D) 以上均不正确.

2. 求下列函数的全微分.

(1) $z = xe^{x-2y}$;   (2) $z = x^2 \ln xy$;   (3) $z = xy^2 + \dfrac{x^2}{y}$;

(4) $z = \dfrac{x+y}{1+y}$;   (5) $u = x^{yz}$;   (6) $u = \dfrac{z}{x^2 + y^2}$.

3. 求函数 $z = e^{xy}$ 当 $x = 2$, $y = 1$, $\Delta x = 0.15$, $\Delta y = 0.1$ 时的全微分.

4. 求 $z = \ln(2 + x^2 + y^2)$ 在 $x = 2$, $y = 1$ 时的全微分.

5. 求 $z = x^2 y^3$ 在点 $(2, -1)$ 处当 $\Delta x = 0.02$, $\Delta y = -0.01$ 时的全增量与全微分的值.

第四节   多元复合函数的求导法则

现在, 我们通过对多元函数在复合过程中的不同表现形式进行归类, 分别讨论不同情形下多元复合函数的求导法则.

1. 一元函数与多元函数复合的情形

定理 1   如果函数 $u = \phi(t)$ 及 $v = \psi(t)$ 都在点 t 可导, 函数 $z = f(u, v)$ 在对应点 (u, v) 具有连续偏导数, 则复合函数 $z = f[\phi(t), \psi(t)]$ 在点 t 可导, 且有

$$\frac{\mathrm{d}z}{\mathrm{d}t} = \frac{\partial z}{\partial u}\frac{\mathrm{d}u}{\mathrm{d}t} + \frac{\partial z}{\partial v}\frac{\mathrm{d}v}{\mathrm{d}t}. \tag{1}$$

证   设 t 获得增量 Δt, 这时 $u = \phi(t)$, $v = \psi(t)$ 的对应增量为 Δu, Δv, 由此, 函数 $z = f(u, v)$ 相应的获得增量 Δz. 按假定, 函数 $z = f(u, v)$ 在点 (u, v) 具有连续偏导数, 这时函数的全增量 Δz 可表示为

$$\Delta z = \frac{\partial z}{\partial u}\Delta u + \frac{\partial z}{\partial v}\Delta v + \varepsilon_1 \Delta u + \varepsilon_2 \Delta v.$$

这里, 当 $\Delta u \to 0, \Delta v \to 0$ 时, $\varepsilon_1 \to 0$, $\varepsilon_2 \to 0$.

将上式两边各除以 Δt, 得

$$\frac{\Delta z}{\Delta t} = \frac{\partial z}{\partial u}\frac{\Delta u}{\Delta t} + \frac{\partial z}{\partial v}\frac{\Delta v}{\Delta t} + \varepsilon_1 \Delta u + \varepsilon_2 \Delta v,$$

因为当 $\Delta t \to 0$ 时, $\Delta u \to 0, \Delta v \to 0, \dfrac{\Delta u}{\Delta t} \to \dfrac{\mathrm{d}u}{\mathrm{d}t}, \dfrac{\Delta v}{\Delta t} \to \dfrac{\mathrm{d}v}{\mathrm{d}t}$, 所以

$$\lim_{\Delta t \to 0} \frac{\Delta z}{\Delta t} = \frac{\partial z}{\partial u}\frac{\mathrm{d}u}{\mathrm{d}t} + \frac{\partial z}{\partial v}\frac{\mathrm{d}v}{\mathrm{d}t},$$

这就证明了复合函数 $z = f[\phi(t), \psi(t)]$ 在点 t 可导, 且其导数可用公式 (1) 计算.

用同样的方法, 可把定理推广到复合函数的中间变量多于两个的情形. 例如, 设 $z = f(u, v, w), u = \phi(t),\ v = \psi(t), w = \omega(t)$ 复合而得复合函数 $z = f[\phi(t), \psi(t), \omega(t)]$. 则在与定理相类似的条件下, 这复合函数在点 t 可导, 且其导数可用下列公式计算:

$$\frac{\mathrm{d}z}{\mathrm{d}t} = \frac{\partial z}{\partial u}\frac{\mathrm{d}u}{\mathrm{d}t} + \frac{\partial z}{\partial v}\frac{\mathrm{d}v}{\mathrm{d}t} + \frac{\partial z}{\partial w}\frac{\mathrm{d}w}{\mathrm{d}t}. \tag{2}$$

在公式 (1) 及公式 (2) 中的导数 $\dfrac{\mathrm{d}z}{\mathrm{d}t}$ 称为全导数.

例 1 设 $z = \mathrm{e}^{2u-v}$, 其中 $u = x^2$, $v = \sin x$, 求 $\dfrac{\mathrm{d}z}{\mathrm{d}x}$.

解 $\dfrac{\partial z}{\partial u} = 2\mathrm{e}^{2u-v}, \dfrac{\partial z}{\partial v} = -\mathrm{e}^{2u-v}, \dfrac{\mathrm{d}u}{\mathrm{d}x} = 2x, \dfrac{\mathrm{d}v}{\mathrm{d}x} = \cos x,$
所以

$$\frac{\mathrm{d}z}{\mathrm{d}x} = \frac{\partial z}{\partial u}\frac{\mathrm{d}u}{\mathrm{d}t} + \frac{\partial z}{\partial v}\frac{\mathrm{d}v}{\mathrm{d}t} = 2\mathrm{e}^{2u-v} \cdot 2x - \mathrm{e}^{2u-v} \cdot \cos x = \mathrm{e}^{2x^2-\sin x}(4x - \cos x).$$

例 2 设 $y = [f(x)]^{g(x)}$, 其中 $f(x) > 0$, $g(x)$ 都是可导函数, 求 $\dfrac{\mathrm{d}y}{\mathrm{d}x}$.

解 幂指函数的导数在一元函数中是用对数求导法则处理的. 现在用多元函数求导法则求, 计算会更加简便.

令 $u = f(x)$, $v = g(x)$, 则

$$\begin{aligned}
\frac{\mathrm{d}y}{\mathrm{d}x} &= \frac{\partial y}{\partial u}\frac{\mathrm{d}u}{\mathrm{d}x} + \frac{\partial y}{\partial v}\frac{\mathrm{d}y}{\mathrm{d}x} = v[u]^{v-1}f'(x) + u^v \ln u g'(x) \\
&= [f(x)]^{g(x)}\left(\frac{g(x)}{f(x)}f'(x) + g'(x)\ln f(x)\right).
\end{aligned}$$

2. 多元函数与多元函数复合的情形

定理 2 如果函数 $u = \phi(x, y)$ 及 $v = \psi(x, y)$ 都在点 (x, y) 具有对 x 及对 y 的偏导数, 函数 $z = f(u, v)$ 在对应点 (u, v) 具有连续偏导数, 则复合函数 $z = f[\phi(x, y), \psi(x, y)]$ 在点 (x, y) 的两个偏导数都存在, 且有

$$\frac{\partial z}{\partial x} = \frac{\partial z}{\partial u}\frac{\partial u}{\partial x} + \frac{\partial z}{\partial v}\frac{\partial v}{\partial x}, \tag{3}$$

$$\frac{\partial z}{\partial y} = \frac{\partial z}{\partial u}\frac{\partial u}{\partial y} + \frac{\partial z}{\partial v}\frac{\partial v}{\partial y}. \tag{4}$$

事实上, 在求 $\dfrac{\partial z}{\partial x}$ 时, y 被视为常量, 因此中间变量 u, v 可视为是 x 的一元函数, 利用公式 (1), 只须将 $\dfrac{\mathrm{d}u}{\mathrm{d}x}$ 和 $\dfrac{\mathrm{d}u}{\mathrm{d}y}$ 分别改为 $\dfrac{\partial u}{\partial x}, \dfrac{\partial v}{\partial x}$ 即可得到公式 (3). 类似地, 可得公式 (4).

同样, 设 $u = \phi(x,y)$, $v = \psi(x,y)$ 及 $w = \omega(x,y)$ 都在点 (x,y) 具有对 x 及对 y 的偏导数, 函数 $z = f(u,v,w)$ 在对应点 (u,v,w) 具有连续偏导数, 则复合函数 $z = f[\phi(x,y), \psi(x,y), \omega(x,y)]$ 在点 (x,y) 的两个偏导数都存在, 且有

$$\frac{\partial z}{\partial x} = \frac{\partial z}{\partial u}\frac{\partial u}{\partial x} + \frac{\partial z}{\partial v}\frac{\partial v}{\partial x} + \frac{\partial z}{\partial w}\frac{\partial w}{\partial x}, \tag{5}$$

$$\frac{\partial z}{\partial y} = \frac{\partial z}{\partial u}\frac{\partial u}{\partial y} + \frac{\partial z}{\partial v}\frac{\partial v}{\partial y} + \frac{\partial z}{\partial w}\frac{\partial w}{\partial y}. \tag{6}$$

仿公式 (5)、公式 (6), 不难得到中间变量个数为三个以上, 且中间变量为三元及三元以上的函数进行复合的复合函数求导法则.

例 3　设 $z = \mathrm{e}^u \sin v$, $u = xy$, $v = x + y$, 求 $\dfrac{\partial z}{\partial x}, \dfrac{\partial z}{\partial y}$.

解
$$\begin{aligned}
\frac{\partial z}{\partial x} &= \frac{\partial z}{\partial u}\frac{\partial u}{\partial x} + \frac{\partial z}{\partial v}\frac{\partial v}{\partial x} = \mathrm{e}^u \sin v \cdot y + \mathrm{e}^u \cos v \cdot 1 \\
&= \mathrm{e}^{xy}\left(y\sin(x+y) + \cos(x+y)\right), \\
\frac{\partial z}{\partial y} &= \frac{\partial z}{\partial u}\frac{\partial u}{\partial y} + \frac{\partial z}{\partial v}\frac{\partial v}{\partial y} = \mathrm{e}^u \sin v \cdot x + \mathrm{e}^u \cos v \cdot 1 \\
&= \mathrm{e}^{xy}\left(x\sin(x+y) + \cos(x+y)\right).
\end{aligned}$$

例 4　设 $z = f(xy, x^2 - y^2)$, 且 f 具有连续的偏导数, 求 $\dfrac{\partial z}{\partial x}, \dfrac{\partial z}{\partial y}$.

解　令 $u = xy$, $v = x^2 - y^2$, 则

$$\frac{\partial z}{\partial x} = \frac{\partial f}{\partial u}\frac{\partial u}{\partial x} + \frac{\partial f}{\partial v}\frac{\partial v}{\partial x} = y\frac{\partial f}{\partial u} + 2x\frac{\partial f}{\partial v},$$

$$\frac{\partial z}{\partial y} = \frac{\partial f}{\partial u}\frac{\partial u}{\partial y} + \frac{\partial f}{\partial v}\frac{\partial v}{\partial y} = x\frac{\partial f}{\partial u} - 2y\frac{\partial f}{\partial v}.$$

例 5　设 $w = f(x+y+z, xyz)$, f 具有二阶连续偏导数, 求 $\dfrac{\partial w}{\partial x}$ 及 $\dfrac{\partial^2 w}{\partial x \partial z}$.

解　令 $u = x+y+z$, $v = xyz$, 则 $w = f(u,v)$.

为表达简便起见, 引入以下记号:

$$f_1'(u,v) = f_u(u,v), \quad f_{12}''(u,v) = f_{uv}(u,v).$$

这里下标 1 表示对第一个变量 u 求偏导数, 下标 2 表示对第二个变量 v 求偏导数. 同理有 f_2', f_{11}'', f_{22}'' 等.

因所给函数由 $w = f(u,v)$ 及 $u = x+y+z$, $v = xyz$ 复合而成, 根据复合函数求导法则, 有

$$\frac{\partial w}{\partial x} = \frac{\partial f}{\partial u}\frac{\partial u}{\partial x} + \frac{\partial f}{\partial v}\frac{\partial v}{\partial x} = f_1' + yzf_2',$$

$$\frac{\partial^2 w}{\partial x \partial z} = \frac{\partial}{\partial z}\left(f_1' + yzf_2'\right) = \frac{\partial f_1'}{\partial z} + yf_2' + yz\frac{\partial f_2'}{\partial z}.$$

求 $\dfrac{\partial f_1'}{\partial z}$ 及 $\dfrac{\partial f_2'}{\partial z}$ 时, 应注意 $f_1'(u,v)$ 及 $f_2'(u,v)$ 中 u,v 是中间变量, 根据复合函数求导法则, 有

$$\frac{\partial f_1'}{\partial z} = \frac{\partial f_1'}{\partial u}\frac{\partial u}{\partial z} + \frac{\partial f_1'}{\partial v}\frac{\partial v}{\partial z} = f_{11}'' + xy f_{12}'',$$

$$\frac{\partial f_2'}{\partial z} = \frac{\partial f_2'}{\partial u}\frac{\partial u}{\partial z} + \frac{\partial f_2'}{\partial v}\frac{\partial v}{\partial z} = f_{21}'' + xy f_{22}'',$$

于是

$$\frac{\partial^2 w}{\partial x \partial z} = f_{11}'' + xy f_{12}'' + y f_2' + yz f_{21}'' + xy^2 z f_{22}''$$

$$= f_{11}'' + y(x+z) f_{12}'' + y f_2' + xy^2 z f_{22}''.$$

3. 其他情形

定理 3　如果函数 $u = \phi(x,y)$ 在点 (x,y) 具有对 x 及对 y 的偏导数, 函数 $v = \psi(y)$ 在点 y 可导, 函数 $z = f(u,v)$ 在对应点 (u,v) 具有连续偏导数, 则复合函数 $z = f[\phi(x,y), \psi(y)]$ 在点 (x,y) 的两个偏导数都存在, 且有

$$\frac{\partial z}{\partial x} = \frac{\partial z}{\partial u}\frac{\partial u}{\partial x},$$

$$\frac{\partial z}{\partial y} = \frac{\partial z}{\partial u}\frac{\partial u}{\partial y} + \frac{\partial z}{\partial v}\frac{\mathrm{d}v}{\mathrm{d}y}.$$

在情形 3 中, 还会遇到这样的情形: 复合函数的某些中间变量本身又是复合函数的自变量. 例如, 设 $z = f(u,x,y)$ 具有连续偏导数, 而 $u = \phi(x,y)$ 具有偏导数, 则复合函数 $z = f[\phi(x,y), x, y]$ 可看成情形 2 中当 $v = x, w = y$ 的特殊情形. 因此

$$\frac{\partial v}{\partial x} = 1, \quad \frac{\partial w}{\partial x} = 0,$$

$$\frac{\partial v}{\partial y} = 0, \quad \frac{\partial w}{\partial y} = 1.$$

从而复合函数 $z = f[\phi(x,y), x, y]$ 具有对 x 及对 y 的偏导数, 且由公式 (5)、公式 (6) 得

$$\frac{\partial z}{\partial x} = \frac{\partial f}{\partial u}\frac{\partial u}{\partial x} + \frac{\partial f}{\partial x},$$

$$\frac{\partial z}{\partial y} = \frac{\partial f}{\partial u}\frac{\partial u}{\partial y} + \frac{\partial f}{\partial y}.$$

注意　这里 $\dfrac{\partial z}{\partial x}$ 与 $\dfrac{\partial f}{\partial x}$ 是不同的, $\dfrac{\partial z}{\partial x}$ 是把复合函数 $z = f[\phi(x,y), x, y]$ 中的 y 看成不变而对 x 的偏导数, $\dfrac{\partial f}{\partial x}$ 是把 $f(u,x,y)$ 中的 u 及 y 看成不变而对 x 的偏导数. $\dfrac{\partial z}{\partial y}$ 与 $\dfrac{\partial f}{\partial y}$ 也有类似的区别.

例 6　设 $u = f(x, y, z) = xy + yz, z = \mathrm{e}^x \sin y$, 求 $\dfrac{\partial u}{\partial x}, \dfrac{\partial u}{\partial y}$.

解　$\dfrac{\partial u}{\partial x} = \dfrac{\partial f}{\partial x} + \dfrac{\partial f}{\partial z}\dfrac{\partial z}{\partial x} = y + y\mathrm{e}^x \sin y$,

$$\dfrac{\partial u}{\partial y} = \dfrac{\partial f}{\partial y} + \dfrac{\partial f}{\partial z}\dfrac{\partial z}{\partial y} = x + z + y\mathrm{e}^x \cos y = x + \mathrm{e}^x \sin y + y\mathrm{e}^x \cos y.$$

例 7　设 $u = xf\left(y, \dfrac{y}{x}\right)$, f 具有二阶连续偏导数, 求 $\dfrac{\partial^2 u}{\partial x \partial y}$.

解　令 $v = \dfrac{y}{x}$, 则

$$\dfrac{\partial u}{\partial x} = f\left(y, \dfrac{y}{x}\right) + x\dfrac{\partial f}{\partial v}\left(-\dfrac{y}{x^2}\right),$$

$$\begin{aligned}
\dfrac{\partial^2 u}{\partial x \partial y} &= \dfrac{\partial f}{\partial y} + \dfrac{1}{x}\dfrac{\partial f}{\partial v} - \dfrac{1}{x}\left(\dfrac{\partial f}{\partial v} + y\dfrac{\partial^2 f}{\partial v \partial y} + y\dfrac{\partial^2 f}{\partial v^2} \cdot \dfrac{1}{x}\right) \\
&= \dfrac{\partial f}{\partial y} - \dfrac{y}{x^2}\left(x\dfrac{\partial^2 f}{\partial v \partial y} + \dfrac{\partial^2 f}{\partial v^2}\right).
\end{aligned}$$

习　题　5-4

1. 填空.

(1) 设函数 $u = f(xyz)$, 则 $\dfrac{\partial u}{\partial x} = $ _____.

(2) 设函数 $z = xf(xy, \mathrm{e}^y)$, 则 $\dfrac{\partial z}{\partial x} = $ _____.

(3) 设函数 $z = xy + xF\left(\dfrac{y}{x}\right)$, 则 $\dfrac{\partial z}{\partial y} = $ _____.

2. 设 $z = u \ln v$, 而 $u = x^2, v = x^2 + y^2$, 求 $\dfrac{\partial z}{\partial x}, \dfrac{\partial z}{\partial y}$.

3. 设 $z = \dfrac{x^2}{y}$, 而 $x = s - 2t, y = 2s + t$, 求 $\dfrac{\partial z}{\partial s}, \dfrac{\partial z}{\partial t}$.

4. 设 $u = v\mathrm{e}^w$, 而 $v = xyz, w = x + y + z$, 求 $\dfrac{\partial u}{\partial x}, \dfrac{\partial u}{\partial y}, \dfrac{\partial u}{\partial z}$.

5. 设 $z = \mathrm{e}^{x-2y}$, 而 $x = \sin t, y = t^3$, 求 $\dfrac{\mathrm{d}z}{\mathrm{d}t}$.

6. 设 $z = \arctan(xy)$, 而 $y = \mathrm{e}^x$, 求 $\dfrac{\mathrm{d}z}{\mathrm{d}x}$.

7. 设 $z = f(\mathrm{e}^t, t^2, \sin t), f$ 可微, 求 $\dfrac{\mathrm{d}z}{\mathrm{d}t}$.

8. 求下列函数关于各自变量的一阶偏导数, 其中 f 可微.

(1) $u = f(x^2 y^2, x^2 + y^2)$;　　　(2) $u = f(x^3, xy, xyz)$;　　　(3) $u = f(x^3 + xy + xyz)$.

9. 设 $z = xy + xF(u)$, 而 $u = \dfrac{y}{x}, F(u)$ 为可导函数, 证明

$$x\dfrac{\partial z}{\partial x} + y\dfrac{\partial z}{\partial y} = z + xy.$$

10. 设 $z = \dfrac{y^2}{3x} + f(xy)$, 其中 f 可微, 证明

$$x^2\frac{\partial z}{\partial x} - xy\frac{\partial z}{\partial y} + y^2 = 0.$$

11. 设 $w = f(x, u, v)$ 有连续的一阶、二阶偏导数, $u = xy, v = xyz$, 求 $\dfrac{\partial w}{\partial x}, \dfrac{\partial^2 w}{\partial x^2}$.

12. 设 $z = f(x^2 + y^2)$, 求 $\dfrac{\partial^2 z}{\partial x^2}, \dfrac{\partial^2 z}{\partial x \partial y}, \dfrac{\partial^2 z}{\partial y^2}$(其中 f 有二阶导数).

第五节　隐函数的求导法则

一、一个方程的情形

在第二章第四节中我们已经提出了隐函数的概念, 并且指出了不经过显化直接由方程

$$F(x, y) = 0 \tag{1}$$

求它所确定的隐函数的导数的方法. 那里实际上假定了方程 $F(x, y) = 0$ 能确定 y 是 x 的函数. 但并非任意一个方程 $F(x, y) = 0$ 都能确定一个隐函数. 例如, 方程

$$x^2 + y^2 - 1 = 0$$

在点 $(-1, 0), (1, 0)$ 的任何邻域内都不能确定唯一一个隐函数 $y = f(x)$. 那么, 在什么条件下由方程 $F(x, y) = 0$ 可确定一个隐函数? 这个隐函数是否可导? 怎样求其导数?

现在介绍隐函数存在定理, 并根据多元复合函数的求导法来导出隐函数的导数公式.

隐函数存在定理 1　设函数 $F(x, y)$ 在点 $P(x_0, y_0)$ 的某一邻域内具有连续偏导数, 且 $F(x_0, y_0) = 0, F_y(x_0, y_0) \neq 0$, 则方程 $F(x, y) = 0$ 在点 (x_0, y_0) 的某一邻域内恒能唯一确定一个连续且有连续导数的函数 $y = f(x)$, 它满足条件 $y_0 = f(x_0)$, 并有

$$\frac{\mathrm{d}y}{\mathrm{d}x} = -\frac{F_x}{F_y}. \tag{2}$$

公式 (2) 就是隐函数的求导公式.

这个定理不证. 仅就公式 (2) 作如下推导.

将方程 (1) 所确定的函数 $y = f(x)$ 代入方程 (1), 得恒等式

$$F(x, f(x)) \equiv 0,$$

其左端可以看成是 x 的一个复合函数, 求这个函数的全导数, 由于恒等式两端求导后依然恒等, 即得

$$\frac{\partial F}{\partial x} + \frac{\partial F}{\partial y}\frac{\mathrm{d}y}{\mathrm{d}x} = 0.$$

由于 F_y 连续, 且 $F_y(x_0, y_0) \neq 0$, 所以存在 (x_0, y_0) 的一个邻域, 在这个邻域内 $F_y \neq 0$, 于是得

$$\frac{\mathrm{d}y}{\mathrm{d}x} = -\frac{F_x}{F_y}.$$

如果 $F(x, y)$ 的二阶偏导数也都连续, 我们可以把等式 (2) 的两端看成 x 的复合函数而再一次求导, 即得

$$\begin{aligned}
\frac{\mathrm{d}^2 y}{\mathrm{d}x^2} &= \frac{\partial}{\partial x}\left(-\frac{F_x}{F_y}\right) + \frac{\partial}{\partial y}\left(-\frac{F_x}{F_y}\right)\frac{\mathrm{d}y}{\mathrm{d}x} \\
&= -\frac{F_{xx}F_y - F_{yx}F_x}{F_y^2} - \frac{F_{xy}F_y - F_{yy}F_x}{F_y^2}\left(-\frac{F_x}{F_y}\right) \\
&= -\frac{F_{xx}F_y^2 - 2F_{xy}F_xF_y + F_{yy}F_x^2}{F_y^3}.
\end{aligned}$$

隐函数存在定理还可推广到多元函数. 既然一个二元方程 (1) 可以确定一个一元隐函数, 那么一个三元方程

$$F(x, y, z) = 0 \tag{3}$$

就有可能确定一个二元隐函数.

与定理 1 一样, 我们同样可以由三元函数 $F(x, y, z)$ 的性质来断定由方程 $F(x, y, z) = 0$ 所确定的二元函数 $z = f(x, y)$ 的存在以及这个函数的性质. 这就是下面的定理.

隐函数存在定理 2　设函数 $F(x, y, z)$ 在点 $P(x_0, y_0, z_0)$ 的某一邻域内具有连续偏导数, 且 $F(x_0, y_0, z_0) = 0, F_z(x_0, y_0, z_0) \neq 0$, 则方程 $F(x, y, z) = 0$ 在点 (x_0, y_0, z_0) 的某一邻域内恒能唯一确定一个连续且有连续偏导数的函数 $z = f(x, y)$, 它满足条件 $z_0 = f(x_0, y_0)$, 并有

$$\frac{\partial z}{\partial x} = -\frac{F_x}{F_z}, \quad \frac{\partial z}{\partial y} = -\frac{F_y}{F_z}. \tag{4}$$

这个定理不证. 仅就公式 (4) 作如下推导.

由于

$$F(x, y, f(x, y)) \equiv 0,$$

将上式两端分别对 x 和 y 求导, 应用复合函数求导法则得

$$F_x + F_z\frac{\partial z}{\partial x} = 0, \quad F_y + F_z\frac{\partial z}{\partial y} = 0.$$

因为 F_z 连续, 且 $F_z(x_0, y_0, z_0) \neq 0$, 所以存在点 (x_0, y_0, z_0) 的一个邻域, 在这个邻域内 $F_z \neq 0$, 于是得

$$\frac{\partial z}{\partial x} = -\frac{F_x}{F_z}, \quad \frac{\partial z}{\partial y} = -\frac{F_y}{F_z}.$$

例 1　设 $x^2 + y^2 + z^2 - 4z = 0$, 求 $\dfrac{\partial^2 z}{\partial x^2}$.

解　方法 1　设 $F(x, y, z) = x^2 + y^2 + z^2 - 4z$, 则 $F_x = 2x, F_z = 2z - 4$. 当 $z \neq 2$ 时, 应用公式 (4), 得

$$\frac{\partial z}{\partial x} = \frac{x}{2 - z},$$

再对 x 求偏导数, 得

$$\frac{\partial^2 z}{\partial x^2} = \frac{(2 - z) + x\dfrac{\partial z}{\partial x}}{(2 - z)^2} = \frac{(2 - z) + x\left(\dfrac{x}{2 - z}\right)}{(2 - z)^2} = \frac{(2 - z)^2 + x^2}{(2 - z)^3}.$$

方法 2　对方程两端同时求关于 x 的偏导数, 注意到 z 是 x, y 的函数, 得

$$2x + 2z\frac{\partial^2 z}{\partial x^2} - 4\frac{\partial z}{\partial x} = 0,$$

解得 $\dfrac{\partial z}{\partial x} = \dfrac{x}{2 - z}$. 对上式再求 x 的偏导数, 得

$$2 + 2\left(\frac{\partial z}{\partial x}\right)^2 + 2\frac{\partial^2 z}{\partial x^2} - 4\frac{\partial^2 z}{\partial x^2} = 0,$$

故有

$$\frac{\partial^2 z}{\partial x^2} = \frac{(2 - z)^2 + x^2}{(2 - z)^3}.$$

二、方程组的情形

下面将隐函数存在定理作另一方面的推广. 我们不仅增加方程中变量的个数, 而且增加方程的个数. 例如, 考虑方程组

$$\begin{cases} F(x, y, u, v) = 0, \\ G(x, y, u, v) = 0, \end{cases} \tag{5}$$

这时, 四个变量中, 一般只能有两个变量独立变化, 因此方程组 (5) 就有可能确定两个二元函数. 在这种情况下, 可以由函数 F, G 的性质来断定由方程组 (5) 所确定的两个二元函数的存在以及它们的性质. 有下面的定理.

隐函数存在定理 3   设 $F(x, y, u, v)$, $G(x, y, u, v)$ 在点 $P(x_0, y_0, u_0, v_0)$ 的某一邻域内具有对各个变量的连续偏导数, 又 $F(x_0, y_0, u_0, v_0) = 0$, $G(x_0, y_0, u_0, v_0) = 0$, 且偏导数所组成的函数行列式 (或称雅可比式)

$$J = \frac{\partial(F, G)}{\partial(u, v)} = \begin{vmatrix} \dfrac{\partial F}{\partial u} & \dfrac{\partial F}{\partial v} \\ \dfrac{\partial G}{\partial u} & \dfrac{\partial G}{\partial v} \end{vmatrix}$$

在点 $P(x_0, y_0, u_0, v_0)$ 不等于零, 则方程组 $F(x, y, u, v) = 0$, $G(x, y, u, v) = 0$ 在点 (x_0, y_0, u_0, v_0) 的某一邻域内恒能唯一确定一组连续且有连续偏导数的函数 $u = u(x, y)$, $v = v(x, y)$, 它满足条件 $u_0 = u(x_0, y_0)$, $v_0 = v(x_0, y_0)$, 并有

$$\frac{\partial u}{\partial x} = -\frac{1}{J}\frac{\partial(F, G)}{\partial(x, v)} = -\frac{\begin{vmatrix} F_x & F_v \\ G_x & G_v \end{vmatrix}}{\begin{vmatrix} F_u & F_v \\ G_u & G_v \end{vmatrix}},$$

$$\frac{\partial v}{\partial x} = -\frac{1}{J}\frac{\partial(F, G)}{\partial(u, x)} = -\frac{\begin{vmatrix} F_u & F_x \\ G_u & G_x \end{vmatrix}}{\begin{vmatrix} F_u & F_v \\ G_u & G_v \end{vmatrix}},$$

$$\frac{\partial u}{\partial y} = -\frac{1}{J}\frac{\partial(F, G)}{\partial(y, v)} = -\frac{\begin{vmatrix} F_y & F_v \\ G_y & G_v \end{vmatrix}}{\begin{vmatrix} F_u & F_v \\ G_u & G_v \end{vmatrix}},$$

$$\frac{\partial u}{\partial y} = -\frac{1}{J}\frac{\partial(F, G)}{\partial(u, y)} = -\frac{\begin{vmatrix} F_u & F_y \\ G_u & G_y \end{vmatrix}}{\begin{vmatrix} F_u & F_v \\ G_u & G_v \end{vmatrix}}.$$

$$(6)$$

这个定理不证. 仅就公式 (6) 作如下推导.

由于

$$F[x, y, u(x, y), v(x, y)] \equiv 0,$$

$$G[x, y, u(x, y), v(x, y)] \equiv 0,$$

将恒等式两边分别对 x 求导, 应用复合函数求导法则得

$$
\begin{cases}
F_x + F_u \dfrac{\partial u}{\partial x} + F_v \dfrac{\partial v}{\partial x} = 0, \\[2mm]
G_x + G_u \dfrac{\partial u}{\partial x} + G_v \dfrac{\partial v}{\partial x} = 0,
\end{cases}
$$

这是关于 $\dfrac{\partial u}{\partial x}, \dfrac{\partial v}{\partial x}$ 的线性方程组, 由假设可知在点 $P(x_0, y_0, u_0, v_0)$ 的一个邻域内, 系数行列式

$$
J = \begin{vmatrix} F_u & F_v \\ G_u & G_v \end{vmatrix} \neq 0,
$$

从而可解出 $\dfrac{\partial u}{\partial x}, \dfrac{\partial v}{\partial x}$, 得

$$
\frac{\partial u}{\partial x} = -\frac{1}{J}\frac{\partial(F,G)}{\partial(x,v)}, \quad \frac{\partial v}{\partial x} = -\frac{1}{J}\frac{\partial(F,G)}{\partial(u,x)}.
$$

同理, 可得

$$
\frac{\partial u}{\partial y} = -\frac{1}{J}\frac{\partial(F,G)}{\partial(y,v)},
$$

$$
\frac{\partial u}{\partial y} = -\frac{1}{J}\frac{\partial(F,G)}{\partial(u,y)}.
$$

例 2　设 $xu - yv = 0,\ yu + xv = 1$, 求 $\dfrac{\partial u}{\partial x}, \dfrac{\partial u}{\partial y}, \dfrac{\partial v}{\partial x}$ 和 $\dfrac{\partial v}{\partial y}$.

解　此题可直接利用公式 (6), 也可依照推导公式 (6) 的方法来求解. 下面我们用后一种方法来做.

将所给方程的两边对 x 求导并移项, 得

$$
\begin{cases}
x \dfrac{\partial u}{\partial x} - y \dfrac{\partial v}{\partial x} = -u, \\[2mm]
y \dfrac{\partial u}{\partial x} + x \dfrac{\partial v}{\partial x} = -v,
\end{cases}
$$

在 $J = \begin{vmatrix} x & -y \\ y & x \end{vmatrix} = x^2 + y^2 \neq 0$ 的条件下,

$$
\frac{\partial u}{\partial x} = \frac{\begin{vmatrix} -u & -y \\ -v & x \end{vmatrix}}{\begin{vmatrix} x & -y \\ y & x \end{vmatrix}} = -\frac{xu + yv}{x^2 + y^2},
$$

$$\frac{\partial v}{\partial x} = \frac{\begin{vmatrix} x & -u \\ y & -v \end{vmatrix}}{\begin{vmatrix} x & -y \\ y & x \end{vmatrix}} = \frac{yu - xv}{x^2 + y^2}.$$

将所给方程的两边对 y 求导. 用同样的方法在 $J = x^2 + y^2 \neq 0$ 的条件下可得

$$\frac{\partial u}{\partial y} = -\frac{xv - yu}{x^2 + y^2}, \quad \frac{\partial v}{\partial y} = -\frac{xu + yv}{x^2 + y^2}.$$

例 3　设 $u = f(x, y, z)$, 而 z 是由方程 $\phi(x^2, \mathrm{e}^y, z) = 0$ 所确定的 x, y 的函数, 其中 f, ϕ 都具有一阶连续偏导数, 且 $\phi'_3 \neq 0$, 试求 $\dfrac{\partial u}{\partial x}$.

解
$$\frac{\partial u}{\partial x} = \frac{\partial f}{\partial x} + \frac{\partial f}{\partial z} \cdot \frac{\partial z}{\partial x}.$$

对方程 $\phi(x^2, \mathrm{e}^y, z) = 0$ 两端同时求关于 x 的偏导数得

$$2x\phi'_1 + \phi'_3 \cdot \frac{\partial z}{\partial x} = 0,$$

解得 $\dfrac{\partial z}{\partial x} = -2x\dfrac{\phi'_1}{\phi'_3}$, 代入 $\dfrac{\partial u}{\partial x}$ 的表达式中可得

$$\frac{\partial u}{\partial x} = \frac{\partial f}{\partial x} - \frac{2x\phi'_1}{\phi'_3}\frac{\partial f}{\partial z}.$$

此问题亦可在方程组下求解. 例如, 对方程 $u - f(x, y, z) = 0$, $\phi(x^2, \mathrm{e}^y, z) = 0$ 两端同时求关于 x 的导数可得

$$\frac{\partial u}{\partial x} - \frac{\partial f}{\partial x} - \frac{\partial f}{\partial z} \cdot \frac{\partial z}{\partial x} = 0,$$

$$2x\phi'_1 + \phi'_3 \cdot \frac{\partial z}{\partial x} = 0,$$

联立解方程组可得

$$\frac{\partial u}{\partial x} = \frac{\begin{vmatrix} \dfrac{\partial f}{\partial x} & -\dfrac{\partial f}{\partial z} \\ -2x\phi'_1 & \phi'_3 \end{vmatrix}}{\begin{vmatrix} 1 & -\dfrac{\partial f}{\partial z} \\ 0 & \phi'_3 \end{vmatrix}} = \frac{\partial f}{\partial x} - \frac{2x\phi'_1}{\phi'_3}\frac{\partial f}{\partial z}.$$

例 4　设函数 $x = x(u, v)$, $y = y(u, v)$ 在点 (u, v) 的某邻域内连续, 且有连续偏导数. 又

$$\frac{\partial(x, y)}{\partial(u, v)} \neq 0.$$

(1) 证明方程组

$$\begin{cases} x = x(u,v), \\ y = y(u,v) \end{cases}$$

在点 (x,y,u,v) 的某一邻域内唯一确定一组连续, 且有连续偏导数的反函数

$$u = u(x,y), \quad v = v(x,y);$$

(2) 求反函数 $u = u(x,y)$, $v = v(x,y)$ 对 x,y 的偏导数.

解 (1) 将方程组 $\begin{cases} x = x(u,v), \\ y = y(u,v) \end{cases}$ 改写成如下形式:

$$F(x,y,u,v) = x - x(u,v) = 0,$$

$$G(x,y,u,v) = y - y(u,v) = 0.$$

因 $J = \dfrac{\partial(F,G)}{\partial(u,v)} = \dfrac{\partial(x,y)}{\partial(u,v)} \neq 0$, 所以由隐函数存在定理可知, 方程组

$$\begin{cases} x = x(u,v), \\ y = y(u,v) \end{cases}$$

在点 (x,y,u,v) 的某一邻域内唯一确定一组连续, 且有连续偏导数的反函数

$$u = u(x,y), \quad v = v(x,y).$$

(2) 对方程组 $\begin{cases} x = x(u,v), \\ y = y(u,v) \end{cases}$ 中的每一个方程两边求 x 的导数可得

$$1 = \frac{\partial x}{\partial u} \cdot \frac{\partial u}{\partial x} + \frac{\partial x}{\partial v} \cdot \frac{\partial v}{\partial x},$$

$$0 = \frac{\partial y}{\partial u} \cdot \frac{\partial u}{\partial x} + \frac{\partial y}{\partial v} \cdot \frac{\partial v}{\partial x}.$$

将方程联立并求解方程组得

$$\frac{\partial u}{\partial x} = \frac{1}{J} \frac{\partial y}{\partial v}, \quad \frac{\partial v}{\partial x} = -\frac{1}{J} \frac{\partial y}{\partial u}.$$

同理可得

$$\frac{\partial u}{\partial y} = -\frac{1}{J} \frac{\partial x}{\partial v}, \quad \frac{\partial v}{\partial y} = \frac{1}{J} \frac{\partial x}{\partial u}.$$

习 题 5-5

1. 设 $x^6 - x^2 y^3 - y = 0$, 求 $\dfrac{\mathrm{d}y}{\mathrm{d}x}$.

2. 设 $\ln\sqrt{x^2+y^2} = \arctan\dfrac{y}{x}$, 求 $\dfrac{\mathrm{d}y}{\mathrm{d}x}$.

3. 设 $x^2z + 2y^2z^2 + y = 0$, 求 $\dfrac{\partial z}{\partial x}$ 及 $\dfrac{\partial z}{\partial y}$.

4. 设 $z = \mathrm{e}^{xyz}$, 求 $\dfrac{\partial z}{\partial x}$ 及 $\dfrac{\partial z}{\partial y}$.

5. 设 $2\sin(x+2y-3z) = x-y$, 证明 $\dfrac{\partial z}{\partial x} + \dfrac{\partial z}{\partial y} = 1$.

6. 设 $x+z = yf(x^2-z^2)$, 证明 $z\dfrac{\partial z}{\partial x} + y\dfrac{\partial z}{\partial y} = x$.

7. 设 $z^3 - 2xz + y = 0$, 求 $\dfrac{\partial^2 z}{\partial x^2}, \dfrac{\partial^2 z}{\partial y^2}$ 以及 $\dfrac{\partial^2 z}{\partial x \partial y}$.

8. 求由下列方程组所确定的函数的导数或偏导数.

(1) 设 $\begin{cases} z = x^2 + y^2, \\ x^2 + 2y^2 + 3z^2 = 20, \end{cases}$ 求 $\dfrac{\mathrm{d}y}{\mathrm{d}x}, \dfrac{\mathrm{d}z}{\mathrm{d}y}$;

(2) 设 $\begin{cases} x^2 + y^2 + z^2 = 1, \\ x + y + z = 0, \end{cases}$ 求 $\dfrac{\mathrm{d}x}{\mathrm{d}z}, \dfrac{\mathrm{d}y}{\mathrm{d}z}$;

(3) 设 $\begin{cases} u^3 + xv = y, \\ v^3 + yu = x, \end{cases}$ 求 $\dfrac{\partial u}{\partial x}, \dfrac{\partial u}{\partial y}, \dfrac{\partial v}{\partial x}, \dfrac{\partial v}{\partial y}$.

9. 设 $y = f(x,t)$, 而 t 是由方程 $F(x,y,t) = 0$ 所确定的 x, y 的函数, 其中, f, F 都具有一阶连续偏导数, 试证明: $\dfrac{\mathrm{d}y}{\mathrm{d}x} = \dfrac{f_x F_t - f_t F_x}{f_t F_y + F_t}$.

第六节　多元函数微分学的应用

一、空间曲线的切线与法平面

设空间曲线 $\varGamma$ 的参数方程为

$$x = \phi(t), \quad y = \psi(t), \quad z = \omega(t)(\alpha \leqslant t \leqslant \beta) \tag{1}$$

和平面情形相仿, 通过此曲线上一点 M 的切线仍定义为割线的极限位置.

考虑曲线 $\varGamma$ 上对应于 $t = t_0$ 的一点 $M(x_0, y_0, z_0)$ 及对应于 $t = t_0 + \Delta t$ 的邻近一点 $M'(x_0 + \Delta x, y_0 + \Delta y, z_0 + \Delta z)$, 则曲线在点 M 处的割线 MM' 的方程是

$$\frac{x - x_0}{\Delta x} = \frac{y - y_0}{\Delta y} = \frac{z - z_0}{\Delta z}.$$

假设函数 $x = \phi(t)$, $y = \psi(t)$, $z = \omega(t)$ 在 $t = t_0$ 处导数存在, 用 Δt 除上式的

各分母, 得

$$\frac{x - x_0}{\dfrac{\Delta x}{\Delta t}} = \frac{y - y_0}{\dfrac{\Delta y}{\Delta t}} = \frac{z - z_0}{\dfrac{\Delta z}{\Delta t}}.$$

令 $M \to M'$(这时 $\Delta t \to 0$), 通过对上式取极限, 即得曲线在点 M 处的切线方程为

$$\frac{x - x_0}{\phi'(t_0)} = \frac{y - y_0}{\psi'(t_0)} = \frac{z - z_0}{\omega'(t_0)}. \tag{2}$$

这里当然要假定 $\phi'(t_0)$, $\psi'(t_0)$ 及 $\omega'(t_0)$ 不能同时为零. 如果个别为零, 则应按空间解析几何中有关直线的对称式方程的说明来理解.

切线的方向向量称为曲线的切向量. 向量

$$T = (\phi'(t_0), \psi'(t_0), \omega'(t_0))$$

就是曲线 Γ 在点 M 处的一个切向量, 它的指向与参数 t 增大时点 M 移动的走向一致.

通过点 M 而与切线垂直的平面称为曲线 Γ 在点 M 处的法平面, 它是通过点 $M(x_0, y_0, z_0)$ 而以 T 为法向量的平面, 因此这法平面的方程为

$$\phi'(t_0)(x - x_0) + \psi'(t_0)(y - y_0) + \omega'(t_0)(z - z_0) = 0. \tag{3}$$

现在讨论空间曲线 Γ 的方程以另外两种形式给出的情形.

如果空间曲线 Γ 的方程以

$$\begin{cases} y = \phi(x), \\ z = \psi(x) \end{cases}$$

的形式给出, 取 x 为参数, 它就可以表示为参数方程的形式

$$\begin{cases} x = x, \\ y = \phi(x), \\ z = \psi(x), \end{cases}$$

若 $\phi(x), \psi(x)$ 都在 $x = x_0$ 处可导, 那么根据上面的讨论可知, $T = (1, \phi'(x_0), \psi'(x_0))$, 因此在点 $M(x_0, y_0, z_0)$ 处的切线方程为

$$\frac{x - x_0}{1} = \frac{y - y_0}{\phi'(x_0)} = \frac{z - z_0}{\psi'(x_0)}, \tag{4}$$

在点 $M(x_0, y_0, z_0)$ 处的法平面方程为

$$(x - x_0) + \phi'(x_0)(y - y_0) + \psi'(x_0)(z - z_0) = 0. \tag{5}$$

如果空间曲线 Γ 的方程以

$$\begin{cases} F(x,y,z) = 0, \\ G(x,y,z) = 0 \end{cases} \tag{6}$$

的形式给出, $M(x_0,y_0,z_0)$ 是曲线 Γ 上的一个点. 又设函数 F, G 有对各个变量的连续偏导数, 且

$$\left.\frac{\partial(F,G)}{\partial(y,z)}\right|_{(x_0,y_0,z_0)} \neq 0,$$

这时方程组 (6) 在点 $M(x_0,y_0,z_0)$ 的某一邻域内确定了一组函数 $y = \phi(x), z = \psi(x)$. 要求曲线 Γ 在点 M 的切线方程和法平面方程, 只要求出 $\phi'(x_0), \psi'(x_0)$, 然后代入式 (4)、式 (5) 两式就行了. 为此, 我们在恒等式

$$\begin{cases} F[x,\phi(x),\psi(x)] \equiv 0, \\ G[x,\phi(x),\psi(x)] \equiv 0 \end{cases}$$

两边分别对 x 求全导数, 得

$$\begin{cases} \dfrac{\partial F}{\partial x} + \dfrac{\partial F}{\partial y}\dfrac{\mathrm{d}y}{\mathrm{d}x} + \dfrac{\partial F}{\partial z}\dfrac{\mathrm{d}z}{\mathrm{d}x} = 0, \\ \dfrac{\partial G}{\partial x} + \dfrac{\partial G}{\partial y}\dfrac{\mathrm{d}y}{\mathrm{d}x} + \dfrac{\partial G}{\partial z}\dfrac{\mathrm{d}z}{\mathrm{d}x} = 0, \end{cases}$$

由假设可知, 在点 M 的某个邻域内

$$J = \frac{\partial(F,G)}{\partial(y,z)} \neq 0,$$

故可解得

$$\frac{\mathrm{d}y}{\mathrm{d}x} = \phi'(x) = -\frac{\begin{vmatrix} F_z & F_x \\ G_z & G_x \end{vmatrix}}{\begin{vmatrix} F_y & F_z \\ G_y & G_z \end{vmatrix}},$$

$$\frac{\mathrm{d}z}{\mathrm{d}x} = \psi'(x) = -\frac{\begin{vmatrix} F_x & F_y \\ G_x & G_y \end{vmatrix}}{\begin{vmatrix} F_y & F_z \\ G_y & G_z \end{vmatrix}}.$$

于是 $T = (1, \phi'(x_0), \psi'(x_0))$ 是曲线 Γ 在点 M 处的一个切向量, 这里

$$\phi'(x_0) = \frac{\begin{vmatrix} F_z & F_x \\ G_z & G_x \end{vmatrix}_0}{\begin{vmatrix} F_y & F_z \\ G_y & G_z \end{vmatrix}_0}, \quad \psi'(x_0) = \frac{\begin{vmatrix} F_x & F_y \\ G_x & G_y \end{vmatrix}_0}{\begin{vmatrix} F_y & F_z \\ G_y & G_z \end{vmatrix}_0}.$$

分子分母中带下标 0 的行列式表示行列式在点 $M(x_0, y_0, z_0)$ 的值. 把上面的切向量 T 乘以 $\begin{vmatrix} F_y & F_z \\ G_y & G_z \end{vmatrix}_0$, 得

$$T_1 = \left(\begin{vmatrix} F_y & F_z \\ G_y & G_z \end{vmatrix}_0, \begin{vmatrix} F_z & F_x \\ G_z & G_x \end{vmatrix}_0, \begin{vmatrix} F_x & F_y \\ G_x & G_y \end{vmatrix}_0 \right).$$

这也是曲线 Γ 在点 M 处的一个切向量. 由此可写出曲线 Γ 在点 $M(x_0, y_0, z_0)$ 处的切线方程为

$$\frac{x - x_0}{\begin{vmatrix} F_y & F_z \\ G_y & G_z \end{vmatrix}_0} = \frac{y - y_0}{\begin{vmatrix} F_z & F_x \\ G_z & G_x \end{vmatrix}_0} = \frac{z - z_0}{\begin{vmatrix} F_x & F_y \\ G_x & G_y \end{vmatrix}_0}, \tag{7}$$

曲线 Γ 在点 $M(x_0, y_0, z_0)$ 处的法平面方程为

$$\begin{vmatrix} F_y & F_z \\ G_y & G_z \end{vmatrix}_0 (x - x_0) + \begin{vmatrix} F_z & F_x \\ G_z & G_x \end{vmatrix}_0 (y - y_0) + \begin{vmatrix} F_x & F_y \\ G_x & G_y \end{vmatrix}_0 (z - z_0) = 0. \tag{8}$$

如果 $\left. \dfrac{\partial(F, G)}{\partial(y, z)} \right|_0 = 0$ 而 $\left. \dfrac{\partial(F, G)}{\partial(z, x)} \right|_0 = 0, \left. \dfrac{\partial(F, G)}{\partial(x, y)} \right|_0 = 0$ 中至少有一个不等于零, 我们可得同样的结果.

例 1　求螺旋线

$$x = a\cos t, \quad y = a\sin t, \quad z = amt$$

在 $t = \dfrac{\pi}{4}$ 处的切线方程与法平面方程.

解

$$x' = -a\sin t, \quad y' = a\cos t, \quad z' = am.$$

则曲线在 $t = \dfrac{\pi}{4}$ 处的切线方程为

$$\frac{x - \dfrac{\sqrt{2}}{2}a}{-1} = \frac{y - \dfrac{\sqrt{2}}{2}a}{1} = \frac{z - \dfrac{am\pi}{4}}{\sqrt{2}m};$$

法平面方程为

$$-\left(x - \frac{\sqrt{2}}{2}a\right) + \left(y - \frac{\sqrt{2}}{2}a\right) + \sqrt{2}m\left(z - \frac{am\pi}{4}\right) = 0,$$

即

$$-x + y + \sqrt{2}mz = \frac{\sqrt{2}}{4}am^2\pi.$$

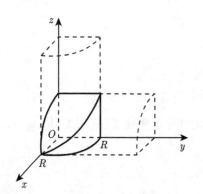

图 5-6

例 2　求两柱面

$$x^2 + y^2 = R^2, \quad x^2 + z^2 = R^2$$

的交线在点 $\left(\dfrac{R}{\sqrt{2}}, \dfrac{R}{\sqrt{2}}, \dfrac{R}{\sqrt{2}}\right)$ 处的切线方程 (图 5-6).

解　将曲线方程改写为

$$\begin{cases} F(x,y,z) = x^2 + y^2 - R^2 = 0, \\ G(x,y,z) = x^2 + z^2 - R^2 = 0, \end{cases}$$

可求得

$$\frac{\partial(F,G)}{\partial(y,z)} = 4yz, \quad \frac{\partial(F,G)}{\partial(z,x)} = -4xz, \quad \frac{\partial(F,G)}{\partial(x,y)} = -4xy,$$

从而曲线在点 $\left(\dfrac{R}{\sqrt{2}}, \dfrac{R}{\sqrt{2}}, \dfrac{R}{\sqrt{2}}\right)$ 的切线方程为

$$\frac{x - \dfrac{R}{\sqrt{2}}}{4 \cdot \dfrac{R^2}{2}} = \frac{y - \dfrac{R}{\sqrt{2}}}{-4 \cdot \dfrac{R^2}{2}} = \frac{z - \dfrac{R}{\sqrt{2}}}{-4 \cdot \dfrac{R^2}{2}},$$

即

$$\sqrt{2}x - R = -\left(\sqrt{2}y - R\right) = -\left(\sqrt{2}z - R\right).$$

这切线可看成是平面 $x + y = \sqrt{2}R$ 与平面 $y = z$ 的交线.

二、曲面的切平面与法线

我们先讨论由隐式给出的曲面方程

$$F(x,y,z) = 0 \tag{9}$$

的情形, 然后把由显式给出的曲面方程 $z = f(x,y)$ 作为它的特殊情形.

设曲面 Σ 由方程 (9) 给出, $M(x_0, y_0, z_0)$ 是曲面 Σ 上的一点, 我们首先证明, 曲面 Σ 上任意过 $M(x_0, y_0, z_0)$ 的曲线在该点切线都在同一个平面上.

为此, 设函数 $F(x, y, z)$ 的偏导数在该点连续且不同时为零. 在曲面 Σ 上, 通过点 M 任意引一条曲线 Γ(图 5-7), 假定曲线 Γ 的参数方程为

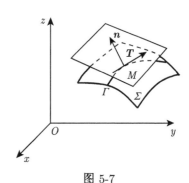

图 5-7

$$x = \phi(t), \quad y = \psi(t), \quad z = \omega(t)(\alpha \leqslant t \leqslant \beta).$$
$$(10)$$

$t = t_0$ 对应于点 $M(x_0, y_0, z_0)$ 且 $\phi'(t_0), \psi'(t_0)$ 及 $\omega'(t_0)$ 不全为零, 则由式 (2) 可得这曲线的切线方程为

$$\frac{x - x_0}{\phi'(t_0)} = \frac{y - y_0}{\psi'(t_0)} = \frac{z - z_0}{\omega'(t_0)}.$$

因为曲线 Γ 完全在曲面 Σ 上, 所以有恒等式

$$F[\phi(t), \psi(t), \omega(t)] \equiv 0,$$

又因 $F(x, y, z)$ 在点 (x_0, y_0, z_0) 处有连续偏导数, 且 $\phi'(t_0), \psi'(t_0)$ 及 $\omega'(t_0)$ 存在, 所以这恒等式左边的复合函数在 $t = t_0$ 时有全导数, 且这全导数等于零, 即有

$$F_x(x_0, y_0, z_0)\phi'(t_0) + F_y(x_0, y_0, z_0)\psi'(t_0) + F_z(x_0, y_0, z_0)\omega'(t_0) = 0. \qquad (11)$$

引入向量

$$\boldsymbol{n} = (F_x(x_0, y_0, z_0), F_y(x_0, y_0, z_0), F_z(x_0, y_0, z_0)),$$

则式 (11) 表示曲线 (10) 在点 M 处的切向量

$$\boldsymbol{T} = (\phi'(t_0), \psi'(t_0), \omega'(t_0))$$

与向量 n 垂直. 因为是曲面上通过点 M 的任意一条曲线, 它们在点 M 的切线都与同一个向量 n 垂直, 所以曲面上通过点 M 的一切曲线在点 M 的切线都在同一个平面上.

曲面 Σ 上过点 M 的一切曲线在点 M 的切线所在的平面称为曲面 Σ 在点 M 的切平面, 其方程是

$$F_x(x_0, y_0, z_0)(x - x_0) + F_y(x_0, y_0, z_0)(y - y_0) + F_z(x_0, y_0, z_0)(z - z_0) = 0. \qquad (12)$$

通过点 $M(x_0, y_0, z_0)$ 而垂直于切平面 (12) 的直线称为曲面在该点的法线, 其方程是

$$\frac{x - x_0}{F_x(x_0, y_0, z_0)} = \frac{y - y_0}{F_y(x_0, y_0, z_0)} = \frac{z - z_0}{F_z(x_0, y_0, z_0)}. \tag{13}$$

垂直于曲面上切平面的向量称为曲面的法向量. 向量

$$\boldsymbol{n} = (F_x(x_0, y_0, z_0), F_y(x_0, y_0, z_0,), F_z(x_0, y_0, z_0))$$

就是曲面 Σ 在点 M 处的一个法向量.

例 3　求椭球面 $\dfrac{x^2}{a^2} + \dfrac{y^2}{b^2} + \dfrac{z^2}{c^2} = 1$ 上点 $M\left(\dfrac{a}{\sqrt{3}}, \dfrac{b}{\sqrt{3}}, \dfrac{c}{\sqrt{3}}\right)$ 处的切平面及法线方程.

解　设 $F(x, y, z) = \dfrac{x^2}{a^2} + \dfrac{y^2}{b^2} + \dfrac{z^2}{c^2} - 1$, 则

$$\begin{aligned}
\boldsymbol{n} &= (F_x(x_0, y_0, z_0), F_y(x_0, y_0, z_0), F_z(x_0, y_0, z_0)) \\
&= \left(\frac{2x_0}{a^2}, \frac{2y_0}{b^2}, \frac{2z_0}{c^2}\right) = \frac{2}{\sqrt{3}}\left(\frac{1}{a}, \frac{1}{b}, \frac{1}{c}\right).
\end{aligned}$$

所以椭球面在点 M 处的切平面方程为

$$\frac{1}{a}\left(x - \frac{a}{\sqrt{3}}\right) + \frac{1}{b}\left(y - \frac{b}{\sqrt{3}}\right) + \frac{1}{c}\left(z - \frac{c}{\sqrt{3}}\right) = 0,$$

即

$$\frac{x}{a} + \frac{y}{b} + \frac{z}{c} = \sqrt{3}.$$

法线方程为

$$\frac{\left(x - \dfrac{a}{\sqrt{3}}\right)}{\dfrac{1}{a}} = \frac{\left(y - \dfrac{b}{\sqrt{3}}\right)}{\dfrac{1}{b}} = \frac{\left(z - \dfrac{c}{\sqrt{3}}\right)}{\dfrac{1}{c}}.$$

现在来考虑曲面方程

$$z = f(x, y). \tag{14}$$

令

$$F(x, y, z) = f(x, y) - z,$$

可见

$$F_x(x, y, z) = f_x(x, y), \quad F_y(x, y, z) = f_y(x, y), \quad F_z(x, y, z) = -1,$$

于是, 当函数 $f(x, y)$ 的偏导数 $f_x(x, y), f_y(x, y)$ 在点 (x_0, y_0) 连续时, 曲面 (14) 在点 $M(x_0, y_0, z_0)$ 处的法向量为

$$\boldsymbol{n} = (f_x(x_0, y_0), f_y(x_0, y_0), \ -1).$$

切平面方程为

$$f_x(x_0, y_0)(x - x_0) + f_y(x_0, y_0)(y - y_0) - (z - z_0) = 0, \tag{15}$$

或

$$(z - z_0) = f_x(x_0, y_0)(x - x_0) + f_y(x_0, y_0)(y - y_0). \tag{16}$$

而法线方程为

$$\frac{x - x_0}{f_x(x_0, y_0)} = \frac{y - y_0}{f_y(x_0, y_0)} = \frac{z - z_0}{-1}. \tag{17}$$

这里顺便指出, 方程 (16) 右端恰好是函数 $z = f(x, y)$ 在点 (x_0, y_0) 的全微分, 而左端是切平面上点的竖坐标的增量. 因此, 函数 $z = f(x, y)$ 在点 (x_0, y_0) 的全微分, 在几何上表示曲面 $z = f(x, y)$ 在点 (x_0, y_0, z_0) 处的切平面上点的竖坐标的增量.

如果用 α, β, γ 表示曲面的法向量的方向角, 并假定法向量的方向是向上的, 假设它与 z 轴的正向所成的角 γ 是一锐角, 则法向量的方向余弦为

$$\cos\alpha = \frac{-f_x}{\sqrt{1 + f_x^2 + f_y^2}}, \quad \cos\beta = \frac{-f_y}{\sqrt{1 + f_x^2 + f_y^2}}, \quad \cos\gamma = \frac{1}{\sqrt{1 + f_x^2 + f_y^2}}.$$

这里, 把 $f_x(x_0, y_0), f_y(x_0, y_0)$ 分别简记为 f_x, f_y.

例 4 求旋转抛物面 $z = x^2 + y^2 - 1$ 在点 $(2, 1, 4)$ 处的切平面及法线方程.

解
$$f(x, y) = x^2 + y^2 - 1,$$

$$\boldsymbol{n} = (f_x, f_y, -1) = (2x, 2y, -1),$$

$$\boldsymbol{n}|_{(2,1,4)} = (4, 2, -1),$$

所以在点 $(2, 1, 4)$ 处的切平面方程为

$$4(x - 2) + 2(y - 1) - (z - 4) = 0,$$

即

$$4x + 2y - z - 6 = 0$$

法线方程为

$$\frac{x - 2}{4} = \frac{y - 1}{2} = \frac{z - 4}{-1}.$$

习 题 5-6

1. 选择.

(1) 曲线 $x = 2\cos t, y = 2\sin t, z = \sqrt{2}t$ 上点 $t = \dfrac{\pi}{4}$ 处的切线方程是 ( ).

(A) $\dfrac{x-\sqrt{2}}{-\sqrt{2}}=\dfrac{y-\sqrt{2}}{\sqrt{2}}=\dfrac{z-\frac{\sqrt{2}}{4}\pi}{\sqrt{2}}$;　　　　(B) $\dfrac{x-\sqrt{2}}{-\sqrt{2}}=\dfrac{y+\sqrt{2}}{\sqrt{2}}=\dfrac{z-\frac{\sqrt{2}}{4}\pi}{\sqrt{2}}$;

(C) $\dfrac{x-\sqrt{2}}{-\sqrt{2}}=\dfrac{y-\sqrt{2}}{-\sqrt{2}}=\dfrac{z-\frac{\sqrt{2}}{4}\pi}{\sqrt{2}}$;　　　　(D) $\dfrac{x-\sqrt{2}}{-\sqrt{2}}=\dfrac{y-\sqrt{2}}{\sqrt{2}}=\dfrac{z-\frac{\sqrt{2}}{4}\pi}{-\sqrt{2}}$.

(2) 曲面 $xyz=1$ 上平行于平面 $x+y+z+3=0$ 的切平面方程为 (　　).

(A) $x+y+z=0$;　　　　　　　　(B) $x+y+z+1=0$;

(C) $x+y+z-2=0$;　　　　　　　(D) $x+y+z-3=0$.

2. 求空间曲线 $x=1-\cos t, y=\sin t, z=t$ 在 $t=\dfrac{\pi}{3}$ 处的切线与法平面方程.

3. 求空间曲线 $y=16x^2, z=12x^2$ 在对应于 $x=\dfrac{1}{2}$ 点处的切线与法平面方程.

4. 求曲线 $\begin{cases} x^2+y^2+z^2-3x=0, \\ 2x-3y+5z-4=0 \end{cases}$ 在点 $(1,1,1)$ 处的切线与法平面方程.

5. 求锥面 $\dfrac{x^2}{16}+\dfrac{y^2}{9}-\dfrac{z^2}{8}=0$ 在点 $(4,3,4)$ 处的切平面与法线方程.

6. 求椭圆抛物面 $z+11=3x^2+2y^2$ 在点 $(2,1,3)$ 处的切平面与法线方程.

7. 问球面 $x^2+y^2+z^2=104$ 上哪一点的切平面与平面 $3x+4y+z=2$ 平行? 并求此切平面方程.

8. 证明: 曲面 $\sqrt{x}+\sqrt{y}+\sqrt{z}=\sqrt{a}(a>0)$ 上任一点的切平面在三个坐标轴上的截距之和为 a.

第七节　方向导数与梯度

一、方向导数

在许多实际问题中, 常常需要知道函数 $f(x,y)$(或函数 $f(x,y,z)$) 在一点 P_0 沿任意方向或某一个方向的变化率. 例如, 设 $f(P)$ 表示某物体内点 P 的温度, 那么这物体的热传导就依赖于温度沿各方向下降的速度 (速率); 又如要预报某地的风向和风力, 就必须知道气压在该处沿某些方向的变化率. 因此有必要引进多元函数在一点 P_0 沿一指定方向的方向导数的概念.

设 l 是 xOy 平面上以 $P_0(x_0,y_0)$ 为始点的一条射线, $\boldsymbol{e}_l=(\cos\alpha,\cos\beta)$ 是与 l 同方向的单位向量 (图 5-8). 射线的参数方程为

$$\begin{cases} x=x_0+t\cos\alpha, \\ y=y_0+t\cos\beta \end{cases} \quad (t\geqslant 0).$$

定义 1　设函数 $z=f(x,y)$ 在点 $P_0(x_0,y_0)$ 的某个邻域 $U(P_0)$ 内有定义, $P\in U(P_0)$ 为 l 上另一点. 如果函数增量 $f(x_0+t\cos\alpha, y_0+t\cos\beta)-f(x_0,y_0)$ 与 P 到

P_0 的距离 $|PP_0| = t$ 的比值

$$\frac{f(x_0 + t\cos\alpha, y_0 + t\cos\beta) - f(x_0, y_0)}{t}$$

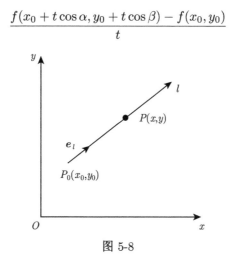

图 5-8

当 P 沿着 l 趋于 P_0 时的极限存在, 则称此极限为函数 $f(x, y)$ 在点 P_0 沿方向 l 的方向导数, 记为 $\left.\dfrac{\partial f}{\partial l}\right|_{(x_0, y_0)}$, 即

$$\left.\frac{\partial f}{\partial l}\right|_{(x_0, y_0)} = \lim_{t \to 0^+} \frac{f(x_0 + t\cos\alpha, y_0 + t\cos\beta) - f(x_0, y_0)}{t}.$$

从方向导数的定义可知, 方向导数 $\left.\dfrac{\partial f}{\partial l}\right|_{(x_0, y_0)}$ 就是函数 $f(x, y)$ 在点 $P_0(x_0, y_0)$ 处沿方向 l 的变化率. 若函数 $f(x, y)$ 在点 $P_0(x_0, y_0)$ 的偏导数存在, $e_l = i = (1, 0)$, 则

$$\left.\frac{\partial f}{\partial l}\right|_{(x_0, y_0)} = \lim_{t \to 0^+} \frac{f(x_0 + t, y_0) - f(x_0, y_0)}{t} = f_x(x_0, y_0);$$

又若 $e_l = j = (1, 0)$, 则

$$\left.\frac{\partial f}{\partial l}\right|_{(x_0, y_0)} = \lim_{t \to 0^+} \frac{f(x_0, y_0 + t) - f(x_0, y_0)}{t} = f_y(x_0, y_0),$$

即函数 $f(x, y)$ 在 $P_0(x_0, y_0)$ 处对 x 和 y 的偏导数实际为函数 $f(x, y)$ 在 $P_0(x_0, y_0)$ 处沿 x 轴和 y 轴正方向的方向导数. 但反之, 若 $e_l = i$, $\left.\dfrac{\partial z}{\partial l}\right|_{(x_0, y_0)}$ 存在, 则 $\left.\dfrac{\partial z}{\partial x}\right|_{(x_0, y_0)}$ 未必存在. 例如, $z = \sqrt{x^2 + y^2}$ 在点 $O(0, 0)$ 处沿 $l = i$ 方向的方向导数 $\left.\dfrac{\partial z}{\partial l}\right|_{(x_0, y_0)} = 1$, 而偏导数 $\left.\dfrac{\partial z}{\partial x}\right|_{(0, 0)}$ 不存在.

　　关于方向导数的存在及计算, 有以下定理.

　　定理 1　　如果函数 $f(x,y)$ 在点 $P_0(x_0, y_0)$ 可微分, 那么函数在该点沿任一方向 l 的方向导数存在, 且有

$$\frac{\partial f}{\partial l}\bigg|_{(x_0, y_0)} = f_x(x_0, y_0)\cos\alpha + f_y(x_0, y_0)\cos\beta,$$

其中 $\cos\alpha, \cos\beta$ 是方向 l 的方向余弦.

　　证　　因函数 $f(x,y)$ 在点 (x_0, y_0) 处可微分, 故有

$$f(x_0 + \Delta x, y_0 + \Delta y) - f(x_0, y_0)$$
$$= f_x(x_0, y_0)\Delta x + f_y(x_0, y_0)\Delta y + o\left(\sqrt{(\Delta x)^2 + (\Delta y)^2}\right).$$

当点 $(x_0 + \Delta x, y_0 + \Delta y)$ 在以 (x_0, y_0) 为始点的射线 l 上时, 应有 $\Delta x = t\cos\alpha, \Delta y = t\cos\beta, \sqrt{(\Delta x)^2 + (\Delta y)^2} = t$, 所以

$$\lim_{t \to 0^+} \frac{f(x_0 + t\cos\alpha, y_0 + t\cos\beta) - f(x_0, y_0)}{t}$$
$$= \lim_{t \to 0^+} \frac{f_x(x_0, y_0)\Delta x + f_y(x_0, y_0)\Delta y + o\left(\sqrt{(\Delta x)^2 + (\Delta y)^2}\right)}{t}$$
$$= f_x(x_0, y_0)\cos\alpha + f_y(x_0, y_0)\cos\beta,$$

这就证明了方向导数存在, 且其值为

$$\frac{\partial f}{\partial l}\bigg|_{(x_0, y_0)} = f_x(x_0, y_0)\cos\alpha + f_y(x_0, y_0)\cos\beta.$$

　　例 1　　求函数 $f(x,y) = \sin(x + 2y)$ 在点 $(0,0)$ 沿从点 $O(0,0)$ 到点 $P(1,2)$ 的方向导数.

　　解　　$l = \overrightarrow{OP} = (1, 2)$, $e_l = \left(\dfrac{1}{\sqrt{5}}, \dfrac{2}{\sqrt{5}}\right)$, 由于函数 $f(x,y) = \sin(x + 2y)$ 可微, 所以

$$\frac{\partial f}{\partial l}\bigg|_{(0,0)} = f_x(0,0)\frac{1}{\sqrt{5}} + f_y(0,0)\frac{2}{\sqrt{5}} = 1 \cdot \frac{1}{\sqrt{5}} + 2 \cdot \frac{2}{\sqrt{5}} = \sqrt{5}.$$

　　对于三元函数 $u = f(x, y, z)$, 可类似地定义它在点 $P_0(x_0, y_0, z_0)$ 处沿方向 e_l 的方向导数 $\dfrac{\partial u}{\partial l}\bigg|_{(x_0, y_0, z_0)}$, 并且当 $u = f(x, y, z)$ 在点 $P_0(x_0, y_0, z_0)$ 可微时, 有计算公式

$$\frac{\partial u}{\partial l}\bigg|_{(x_0, y_0, z_0)} = f_x(x_0, y_0, z_0)\cos\alpha + f_y(x_0, y_0, z_0)\cos\beta + f_z(x_0, y_0, z_0)\cos\gamma,$$

其中 $\cos\alpha,\cos\beta,\cos\gamma$ 是方向 l 的方向余弦.

例 2　求函数 $u = \ln(x + y^2 + z^3)$ 在点 $M(0, -1, 2)$ 处沿方向 $l = (3, -1, -1)$ 的方向导数.

解　$\dfrac{\partial u}{\partial x} = \dfrac{1}{x + y^2 + z^3}, \dfrac{\partial u}{\partial y} = \dfrac{2y}{x + y^2 + z^3}, \dfrac{\partial u}{\partial z} = \dfrac{3z^2}{x + y^2 + z^3}.$

在点 $M(0, -1, 2)$ 处, $\dfrac{\partial u}{\partial x} = \dfrac{1}{9}, \dfrac{\partial u}{\partial y} = \dfrac{-2}{9}, \dfrac{\partial u}{\partial z} = \dfrac{12}{9}.$

又因 $|l| = \sqrt{3^2 + 1 + 1} = \sqrt{11}$, 故

$$\left.\frac{\partial u}{\partial l}\right|_M = \frac{1}{9} \cdot \frac{3}{\sqrt{11}} - \frac{2}{9} \cdot \frac{-1}{\sqrt{11}} + \frac{12}{9} \cdot \frac{-1}{\sqrt{11}} = -\frac{7}{9\sqrt{11}}.$$

由 $\left.\dfrac{\partial u}{\partial l}\right|_M < 0$ 可知函数 $u = \ln(x + y^2 + z^3)$ 的取值在点 $M(0, -1, 2)$ 处沿方向 l 是减少的.

二、梯度

如上所述, 函数在一点沿方向 l 的方向导数揭示了函数在该点沿方向 l 的变化率, 当它为正数时, 表示沿此方向函数值是增加的; 当它取负值时, 表示沿此方向函数值是减少的. 然而在许多问题里, 人们还需知道函数值在该点究竟沿什么方向增加最快, 也就是增长率最大, 并且需要知道最大增长率是多少. 梯度概念正是从研究这样的问题中抽象出来的.

定义 2　设函数 $f(x, y)$ 在平面区域 D 内具有一阶连续偏导数, 则对于每一点 $P_0(x_0, y_0) \in D$, 都可定出一个向量

$$f_x(x_0, y_0)\boldsymbol{i} + f_y(x_0, y_0)\boldsymbol{j},$$

这向量称为函数 $f(x, y)$ 在点 $P_0(x_0, y_0)$ 的梯度, 记为 $\mathbf{grad}f(x_0, y_0)$, 即

$$\mathbf{grad}f(x_0, y_0) = f_x(x_0, y_0)\boldsymbol{i} + f_y(x_0, y_0)\boldsymbol{j}.$$

如果函数 $f(x, y)$ 在点 $P_0(x_0, y_0)$ 可微分, $\boldsymbol{e}_l = (\cos\alpha, \cos\beta)$ 是与方向 l 同向的单位向量, 则

$$\begin{aligned}
\left.\frac{\partial f}{\partial l}\right|_{(x_0, y_0)} &= f_x(x_0, y_0)\cos\alpha + f_y(x_0, y_0)\cos\beta \\
&= \mathbf{grad}f(x_0, y_0) \cdot \boldsymbol{e}_l = |\mathbf{grad}\ f(x_0, y_0)|\cos\theta,
\end{aligned}$$

其中 θ 为梯度 $\mathbf{grad}f(x_0, y_0)$ 与 $\boldsymbol{e}_l$ 之间的夹角.

这一关系式表明了函数在一点的梯度与函数在这点的方向导数间的关系. 特别地, 当向量 $\boldsymbol{e}_l$ 与 $\mathbf{grad}f(x_0, y_0)$ 的夹角 $\theta = 0$, 即沿梯度方向时, 方向导数 $\left.\dfrac{\partial f}{\partial l}\right|_{(x_0, y_0)}$

取得最大值, 这个最大值就是梯度的模 $|\mathbf{grad}\ f(x_0, y_0)|$. 这就是说, 函数在一点的梯度是个向量, 它的方向是函数在这点的方向导数取得最大值的方向, 它的模就等于方向导数的最大值.

例 3　求 $\mathbf{grad}\dfrac{1}{x^2 + y^2}$.

解　$f(x, y) = \dfrac{1}{x^2 + y^2}$,

$$\frac{\partial f}{\partial x} = \frac{-2x}{(x^2 + y^2)^2}, \quad \frac{\partial f}{\partial y} = \frac{-2y}{(x^2 + y^2)^2},$$

所以

$$\mathbf{grad}\frac{1}{x^2 + y^2} = \frac{-2x}{(x^2 + y^2)^2}\boldsymbol{i} + \frac{-2y}{(x^2 + y^2)^2}\boldsymbol{j}.$$

例 4　设函数 $f(x, y) = \dfrac{1}{2}(x^2 + y^2), P_0\,(1, 1)$, 求:

(1) $f(x, y)$ 在点 P_0 处增加最快的方向以及 $f(x, y)$ 沿这个方向的方向导数;

(2) $f(x, y)$ 在点 P_0 处减少最快的方向以及 $f(x, y)$ 沿这个方向的方向导数;

(3) $f(x, y)$ 在点 P_0 处的变化率为零的方向.

解　(1) $f(x, y)$ 在点 P_0 处的梯度方向是增加最快的方向,

$$\mathbf{grad}f(1, 1) = \boldsymbol{i} + \boldsymbol{j},$$

故所求方向可取为

$$\boldsymbol{n} = \frac{1}{\sqrt{2}}\boldsymbol{i} + \frac{1}{\sqrt{2}}\boldsymbol{j},$$

方向导数为

$$\left.\frac{\partial f}{\partial n}\right|_{(1,1)} = |\mathbf{grad}\ f(1, 1)| = \sqrt{2}.$$

(2) $f(x, y)$ 在点 P_0 处的梯度负方向是减少最快的方向, 这方向可取为

$$\boldsymbol{n}_1 = -\boldsymbol{n} = \frac{-1}{\sqrt{2}}\boldsymbol{i} + \frac{-1}{\sqrt{2}}\boldsymbol{j},$$

方向导数为

$$\left.\frac{\partial f}{\partial n_1}\right|_{(1,1)} = -|\mathbf{grad}\ f(1, 1)| = -\sqrt{2}.$$

(3) $f(x, y)$ 在点 P_0 处沿垂直于梯度的方向变化率为零, 这方向是

$$\boldsymbol{n}_2 = \frac{-1}{\sqrt{2}}\boldsymbol{i} + \frac{1}{\sqrt{2}}\boldsymbol{j}, \quad \text{或}\ \boldsymbol{n}_3 = \frac{1}{\sqrt{2}}\boldsymbol{i} - \frac{1}{\sqrt{2}}\boldsymbol{j}.$$

我们知道, 一般说来二元函数 $z = f(x, y)$ 在几何上表示一个曲面, 这曲面被平面 $z = c$(c 是常数) 所截得的曲线 L 的方程为

$$\begin{cases} z = f(x, y), \\ z = c. \end{cases}$$

这条曲线 L 在 xOy 面上的投影是一条平面曲线 L^*(图 5-9), 它在 xOy 平面直角坐标系中的方程为

$$f(x, y) = c.$$

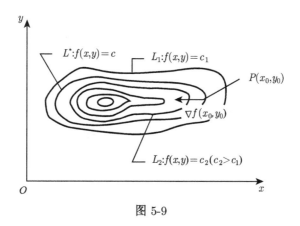

图 5-9

对于曲线 L^* 上的一切点, 已给函数的函数值都是 c, 所以我们称平面曲线 L^* 为函数 $z = f(x, y)$ 的等值线或等量线. 如地图上的等高线、天气预报图中的等温线都是等值线.

若 f_x, f_y 不同时为零, 则等值线 $f(x, y) = c$ 上任一点 $P_0(x_0, y_0)$ 处的一个单位法向量为

$$\boldsymbol{n} = \frac{1}{\sqrt{f_x^2(x_0, y_0) + f_y^2(x_0, y_0)}}(f_x(x_0, y_0), f_y(x_0, y_0)),$$

这表明梯度 $\mathbf{grad} f(x_0, y_0)$ 的方向与等值线上这点的一个法线方向相同, 而沿这个方向的方向导数 $\dfrac{\partial f}{\partial n}$ 就等于 $|\mathbf{grad}\, f(x_0, y_0)|$, 于是

$$\mathbf{grad} f(x_0, y_0) = \frac{\partial f}{\partial n}\boldsymbol{n}.$$

这一关系式表明了函数在一点的梯度与过这点的等值线、方向导数间的关系. 这就是说: 函数在一点的梯度方向与等值线在这点的一个法线方向相同, 它的指向为从数值较低的等值线指向数值较高的等值线, 梯度的模就等于函数在这个法线方向的方向导数.

上面讨论的梯度概念可以类似地推广到三元函数的情形. 设函数 $f(x, y, z)$ 在空间区域 G 内具有一阶连续偏导数, 则对于每一点 $P_0(x_0, y_0, z_0) \in G$, 都可定出一个向量

$$f_x(x_0, y_0, z_0)\boldsymbol{i} + f_y(x_0, y_0, z_0)\boldsymbol{j} + f_z(x_0, y_0, z_0)\boldsymbol{k},$$

这向量称为函数 $f(x, y, z)$ 在点 $P_0(x_0, y_0, z_0)$ 的梯度, 将它记为 $\mathbf{grad}f(x_0, y_0, z_0)$, 即

$$\mathbf{grad}f(x_0, y_0, z_0) = f_x(x_0, y_0, z_0)\boldsymbol{i} + f_y(x_0, y_0, z_0)\boldsymbol{j} + f_z(x_0, y_0, z_0)\boldsymbol{k}.$$

经过与二元函数的情形完全类似的讨论可知, 三元函数的梯度也是这样一个向量, 它的方向与取得最大方向导数的方向一致, 而它的模为方向导数的最大值.

如果引进曲面

$$f(x, y, z) = c$$

为函数 $f(x, y, z)$ 的等量面的概念, 则可得函数 $f(x, y, z)$ 在点 $P_0(x_0, y_0, z_0)$ 的梯度的方向与过点 P_0 的等量面 $f(x, y, z) = c$ 在这点的法线的一个方向相同, 它的指向为从数值较低的等量面指向数值较高的等量面, 而梯度的模等于函数在这个法线方向的方向导数.

例 5　求函数 $z = 1 - \left(\dfrac{x^2}{a^2} + \dfrac{y^2}{b^2} \right)$ 在点 $\left(\dfrac{a}{\sqrt{2}}, \dfrac{b}{\sqrt{2}} \right)$ 处沿曲线 $\dfrac{x^2}{a^2} + \dfrac{y^2}{b^2} = 1$ 在这点的内法线方向的方向导数.

解　曲线 $\dfrac{x^2}{a^2} + \dfrac{y^2}{b^2} = 1$ 是函数 $z = 1 - \left(\dfrac{x^2}{a^2} + \dfrac{y^2}{b^2} \right)$ 的一条等高线, 随着 x, y 的绝对值的增大, 函数值 z 是减少的, 因此, 曲线的内法线方向就是梯度方向, 于是

$$\frac{\partial z}{\partial l} \bigg|_{\left(\frac{a}{\sqrt{2}}, \frac{b}{\sqrt{2}} \right)} = |\mathbf{grad}\, z| \bigg|_{\left(\frac{a}{\sqrt{2}}, \frac{b}{\sqrt{2}} \right)} = \left| \left(-\frac{2x}{a^2}, -\frac{2y}{b^2} \right) \right| \bigg|_{\left(\frac{a}{\sqrt{2}}, \frac{b}{\sqrt{2}} \right)} = \frac{1}{ab} \sqrt{2(a^2 + b^2)}.$$

例 6　求曲面 $x^2 + y^2 + z = 9$ 在点 $P_0(1, 2, 4)$ 的切平面和法线方程.

解　设 $f(x, y, z) = x^2 + y^2 + z$. 由梯度与等量面的关系可知, 梯度

$$\mathbf{grad}\, f|_{(1,2,4)} = 2\boldsymbol{i} + 4\boldsymbol{j} + \boldsymbol{k}$$

的方向是等量面 $f(x, y, z) = x^2 + y^2 + z = 9$ 在点 $P_0(1, 2, 4)$ 的法线方向, 因此且平面方程是

$$2(x - 1) + 4(y - 2) + (z - 4) = 0,$$

即

$$2x + 4y + z = 14.$$

曲面在点 $P_0(1,2,4)$ 处的法线方程是

$$\frac{x-1}{2} = \frac{y-2}{4} = \frac{z-4}{1}.$$

习 题 5-7

1. 求函数 $z = xe^{2y}$ 在点 $(1,0)$ 处沿从点 $(1,0)$ 到 $(2,-1)$ 的方向的方向导数.

2. 设一金属板上点 (x,y) 处的温度可由函数 $f(x,y) = 16 - x^2 - 2y^2$ 表示, 求

(1) 在点 $(1,4)$ 处沿方向 $(1,\ 1)$ 的温度的变化率;

(2) 在点 $(1,4)$ 处沿温度上升最快方向温度的变化率.

3. 求函数 $u = x^2 - xy + z^2$ 在点 $(1,0,1)$ 处沿从点 $(1,0,1)$ 到 $(3,-1,3)$ 的方向的方向导数.

4. 求函数 $u = x^2 + y^2 + z^2$ 在曲线 $x = t, y = t^2, z = t^3$ 上点 $(1,1,1)$ 处, 沿曲线在该点的切线正方向 (对应于 t 增大的方向) 的方向导数.

5. 求函数 $u = x + y + z$ 在球面 $x^2 + y^2 + z^2 = 1$ 上点 (x_0, y_0, z_0) 处, 沿该点处外法线方向的方向导数.

6. 求函数 $u = f(x,y,z) = xy^2 + yz^3$ 在点 $P(1,\ -2,\ 3)$ 处的梯度, 并求函数在点 P 沿该方向的方向导数.

7. 求函数 $u = x^2 + 2y^2 + 3z^2 + xy + 3x - 2y - 6z$ 在 $P(1,\ 1,\ 1)$ 处的梯度.

第八节 多元函数的极值及其求法

一、多元函数的无条件极值

多元连续函数在有界闭区域的性质告诉我们: 有界闭区域上连续的函数必有最大值和最小值. 但如何求其最大、最小值, 并没有给出确定的方法. 而在许多实际问题中, 往往又要求确定多元函数的最大值、最小值问题. 与一元函数相类似, 多元函数的最大值、最小值与极大值、极小值有密切联系, 为此我们以二元函数为例, 先讨论多元函数的极值问题, 并给出判断极值存在的必要条件与充分条件, 至于自变量多于两个的情形可类似地加以解决.

定义 1 设函数 $z = f(x,y)$ 的定义域为 $D, P_0(x_0, y_0)$ 为 D 的内点. 若存在 P_0 的某个邻域 $U(P_0) \subset D$, 使得对于该邻域内异于 P_0 的任何点 (x,y), 都有

$$f(x,y) < f(x_0, y_0),$$

则称函数 $f(x,y)$ 在点 (x_0, y_0) 有极大值 $f(x_0, y_0)$, 点 (x_0, y_0) 称为函数 $f(x,y)$ 的极大值点; 若对于该邻域内异于 P_0 的任何点 (x,y), 都有

$$f(x,y) > f(x_0, y_0),$$

则称函数 $f(x,y)$ 在点 (x_0,y_0) 有极小值 $f(x_0,y_0)$, 点 (x_0,y_0) 称为函数 $f(x,y)$ 的极小值点. 极大值、极小值统称为极值. 使得函数取得极值的点称为极值点.

例如, 函数 $z=\sqrt{x^2+y^2}$ 在点 $(0,0)$ 有极小值; 函数 $z=1-(x^2+y^2)$ 在 $(0,0)$ 点有极大值; 而函数 $z=xy$ 在点 $(0,0)$ 处既不取得极小值也不取得极大值.

我们知道, 对可导的一元函数 $y=f(x)$, 当它在点 x_0 取得极值时必有 $f'(x_0)=0$, 根据二元函数极值的定义及偏导数的概念, 不难得到下边类似的结论.

定理 1 (必要条件)　如果函数 $z=f(x,y)$ 在点 (x_0,y_0) 有极值, 并且在点 (x_0,y_0) 处具有偏导数, 则必有

$$f_x(x_0,y_0)=0, \quad f_y(x_0,y_0)=0.$$

证　不妨设 $z=f(x,y)$ 在点 (x_0,y_0) 处有极大值. 根据极大值的定义, 在点 (x_0,y_0) 的某邻域内异于 (x_0,y_0) 的点 (x,y) 都适合不等式

$$f(x,y)<f(x_0,y_0),$$

特殊地, 在该邻域内取 $y=y_0$ 而 $x\neq x_0$ 的点, 也应适合不等式

$$f(x,y_0)<f(x_0,y_0).$$

这表明一元函数 $f(x,y_0)$ 在 $x=x_0$ 处取得极大值, 因而必有

$$f_x(x_0,y_0)=0.$$

类似可证

$$f_y(x_0,y_0)=0.$$

从几何上看, 该定理说明, 若曲面 $z=f(x,y)$ 在点 (x_0,y_0,z_0) 处有切平面, 则切平面

$$(z-z_0)=f_x(x_0,y_0)(x-x_0)+f_y(x_0,y_0)(y-y_0)$$

成为平行于 xOy 坐标面的平面 $z-z_0=0$.

仿照一元函数, 我们称能使 $f_x(x,y)=0, f_y(x,y)=0$ 同时成立的点 (x_0,y_0) 为函数 $z=f(x,y)$ 的驻点. 从定理 1 可知, 具有偏导数的函数的极值点必定是驻点. 但是, 函数的驻点却不一定是极值点. 例如, 点 $(0,0)$ 是函数 $z=xy$ 的驻点, 但函数在该点并无极值.

怎样判定一个驻点是否是极值点呢? 下面的定理回答了这个问题.

定理 2 (充分条件)　设函数 $z=f(x,y)$ 在点 (x_0,y_0) 的某邻域内连续且有一阶及二阶连续偏导数, 又 $f_x(x_0,y_0)=0, f_y(x_0,y_0)=0$, 令

$$f_{xx}(x_0,y_0)=A, \quad f_{xy}(x_0,y_0)=B, \quad f_{yy}(x_0,y_0)=C,$$

则 $z = f(x, y)$ 在 (x_0, y_0) 处是否取得极值的条件如下:

(1) $AC - B^2 > 0$ 时具有极值, 且当 $A < 0$ 时有极大值, 当 $A > 0$ 时有极小值;

(2) $AC - B^2 < 0$ 时没有极值

(3) $AC - B^2 = 0$ 时可能有极值, 也可能没有极值, 还需另作讨论.

定理证明从略.

利用定理 1、定理 2, 对具有二阶连续偏导数的函数 $z = f(x, y)$, 求其极值的步骤如下.

第一步　解方程组

$$f_x(x, y) = 0, \quad f_y(x, y) = 0,$$

求得一切实数解, 即可求得一切驻点.

第二步　对于每一个驻点 (x_0, y_0), 求出二阶导数的值 A, B 和 C.

第三步　定出 $AC - B^2$ 的符号, 按定理 2 的结论判定 $f(x_0, y_0)$ 是不是极值、是极大值还是极小值.

讨论函数的极值问题时, 如果函数在所讨论的区域内具有偏导数, 则由定理 1 可知, 极值只可能在驻点处取得. 然而, 如果函数在个别点处的偏导数不存在, 这些点当然不是驻点, 但也可能是极值点.

例如, 函数 $z = \sqrt{x^2 + y^2}$ 在点 $(0, 0)$ 有极小值, 但在 $(0, 0)$ 点处, 函数对 x, y 的偏导数都不存在.

因此, 在考虑函数的极值问题时, 除考虑函数的驻点外, 如果有偏导数不存在的点, 那么对这些点也应考虑.

二、多元函数的最值

与一元函数类似, 可以利用函数的极值来求多元函数的最大值和最小值. 为简化问题的讨论, 设函数 $z = f(x, y)$ 在平面点集 D 中可微且只有有限个极值的可疑点. 如果函数在 D 上有最大值、最小值, 以下分两种常见情形, 给出确定函数最大值、最小值的方法.

(1) D 是平面一有界闭区域. 由于函数 $z = f(x, y)$ 在有界闭区域 D 上连续, 则 $f(x, y)$ 在 D 上必定取得最大值和最小值, 并且这种使函数取得最大值或最小值的点既可能在 D 的内部, 也可能在 D 的边界上. 如果函数在 D 的内部取得最值, 则这个最值也是函数的极值. 因此, 求函数 $z = f(x, y)$ 的最值的一般方法是将 $f(x, y)$ 在 D 内的所有驻点处的函数值及 $f(x, y)$ 在 D 的边界上的最大值和最小值相互比较, 其中最大的就是最大值, 最小的就是最小值. 但这种做法的主要困难在于计算或分析估计 $f(x, y)$ 在 D 的边界上的最大值和最小值.

例 1　在平面直角坐标系中已知三点 $P_1(0, 0)$, $P_2(1, 0)$, $P_3(0, 1)$, 试在 $\triangle P_1 P_2 P_3$ 所围的闭区域 D 上求点 $P(x, y)$, 使它到点 P_1, P_2, P_3 的距离平方和为最大和最小.

解　点 P 到点 P_1, P_2, P_3 的距离平方和为

$$f(x,y) = x^2 + y^2 + (x-1)^2 + y^2 + x^2 + (y-1)^2$$
$$= 3x^2 + 3y^2 - 2x - 2y + 2.$$
$$D = \{(x,y) \mid x \geqslant 0, y \geqslant 0, x+y \leqslant 1\}.$$

解方程组

$$\begin{cases} f_x(x,y) = 6x - 2 = 0, \\ f_y(x,y) = 6y - 2 = 0, \end{cases}$$

得 D 内部唯一的驻点 $\left(\dfrac{1}{3}, \dfrac{1}{3}\right)$, 而 $f\left(\dfrac{1}{3}, \dfrac{1}{3}\right) = \dfrac{4}{3}$.

再考虑 $f(x,y)$ 在 D 的边界上的取值情况. 如图 5-10 所示, D 的边界由三条线段 L_1, L_2, L_3 组成. 在 L_1 上

$$f(x,y)|_{L_1} = f(x,0) = 3x^2 - 2x + 2 = 3\left(x - \frac{1}{3}\right)^2 + \frac{5}{3} \quad (0 \leqslant x \leqslant 1),$$

故在 L_1 上函数的最大值是 $f(1,0) = 3$, 最小值是 $f\left(\dfrac{1}{3}, 0\right) = \dfrac{5}{3}$.

在 L_2 上,

$$f(x,y)|_{L_2} = f(x, 1-x) = 6x^2 - 6x + 3 = 6\left(x - \frac{1}{2}\right)^2 + \frac{3}{2},$$

故在 L_2 上函数的最大值是 $f(0,1) = f(1,0) = 3$, 最小值是 $f\left(\dfrac{1}{2}, \dfrac{1}{2}\right) = \dfrac{3}{2}$.

在 L_3 上,

$$f(x,y)|_{L_3} = f(0,y) = 3y^2 - 2y + 2 = 3\left(y - \frac{1}{3}\right)^2 + \frac{5}{3} \quad (0 \leqslant y \leqslant 1),$$

故在 L_1 上函数的最大值是 $f(0,1) = 3$, 最小值是 $f\left(0, \dfrac{1}{3}\right) = \dfrac{5}{3}$.

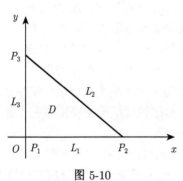

图 5-10

比较上述各点处的函数值可知, 函数的最大值是 $f(0,1) = f(1,0) = 3$, 最小值是 $f\left(\dfrac{1}{3}, \dfrac{1}{3}\right) = \dfrac{4}{3}$.

(2) D 是平面上的一个区域或无界闭区域, 但函数 $f(x,y)$ 具有实际问题的背景, 并且根据问题的性质, 知道函数一定有最值, 且在 D 的内部取得, 则当 $f(x,y)$ 在 D 的内部只有一个驻点时, 该驻点就是函数的最值点.

例 2 某工厂要用铁板做成一个体积为 $2\mathrm{m}^3$ 的有盖长方体水箱, 问当长、宽、高各取怎样的尺寸时, 才能使用料最省?

解 设水箱的长为 $x\mathrm{m}$, 宽为 $y\mathrm{m}$, 高为 $\dfrac{2}{xy}\mathrm{m}$, 此水箱所用材料的面积为

$$A = 2\left(xy + y \cdot \frac{2}{xy} + x \cdot \frac{2}{xy}\right) = 2\left(xy + \frac{2}{x} + \frac{2}{y}\right) (x > 0, y > 0).$$

可见材料面积 A 是 x, y 的二元函数, 这就是目标函数, 下面求使这函数取得最小值的点 (x, y).

令

$$A_x = 2\left(y - \frac{2}{x^2}\right) = 0, \quad A_y = 2\left(x - \frac{2}{y^2}\right) = 0.$$

解方程组, 得

$$x = \sqrt[3]{2}, \quad y = \sqrt[3]{2}.$$

根据题意, 水箱所用材料面积得最小值一定存在, 并在开区域

$$D = \{(x, y) | x > 0, y > 0\}$$

内取得, 又函数在 D 内只有唯一得驻点 $(\sqrt[3]{2}, \sqrt[3]{2})$, 因此可断定当 $x = \sqrt[3]{2}, y = \sqrt[3]{2}$ 时, A 取得最小值. 即当水箱得长、宽、高都取为 $\sqrt[3]{2}\mathrm{m}$ 时, 水箱用料最省.

三、条件极值 拉格朗日乘数法

上面讨论的极值问题, 对于函数的自变量, 除限制在函数的定义域内以外, 并无其他条件, 所以有时候称这类极值问题为无条件极值. 但在实际问题中, 有时会遇到对函数的自变量还有附加条件的极值问题. 例如, 例 3 实际上是求体积为 2, 而表面积为最小的长方体的长、宽、高问题. 设长方体的长、宽、高为 x, y, z, 则表面积 $A = 2(xy + xz + yz)$. 又因假定体积为 2, 所以自变量 x, y, z 还必须满足附加条件 $V = xyz = 2$. 像这种对自变量有附加条件的极值称为条件极值. 对于有些实际问题, 可以把条件极值化为无条件极值, 然后利用第一步中的方法加以解决. 例如, 上述问题, 可由 $V = xyz = 2$ 的条件, 将 z 表成 x, y 的函数

$$z = \frac{2}{xy},$$

再把它代入 $A = 2(xy + xz + yz)$ 中, 于是问题就化为求

$$A = 2\left(xy + y \cdot \frac{2}{xy} + x \cdot \frac{2}{xy}\right) = 2\left(xy + \frac{2}{x} + \frac{2}{y}\right)$$

的无条件极值.

　　但在很多情形下, 将条件极值化为无条件极值并不像例 3 这样简单. 因此需寻求一种直接求条件极值的方法.

　　为简单起见, 我们先来寻求函数

$$z = f(x, y), \tag{1}$$

　在条件

$$\phi(x, y) = 0 \tag{2}$$

下取得极值的必要条件.

　　如果函数 (1) 在 (x_0, y_0) 取得所求的极值, 那么首先有

$$\phi(x_0, y_0) = 0, \tag{3}$$

我们假定在 (x_0, y_0) 的某一邻域内 $f(x, y)$ 与 $\phi(x, y)$ 均有连续的一阶偏导数, 而 $\phi_y(x_0, y_0) \neq 0$. 由隐函数存在定理可知, 方程 (2) 确定一个连续且有连续导数的函数 $y = \psi(x)$, 将其代入式 (1), 结果得到一个变量 x 的函数

$$z = f[x, \psi(x)]. \tag{4}$$

于是函数 (1) 在 (x_0, y_0) 取得所求的极值, 也就相当于函数 (4) 在 $x = x_0$ 取得极值. 由一元可导函数取得极值的必要条件知道

$$\frac{\mathrm{d}z}{\mathrm{d}x}\bigg|_{x=x_0} = f_x(x_0, y_0) + f_y(x_0, y_0)\frac{\mathrm{d}y}{\mathrm{d}x}\bigg|_{x=x_0} = 0. \tag{5}$$

而由式 (2) 用隐函数求导公式, 有

$$\frac{\mathrm{d}y}{\mathrm{d}x}\bigg|_{x=x_0} = -\frac{\phi_x(x_0, y_0)}{\phi_y(x_0, y_0)},$$

把上式代入式 (5), 得

$$f_x(x_0, y_0) - f_y(x_0, y_0)\frac{\phi_x(x_0, y_0)}{\phi_y(x_0, y_0)} = 0, \tag{6}$$

式 (3)、式 (6) 两式就是函数 (1) 在条件 (2) 下在 (x_0, y_0) 取得极值的必要条件.

　　设 $\dfrac{\phi_x(x_0, y_0)}{\phi_y(x_0, y_0)} = -\lambda$, 上述必要条件就变为

$$\begin{cases} f_x(x_0, y_0) + \lambda\phi_x(x_0, y_0) = 0, \\ f_y(x_0, y_0) + \lambda\phi_y(x_0, y_0) = 0, \\ \phi(x_0, y_0) = 0. \end{cases} \tag{7}$$

若引进辅助函数

$$L(x,y) = f(x,y) + \lambda\phi(x,y),$$

则不难看出式 (7) 中前两式就是

$$L_x(x_0,y_0) = 0, \quad L_y(x_0,y_0) = 0,$$

函数 $L(x,y)$ 称为拉格朗日函数, 参数 λ 称为拉格朗日乘子. 由此, 可得如下结论.

拉格朗日乘数法　要找函数 $z = f(x,y)$ 在附加条件 $\phi(x,y) = 0$ 下的可能极值点, 可以先作拉格朗日函数

$$L(x,y) = f(x,y) + \lambda\phi(x,y),$$

其中 λ 为参数. 求其对 x 与 y 的一阶偏导数, 并使之为零, 然后与方程 (2) 联立起来:

$$\begin{cases} f_x(x,y) + \lambda\phi_x(x,y) = 0, \\ f_y(x,y) + \lambda\phi_y(x,y) = 0, \\ \phi(x,y) = 0. \end{cases} \tag{8}$$

由这方程解出 x,y 及 λ, 这样得到的 (x,y) 就是函数 $f(x,y)$ 在附加条件 $\phi(x,y) = 0$ 下的可能极值点.

这方法还可以推广到自变量多于两个而条件多于一个的情形. 例如, 要求函数

$$u = f(x,y,z,t)$$

在附加条件

$$\phi(x,y,z,t) = 0, \quad \psi(x,y,z,t) = 0 \tag{9}$$

下的极值, 可以先作拉格朗日函数

$$L(x,y,z,t) = f(x,y,z,t) + \lambda\phi(x,y,z,t) + \mu\psi(x,y,z,t),$$

其中 λ, μ 均为参数, 求其一阶偏导数, 并使之为零, 然后与式 (9) 中的两个方程联立起来求解, 这样得出的 (x,y,z,t) 就是函数 $f(x,y,z,t)$ 在附加条件下的可能极值点.

至于如何确定所求得的点是否为极值点, 在实际问题中往往可根据问题本身的性质来判定.

例3　求体积为 $2\mathrm{m}^3$ 而表面积为最小的长方体的表面积.

解　设长方体的长、宽、高为 x,y,z, 则问题就是在条件

$$\phi(x,y,z) = xyz - 2 = 0$$

下, 求函数

$$A = 2(xy + xz + yz)$$

的最小值. 作拉格朗日函数

$$L(x, y, z) = 2(xy + xz + yz) + \lambda(xyz - 2),$$

求其对 x, y, z 的偏导数, 并使之为零, 得到

$$2(y + z) + \lambda yz = 0,$$

$$2(x + z) + \lambda xz = 0,$$

$$2(x + y) + \lambda xy = 0.$$

将上述方程联立, 求解可得 $x = y = z = \sqrt[3]{2}$, 这是唯一可能的极值点. 因为由问题本身可知最小值一定存在, 所以最小值就在这个可能的极值点处取得. 即体积为 $2\mathrm{m}^3$ 而表面积为最小的长方体的表面积为 $6\sqrt[3]{4}$.

例 4　在椭球面 $\dfrac{x^2}{a^2} + \dfrac{y^2}{b^2} + \dfrac{z^2}{c^2} = 1$ 内嵌入长方体, 求长方体的最大体积.

解　内接长方体在第一卦限内的顶点为 (x, y, z), 则问题就是在条件

$$\phi(x, y, z) = \frac{x^2}{a^2} + \frac{y^2}{b^2} + \frac{z^2}{c^2} - 1 = 0 \tag{10}$$

下, 求函数 $V = 8xyz(0 < x < a, 0 < y < b, 0 < z < c)$ 的最大值. 作拉格朗日函数

$$L(x, y, z) = 8xyz + \lambda \left(\frac{x^2}{a^2} + \frac{y^2}{b^2} + \frac{z^2}{c^2} - 1 \right),$$

求其对 x, y, z 的偏导数, 并使之为零, 得到

$$8yz + \frac{2\lambda}{a^2} x = 0, \quad 8xz + \frac{2\lambda}{b^2} y = 0, \quad 8xy + \frac{2\lambda}{c^2} z = 0,$$

将上面的方程与式 (10) 联立, 并求解得

$$x = \frac{a}{\sqrt{3}}, \quad y = \frac{b}{\sqrt{3}}, \quad z = \frac{c}{\sqrt{3}}.$$

故嵌入的长方体在第一卦限的顶点坐标为 $\left(\dfrac{a}{\sqrt{3}}, \dfrac{b}{\sqrt{3}}, \dfrac{c}{\sqrt{3}} \right)$ 时, 长方体的体积最大, 最大体积为 $V = \dfrac{8\sqrt{3}}{9} abc$.

习　题　5-8

1. 选择.

(1) 函数 $u = 3(x+y) - x^3 - y^3$ 的极值点是 (　　).

(A) $(1,2)$;　　(B) $(1,-2)$;　　(C) $(-1,2)$;　　(D) $(-1,-1)$.

(2) 函数 $u = (2ax - x^2)(2by - y^2)(ab \neq 0)$ 的极值点是 (　　).

(A) (a,b);　　(B) $(-a,b)$;　　(C) $(a,-b)$;　　(D) $(-a,-b)$.

2. 求函数 $f(x,y) = x^3 + y^3 - 3(x^2 + y^2)$ 的极值.

3. 求函数 $f(x,y) = e^{2x}(x + 2y + y^2)$ 的极值.

4. 求函数 $z = x^2 + 2xy - 4x + 8y$ 在 $x = 0, x = 1, y = 0, y = 2$ 区域上的最大、最小值.

5. 求函数 $f(x,y) = xy$ 在适合附加条件 $x + y = 1$ 下的极大值.

6. 在 xOy 平面上求一点, 使它到 $x = 0, y = 0$ 及 $x + 2y - 16 = 0$ 三直线的距离平方之和为最小.

7. 设球面 $x^2 + y^2 + z^2 = 4$ 上各点处温度不均匀, 温度函数是 $T(x,y,z) = xy^2z$, 求球面上取得最高温度的点及最高温度.

8. 将周长为 $2p$ 的矩形绕它的一边旋转而构成一个圆柱体, 问矩形的边长各为多少时, 才可使圆柱体的体积为最大?

9. 某厂生产甲、乙两种产品, 出售单价分别为 10 元与 9 元, 生产 x 单位的产品甲与生产 y 单位的产品乙所需总费用为 $C(x,y) = 400 + 2x + 3y + 0.01(3x^2 + xy + 3y^2)$ 元, 求两种产品的产量多大时, 取得的利润最大.

总 习 题 五

1. 填空.

(1) 设函数 $z = (1 + xy)^x$, 则 $\dfrac{\partial z}{\partial y} = $＿＿＿＿＿＿＿.

(2) 函数 $z = z(x,y)$ 由方程 $xyz = x + y + z$ 所确定, 则 $\dfrac{\partial z}{\partial x} = $＿＿＿＿＿＿, $\dfrac{\partial z}{\partial y} = $＿＿＿＿＿＿.

(3) 设 $f(u,v,s)$ 具有一阶连续偏导数, 且 $w = f(x-y, y-z, t-z)$, 则 $\dfrac{\partial w}{\partial x} + \dfrac{\partial w}{\partial y} + \dfrac{\partial w}{\partial z} + \dfrac{\partial w}{\partial t} = $＿＿＿＿＿＿.

2. 选择

(1) 函数 $z = \sqrt{5 - x^2 - y^2}$ 的驻点是 (　　).

(A) $(1,1)$;　　　(B) $(1,0)$;　　　(C) $(0,1)$;　　　(D) $(0,0)$.

(2) 函数 $f(x,y)$ 的两个偏导数存在是 $f(x,y)$ 可微分的 (　　).

(A) 充分条件;　　　　　　(B) 必要条件;

(C) 充要条件;　　　　　　(D) 既非充分又非必要条件.

(3) 已知曲面 $z = 4 - x^2 - y^2$ 上 P 点处的切平面平行于 $2x + 2y + z - 1 = 0$, 则点 P 的坐标为 (　　).

(A) $(1, -1, 2)$;　　　(B) $(-1, 1, 2)$;　　　(C) $(1, 1, 2)$;　　　(D) $(-1, -1, 2)$.

3. 设 $x = \mathrm{e}^u \cos v, y = \mathrm{e}^u \sin v, z = uv$, 求 $\dfrac{\partial z}{\partial x}$ 和 $\dfrac{\partial z}{\partial y}$.

4. 设 $z = f(u, x, y), u = x\mathrm{e}^y$, 其中 f 具有连续的二阶偏导数, 求 $\dfrac{\partial^2 z}{\partial x \partial y}$.

5. 求曲面 $x^2 + y^2 + z^2 - xy - 3 = 0$ 上同时垂直于平面 $z = 0$ 与平面 $x + y + 1 = 0$ 的切平面方程.

6. 求平面 $\dfrac{x}{3} + \dfrac{y}{4} + \dfrac{z}{5} = 1$ 和柱面 $x^2 + y^2 = 1$ 的交线上与 xOy 平面距离最短的点.

7. 某厂家生产的一种产品同时在两个市场销售, 售价分别为 p_1 和 p_2, 销售量分别为 q_1 和 q_2, 需求函数分别为 $q_1 = 24 - 0.2p_1, q_2 = 10 - 0.05p_2$, 总成本函数为 $C = 35 + 40(q_1 + q_2)$. 试问: 厂家如何确定两个市场的售价, 能使其获得的总利润最大? 最大总利润为多少?

历年考研题五

本章历年试题的类型:

(1) 多元函数微分学中的若干基本概念及其联系.

(2) 求二元或三元初等函数的偏导数或全微分.

(3) 复合函数求导法 —— 求带抽象函数记号的复合函数的一、二阶偏导数或全微分.

(4) 复合函数求导法 —— 求隐函数的导数. 偏导数或全微分.

(5) 复合函数求导法 —— 变量替换下方程的变形.

(6) 求二元或三元函数的梯度或方向导数.

(7) 多元函数微分学的几何应用.

(8) 多元函数的最值问题.

(9) 关于极值点的判断与极值点的性质.

1. (2000,3 分) 曲面 $x^2 + 2y^2 + 3z^2 = 21$ 在点 $(1, -2, 2)$ 的法线方程为 _____.

2. (2000,5 分) 设 $z = f\left(xy, \dfrac{x}{y}\right) + g\left(\dfrac{y}{x}\right)$, 其中 f 具有二阶连续偏导数, g 具有二阶连续导数, 求 $\dfrac{\partial^2 z}{\partial x \partial y}$.

3. (2001,3 分) 设函数 $z = f(x, y)$ 在点 $(0, 0)$ 附近有定义, 且 $f'_x(0, 0) = 3, f'_y(0, 0) = 1$, 则 (　　).

(A) $\mathrm{d}z|_{(0, 0)} = 3\mathrm{d}x + \mathrm{d}y$;

(B) 曲面 $z = f(x, y)$ 在点 $(0, 0, f(0, 0))$ 的法向量为 $\{3, 1, 1\}$;

(C) 曲线 $\begin{cases} z = f(x, y) \\ y = 0 \end{cases}$ 在点 $(0, 0, f(0, 0))$ 的切向量为 $\{1, 0, 3\}$;

(D) 曲线 $\begin{cases} z = f(x, y) \\ y = 0 \end{cases}$ 在点 $(0, 0, f(0, 0))$ 的切向量为 $\{3, 0, 1\}$.

4. (2001,6 分) 设函数 $z = f(x, y)$ 在点 $(1, 1)$ 处可微, 且 $f(1, 1) = 1, \dfrac{\partial f}{\partial x}\bigg|_{(1, 1)} =$

$2, \dfrac{\partial f}{\partial y}\Big|_{(1,\,1)} = 3, \phi(x) = f[x,\,f(x,\,x)],$ 求 $\dfrac{\mathrm{d}}{\mathrm{d}x}\phi^3(x)\Big|_{x=1}$.

5. (2002,3 分) 考虑二元函数的下面 4 条性质:

①$f(x,\,y)$ 在点 $(x_0,\,y_0)$ 处连续;　　②$f(x,\,y)$ 在点 $(x_0,\,y_0)$ 处的两个偏导数连续;

③$f(x,\,y)$ 在点 $(x_0,\,y_0)$ 处可微;　　④$f(x,\,y)$ 在点 $(x_0,\,y_0)$ 处的两个偏导数存在.

若用 ”$P \Rightarrow Q$” 表示可由性质 P 推出性质 Q, 则有 (　　).

(A) ②⇒③⇒①;　　　　　　　　(B) ③⇒②⇒①;

(C) ③⇒④⇒①;　　　　　　　　(D) ③⇒①⇒④.

6. (2002,7 分) 设有一小山, 取它的底面所在的平面为 xOy 坐标面, 其底部所占区域为 $D = \{(x,\,y)\mid x^2 + y^2 - xy \leqslant 75\}$, 小山的高度函数为 $h(x,\,y) = 75 - x^2 - y^2 + xy$.

(1) 设 $M(x_0,\,y_0)$ 为区域 D 上的一个点, 问 $h(x,\,y)$ 在该点沿平面上什么方向的方向导数最大? 若记此方向导数的最大值为 $g(x_0,\,y_0)$, 试写出 $g(x_0,\,y_0)$ 的表达式;

(2) 现欲利用此小山开展攀岩活动, 为此需要在山脚寻找一上山坡度最大的点作为攀登的起点, 也就是说, 需要在 D 的边界曲线 $x^2 + y^2 - xy = 75$ 上找出使 (1) 中的 $g(x,\,y)$ 达到最大值的点. 试确定攀登起点的位置.

7. (2003,4 分) 曲面 $z = x^2 + y^2$ 与平面 $2x + 4y - z = 0$ 平行的切平面方程是_____.

8. (2003,4 分) 已知函数 $f(x,\,y)$ 在点 $(0,\,0)$ 某邻域内连续, 且 $\lim\limits_{\substack{x\to 0 \\ y\to 0}} \dfrac{f(x,\,y) - xy}{(x^2 + y^2)^2} = 1$, 则 (　　)

(A) 点 $(0,\,0)$ 不是 $f(x,\,y)$ 的极值点;

(B) 点 $(0,\,0)$ 是 $f(x,\,y)$ 的极值点;

(C) 点 $(0,\,0)$ 是 $f(x,\,y)$ 的极小值点;

(D) 根据所给条件无法判断点 $(0,\,0)$ 是否为 $f(x,\,y)$ 的极值点.

9. (2004,12 分) 设 $z = z(x,\,y)$ 是由 $x^2 - 6xy + 10y^2 - 2yz - z^2 + 18 = 0$ 确定的函数, 求 $z = z(x,\,y)$ 的极值点和极值.

10. (2005,4 分) 设函数 $u(x,\,y) = \phi(x+y) + \phi(x-y) + \displaystyle\int_{x-y}^{x+y} \psi(t)\mathrm{d}t$, 其中函数 ϕ 具有二阶导数, ψ 具有一阶导数, 则必有 (　　).

(A) $\dfrac{\partial^2 u}{\partial x^2} = -\dfrac{\partial^2 u}{\partial y^2}$;　(B) $\dfrac{\partial^2 u}{\partial x^2} = \dfrac{\partial^2 u}{\partial y^2}$;　(C) $\dfrac{\partial^2 u}{\partial x \partial y} = \dfrac{\partial^2 u}{\partial y^2}$;　(D) $\dfrac{\partial^2 u}{\partial x \partial y} = \dfrac{\partial^2 u}{\partial x^2}$.

11. (2005,4 分) 设有三元方程 $xy - z\ln y + \mathrm{e}^{xz} = 1$, 根据隐函数存在定理, 存在点 $(0,\,1,\,1)$ 的一个邻域, 在此邻域内该方程 (　　)

(A) 只能确定一个具有连续偏导数的隐函数 $z = z(x,y)$;

(B) 可确定两个具有连续偏导数的隐函数 $y = y(x,z)$ 和 $z = z(x,y)$;

(C) 可确定两个具有连续偏导数的隐函数 $x = x(y,z)$ 和 $z = z(x,y)$;

(D) 可确定两个具有连续偏导数的隐函数 $x = x(y,z)$ 和 $y = y(x,z)$.

12. (2005,4 分) 设函数 $u(x,\,y,\,z) = 1 + \dfrac{x^2}{6} + \dfrac{y^2}{12} + \dfrac{z^2}{18}$, 单位向量 $n = \dfrac{1}{\sqrt{3}}\{1,\,1,\,1\}$, 则 $\dfrac{\partial u}{\partial \boldsymbol{n}}\Big|_{(1,\,2,\,3)} = $_____.

13. (2006,4 分) 设 $f(x, y)$ 与 $\phi(x, y)$ 均为可微函数, 且 $\phi'_y(x, y) \neq 0$. 已知 (x_0, y_0) 是 $f(x, y)$ 在约束条件 $\phi(x, y) = 0$ 下的一个极值点, 下列选项正确的是 (　　).

(A) 若 $f'_x(x_0, y_0) = 0$, 则 $f'_y(x_0, y_0) = 0$;

(B) 若 $f'_x(x_0, y_0) = 0$, 则 $f'_y(x_0, y_0) \neq 0$;

(C) 若 $f'_x(x_0, y_0) \neq 0$, 则 $f'_y(x_0, y_0) = 0$;

(D) 若 $f'_x(x_0, y_0) \neq 0$, 则 $f'_y(x_0, y_0) \neq 0$.

14. (2006,12 分) 设函数 $f(u)$ 在 $(0, +\infty)$ 内具有二阶导数, 且 $z = f\left(\sqrt{x^2 + y^2}\right)$ 满足等式 $\dfrac{\partial^2 z}{\partial x^2} + \dfrac{\partial^2 z}{\partial y^2} = 0$.

（I）验证 $f''(u) + \dfrac{f'(u)}{u} = 0$;

（II）若 $f(1) = 0$, $f'(1) = 1$, 求函数 $f(u)$ 的表达式.

15. (2007,4 分) 设 $f(u, v)$ 为二元可微函数, $z = f(x^y, y^x)$, 则 $\dfrac{\partial z}{\partial x} = $ ＿＿＿＿＿＿＿＿.

16. (2007,11 分) 求函数 $f(x, y) = x^2 + 2y^2 - x^2 y^2$ 在区域 $D = \left\{(x, y) \mid x^2 + y^2 \leqslant 4,\ y \geqslant 0\right\}$ 上的最大值与最小值.

17. (2008,4 分) 函数 $f(x, y) = \arctan \dfrac{x}{y}$ 在点 $(0, 1)$ 处的梯度等于 (　　).

(A) $\boldsymbol{i}$;　　　　　(B) $-\boldsymbol{i}$;　　　　　(C) $\boldsymbol{j}$;　　　　　(D) $-\boldsymbol{j}$.

18. (2008,11 分) 已知曲线 $C: \begin{cases} x^2 + y^2 - 2z^2 = 0, \\ x + y + 3z = 5, \end{cases}$ 求 C 上距离 xOy 面最远的点和最近的点.

19. (2009,9 分) 求二元函数 $f(x, y) = x^2(2 + y^2) + y \ln y$ 的极值.

20. (2009,4 分) 设函数 $f(u, v)$ 具有二阶连续偏导数, $z = f(x, xy)$, 则 $\dfrac{\partial^2 z}{\partial x \partial y} = $ ＿＿＿＿＿＿＿＿.

21. (2010,4 分) 设函数 $z = z(x, y)$ 由方程 $F\left(\dfrac{y}{x}, \dfrac{z}{x}\right) = 0$ 确定, 其中 F 为可微函数, 且 $F'_2 \neq 0$, 则 $x\dfrac{\partial z}{\partial x} + y\dfrac{\partial z}{\partial y} = ($　　$)$.

(A) x;　　　　　(B) z;　　　　　(C) $-x$;　　　　　(D) $-z$.

22. (2011,4 分) 设函数 $F(x, y) = \displaystyle\int_0^{xy} \dfrac{\sin t}{1 + t^2} \mathrm{d}t$, 则 $\dfrac{\partial^2 F}{\partial x^2}\bigg|_{\substack{x=0 \\ y=2}} = $ ＿＿＿＿＿＿＿＿.

23. (2011,9 分) 设函数 $z = f(xy, yg(x))$, 其中函数 f 具有二阶连续偏导数, 函数 $g(x)$ 可导且在 $x = 1$ 处取得极值 $g(1) = 1$. 求 $\dfrac{\partial^2 z}{\partial x \partial y}\bigg|_{\substack{x=1 \\ y=1}}$.

24. (2012,4 分) 如果 $f(x, y)$ 在 $(0,0)$ 处连续, 那么下列命题正确的是 (　　).

(A) 若极限 $\lim\limits_{\substack{x \to 0 \\ y \to 0}} \dfrac{f(x, y)}{|x| + |y|}$ 存在, 则 $f(x, y)$ 在 $(0,0)$ 处可微;

(B) 若极限 $\lim\limits_{\substack{x \to 0 \\ y \to 0}} \dfrac{f(x, y)}{x^2 + y^2}$ 存在, 则 $f(x, y)$ 在 $(0,0)$ 处可微;

(C) 若 $f(x, y)$ 在 $(0,0)$ 处可微, 则极限 $\lim\limits_{\substack{x \to 0 \\ y \to 0}} \dfrac{f(x, y)}{|x| + |y|}$ 存在;

(D) 若 $f(x, y)$ 在 $(0,0)$ 处可微, 则极限 $\lim\limits_{\substack{x \to 0 \\ y \to 0}} \dfrac{f(x, y)}{x^2 + y^2}$ 存在.

25. (2012,4 分) $\mathbf{grad}\left(xy+\dfrac{z}{y}\right)\Big|_{(2,1,1)}=$ _____.

26. (2012,10 分) 求 $f(x,y)=x\mathrm{e}^{-\dfrac{x^2+y^2}{2}}$ 的极值.

27. (2013,4 分) 曲面 $x^2+\cos(xy)+yz+x=0$ 在点 $(0,1,-1)$ 处的切平面方程为 (   ).

(A) $x-y+z=-2$;   (B) $x+y+z=0$;   (C) $x-2y+z=-3$;   (D) $x-y-z=0$.

28. (2013,10 分) 求函数 $f(x,y)=\left(y+\dfrac{x^3}{3}\right)\mathrm{e}^{x+y}$ 的极值.

29. (2014,4 分) 若 $\displaystyle\int_{-\pi}^{\pi}(x-a_1\cos x-b_1\sin x)^2\mathrm{d}x=\min_{a,b\in\mathrm{R}}\left\{\int_{-\pi}^{\pi}(x-a\cos x-b\sin x)^2\mathrm{d}x\right\}$, 则 $a_1\cos x+b_1\sin x=$(   ).

(A) $2\sin x$;   (B) $2\cos x$;   (C) $2\pi\sin x$;   (D) $2\pi\cos x$.

30. (2014,4 分) 曲面 $z=x^2(1-\sin y)+y^2(1-\sin x)$ 在点 $(1,0,1)$ 处的切平面方程为_____.

31. (2014,10 分) 设函数 $f(u)$ 具有 2 阶连续导数, $z=f(\mathrm{e}^x\cos y)$ 满足 $\dfrac{\partial^2 z}{\partial x^2}+\dfrac{\partial^2 z}{\partial y^2}=(4z+\mathrm{e}^x\cos y)\mathrm{e}^{2x}$. 若 $f(0)=0,f'(0)=0$, 求 $f(u)$ 的表达式.

32. (2015,4 分) 若函数 $z=z(x,y)$ 由方程 $\mathrm{e}^z+xyz+x+\cos x=2$, 则 $\mathrm{d}z|_{(0,1)}=$ _____.

33. (2015,10 分) 已知函数 $f(x,y)=x+y+xy$, 曲线 $C:x^2+y^2+xy=3$, 求 $f(x,y)$ 在曲线 C 上的最大方向导数.

部分习题答案与提示

第一章

习题 1-1

1. $A\bigcup B=(-\infty,2]\bigcup(7,+\infty),A\bigcap B=[-8,-3),A\backslash B=(-\infty,-8]\bigcup(7,+\infty),A\backslash(A\backslash B)=$
$(-8,-3)$.

2—3. 略.

4. (1) $(-\infty,-\sqrt{2})\bigcup(\sqrt{2},\ +\infty)$.   (2) $\left(-\dfrac{4}{3},\ +\infty\right)$.   (3) $\left[\dfrac{1}{2},1\right]$.

   (4) $[-1,0)\bigcup(0,1]$.   (5) $x\neq\dfrac{k\pi}{2}+\dfrac{\pi}{4}+\dfrac{1}{2}(k=0,\pm1,\pm2,\cdots)$.   (6) $D=(-\infty,0)\bigcup(0,+\infty)$.

5. (1) 不同.   (2) 不同.   (3) 不同.   (4) 相同.   (5) 不同.   (6) 相同.

6. $\phi\left(\dfrac{\pi}{6}\right)=-\dfrac{1}{2},\phi\left(\dfrac{\pi}{4}\right)=-\dfrac{\sqrt{2}}{2},\phi\left(-\dfrac{\pi}{4}\right)=\dfrac{\sqrt{2}}{2},\phi\left(-\dfrac{\pi}{2}\right)=0$.

7. (1) 在 $(-\infty,0)$ 内也是递减的.   (2) 在其定义域单调递减.

   (3) 在 $\left(k\pi-\dfrac{\pi}{2},k\pi+\dfrac{\pi}{2}\right),k=0,\pm1,\pm2,\cdots$ 函数是单调递减的.

8. (1) 奇函数.   (2) 偶函数.   (3) 奇函数.

   (4) 既非奇函数又非偶函数.   (5) 偶函数.   (6) 奇函数.

9. 略.

10. (1) π.   (2) $\dfrac{\pi}{2}$.   (3) 1.   (4) 不是周期函数.

11. (1) $f^{-1}(x)=\sqrt[3]{x+1}$.   (2) $f^{-1}(x)=\dfrac{1-x}{1+x}$.   (3) $f^{-1}(x)=\log_3\dfrac{x}{1-x}$.

12. $d=-a$.

13. (1) $y=\sin(x^2)$.   (2) $y=\sqrt{\mathrm{e}^x}$.   (3) $y=\ln\left(1+x^2\right)$.   (4) $y=\mathrm{e}^{x^3}$.

14. (1) 由 $y=\mathrm{e}^u,u=\sin v,v=4x$ 复合而成.

   (2) 由 $y=\sqrt[3]{u},u=\arctan v,v=x^2$ 复合而成.

   (3) 由 $y=2^u,u=v^2,v=\cos x$ 复合而成.

15. $f\left(\sqrt[3]{x}\right)$ 的定义域为 $[0,1]$; 函数 $f(\cos x)$ 定义域为 $\left[2k\pi-\dfrac{\pi}{2},2k\pi+\dfrac{\pi}{2}\right]$; 函数 $f(x+c)+$
$f(x-c)$ ① 若 $c<\dfrac{1}{2}$, 定义域为 $[c,1-c]$; ② 若 $c=\dfrac{1}{2}$, 定义域为 $\left\{\dfrac{1}{2}\right\}$; ③ 若 $c>\dfrac{1}{2}$, 定义域
为 $\varnothing$.

16. $f(g(x)) = \begin{cases} 1, & x < 0, \\ 0, & x = 0, \\ -1, & x > 0, \end{cases} \quad g(f(x)) = \begin{cases} 2, & |x| < 1, \\ 1, & |x| = 1, \\ \dfrac{1}{2}, & |x| > 1. \end{cases}$

17. $f(x) + g(x) = \begin{cases} x + 1 + \sin x, & x < 0, \\ x^2 + 2 + \sin x, & 0 \leqslant x < 1, \\ x^2 + 2 + \mathrm{e}^x, & 1 \leqslant x < 2, \\ \mathrm{e}^x + \ln x, & x \geqslant 2. \end{cases}$

习题 1-2

1. (1) 0.   (2) 0.   (3) 没有极限.   (4) $\dfrac{1}{2}$.   (5) 没有极限.

2. (1) $1, \dfrac{2}{101}, \dfrac{2}{1001}$.   (2) N= 1999999.   (3) 取 $N = \left[\dfrac{2}{\varepsilon} - 1\right]$.

3. $N = \left[\dfrac{1}{\varepsilon}\right]$, 则 $n > N$ 时, 有 $|x_n - 0| < \varepsilon$. 当 $\varepsilon = 0.001$ 时, $N = \left[\dfrac{1}{\varepsilon}\right] = 1000$.

4. (1) 错.   (2) 错.   (3) 错.   (4) 对.   (5) 错.   (6) 错.

5—*8. 略.

习题 1-3

1—2. 略.

3. 取 $\delta = 0.004$.

4. $X = \sqrt[3]{7000}$.

5—6. 略.

7. $f(x)$ 在 $x \to 0$ 时的极限不存在. $\lim\limits_{x \to 1^-} f(x) = 3$, $\lim\limits_{x \to 1^+} f(x) = 3$, $f(x)$ 在 $x \to 1$ 时的极限为 3.

*8—*10. 略.

习题 1-4

1. D.

2—4. 略.

5.

	$f(x) \to A$	$f(x) \to \infty$	$f(x) \to +\infty$	$f(x) \to -\infty$
$x \to x_0$	$\forall \varepsilon > 0, \exists \delta > 0,$使当 $0 < |x - x_0| < \delta$时, 有 $|f(x) - A| < \varepsilon.$	$\forall M > 0, \exists \delta > 0,$ 使当 $0 < |x - x_0| < \delta$ 时, 有 $|f(x)| > M.$	$\forall M > 0, \exists \delta > 0,$ 使当 $0 < |x - x_0| < \delta$ 时, 有 $f(x) > M.$	$\forall M > 0, \exists \delta > 0,$ 使当 $0 < |x - x_0| < \delta$ 时, 有 $f(x) < -M.$
$x \to x_0^+$	$\forall \varepsilon > 0, \exists \delta > 0,$ 使当 $0 < x - x_0 < \delta$ 时, 有 $|f(x) - A| < \varepsilon.$	$\forall M > 0, \exists \delta > 0,$ 使当 $0 < x - x_0 < \delta$ 时, 有 $|f(x)| > M.$	$\forall M > 0, \exists \delta > 0,$ 使当 $0 < x - x_0 < \delta$ 时, 有 $f(x) > M.$	$\forall M > 0, \exists \delta > 0,$ 使当 $0 < x - x_0 < \delta$ 时, 有 $f(x) < -M.$
$x \to x_0^-$	$\forall \varepsilon > 0, \exists \delta > 0,$ 使当 $0 < x_0 - x < \delta$ 时, 有 $|f(x) - A| < \varepsilon.$	$\forall > 0, \exists \delta > 0,$ 使当 $0 < x_0 - x < \delta$ 时, 有 $|f(x)| > M.$	$\forall M > 0, \exists \delta > 0,$ 使当 $0 < x_0 - x < \delta$ 时, 有 $f(x) > M.$	$\forall M > 0, \exists \delta > 0,$ 使当 $0 < x_0 - x < \delta$ 时, 有 $f(x) < -M.$
$x \to \infty$	$\forall \varepsilon > 0, \exists X > 0,$ 使当 $|x| > X$ 时, 有 $|f(x) - A| < \varepsilon.$	$\forall \varepsilon > 0, \exists X > 0,$ 使当 $|x| > X$ 时, 有 $|f(x)| > M.$	$\forall \varepsilon > 0, \exists X > 0,$ 使当 $|x| > X$ 时, 有 $f(x) > M.$	$\forall \varepsilon > 0, \exists X > 0,$ 使当 $|x| > X$ 时, 有 $f(x) < -M.$
$x \to +\infty$	$\forall \varepsilon > 0, \exists X > 0,$ 使当 $x > X$ 时, 有 $|f(x) - A| < \varepsilon.$	$\forall \varepsilon > 0, \exists X > 0,$ 使当 $x > X$ 时, 有 $|f(x)| > M.$	$\forall \varepsilon > 0, \exists X > 0,$ 使当 $x > X$ 时, 有 $f(x) > M.$	$\forall \varepsilon > 0, \exists X > 0,$ 使当 $x > X$ 时, 有 $f(x) < -M.$
$x \to -\infty$	$\forall \varepsilon > 0, \exists X > 0,$ 使当 $x < -X$ 时, 有 $|f(x) - A| < \varepsilon.$	$\forall \varepsilon > 0, \exists X > 0,$ 使当 $x < -X$ 时, 有 $|f(x)| > M.$	$\forall \varepsilon > 0, \exists X > 0,$ 使当 $x < -X$ 时, 有 $f(x) > M.$	$\forall \varepsilon > 0, \exists X > 0,$ 使当 $x < -X$ 时, 有 $f(x) < -M.$

6—7. 略.

习题 1-5

1. (1) 7.　(2) 9.　(3) 1.　(4) 0.　(5) $2x$.　(6) $\dfrac{8}{9}$.　(7) 5.　(8) 0.

(9) $\dfrac{1}{3}$.　(10) 10.　(11) $\dfrac{1}{2}$.　(12) 1.　(13) -1.　(14) $\sqrt[6]{2}$.　(15) $\dfrac{3}{2}$.　(16) $\dfrac{1}{3}$.

2. (1) ∞.　(2) ∞.　(3) ∞.

3. $a = 25, b = 10$

4. (1) 0.　(2) 0.

5. 4.

习题 1-6

1. (1) $\dfrac{1}{2}$.　(2) $\dfrac{a}{b}$.　(3) $\dfrac{1}{2}$.　(4) 0.　(5) 1.　(6) x.　(7) -1.　(8) 1.

2. (1) $\mathrm{e}^{-\frac{1}{2}}$.　(2) e^{-k}.　(3) $\mathrm{e}^{\frac{1}{2}}$.　(4) e^{10}.

3. 略.

习题 1-7

1. B.

2. 略.

3. (1) $\dfrac{n}{m}$.   (2) $\begin{cases} 1, & n = m, \\ 0, & n > m, \\ \infty, & n < m. \end{cases}$ (3) ∞.   (4) $\dfrac{1}{2}$.   (5) $\dfrac{3}{2}$.   (6) $\dfrac{2}{3}$.   (7) $(ab)^{\frac{3}{2}}$.   (8) 4.

4. $a = -3$.

习题 1-8

1. (1) $f(x)$ 在 $[0, 2]$ 上是连续函数.

   (2) 函数在 $(-\infty, 0)$ 和 $[0, +\infty)$ 内连续, 在 $x=0$ 处间断, 但右连续.

2. (1) $x = 0$ 是函数的第一类间断点, 是跳跃间断点.

   (2) $x = -3$ 是函数的第二类间断点; $x = -2$ 是函数的第一类间断点, 并且是可去间断点. 在 $x = -2$ 处, 令 $y = -4$, 则函数在 $x = -2$ 处成为连续的.

   (3) $x = k\pi (k \neq 0)$ 是第二类间断点; $x=0$ 和 $x = k\pi + \dfrac{\pi}{2} (k \in \mathbf{Z})$ 是第一类间断点且是可去间断点. 令 $y|_{x=0} = 1$, 则函数在 $x=0$ 处成为连续的; 令 $x = k\pi + \dfrac{\pi}{2}$ 时, $y=0$, 则函数在 $x = k\pi + \dfrac{\pi}{2}$ 处成为连续的.

   (4) $x=0$ 是函数的第二类间断点.

   (5) $x=0$ 是函数的第一类可去间断点.

3. $x = -1$ 为函数的第一类可去间断点, $x=1$ 为函数的第一类可去间断点.

4. 函数在 $(-\infty, 0)$ 和 $[0, +\infty)$ 内连续, 在 $x=0$ 处间断, 但右连续.

5. (1) $f(x) = \csc(\pi x) + \csc \dfrac{\pi}{2}$ 在点 $x = 0, \pm 1, \pm 2, \cdots, \pm n, \pm \dfrac{1}{n}, \cdots$ 处是间断的, 且这些点是函数的无穷间断点.

   (2) 函数 $f(x) = \begin{cases} -1, & x \in \mathbf{Q}, \\ 1, & x \notin \mathbf{Q} \end{cases}$ 在 $\mathbf{R}$ 上处处不连续, 但 $|f(x)| = 1$ 在 $\mathbf{R}$ 上处处连续.

   (3) 函数 $f(x) = \begin{cases} x, & x \in \mathbf{Q}, \\ -x, & x \notin \mathbf{Q} \end{cases}$ 在 $\mathbf{R}$ 上处处有定义, 它只在 $x=0$ 处连续.

6—7. 略.

8. (1) $\ln 3$.   (2) $2 - \dfrac{\sqrt{2}}{2}$.   (3) $\dfrac{3}{2}$.   (4) 1.   (5) $\dfrac{\pi}{4}$.   (6) 1.   (7) $\dfrac{1}{2}$.

9. (1) 1.   (2) 0.   (3) e^{-1}.   (4) e^3.   (5) $e^{\frac{2}{3}}$.   (6) -3.   (7) $e^{\frac{1}{2}}$.

10. $a = 2, b = 2$.

11. (1) 错. $\varphi(x) = \mathrm{sgn}\,x, f(x) = e^x, \varphi[f(x)] = 1$ 在 $(-\infty, +\infty)$ 连续.

   (2) 错. $\varphi(x) = \begin{cases} -1, & x \leqslant 0, \\ 1, & x > 0, \end{cases}$ $x = 0$ 是间断点, $[\varphi(x)]^2 = 1$ 在 $(-\infty, +\infty)$ 连续.

(3) 对. $f(x) = |x|, \varphi(x) = \begin{cases} -1, & x \leqslant 0, \\ 1, & x > 0, \end{cases} f[\varphi(x)] = 1$ 没有间断点.

(4) 对. 否则若 $\dfrac{\varphi(x)}{f(x)}$ 在 **R** 上连续, $f(x)$ 在 **R** 上连续, 则根据连续函数的四则运算的连续性, $\dfrac{\varphi(x)}{f(x)} \cdot f(x) = \varphi(x)$ 在 **R** 上也连续, 与 $\varphi(x)$ 在 **R** 上有间断点矛盾.

习题 1-9

1—7. 略.

总习题一

1. B.

2. D.

3. D.

4. B.

5. C.

6. $[a, 1-a]$.

7. $\left[2n\pi - \dfrac{\pi}{2}, \ n\pi + \dfrac{\pi}{2}\right]$ $(n=0, \pm 1, \pm 2, \cdots)$.

8. 跳跃.

9. $x^3 + 3x^2 + 2x$.

10. $a = e^2, b = e^2 - 2$.

11. $\dfrac{R^3}{24\pi^2}(2\pi - \alpha)^2 \cdot \sqrt{4\pi\alpha - a^2} (0 < \alpha < 2\pi)$.

12. 略.

13. (1) 0. (2) $e^{\frac{1}{2}}$. (3) 1. (4) $\dfrac{1}{2}$. (5) $\sqrt[3]{abc}$. (6) 1. (7) e^{2a^2}.

14. 所求极限不存在.

15. $x=1$ 是函数的第二类间断点. $x=0$ 也是函数的间断点, 且为第一类间断点.

16. 函数 $f[f(x)]$ 的连续区间为 $(-\infty, -1]$.

17—19. 略.

历年考研题一

1. 1.

2. $a = 2$, $b = -1$.

3. D.

4. $e^{-\frac{1}{2}}$

5. B.

6. 2.

7. (1) 证明略, 极限为 0.   (2) $e^{-\frac{1}{6}}$.

8. B.

9. B.

10. $\dfrac{1}{6}$.

11. A.

12. C.

13. D.

14. 略.

15. $e^{-\frac{1}{2}}$.

16. D.

17. $-\dfrac{1}{2}$

第二章

习题 2-1

1. -6.   2. 略.   3. 2.   4. $-\dfrac{5}{3}$.   5. D.   6. B.   7. C.

8. 切线方程: $y = \dfrac{x}{e}$; 法线方程: $y = -ex + e^2 + 1$.

9.(1) $y' = 5x^4$.   (2) $y' = -3x^{-4}$.   (3) $y' = \dfrac{3}{5}x^{-\frac{2}{5}}$.   (4) $y' = \dfrac{5}{6}x^{-\frac{1}{6}}$.

10. 连续, 可导, $f'(1) = 2$.

11. $x = \ln(e - 1)$.

习题 2-2

2. (1) $y' = 6x + 3x^{-4}$.   (2) $y' = \dfrac{2}{(1-x)^2}$.   (3) $y' = 2x\sin x + x^2\cos x$.

(4) $y' = -\dfrac{1}{2}\dfrac{1}{\sqrt{x}}\left(1 + \dfrac{1}{x}\right)$.   (5) $y' = \dfrac{1 - 2\ln x}{x^3}$.   (6) $y' = -\sin x + e^x$.

(7) $y' = e^x\left(\ln x + \dfrac{1}{x}\right)$.   (8) $y' = \tan x + x\sec^2 x - \csc^2 x$.

(9) $y' = 6x^2 + 2x - 3$.   (10) $y' = \dfrac{1}{1 + \cos x}$.

习题 2-3

1. (1) $y'|_{x=1} = 5 + \cos 1$.   (2) $y'|_{x=0} = 2$.

2. (1) $y' = 12(2x - 1)^5$.   (2) $y' = -2\sin(4x - 2)$.   (3) $y' = \dfrac{3x^2}{1 + x^3}$.   (4) $y' = 2xe^{x^2}$.

   (5) $y' = \cot x$.   (6) $y' = \dfrac{2x}{1 + x^4}$.   (7) $y' = 2x\sec^2(1 + x^2)$.   (8) $y' = \dfrac{1 - x}{\sqrt{2x - x^2}}$.

3. (1) $y' = -\cot(e^x) \cdot e^x$.   (2) $y' = n\cos nx \cdot \sin^n x + n\sin nx \cdot \sin^{n-1} x \cdot \cos x$.

   (3) $y' = \dfrac{1}{\sqrt{1 + x^2}}$.   (4) $y' = \arctan(1 + x^2) + \dfrac{2x^2}{1 + (1 + x^2)^2}$.

   (5) $y' = \sin 2x + \ln(1 + x) + \dfrac{x}{1 + x}$.   (6) $y' = e^x(x^2 + 7x + 12)$.

   (7) $y' = -\dfrac{2}{x^3}\cos\dfrac{1}{x^2}$.   (8) $y' = \dfrac{\sin\dfrac{1}{x}}{x^2}e^{\cos\frac{1}{x}}$.

4. (1) $y' = 2xf(x^2)$.   (2) $y' = e^x f(e^x)$.   (3) $y' = 3\sin^2 x \cdot \cos x \cdot f(\sin^3 x)$.

   (4) $y' = -\sin 2x \cdot f'(\cos^2 x) + \sin 2f(x) \cdot f'(x)$.

5. (1) $\operatorname{sh}(\operatorname{sh}x) \cdot \operatorname{ch}x$.   (2) $e^{\operatorname{ch}x}(\operatorname{ch}x + \operatorname{sh}^2 x)$.

6. $a = 2, b = -3$.

习题 2-4

1. (1) $y'' = 6x + 2$.   (2) $y'' = -4\sin 2x$.   (3) $y'' = 2 + 4e^{2x}$.   (4) $y'' = \dfrac{4(1 - x^2)}{(1 + x^2)^2}$.

   (5) $y'' = 2\sec^2 x \tan x$.   (6) $y' = \dfrac{2}{(1 + x)^3}$.   (7) $y' = \dfrac{-3 + 2\ln x}{x^3}$.   (8) $y' = (x + 2)e^x$.

   (9) $y' = -2e^x \sin x$.   (10) $y' = 4(\ln 5)^2 5^{2x-1}$.

2. 略.

3. (1) $e^x f'(e^x) + (e^x)^2 f''(e^x)$.   (2) $\cos f(x) \cdot f''(x) - \sin f(x) \cdot [f'(x)]^2$.

4—5. 略.

6. $\ln a\{a^x \ln a \cdot f'(a^x) + (a^x)^2 f''(a^x)\ln a + f''(x)a^{f(x)} + a^{f(x)}\ln a[f'(x)]^2\}$.

7. (1) $-4e^x \cos x$.   (2) $2^{50}\left(-x^2\sin 2x + 50x\cos 2x + \dfrac{1225}{2}\sin 2x\right)$.

8. (1) $e^x(x + n)$.   (2) $2^{n-1}\sin\left[2x + (n - 1)\dfrac{\pi}{2}\right]$.   (3)—(4) 略.

9. 略.

10. $\dfrac{3}{8} \cdot 4^n \cdot \cos\left(4x + n \cdot \dfrac{\pi}{2}\right)$.

习题 2-5

1. (1) $\dfrac{2 - y}{x + 2y}$.   (2) $\dfrac{2}{2 - \cos y}$.   (3) $\dfrac{5 - ye^{xy}}{xe^{xy} + 3y^2}$.   (4) $\dfrac{1 + y^2}{2 + y^2}$.

(5) $\dfrac{2x-y}{2y+x}$. (6) $\dfrac{y+x}{x-y}$. (7) $x+y-1$.

2. 切线方程为 $y-\dfrac{3}{2}\sqrt{3}=-\dfrac{\sqrt{3}}{4}(x-2)$. 法线方程为 $y-\dfrac{3}{2}\sqrt{3}=\dfrac{4}{\sqrt{3}}(x-2)$.

3. (1) $x^x(\ln x+1)$. (2) $x^{\sin x}\left(\cos x\ln x+\dfrac{\sin x}{x}\right)$.

   (3) $\dfrac{\sqrt{x+2}(3-x)^4}{(x+1)^5}\left[\dfrac{1}{2(x+2)}+\dfrac{4}{x-3}-\dfrac{5}{x+1}\right]$.

   (4) $(1+x^2)^{\sin x}\left[\cos x\ln(1+x^2)+\dfrac{2x\sin x}{1+x^2}\right]$.

4. (1) $\dfrac{1-t}{1+t}$. (2) $\dfrac{-\sin t}{1+\cos t}$.

5. (1) $2(1+t^2)$. (2) $\dfrac{t(1+t)}{(1-t)^3}$.

6. $y-8=3(x-5)$.

7. $-\dfrac{3}{2},\dfrac{3}{2}$.

8. $\dfrac{16}{25\pi}\approx 0.204$ m/min.

习题 2-6

1. 当 $\Delta x=1$时, $\Delta y=18$, $\mathrm{d}y=11$; 当 $\Delta x=0.1$ 时, $\Delta y=1.161$, $\mathrm{d}y=1.1$; 当 $\Delta x=0.01$ 时, $\Delta y=0.110601$, $\mathrm{d}y=0.11$.

2. (1) $\mathrm{d}y=2\mathrm{e}^{2x}(x+x^2)\mathrm{d}x$. (2) $\mathrm{d}y=2x\sec(1+x^2)\tan(1+x^2)\mathrm{d}x$.

   (3) $\mathrm{d}y=(\sin x+x\cos x)\mathrm{d}x$. (4) $\mathrm{d}y=-\tan x\mathrm{d}x$.

3. (1) $-\dfrac{1}{1+x}+C$. (2) $2\sqrt{x}+C$. (3) $\dfrac{1}{6}\mathrm{e}^{6x}+C$. (4) $\dfrac{1}{3}\sin(3x+1)+C$.

4. 0.87476.

5. 2.0052.

6. $30°47''$.

7. $\dfrac{2}{3}\%$.

总习题二

1. A. 2. D. 3. D. 4. A.

5. (1) $f'_-(0)=f'_+(0)=f'(0)=1$. (2) $f'_-(0)=1$, $f'_+(0)=0$, $f'(0)$ 不存在.

6. (1) $\dfrac{\cos x}{|\cos x|}$. (2) $\sin x\cdot\ln\tan x$.

7. (1) $-2\cos 2x\cdot\ln x-\dfrac{2\sin 2x}{x}-\dfrac{\cos^2 x}{x^2}$. (2) $\dfrac{3x}{(1-x^2)^{\frac{5}{2}}}$.

8. 1.

9. $\dfrac{1}{\mathrm{e}^2}$.

10. $\dfrac{\mathrm{d}y}{\mathrm{d}x} = \dfrac{1}{t}$, $\dfrac{\mathrm{d}^2 y}{\mathrm{d}x^2} = -\dfrac{1+t^2}{t^3}$.

11. 切线方程为 $x + 2y - 4 = 0$, 法线方程为 $2x - y - 3 = 0$.

12. 0.08π.

13. 1.007.

历年考研题二

1. B.

2. -2.

3. (1) $y'' - y = \sin x$.   (2) $y(x) = \mathrm{e}^x - \mathrm{e}^{-x} - \dfrac{1}{2}\sin x$.

4. $y = x - 1$.

5. C.

6. C.

7. D.

8. $y = x + 1$.

9. 0.

10. C.

11. $\sqrt{2}$.

12. (2) $f'(x) = u'_1(x)u_2(x)\cdots u_n(x) + u_1(x)u'_2(x)\cdots u_n(x) + \cdots + u_1(x)u_2(x)\cdots u'_n(x)$.

第三章

习题 3-1

1. 否, 有 $\xi = \dfrac{\pi}{2}$.

2. $\xi = 1$.

3. 有, $\xi = \dfrac{14}{9}$.

4. 略.

5. 2.

6—10. 略.

习题 3-2

1. (1) $\dfrac{1}{2}$.   (2) -1.   (3) 2.   (4) ∞.   (5) $-\dfrac{3}{5}$.   (6) $\dfrac{1}{2}$.

(7) 1.　(8) 1.　(9) 0.　(10) 1.　(11) 1.　(12) 1.　(13)1.　(14) 1.

2. 1.

3. 1.

习题 3-3

1. $f(x) = -56 + 21(x-4) + 37(x-4)^2 + 11(x-4)^3 + (x-4)^4$.

2. $\tan x = x + \dfrac{1}{3}x^3 + o(x^n)$.

3. (1) $\sqrt[3]{30} \approx 3.10724$, $|R_3| < 1.88 \times 10^{-5}$.　(2) $\sin 18° \approx 0.3090$, $|R_3| < 1.3 \times 10^{-4}$.

4. (1) $\dfrac{3}{2}$.　(2) $\dfrac{1}{6}$.

习题 3-4

1. (1) D.　(2) B.

2. (1) 单增区间为 $(-\infty, 1], [2, +\infty)$, 单减区间为 $[1, 2]$.

(2) 单增区间为 $(-\infty, 0), \left(0, \dfrac{1}{2}\right], [1, +\infty)$, 单减区间为 $\left[\dfrac{1}{2}, 1\right]$.

(3) 单增区间为 $[0, 1]$, 单减区间为 $[1, 2]$.

(4) 单增区间为 $[0, +\infty)$, 单减区间为 $(-\infty, 0]$.

(5) 单增区间为 $(-\infty, +\infty)$.

(6) 在 $\left[\dfrac{k\pi}{2}, \dfrac{k\pi}{2} + \dfrac{\pi}{3}\right]$ 上单增, 在 $\left[\dfrac{k\pi}{2} + \dfrac{\pi}{3}, \dfrac{k\pi}{2} + \dfrac{\pi}{2}\right]$ 上单减.

3. 略.

4. (1) 是凹的.　(2) 是凸的.　(3) 在 $(-\infty, 2]$ 是凸的, 在 $[2, +\infty)$ 是凹的.　(4) 是凹的.

5. (1) 拐点 $(0, 1)$ 和 $\left(\dfrac{2}{3}, \dfrac{11}{27}\right)$, 在 $(-\infty, 0]$ 和 $\left[\dfrac{2}{3}, +\infty\right)$ 是凹的, 在 $\left[0, \dfrac{2}{3}\right]$ 是凸的.

(2) 无拐点, 在 $(-\infty, -1)$ 是凹的, 在 $(-1, +\infty)$ 是凸的.

(3) 拐点 $(1, -7)$, 在 $(0, 1]$ 内是凸的, 在 $[1, +\infty)$ 内是凹的.

(4) 拐点 $\left(2, \dfrac{11}{9}\right)$ 和 $(3, 5)$, 在 $(-\infty, 2], [3, +\infty)$ 是凹的, 在 $[2, 3]$ 是凸的.

6—7. 略.

8. $a = 1$, $b = -3$, $c = -24$, $d = 16$.

9. $(x_0, f(x_0))$ 为拐点.

习题 3-5

1. C.

2. C.

3. C.

4. (1) 极大值 $f(0) = 3$, 极小值 $f(2) = -1$.

 (2) 极大值 $f(0) = 0$, 极小值 $f(1) = -\dfrac{1}{2}$.

 (3) 极大值 $f\left(\dfrac{3}{4}\right) = \dfrac{5}{4}$.

 (4) 极小值 $f(0) = 0$.

 (5) 极大值 $f\left(\dfrac{12}{5}\right) = \dfrac{1}{10}\sqrt{205}$.

 (6) 没有极值.

5. $a = \dfrac{2}{3}$, $f\left(\dfrac{\pi}{3}\right) = \dfrac{\sqrt{3}}{2}$ 为极大值.

6. 在 $x = 4$ 处.

7. 最大值 $f\left(\dfrac{\sqrt{2}}{2}\right) = \sqrt[3]{4}$, 最小值 $f(2) = \sqrt[3]{4} - \sqrt[3]{3}$.

8. $x_0 = \sqrt{2}$.

9. $r = \sqrt[3]{\dfrac{V}{2\pi}}$, $h = 2\sqrt[3]{\dfrac{V}{2\pi}}$; $d : h = 1 : 1$.

习题 3-6

略.

习题 3-7

1. $K = 2$.

2. $K = 2$, $\rho = \dfrac{1}{2}$.

3. $\left(\dfrac{\sqrt{2}}{2}, -\dfrac{\ln 2}{2}\right)$ 处曲率半径有最小值 $\dfrac{3\sqrt{3}}{2}$.

4. $\dfrac{2500}{9}\sqrt{6}$.

5. $\left(\xi - \dfrac{\pi - 10}{4}\right)^2 + \left(\eta - \dfrac{9}{4}\right)^2 = \dfrac{125}{16}$.

习题 3-8

1. $0.18 < \xi < 0.19$.

2. $-0.20 < \xi < -0.19$.

3. $0.32 < \xi < 0.33$.

总习题三

1. A. 2. D. 3. A. 4. B. 5—8. 略.

9. (1) 4. (2) 2. (3) 1. (4) $a_1 a_2 \cdots a_n$.

11. $a = \dfrac{1}{2}$, 最大值 $S = \mathrm{e}^{-1}$.

12. $a = -6, b = 9, c = 2$.

14. $a = \dfrac{4}{3}, b = -\dfrac{1}{3}$.

历年考研题三

1. A.

2. 略.

3. D.

4. 略.

5. B.

6. C.

7—8. 略.

9. $y = \dfrac{1}{2}x - \dfrac{1}{4}$.

10. 略.

11. A.

12. D.

13. D.

14—15. 略.

16. 单调减区间 $(-\infty, -1] \cup [0, 1]$, 单调增区间 $[-1, 0] \cup [1, +\infty)$, 极大值 $f(0) = \dfrac{1}{2}(1 - \mathrm{e}^{-1})$,
    极小值 $f(\pm 1) = 0$.

17. C.

18. A.

19. 三个.

20. C.

21—22. 略.

23. C.

24. D.

25. $y = f(x)$ 有唯一极值点 $x = 1$, 是极小值点, 极小值为 $f(1) = -2$.

26. C.

27. $a = -1, b = -\dfrac{1}{2}, k = -\dfrac{1}{3}$.

第四章

习题 4-1

1. $4a + c$, $-2a + 4b - 3c$, $-3a + 10b - 7c$.

2. (1) $\frac{1}{2}(a - b)$, $\frac{1}{2}(a + b)$, $-\frac{1}{2}(a - b)$, $-\frac{1}{2}(a + b)$.   (2) $\frac{2}{3}(q - p)$, $\frac{2}{3}(q - 2p)$.

3. 略.

习题 4-2

1. $(1, 2, -3)$, $(-1, -2, -3)$, $(-1, 2, 3)$, $(-1, -2, 3)$, $(1, 2, 3)$, $(1, -2, -3)$; $(-1, 2, -3)$.

2. (1)B.   (2) C.

3. $\left(0, 3\sqrt{2}, -5\right)$.

4. 位于 x 轴上; 位于 xOz 面上; 位于 yOz 面上; 位于 xOz 面上; 位于 y 轴上.

习题 4-3

1. (1) $3\sqrt{5}$, $\sqrt{13}$, $2\sqrt{10}$; 2, 6, 3; 7.   (2) 1, -3, 3; $-\sqrt{19}$, $\left(\dfrac{1}{\sqrt{19}}, \dfrac{-3}{\sqrt{19}}, \dfrac{3}{\sqrt{19}}\right)$.

2. A.

3. (1) $(2, -6, 3)$, 7.   (2) $\dfrac{2}{7}$, $-\dfrac{6}{7}$, $\dfrac{3}{7}$.   (3) $\pm\left(\dfrac{2}{7}, -\dfrac{6}{7}, \dfrac{3}{7}\right)$.

4. $\dfrac{\pi}{3}$ 或 $\dfrac{2\pi}{3}$.

5. 0, 0, -1 或 $\dfrac{\sqrt{2}}{2}$, $\dfrac{\sqrt{2}}{2}$, 0.

6. 2.

7. 13, $7j$.

习题 4-4

1. (1) 0, 6.   (2) 0.   (3) $\pm\dfrac{3}{5}$.

2. (1) D (2) B.

3. 13.

4. (1) 9, $4i - 2j - 5k$.   (2) -54, $8i - 4j - 10k$.   (3) $\dfrac{3}{\sqrt{14}}$.

5. $m = 4$.

6. $80g$ 焦.

7. 2, $\dfrac{2}{\sqrt{41}}$.

8. $2\sqrt{6}$.

9. $\pm\dfrac{\sqrt{3}}{3}(\boldsymbol{i}+\boldsymbol{j}+\boldsymbol{k})$.

10. (1) $(0,-8,-24)$. (2) 2.

*11. 略.

习题 4-5

1. (1) $9x^2+4(y^2+z^2)=36$. (2) $5(x^2+y^2)-3z^2=15$, $5y^2-3(x^2+z^2)=15$.

  (3) $z=2(x^2+y^2)$.

2. (1) A. (2) C.

3. $(x-4)^2+y^2=0$.

4. $(x-3)^2+(y+1)^2+(z-1)^2=21$.

5. (1) 球心 $(1,-4,3)$, 半径为 5 的球面. (2) 球心 $\left(-2,0,\dfrac{1}{8}\right)$, 半径为 2 的球面.

6. (1) 直线, 平面. (2) 圆, 圆柱面. (3) 双曲线, 双曲柱面.

  (4) 抛物线, 抛物柱面. (5) 椭圆, 椭圆, 柱面.

习题 4-6

1. (1) $3x+2y+4z-6=0$. (2) $x-1=0$. (3) $x+3y=0$.

2. (1) A. (2) B. (3) C.

3. $2x-2y+z-26=0$.

4. $9x-z-38=0$.

5. $y-z+1=0$.

6. $x+z-1=0$.

7. $\dfrac{1}{3},\dfrac{2}{3},\dfrac{2}{3}$.

8. 1.

9. $x-y+5z-4=0$.

10. (1) yOz 坐标面. (2) 平行于 xOz 坐标面的平面. (3) 平行于 z 轴的平面.

  (4) 通过 x 轴的平面. (5) 通过原点的平面.

11. $x-y=0$.

习题 4-7

1. (1) $\begin{cases} -\dfrac{y^2}{25}+\dfrac{z^2}{4}=\dfrac{5}{9}; \\ x=2. \end{cases}$ (2) $\begin{cases} x=1+\cos\theta, \\ y=\sin\theta, \\ z=\pm 2\sin\dfrac{\theta}{2}. \end{cases}$

2. (1) 椭圆.　(2) 圆.　(3) 抛物线.　(4) 双曲线.

3. $y^2 + z^2 - 4z = 0,\ y^2 + 4x = 0.$

4. (1) $\begin{cases} x = 2\cos\theta, \\ y = 3\sin\theta, \\ z = 2\cos\theta. \end{cases}$　(2) $\begin{cases} x = \cos\theta, \\ y = 0, \\ z = 1 + \sin\theta. \end{cases}$

5. (1) $\begin{cases} x^2 + y^2 + (1 - 2x)^2 = 16, \\ z = 0. \end{cases}$　(2) $\begin{cases} 3y^2 - z^2 = 16, \\ x = 0 \end{cases}$ $(|z| \leqslant 4).$　$\begin{cases} 3x^2 + 2z^2 = 16, \\ y = 0. \end{cases}$

6. 略.

7. $\begin{cases} x^2 + y^2 \leqslant ax, \\ z = 0. \end{cases}$

习题 4-8

1. (1) $\dfrac{x - 1}{2} = \dfrac{y + 4}{1} = \dfrac{z - 5}{-3}.$　(2) $2x - y - z - 3 = 0.$　(3) $\dfrac{x}{4} = \dfrac{y}{3} = \dfrac{z}{1}.$

2. (1) B.　(2) A.

3. $\dfrac{x + 3}{-5} = \dfrac{y}{1} = \dfrac{z - 2}{5}.$ $\begin{cases} x = -3 - 5t, \\ y = t, \\ z = 2 + 5t. \end{cases}$

4. $\dfrac{x - 2}{3} = \dfrac{y + 3}{4} = \dfrac{z - 4}{-6}.$

5. $\dfrac{x + 2}{1} = \dfrac{y + 1}{-2} = \dfrac{z - 5}{-4}.$

6. $\dfrac{x + 1}{2} = \dfrac{y - 2}{-1} = \dfrac{z - 1}{0}.$

7. $\dfrac{x - 2}{14} = \dfrac{y}{8} = \dfrac{z - 1}{-5}.$

8. $x - 3 = y + 3 = \dfrac{z - 5}{-3}.$

9. $\cos\alpha = \dfrac{2}{3}, \cos\beta = \dfrac{1}{3}, \cos\gamma = -\dfrac{2}{3}.$

10. 0.

11. $\dfrac{\pi}{6}.$

12. $8x - 9y - 22z - 59 = 0.$

13. $\begin{cases} 17x + 31y - 37z - 117 = 0, \\ 4x - y + z - 1 = 0. \end{cases}$

14. $\sqrt{5}.$

习题 4-9

1. (1) 椭圆抛物面.　(2) 旋转椭球面.　(3) 旋转单叶双曲面.　(4) 椭圆抛物面.

(5) 双曲抛物面.

总习题四

1. (1) $(-6, 3, -6)$.   (2) 3.   (3) $2\sqrt{7}$.

2. (1) B.   (2) A.

3. $\left(0, 0, \dfrac{14}{9}\right)$.

4. 30.

5. $\dfrac{\pi}{3}$.

6. (1) 旋转抛物面, 由 yOz(或 xOz) 面上的曲线 $z = 2y^2$(或 $z = 2x^2$) 绕 z 轴旋转而成.

(2) 旋转椭球面, 由 xOy(或 yOz) 面上的椭圆 $x^2 + 2y^2 = 1$(或 $2y^2 + z^2 = 1$) 绕 y 轴旋转而成.

(3) 旋转单叶双曲面, 由 xOy(或 yOz) 面上的曲线 $x^2 - 2y^2 = 1$(或 $z^2 - 2y^2 = 1$) 绕 y 轴旋转而成.

(4) 圆锥面, 由 xOz(或 xOy) 面上的曲线 $z = \pm x$(或 $y = \pm x$) 绕 x 轴旋转而成.

7. $2x + 3y + z - 6 = 0$.

8. $x + \sqrt{26}y + 3z - 3 = 0$ 或 $x + \sqrt{26}y + 3z - 3 = 0$.

9. $\begin{cases} 8x + 7y - 3z + 8 = 0, \\ 2x - y + 3z - 10 = 0. \end{cases}$

10. $\begin{cases} x^2 + y^2 = x + y, \\ z = 0. \end{cases}$ $\quad$ $\begin{cases} 2y^2 + 2yz + z^2 - 4y - 3z + 2 = 0, \\ x = 0. \end{cases}$

$\begin{cases} 2x^2 + 2xz + z^2 - 4x - 3z + 2 = 0, \\ y = 0. \end{cases}$

11. 略.

历年考研题四

1. $\sqrt{2}$.

第五章

习题 5-1

1. (1) $-2, a^2 + \dfrac{1}{b^2}$.　(2) $\left\{ (x,y) \mid x^2 + y^2 < 2 \right\}$.　(3) 1.

2. (1) C.　(2) A.　(3) B.

3. $\dfrac{y^2 - x^2}{2xy}$.

4. $\dfrac{1}{2} x(x - y)$.

5. $3x(y - 1) + y$.

6. (1) 无界开区域.　(2) 有界闭区域.　(3) 无界开区域.　(4) 有界闭区域.

7. (1) $\left\{ (x,y) \mid xy < 4 \right\}$.　(2) $\left\{ (x,y) \mid y > \sqrt{x}, x \geqslant 0 \right\}$.　(3) $\left\{ (x,y) \mid |x| \geqslant 2, |y| \leqslant 2 \right\}$.

　(4) $\left\{ (x,y) \mid xy \geqslant 0, |x| \leqslant 2 \right\}$.　(5) $\left\{ (x,y) \,\middle|\, \dfrac{x^2}{9} + \dfrac{y^2}{4} < 1, x > 0 \right\}$.

　(6) $\left\{ (x,y) \mid 1 < x^2 + y^2 + z^2 \leqslant 9 \right\}$.

8. (1) 1.　(2) $\dfrac{\pi}{2}$.　(3) 0.　(4) 0.　(5) 4.　(6) $\dfrac{1}{4}$.

9. (1) 不存在.　(2) 0.

习题 5-2

1. (1) 16, 12.　(2) $\dfrac{\pi}{4}$.　(3) $2y$.

2. (1) C.　(2) A.　(3) B.

3. (1) $\dfrac{\partial z}{\partial x} = \dfrac{y}{2\sqrt{xy}} + 2x \sin x^2$, $\dfrac{\partial z}{\partial y} = \dfrac{x}{2\sqrt{xy}}$.　(2) $\dfrac{\partial z}{\partial x} = y\mathrm{e}^{xy} + 2yx$, $\dfrac{\partial z}{\partial y} = x\mathrm{e}^{xy} + x^2$.

　(3) $\dfrac{\partial z}{\partial x} = \cot(x - 2y)$, $\dfrac{\partial z}{\partial y} = -2\cot(x - 2y)$.　(4) $\dfrac{\partial z}{\partial x} = \dfrac{y^2}{(x^2 + y^2)^{\frac{3}{2}}}$, $\dfrac{\partial z}{\partial y} = \dfrac{-xy}{(x^2 + y^2)^{\frac{3}{2}}}$.

　(5) $\dfrac{\partial z}{\partial x} = \dfrac{-x}{\sqrt{1 - x^2 - y^2}}$, $\dfrac{\partial z}{\partial y} = \dfrac{-y}{\sqrt{1 - x^2 - y^2}}$.　(6) $\dfrac{\partial u}{\partial x} = -\dfrac{2x \sin x^2}{y}$, $\dfrac{\partial u}{\partial y} = -\dfrac{\cos x^2}{y^2}$.

　(7) $\dfrac{\partial u}{\partial x} = \dfrac{z}{y} \left(\dfrac{x}{y} \right)^{z-1}$, $\dfrac{\partial u}{\partial y} = -\dfrac{z}{y} \left(\dfrac{x}{y} \right)^{z}$, $\dfrac{\partial u}{\partial z} = \left(\dfrac{x}{y} \right)^{z} \ln \dfrac{x}{y}$.

　(8) $\dfrac{\partial u}{\partial x} = \dfrac{z(x - y)^{z-1}}{1 + (x - y)^{2z}}$, $\dfrac{\partial u}{\partial y} = -\dfrac{z(x - y)^{z-1}}{1 + (x - y)^{2z}}$, $\dfrac{\partial u}{\partial z} = \dfrac{(x - y)^{z} \ln(x - y)}{1 + (x - y)^{2z}}$.

4. 略.

5. $\dfrac{\partial z}{\partial x}$ 不存在, $\dfrac{\partial z}{\partial y} = 0$.

6. (1) $\dfrac{\partial^2 z}{\partial x^2} = 20x^3 + 2y^3$, $\dfrac{\partial^2 z}{\partial y^2} = -20y^3 + 6x^2 y$, $\dfrac{\partial^2 z}{\partial x \partial y} = 6xy^2$.

　(2) $\dfrac{\partial^2 z}{\partial x^2} = y\mathrm{e}^x$, $\dfrac{\partial^2 z}{\partial y^2} = x\mathrm{e}^y$, $\dfrac{\partial^2 z}{\partial x \partial y} = \mathrm{e}^x + \mathrm{e}^y$.

　(3) $\dfrac{\partial^2 z}{\partial x^2} = \dfrac{2xy}{(x^2 + y^2)^2}$, $\dfrac{\partial^2 z}{\partial y^2} = -\dfrac{2xy}{(x^2 + y^2)^2}$, $\dfrac{\partial^2 z}{\partial x \partial y} = \dfrac{y^2 - x^2}{(x^2 + y^2)^2}$.

7. (1) $\dfrac{\partial^3 u}{\partial x^2 \partial y} = 6x\cos y - 3y^2 \sin x$, $\dfrac{\partial^3 u}{\partial y^3} = -x^3 \cos y + 6\sin x$.

　　(2) $\dfrac{\partial^2 u}{\partial z \partial y} = 2z$, $\dfrac{\partial^3 u}{\partial x^2 \partial z} = 2$.　(3) $\dfrac{\partial^3 u}{\partial x \partial y \partial z} = \mathrm{e}^{xyz}(1 + 3xyz + x^2 y^2 z^2)$.

8. 略.

习题 5-3

1. (1) B.　(2) C.

2. (1) $\mathrm{d}z = \mathrm{e}^{x-2y}\mathrm{d}x - 2x\mathrm{e}^{x-2y}\mathrm{d}y$.　(2) $\mathrm{d}z = (2x\ln xy + x)\mathrm{d}x + \dfrac{x^2}{y}\mathrm{d}y$.

　　(3) $\mathrm{d}z = \left(y^2 + \dfrac{2x}{y}\right)\mathrm{d}x + \left(2xy - \dfrac{x^2}{y^2}\right)\mathrm{d}y$.　(4) $\mathrm{d}z = \dfrac{1}{1+y}\mathrm{d}x + \dfrac{1-x}{(1+y)^2}\mathrm{d}y$.

　　(5) $\mathrm{d}u = yzx^{yz-1}\mathrm{d}x + zx^{yz}\cdot\ln x\mathrm{d}y + yx^{yz}\cdot\ln x\mathrm{d}z$.

　　(6) $\mathrm{d}u = \dfrac{-2z(x\mathrm{d}x + y\mathrm{d}y) + (x^2 + y^2)\mathrm{d}z}{(x^2 + y^2)^2}$.

3. $0.35\mathrm{e}^2$.

4. $\dfrac{4}{7}\mathrm{d}x + \dfrac{2}{7}\mathrm{d}y$.

5. -0.20404, -0.2.

习题 5-4

1. (1) $yzf'(xyz)$.　(2) $f(xy, \mathrm{e}^y) + xyf_1'(xy, \mathrm{e}^y)$.　(3) $x + F'\left(\dfrac{y}{x}\right)$.

2. $\dfrac{\partial z}{\partial x} = 2x\ln(x^2 + y^2) + \dfrac{2x^3}{x^2 + y^2}$, $\dfrac{\partial z}{\partial y} = \dfrac{2x^2 y}{x^2 + y^2}$.

3. $\dfrac{\partial z}{\partial s} = \dfrac{2x}{y} - \dfrac{2x^2}{y^2}$, $\dfrac{\partial z}{\partial t} = -\dfrac{4x}{y} - \dfrac{x^2}{y^2}$.

4. $\dfrac{\partial u}{\partial x} = (1+x)yz\mathrm{e}^{x+y+z}$, $\dfrac{\partial u}{\partial y} = (1+y)xz\mathrm{e}^{x+y+z}$, $\dfrac{\partial u}{\partial z} = (1+z)yx\mathrm{e}^{x+y+z}$.

5. $\dfrac{\mathrm{d}z}{\mathrm{d}t} = \mathrm{e}^{\sin t - 2t^3}(\cos t - 6t^2)$.

6. $\dfrac{\mathrm{d}z}{\mathrm{d}x} = \dfrac{\mathrm{e}^x(1+x)}{1 + x^2\mathrm{e}^{2x}}$.

7. $\dfrac{\mathrm{d}z}{\mathrm{d}t} = \mathrm{e}^t f_1' + 2tf_2' + (\cos t)f_3'$.

8. (1) $\dfrac{\partial u}{\partial x} = 2xy^2 f_1' + 2xf_2'$, $\dfrac{\partial u}{\partial y} = 2x^2 yf_1' + 2yf_2'$.

　　(2) $\dfrac{\partial u}{\partial x} = 3x^2 f_1' + yf_2' + yzf_3'$, $\dfrac{\partial u}{\partial y} = xf_2' + xzf_3'$, $\dfrac{\partial u}{\partial z} = xyf_3'$.

　　(3) $\dfrac{\partial u}{\partial x} = (3x^2 + y + yz)f'$, $\dfrac{\partial u}{\partial y} = (x + xz)f'$, $\dfrac{\partial u}{\partial z} = xyf'$.

9—10. 略

11. $\dfrac{\partial w}{\partial x} = f_1' + yf_2' + yzf_3'$.

　　$\dfrac{\partial^2 w}{\partial x^2} = f_{11}'' + 2yf_{12}'' + 2yzf_{13}'' + y^2 f_{22}'' + 2y^2 zf_{23}'' + y^2 z^2 f_{33}''$.

12. $\dfrac{\partial^2 z}{\partial x^2} = 2f' + 4x^2 f''$, $\dfrac{\partial^2 z}{\partial x \partial y} = 4xyf''$, $\dfrac{\partial^2 z}{\partial y^2} = 2f' + 4y^2 f''$.

习题 5-5

1. $\dfrac{\mathrm{d}y}{\mathrm{d}x} = -\dfrac{6x^5 - 2xy^3}{3x^2y^2 + 1}$.

2. $\dfrac{\mathrm{d}y}{\mathrm{d}x} = \dfrac{x + y}{x - y}$.

3. $\dfrac{\partial z}{\partial x} = -\dfrac{2xz}{x^2 + 4y^2z}$, $\dfrac{\partial z}{\partial y} = -\dfrac{4yz^2 + 1}{x^2 + 4y^2z}$.

4. $\dfrac{\partial z}{\partial x} = -\dfrac{yze^{xyz}}{1 - xye^{xyz}}$, $\dfrac{\partial z}{\partial y} = -\dfrac{xze^{xyz}}{1 - xye^{xyz}}$.

5—6. 略.

7. $\dfrac{\partial^2 z}{\partial x^2} = -\dfrac{16xz}{(3z^2 - 2x)^3}$, $\dfrac{\partial^2 z}{\partial y^2} = -\dfrac{6z}{(3z^2 - 2x)^3}$, $\dfrac{\partial^2 z}{\partial x \partial y} = \dfrac{6z^2 + 4x}{(3z^2 - 2x)^3}$.

8. (1) $\dfrac{\mathrm{d}y}{\mathrm{d}x} = -\dfrac{x(6z + 1)}{2y(3z + 1)}$, $\dfrac{\mathrm{d}z}{\mathrm{d}x} = \dfrac{x}{3z + 1}$.   (2) $\dfrac{\mathrm{d}x}{\mathrm{d}z} = \dfrac{y - z}{x - y}$, $\dfrac{\mathrm{d}y}{\mathrm{d}z} = \dfrac{z - x}{x - y}$.

(3) $\dfrac{\partial u}{\partial x} = \dfrac{\begin{vmatrix} -v & x \\ 1 & 3v^2 \end{vmatrix}}{\begin{vmatrix} 3u^2 & x \\ y & 3v^2 \end{vmatrix}} = \dfrac{-3v^3 - x}{9u^2v^2 - xy}$, $\dfrac{\partial v}{\partial x} = \dfrac{\begin{vmatrix} 3u^2 & -v \\ y & 1 \end{vmatrix}}{\begin{vmatrix} 3u^2 & x \\ y & 3v^2 \end{vmatrix}} = \dfrac{3u^2 + vy}{9u^2v^2 - xy}$.

$\dfrac{\partial u}{\partial y} = \dfrac{3v^2 + xu}{9u^2v^2 - xy}$, $\dfrac{\partial v}{\partial y} = \dfrac{-3u^3 - y}{9u^2v^2 - xy}$.

9. 略.

习题 5-6

1. (1) A.   (2) D.

2. 切线: $\dfrac{x - \dfrac{1}{2}}{\dfrac{\sqrt{3}}{2}} = \dfrac{y - \dfrac{\sqrt{3}}{2}}{\dfrac{1}{2}} = \dfrac{z - \dfrac{\pi}{3}}{1}$. 法平面: $\dfrac{\sqrt{3}}{2}\left(x - \dfrac{1}{2}\right) + \dfrac{1}{2}\left(y - \dfrac{\sqrt{3}}{2}\right) + \left(z - \dfrac{\pi}{3}\right) = 0$.

3. 切线: $\dfrac{x - \dfrac{1}{2}}{1} = \dfrac{y - 4}{16} = \dfrac{z - 3}{12}$. 法平面: $2x + 32y + 24z - 201 = 0$.

4. 切线: $\dfrac{x - 1}{16} = \dfrac{y - 1}{9} = \dfrac{z - 1}{-1}$. 法平面: $16x + 9y - z - 24 = 0$.

5. 切平面 $3x + 4y - 6z = 0$, 法线 $\dfrac{x - 4}{3} = \dfrac{y - 3}{4} = \dfrac{z - 4}{-6}$.

6. 切平面 $12x + 4y - z = 25$, 法线 $\dfrac{x - 2}{12} = \dfrac{y - 1}{4} = \dfrac{z - 4}{-1}$.

7. $(6, 8, 2)$ 及 $(-6, -8, -2)$, $3x + 4y + z - 52 = 0$ 及 $3x + 4y + z + 52 = 0$.

8. 略.

习题 5-7

1. $-\dfrac{\sqrt{2}}{2}$.

2. $-9\sqrt{2}$, $-2\sqrt{65}$.

3. 3.

4. $\dfrac{6\sqrt{14}}{7}$.

5. $x_0 + y_0 + z_0$.

6. $\vec{i} - 3\vec{j} - 3\vec{k}, \sqrt{19}$.

7. $6\vec{i} + 3\vec{j}$.

习题 5-8

1. (1) D.   (2) A.

2. 极大值 $f(0,0) = 0$; 极小值 $f(2,2) = -8$.

3. 极小值 $f\left(\dfrac{1}{2}, -1\right) = -\dfrac{e}{2}$.

4. 最大值 17、最小值 0.

5. $f\left(\dfrac{1}{2}, \dfrac{1}{2}\right) = -\dfrac{1}{4}$.

6. $\left(\dfrac{8}{5}, \dfrac{16}{5}\right)$.

7. 取得最高温度的点: $(1, \pm\sqrt{2}, 1)$, $(-1, \pm\sqrt{2}, -1)$. 最高温度 $T = 2$.

8. $\dfrac{2p}{3}$ 和 $\dfrac{p}{3}$.

9. 甲 120 件, 乙 20 件.

总习题五

1. (1) $x^2(1 + xy)^{x-1}$.   (2) $\dfrac{yz - 1}{1 - xy}, \dfrac{xz - 1}{1 - xy}$.   (3) 0.

2. (1) D.   (2) B.   (3) C.

3. $\dfrac{\partial z}{\partial x} = (v\cos v - u\sin v)\mathrm{e}^{-u}$, $\dfrac{\partial z}{\partial y} = (u\cos v + v\sin v)\mathrm{e}^{-u}$.

4. $\dfrac{\partial^2 z}{\partial x \partial y} = x\mathrm{e}^{2y}f''_{uu} + \mathrm{e}^y f''_{uy} + x\mathrm{e}^y f''_{xu} + f''_{xy} + \mathrm{e}^y f'_u$.

5. $x - y + 2 = 0$ 与 $x - y - 2 = 0$.

6. $\left(\dfrac{4}{5}, \dfrac{3}{5}, \dfrac{35}{12}\right)$.

7. 当 $p_1 = 80, p_2 = 120$ 时, 总利润最大; 最大总利润为 605.

历年考研题五

1. $\dfrac{x - 1}{1} = \dfrac{y + 2}{-4} = \dfrac{z - 2}{6}$.

2. $f''_{11} \cdot xy - f''_{22} \cdot \dfrac{x}{y^3} + f'_1 - \dfrac{1}{y^2}f'_2 - \dfrac{y}{x^3}g'' - \dfrac{1}{x^2}g'$.

3. C.

4. 51.

5. A.

6. 略.

7. $2x + 4y - z = 5$.

8. A.

9. 极小值 $z(9,3) = 3$, 极大值 $z(-9,-3) = -3$.

10. B.

11. D.

12. $\dfrac{\sqrt{3}}{3}$.

13. D.

14. （Ⅰ） 略. （Ⅱ） $f(u) = \ln u$.

15. $yx^{y-1}\dfrac{\partial f}{\partial u} + y^x \ln y \dfrac{\partial f}{\partial v}$.

16. 最大值 8, 最小值 0.

17. A.

18. 最远点 $(-5,\ -5,\ 5)$, 最近点 $(1,\ 1,\ 1)$.

19. 极小值 $f(0,\ \mathrm{e}^{-1}) = -\mathrm{e}^{-1}$.

20. $f_2' + (f_{21}'' + f_{22}'' \cdot y)x$.

21. B.

22. 4.

23. $f_{11}''(1,1) + f_{12}''(1,1) + f_1'(1,1)$.

24. B.

25. $\{1,1,1\}$.

26. 极大值. $f(\mathrm{e},0) = \dfrac{1}{2}\mathrm{e}^2$.

27. A.

28. $f(x,y)$ 有唯一极值点 $\left(1, -\dfrac{4}{3}\right)$ 且为极小值点, 极小值为 $f\left(1, -\dfrac{4}{3}\right) = -\mathrm{e}^{-\frac{1}{3}}$.

29. A.

30. $2x - y - z - 1 = 0$.

31. $f(u) = \dfrac{1}{16}(\mathrm{e}^{2u} - \mathrm{e}^{-2u}) - \dfrac{u}{4}$.

32. $-\mathrm{d}x$.

33. 3.

参 考 文 献

电子科技大学应用数学学院. 2010. 高等数学. 2 版. 北京: 高等教育出版社.

黄立宏. 2012. 高等数学. 3 版. 上海: 复旦大学出版社.

同济大学数学系. 2007. 高等数学. 6 版. 北京: 高等教育出版社.

吴赣昌. 2006. 高等数学 (理工类). 北京: 中国人民大学出版社.

西北工业大学高等数学教材编写组. 2008. 高等数学. 2 版. 北京: 科学出版社.

附录　常用积分公式

(一) 含有 $ax + b$ 的积分 $(a \neq 0)$.

1. $\int \dfrac{\mathrm{d}x}{ax + b} = \dfrac{1}{a} \ln |ax + b| + C.$

2. $\int (ax + b)^\mu \mathrm{d}x = \dfrac{1}{a(\mu + 1)}(ax + b)^{\mu + 1} + C(\mu \neq -1).$

3. $\int \dfrac{x}{ax + b}\mathrm{d}x = \dfrac{1}{a^2}(ax + b - b \ln |ax + b|) + C.$

4. $\int \dfrac{x^2}{ax + b}\mathrm{d}x = \dfrac{1}{a^3}\left[\dfrac{1}{2}(ax + b)^2 - 2b(ax + b) + b^2 \ln |ax + b|\right] + C.$

5. $\int \dfrac{\mathrm{d}x}{x(ax + b)} = -\dfrac{1}{b} \ln \left|\dfrac{ax + b}{x}\right| + C.$

6. $\int \dfrac{\mathrm{d}x}{x^2(ax + b)} = -\dfrac{1}{bx} + \dfrac{a}{b^2} \ln \left|\dfrac{ax + b}{x}\right| + C.$

7. $\int \dfrac{x}{(ax + b)^2}\mathrm{d}x = \dfrac{1}{a^2}\left(\ln |ax + b| + \dfrac{b}{ax + b}\right) + C.$

8. $\int \dfrac{x^2}{(ax + b)^2}\mathrm{d}x = \dfrac{1}{a^3}\left(ax + b - 2b \ln |ax + b| - \dfrac{b^2}{ax + b}\right) + C.$

9. $\int \dfrac{\mathrm{d}x}{x(ax + b)^2} = \dfrac{1}{b(ax + b)} - \dfrac{1}{b^2} \ln \left|\dfrac{ax + b}{x}\right| + C.$

(二) 含有 $\sqrt{ax + b}$ 的积分.

10. $\int \sqrt{ax + b}\,\mathrm{d}x = \dfrac{2}{3a}\sqrt{(ax + b)^3} + C.$

11. $\int x\sqrt{ax + b}\,\mathrm{d}x = \dfrac{2}{15a^2}(3ax - 2b)\sqrt{(ax + b)^3} + C.$

12. $\int x^2\sqrt{ax + b}\,\mathrm{d}x = \dfrac{2}{105a^3}(15a^2x^2 - 12abx + 8b^2)\sqrt{(ax + b)^3} + C.$

13. $\int \dfrac{x}{\sqrt{ax + b}}\mathrm{d}x = \dfrac{2}{3a^2}(ax - 2b)\sqrt{ax + b} + C.$

14. $\int \dfrac{x^2}{\sqrt{ax + b}}\mathrm{d}x = \dfrac{2}{15a^3}(3a^2x^2 - 4abx + 8b^2)\sqrt{ax + b} + C.$

15. $\int \dfrac{\mathrm{d}x}{x\sqrt{ax + b}} = \begin{cases} \dfrac{1}{\sqrt{b}} \ln \left|\dfrac{\sqrt{ax + b} - \sqrt{b}}{\sqrt{ax + b} + \sqrt{b}}\right| + C(b > 0), \\[4mm] \dfrac{2}{\sqrt{-b}} \arctan \sqrt{\dfrac{ax + b}{-b}} + C(b < 0). \end{cases}$

16. $\int \dfrac{\mathrm{d}x}{x^2\sqrt{ax + b}} = -\dfrac{\sqrt{ax + b}}{bx} - \dfrac{a}{2b} \int \dfrac{\mathrm{d}x}{x\sqrt{ax + b}}.$

17. $\int \dfrac{\sqrt{ax + b}}{x}\mathrm{d}x = 2\sqrt{ax + b} + b \int \dfrac{\mathrm{d}x}{x\sqrt{ax + b}}.$

18. $\int \dfrac{\sqrt{ax + b}}{x^2}\mathrm{d}x = -\dfrac{\sqrt{ax + b}}{x} + \dfrac{a}{2} \int \dfrac{\mathrm{d}x}{x\sqrt{ax + b}}.$

(三) 含有 $x^2 \pm a^2$ 的积分.

19. $\displaystyle\int \frac{\mathrm{d}x}{x^2 + a^2} = \frac{1}{a}\arctan\frac{x}{a} + C.$

20. $\displaystyle\int \frac{\mathrm{d}x}{(x^2 + a^2)^n} = \frac{x}{2(n-1)a^2(x^2+a^2)^{n-1}} + \frac{2n-3}{2(n-1)a^2}\int \frac{\mathrm{d}x}{(x^2+a^2)^{n-1}}.$

21. $\displaystyle\int \frac{\mathrm{d}x}{x^2 - a^2} = \frac{1}{2a}\ln\left|\frac{x-a}{x+a}\right| + C.$

(四) 含有 $ax^2 + b(a > 0)$ 的积分.

22. $\displaystyle\int \frac{\mathrm{d}x}{ax^2 + b} = \begin{cases} \dfrac{1}{\sqrt{ab}}\arctan\sqrt{\dfrac{a}{b}}\,x + C\,(b>0), \\[3mm] \dfrac{1}{2\sqrt{-ab}}\ln\left|\dfrac{\sqrt{a}x - \sqrt{-b}}{\sqrt{a}x + \sqrt{-b}}\right| + C\,(b<0). \end{cases}$

23. $\displaystyle\int \frac{x}{ax^2 + b}\mathrm{d}x = \frac{1}{2a}\ln|ax^2 + b| + C.$

24. $\displaystyle\int \frac{x^2}{ax^2 + b}\mathrm{d}x = \frac{x}{a} - \frac{b}{a}\int \frac{\mathrm{d}x}{ax^2 + b}.$

25. $\displaystyle\int \frac{\mathrm{d}x}{x(ax^2 + b)} = \frac{1}{2b}\ln\frac{x^2}{|ax^2 + b|} + C.$

26. $\displaystyle\int \frac{\mathrm{d}x}{x^2(ax^2 + b)} = -\frac{1}{bx} - \frac{a}{b}\int \frac{\mathrm{d}x}{ax^2 + b}.$

27. $\displaystyle\int \frac{\mathrm{d}x}{x^3(ax^2 + b)} = \frac{a}{2b^2}\ln\frac{|ax^2 + b|}{x^2} - \frac{1}{2bx^2} + C.$

28. $\displaystyle\int \frac{\mathrm{d}x}{(ax^2 + b)^2} = \frac{x}{2b(ax^2 + b)} + \frac{1}{2b}\int \frac{\mathrm{d}x}{ax^2 + b}.$

(五) 含有 $ax^2 + bx + c(a > 0)$ 的积分.

29. $\displaystyle\int \frac{\mathrm{d}x}{ax^2 + bx + c} = \begin{cases} \dfrac{2}{\sqrt{4ac - b^2}}\arctan\dfrac{2ax + b}{\sqrt{4ac - b^2}} + C\,(b^2 < 4ac), \\[3mm] \dfrac{1}{\sqrt{b^2 - 4ac}}\ln\left|\dfrac{2ax + b - \sqrt{b^2 - 4ac}}{2ax + b + \sqrt{b^2 - 4ac}}\right| + C\,(b^2 > 4ac). \end{cases}$

30. $\displaystyle\int \frac{x}{ax^2 + bx + c}\mathrm{d}x = \frac{1}{2a}\ln|ax^2 + bx + c| - \frac{b}{2a}\int \frac{\mathrm{d}x}{ax^2 + bx + c}.$

(六) 含有 $\sqrt{x^2 + a^2}(a > 0)$ 的积分.

31. $\displaystyle\int \frac{\mathrm{d}x}{\sqrt{x^2 + a^2}} = \mathrm{arsh}\frac{x}{a} + C_1 = \ln\left(x + \sqrt{x^2 + a^2}\right) + C.$

32. $\displaystyle\int \frac{\mathrm{d}x}{\sqrt{(x^2 + a^2)^3}} = \frac{x}{a^2\sqrt{x^2 + a^2}} + C.$

33. $\displaystyle\int \frac{x}{\sqrt{x^2 + a^2}}\mathrm{d}x = \sqrt{x^2 + a^2} + C.$

34. $\displaystyle\int \frac{x}{\sqrt{(x^2 + a^2)^3}}\mathrm{d}x = -\frac{1}{\sqrt{x^2 + a^2}} + C.$

35. $\displaystyle\int \frac{x^2}{\sqrt{x^2 + a^2}}\mathrm{d}x = \frac{x}{2}\sqrt{x^2 + a^2} - \frac{a^2}{2}\ln\left(x + \sqrt{x^2 + a^2}\right) + C.$

36. $\displaystyle\int \frac{x^2}{\sqrt{(x^2 + a^2)^3}}\mathrm{d}x = -\frac{x}{\sqrt{x^2 + a^2}} + \ln\left(x + \sqrt{x^2 + a^2}\right) + C.$

37. $\displaystyle\int \frac{\mathrm{d}x}{x\sqrt{x^2 + a^2}} = \frac{1}{a}\ln\frac{\sqrt{x^2 + a^2} - a}{|x|} + C.$

38. $\displaystyle\int \frac{\mathrm{d}x}{x^2\sqrt{x^2 + a^2}} = -\frac{\sqrt{x^2 + a^2}}{a^2 x} + C.$

39. $\displaystyle\int \sqrt{x^2+a^2}\mathrm{d}x = \frac{x}{2}\sqrt{x^2+a^2} + \frac{a^2}{2}\ln\left(x+\sqrt{x^2+a^2}\right) + C.$

40. $\displaystyle\int \sqrt{(x^2+a^2)^3}\mathrm{d}x = \frac{x}{8}(2x^2+5a^2)\sqrt{x^2+a^2} + \frac{3}{8}a^4\ln\left(x+\sqrt{x^2+a^2}\right) + C.$

41. $\displaystyle\int x\sqrt{x^2+a^2}\mathrm{d}x = \frac{1}{3}\sqrt{(x^2+a^2)^3} + C.$

42. $\displaystyle\int x^2\sqrt{x^2+a^2}\mathrm{d}x = \frac{x}{8}(2x^2+a^2)\sqrt{x^2+a^2} - \frac{a^4}{8}\ln\left(x+\sqrt{x^2+a^2}\right) + C.$

43. $\displaystyle\int \frac{\sqrt{x^2+a^2}}{x}\mathrm{d}x = \sqrt{x^2+a^2} + a\ln\frac{\sqrt{x^2+a^2}-a}{|x|} + C.$

44. $\displaystyle\int \frac{\sqrt{x^2+a^2}}{x^2}\mathrm{d}x = -\frac{\sqrt{x^2+a^2}}{x} + \ln\left(x+\sqrt{x^2+a^2}\right) + C.$

(七) 含有 $\sqrt{x^2-a^2}(a>0)$ 的积分.

45. $\displaystyle\int \frac{\mathrm{d}x}{\sqrt{x^2-a^2}} = \frac{x}{|x|}\operatorname{arch}\frac{|x|}{a} + C_1 = \ln\left|x+\sqrt{x^2-a^2}\right| + C$

46. $\displaystyle\int \frac{\mathrm{d}x}{\sqrt{(x^2-a^2)^3}} = -\frac{x}{a^2\sqrt{x^2-a^2}} + C.$

47. $\displaystyle\int \frac{x}{\sqrt{x^2-a^2}}\mathrm{d}x = \sqrt{x^2-a^2} + C.$

48. $\displaystyle\int \frac{x}{\sqrt{(x^2-a^2)^3}}\mathrm{d}x = -\frac{1}{\sqrt{x^2-a^2}} + C.$

49. $\displaystyle\int \frac{x^2}{\sqrt{x^2-a^2}}\mathrm{d}x = \frac{x}{2}\sqrt{x^2-a^2} + \frac{a^2}{2}\ln\left|x+\sqrt{x^2-a^2}\right| + C.$

50. $\displaystyle\int \frac{x^2}{\sqrt{(x^2-a^2)^3}}\mathrm{d}x = -\frac{x}{\sqrt{x^2-a^2}} + \ln\left|x+\sqrt{x^2-a^2}\right| + C.$

51. $\displaystyle\int \frac{\mathrm{d}x}{x\sqrt{x^2-a^2}} = \frac{1}{a}\arccos\frac{a}{|x|} + C.$

52. $\displaystyle\int \frac{\mathrm{d}x}{x^2\sqrt{x^2-a^2}} = \frac{\sqrt{x^2-a^2}}{a^2x} + C.$

53. $\displaystyle\int \sqrt{x^2-a^2}\mathrm{d}x = \frac{x}{2}\sqrt{x^2-a^2} - \frac{a^2}{2}\ln\left|x+\sqrt{x^2-a^2}\right| + C.$

54. $\displaystyle\int \sqrt{(x^2-a^2)^3}\mathrm{d}x = \frac{x}{8}(2x^2-5a^2)\sqrt{x^2-a^2} + \frac{3}{8}a^4\ln\left|x+\sqrt{x^2-a^2}\right| + C.$

55. $\displaystyle\int x\sqrt{x^2-a^2}\mathrm{d}x = \frac{1}{3}\sqrt{(x^2-a^2)^3} + C.$

56. $\displaystyle\int x^2\sqrt{x^2-a^2}\mathrm{d}x = \frac{x}{8}(2x^2-a^2)\sqrt{x^2-a^2} - \frac{a^4}{8}\ln\left|x+\sqrt{x^2-a^2}\right| + C$

57. $\displaystyle\int \frac{\sqrt{x^2-a^2}}{x}\mathrm{d}x = \sqrt{x^2-a^2} - a\arccos\frac{a}{|x|} + C.$

58. $\displaystyle\int \frac{\sqrt{x^2-a^2}}{x^2}\mathrm{d}x = -\frac{\sqrt{x^2-a^2}}{x} + \ln\left|x+\sqrt{x^2-a^2}\right| + C.$

(八) 含有 $\sqrt{a^2-x^2}(a>0)$ 的积分.

59. $\displaystyle\int \frac{\mathrm{d}x}{\sqrt{a^2-x^2}} = \arcsin\frac{x}{a} + C.$

60. $\displaystyle\int \frac{\mathrm{d}x}{\sqrt{(a^2-x^2)^3}} = \frac{x}{a^2\sqrt{a^2-x^2}} + C.$

61. $\displaystyle\int \frac{x}{\sqrt{a^2-x^2}}\mathrm{d}x = -\sqrt{a^2-x^2} + C.$

62. $\displaystyle\int \frac{x}{\sqrt{(a^2-x^2)^3}}dx = \frac{1}{\sqrt{a^2-x^2}}+C.$

63. $\displaystyle\int \frac{x^2}{\sqrt{a^2-x^2}}dx = -\frac{x}{2}\sqrt{a^2-x^2}+\frac{a^2}{2}\arcsin\frac{x}{a}+C.$

64. $\displaystyle\int \frac{x^2}{\sqrt{(a^2-x^2)^3}}dx = \frac{x}{\sqrt{a^2-x^2}}-\arcsin\frac{x}{a}+C.$

65. $\displaystyle\int \frac{dx}{x\sqrt{a^2-x^2}} = \frac{1}{a}\ln\frac{a-\sqrt{a^2-x^2}}{|x|}+C.$

66. $\displaystyle\int \frac{dx}{x^2\sqrt{a^2-x^2}} = -\frac{\sqrt{a^2-x^2}}{a^2x}+C.$

67. $\displaystyle\int \sqrt{a^2-x^2}dx = \frac{x}{2}\sqrt{a^2-x^2}+\frac{a^2}{2}\arcsin\frac{x}{a}+C.$

68. $\displaystyle\int \sqrt{(a^2-x^2)^3}dx = \frac{x}{8}(5a^2-2x^2)\sqrt{a^2-x^2}+\frac{3}{8}a^4\arcsin\frac{x}{a}+C.$

69. $\displaystyle\int x\sqrt{a^2-x^2}dx = -\frac{1}{3}\sqrt{(a^2-x^2)^3}+C.$

70. $\displaystyle\int x^2\sqrt{a^2-x^2}dx = \frac{x}{8}(2x^2-a^2)\sqrt{a^2-x^2}+\frac{a^4}{8}\arcsin\frac{x}{a}+C.$

71. $\displaystyle\int \frac{\sqrt{a^2-x^2}}{x}dx = \sqrt{a^2-x^2}+a\ln\frac{a-\sqrt{a^2-x^2}}{|x|}+C.$

72. $\displaystyle\int \frac{\sqrt{a^2-x^2}}{x^2}dx = -\frac{\sqrt{a^2-x^2}}{x}-\arcsin\frac{x}{a}+C.$

(九) 含有 $\sqrt{\pm ax^2+bx+c}(a>0)$ 积分.

73. $\displaystyle\int \frac{dx}{\sqrt{ax^2+bx+c}} = \frac{1}{\sqrt{a}}\ln\left|2ax+b+2\sqrt{a}\sqrt{ax^2+bx+c}\right|+C$

74. $\displaystyle\int \sqrt{ax^2+bx+c}\,dx = \frac{2ax+b}{4a}\sqrt{ax^2+bx+c}$
$$+\frac{4ac-b^2}{8\sqrt{a^3}}\ln\left|2ax+b+2\sqrt{a}\sqrt{ax^2+bx+c}\right|+C.$$

75. $\displaystyle\int \frac{x}{\sqrt{ax^2+bx+c}}dx = \frac{1}{a}\sqrt{ax^2+bx+c}$
$$-\frac{b}{2\sqrt{a^3}}\ln\left|2ax+b+2\sqrt{a}\sqrt{ax^2+bx+c}\right|+C.$$

76. $\displaystyle\int \frac{dx}{\sqrt{c+bx-ax^2}} = -\frac{1}{\sqrt{a}}\arcsin\frac{2ax-b}{\sqrt{b^2+4ac}}+C.$

77. $\displaystyle\int \sqrt{c+bx-ax^2}\,dx = \frac{2ax-b}{4a}\sqrt{c+bx-ax^2}+\frac{b^2+4ac}{8\sqrt{a^3}}\arcsin\frac{2ax-b}{\sqrt{b^2+4ac}}+C$

78. $\displaystyle\int \frac{x}{\sqrt{c+bx-ax^2}}dx = -\frac{1}{a}\sqrt{c+bx-ax^2}+\frac{b}{2\sqrt{a^3}}\arcsin\frac{2ax-b}{\sqrt{b^2+4ac}}+C.$

(十) 含有 $\sqrt{\pm\dfrac{x-a}{x-b}}$ 或 $\sqrt{(x-a)(b-x)}$ 的积分.

79. $\displaystyle\int \sqrt{\frac{x-a}{x-b}}dx = (x-b)\sqrt{\frac{x-a}{x-b}}+(b-a)\ln\left(\sqrt{|x-a|}+\sqrt{|x-b|}\right)+C.$

80. $\displaystyle\int \sqrt{\frac{x-a}{b-x}}dx = (x-b)\sqrt{\frac{x-a}{b-x}}+(b-a)\arcsin\sqrt{\frac{x-a}{b-x}}+C.$

81. $\displaystyle\int \frac{dx}{\sqrt{(x-a)(b-x)}} = 2\arcsin\sqrt{\frac{x-a}{b-x}}+C(a<b).$

82. $\displaystyle\int \sqrt{(x-a)(b-x)}\mathrm{d}x = \frac{2x-a-b}{4}\sqrt{(x-a)(b-x)}$
$$+\frac{(b-a)^2}{4}\arcsin\sqrt{\frac{x-a}{b-x}}+C(a<b).$$

(十一) 含有三角函数的积分.

83. $\displaystyle\int \sin x\mathrm{d}x = -\cos x + C.$

84. $\displaystyle\int \cos x\mathrm{d}x = \sin x + C.$

85. $\displaystyle\int \tan x\mathrm{d}x = -\ln|\cos x| + C.$

86. $\displaystyle\int \cot x\mathrm{d}x = \ln|\sin x| + C.$

87. $\displaystyle\int \sec x\mathrm{d}x = \ln\left|\tan\left(\frac{\pi}{4}+\frac{x}{2}\right)\right|+C = \ln|\sec x + \tan x| + C.$

88. $\displaystyle\int \csc x\mathrm{d}x = \ln\left|\tan\frac{x}{2}\right|+C = \ln|\csc x - \cot x| + C.$

89. $\displaystyle\int \sec^2 x\mathrm{d}x = \tan x + C.$

90. $\displaystyle\int \csc^2 x\mathrm{d}x = -\cot x + C.$

91. $\displaystyle\int \sec x \tan x\mathrm{d}x = \sec x + C.$

92. $\displaystyle\int \csc x \cot x\mathrm{d}x = -\csc x + C.$

93. $\displaystyle\int \sin^2 x\mathrm{d}x = \frac{x}{2} - \frac{1}{4}\sin 2x + C.$

94. $\displaystyle\int \cos^2 x\mathrm{d}x = \frac{x}{2} + \frac{1}{4}\sin 2x + C.$

95. $\displaystyle\int \sin^n x\mathrm{d}x = -\frac{1}{n}\sin^{n-1}x\cos x + \frac{n-1}{n}\int \sin^{n-2}x\mathrm{d}x.$

96. $\displaystyle\int \cos^n x\mathrm{d}x = \frac{1}{n}\cos^{n-1}x\sin x + \frac{n-1}{n}\int \cos^{n-2}x\mathrm{d}x.$

97. $\displaystyle\int \frac{\mathrm{d}x}{\sin^n x} = -\frac{1}{n-1}\cdot\frac{\cos x}{\sin^{n-1}x} + \frac{n-2}{n-1}\int \frac{\mathrm{d}x}{\sin^{n-2}x}.$

98. $\displaystyle\int \frac{\mathrm{d}x}{\cos^n x} = \frac{1}{n-1}\cdot\frac{\sin x}{\cos^{n-1}x} + \frac{n-2}{n-1}\int \frac{\mathrm{d}x}{\cos^{n-2}x}.$

99. $\displaystyle\int \cos^m x \sin^n x\mathrm{d}x = \frac{1}{m+n}\cos^{m-1}x\sin^{n+1}x + \frac{m-1}{m+n}\int \cos^{m-2}x\sin^n x\mathrm{d}x$
$$= -\frac{1}{m+n}\cos^{m+1}x\sin^{n-1}x + \frac{n-1}{m+n}\int \cos^m x\sin^{n-2}x\mathrm{d}x.$$

100. $\displaystyle\int \sin ax \cos bx\mathrm{d}x = -\frac{1}{2(a+b)}\cos(a+b)x - \frac{1}{2(a-b)}\cos(a-b)x + C.$

101. $\displaystyle\int \sin ax \sin bx\mathrm{d}x = -\frac{1}{2(a+b)}\sin(a+b)x + \frac{1}{2(a-b)}\sin(a-b)x + C.$

102. $\displaystyle\int \cos ax \cos bx\mathrm{d}x = \frac{1}{2(a+b)}\sin(a+b)x + \frac{1}{2(a-b)}\sin(a-b)x + C$

103. $\displaystyle\int \frac{\mathrm{d}x}{a+b\sin x} = \frac{2}{\sqrt{a^2-b^2}}\arctan\frac{a\tan\dfrac{x}{2}+b}{\sqrt{a^2-b^2}}+C(a^2>b^2).$

104. $\displaystyle\int \frac{\mathrm{d}x}{a + b\sin x} = \frac{1}{\sqrt{b^2 - a^2}} \ln \left| \frac{a\tan\frac{x}{2} + b - \sqrt{b^2 - a^2}}{a\tan\frac{x}{2} + b + \sqrt{b^2 - a^2}} \right| + C \, (a^2 < b^2).$

105. $\displaystyle\int \frac{\mathrm{d}x}{a + b\cos x} = \frac{2}{a + b}\sqrt{\frac{a + b}{a - b}} \arctan \left(\sqrt{\frac{a - b}{a + b}}\tan\frac{x}{2} \right) + C \, (a^2 > b^2).$

106. $\displaystyle\int \frac{\mathrm{d}x}{a + b\cos x} = \frac{1}{a + b}\sqrt{\frac{a + b}{b - a}} \ln \left| \frac{\tan\frac{x}{2} + \sqrt{\frac{a + b}{b - a}}}{\tan\frac{x}{2} - \sqrt{\frac{a + b}{b - a}}} \right| + C \, (a^2 < b^2).$

107. $\displaystyle\int \frac{\mathrm{d}x}{a^2\cos^2 x + b^2\sin^2 x} = \frac{1}{ab} \arctan \left(\frac{b}{a}\tan x \right) + C.$

108. $\displaystyle\int \frac{\mathrm{d}x}{a^2\cos^2 x - b^2\sin^2 x} = \frac{1}{2ab} \ln \left| \frac{b\tan x + a}{b\tan x - a} \right| + C.$

109. $\displaystyle\int x\sin ax\,\mathrm{d}x = \frac{1}{a^2}\sin ax - \frac{1}{a}x\cos ax + C.$

110. $\displaystyle\int x^2\sin ax\,\mathrm{d}x = -\frac{1}{a}x^2\cos ax + \frac{2}{a^2}x\sin ax + \frac{2}{a^3}\cos ax + C.$

111. $\displaystyle\int x\cos ax\,\mathrm{d}x = \frac{1}{a^2}\cos ax + \frac{1}{a}x\sin ax + C.$

112. $\displaystyle\int x^2\cos ax\,\mathrm{d}x = \frac{1}{a}x^2\sin ax + \frac{2}{a^2}x\cos ax - \frac{2}{a^3}\sin ax + C.$

(十二) 含有反三角函数的积分 (其中 $a > 0$).

113. $\displaystyle\int \arcsin\frac{x}{a}\,\mathrm{d}x = x\arcsin\frac{x}{a} + \sqrt{a^2 - x^2} + C.$

114. $\displaystyle\int x\arcsin\frac{x}{a}\,\mathrm{d}x = \left(\frac{x^2}{2} - \frac{a^2}{4} \right)\arcsin\frac{x}{a} + \frac{x}{4}\sqrt{a^2 - x^2} + C.$

115. $\displaystyle\int x^2\arcsin\frac{x}{a}\,\mathrm{d}x = \frac{x^3}{3}\arcsin\frac{x}{a} + \frac{1}{9}(x^2 + 2a^2)\sqrt{a^2 - x^2} + C.$

116. $\displaystyle\int \arccos\frac{x}{a}\,\mathrm{d}x = x\arccos\frac{x}{a} - \sqrt{a^2 - x^2} + C.$

117. $\displaystyle\int x\arccos\frac{x}{a}\,\mathrm{d}x = \left(\frac{x^2}{2} - \frac{a^2}{4} \right)\arccos\frac{x}{a} - \frac{x}{4}\sqrt{a^2 - x^2} + C.$

118. $\displaystyle\int x^2\arccos\frac{x}{a}\,\mathrm{d}x = \frac{x^3}{3}\arccos\frac{x}{a} - \frac{1}{9}(x^2 + 2a^2)\sqrt{a^2 - x^2} + C.$

119. $\displaystyle\int \arctan\frac{x}{a}\,\mathrm{d}x = x\arctan\frac{x}{a} - \frac{a}{2}\ln(a^2 + x^2) + C.$

120. $\displaystyle\int x\arctan\frac{x}{a}\,\mathrm{d}x = \frac{1}{2}(a^2 + x^2)\arctan\frac{x}{a} - \frac{a}{2}x + C.$

121. $\displaystyle\int x^2\arctan\frac{x}{a}\,\mathrm{d}x = \frac{x^3}{3}\arctan\frac{x}{a} - \frac{a}{6}x^2 + \frac{a^3}{6}\ln(a^2 + x^2) + C.$

(十三) 含有指数函数的积分.

122. $\displaystyle\int a^x\,\mathrm{d}x = \frac{1}{\ln a}a^x + C.$

123. $\displaystyle\int \mathrm{e}^{ax}\,\mathrm{d}x = \frac{1}{a}\mathrm{e}^{ax} + C.$

124. $\displaystyle\int x\mathrm{e}^{ax}\,\mathrm{d}x = \frac{1}{a^2}(ax - 1)\mathrm{e}^{ax} + C.$

125. $\displaystyle\int x^n \mathrm{e}^{ax}\mathrm{d}x = \frac{1}{a}x^n \mathrm{e}^{ax} - \frac{n}{a}\int x^{n-1}\mathrm{e}^{ax}\mathrm{d}x.$

126. $\displaystyle\int x a^x \mathrm{d}x = \frac{x}{\ln a}a^x - \frac{1}{(\ln a)^2}a^x + C.$

127. $\displaystyle\int x^n a^x \mathrm{d}x = \frac{1}{\ln a}x^n a^x - \frac{n}{\ln a}\int x^{n-1}a^x \mathrm{d}x.$

128. $\displaystyle\int \mathrm{e}^{ax}\sin bx\mathrm{d}x = \frac{1}{a^2+b^2}\mathrm{e}^{ax}(a\sin bx - b\cos bx) + C.$

129. $\displaystyle\int \mathrm{e}^{ax}\cos bx\mathrm{d}x = \frac{1}{a^2+b^2}\mathrm{e}^{ax}(b\sin bx + a\cos bx) + C.$

130. $\displaystyle\int \mathrm{e}^{ax}\sin^n bx\mathrm{d}x = \frac{1}{a^2+b^2n^2}\mathrm{e}^{ax}\sin^{n-1}bx(a\sin bx - nb\cos bx)$
$$+ \frac{n(n-1)b^2}{a^2+b^2n^2}\int \mathrm{e}^{ax}\sin^{n-2}bx\mathrm{d}x.$$

131. $\displaystyle\int \mathrm{e}^{ax}\cos^n bx\mathrm{d}x = \frac{1}{a^2+b^2n^2}\mathrm{e}^{ax}\cos^{n-1}bx(a\cos bx + nb\sin bx)$
$$+ \frac{n(n-1)b^2}{a^2+b^2n^2}\int \mathrm{e}^{ax}\cos^{n-2}bx\mathrm{d}x.$$

(十四) 含有对数函数的积分.

132. $\displaystyle\int \ln x\mathrm{d}x = x\ln x - x + C.$

133. $\displaystyle\int \frac{\mathrm{d}x}{x\ln x} = \ln|\ln x| + C.$

134. $\displaystyle\int x^n \ln x\mathrm{d}x = \frac{1}{n+1}x^{n+1}\left(\ln x - \frac{1}{n+1}\right) + C$

135. $\displaystyle\int (\ln x)^n \mathrm{d}x = x(\ln x)^n - n\int (\ln x)^{n-1}\mathrm{d}x.$

136. $\displaystyle\int x^m(\ln x)^n \mathrm{d}x = \frac{1}{m+1}x^{m+1}(\ln x)^n - \frac{n}{m+1}\int x^m(\ln x)^{n-1}\mathrm{d}x.$

(十五) 含有双曲函数的积分.

137. $\displaystyle\int \mathrm{sh}x\mathrm{d}x = \mathrm{ch}x + C.$

138. $\displaystyle\int \mathrm{ch}x\mathrm{d}x = \mathrm{sh}x + C.$

139. $\displaystyle\int \mathrm{th}x\mathrm{d}x = \ln\mathrm{ch}x + C.$

140. $\displaystyle\int \mathrm{sh}^2x\mathrm{d}x = -\frac{x}{2} + \frac{1}{4}\mathrm{sh}2x + C.$

141. $\displaystyle\int \mathrm{ch}^2x\mathrm{d}x = \frac{x}{2} + \frac{1}{4}\mathrm{sh}2x + C.$

(十六) 定积分.

142. $\displaystyle\int_{-\pi}^{\pi} \cos nx\mathrm{d}x = \int_{-\pi}^{\pi} \sin nx\mathrm{d}x = 0.$

143. $\displaystyle\int_{-\pi}^{\pi} \cos mx\sin nx\mathrm{d}x = 0.$

144. $\displaystyle\int_{-\pi}^{\pi} \cos mx\cos nx\mathrm{d}x = \begin{cases} 0, & m \neq n, \\ \pi, & m = n. \end{cases}$

145. $\displaystyle\int_{-\pi}^{\pi} \sin mx \sin nx\mathrm{d}x = \begin{cases} 0, & m \neq n, \\ \pi, & m = n. \end{cases}$

146. $\displaystyle\int_{0}^{\pi} \sin mx \sin nx\mathrm{d}x = \int_{0}^{\pi} \cos mx \cos nx\mathrm{d}x = \begin{cases} 0, & m \neq n, \\ \dfrac{\pi}{2}, & m = n. \end{cases}$

147. $I_n = \displaystyle\int_{0}^{\frac{\pi}{2}} \sin^n x\mathrm{d}x = \int_{0}^{\frac{\pi}{2}} \cos^n x\mathrm{d}x.$

$I_n = \dfrac{n-1}{n} I_{n-2}$

$I_n = \dfrac{n-1}{n} \cdot \dfrac{n-3}{n-2} \cdot \cdots \cdot \dfrac{4}{5} \cdot \dfrac{2}{3}$ (n 为大于 1 的正奇数), $\quad I_1 = 1.$

$I_n = \dfrac{n-1}{n} \cdot \dfrac{n-3}{n-2} \cdot \cdots \cdot \dfrac{3}{4} \cdot \dfrac{1}{2} \cdot \dfrac{\pi}{2}$ (n 为正偶数), $\quad I_0 = \dfrac{\pi}{2}.$